结晶学教程

（第3版）

李国昌　王 萍　编著

国防工業出版社

·北京·

内 容 简 介

本书共分为10章，主要内容包括晶体的宏观对称；晶体定向与结晶符号；单形和聚形；实际晶体的形态和规则连生；晶体的面角恒等及投影；晶体生长的基本规律；晶体结构的几何理论；晶体化学基础；晶体结构。针对材料科学与工程专业、无机非材料工程专业、金属材料专业及宝石学专业的特点，本书以几何结晶学和晶体化学的内容为主，晶体结构的几何理论、晶体生长学部分侧重于基本概念和基本理论的介绍。最后介绍了常见典型晶体结构。书后附有实验指导，供教学和学习参考。

本书可以作为高等院校材料科学与工程、无机非金属材料工程、金属材料、宝石学等学科专业的教材，也可以作为相关专业研究人员和教学工作者的参考用书。

图书在版编目 CIP 数据

结晶学教程 / 李国昌，王萍编著. —3 版. —北京：国防工业出版社, 2019.9

ISBN 978-7-118-11729-5

Ⅰ. ①结… Ⅱ. ①李… ②王… Ⅲ. ①晶体学－高等学校－教材 Ⅳ. ①O7

中国版本图书馆 CIP 数据核字（2019）第 168261 号

※

国防工业出版社出版发行

（北京市海淀区紫竹院南路 23 号 邮政编码 100048）

涿州宏轩印刷服务有限公司

新华书店经售

*

开本 787×1092 1/16 印张 15½ 字数 355 千字

2019 年 9 月第 3 版第 1 次印刷 印数 1—4000 册 定价 40.00 元

国防书店：（010）88540777 发行邮购：（010）88540776

发行传真：（010）88540755 发行业务：（010）88540717

第 1 版 前 言

结晶学是研究晶体的一门经典自然科学。它主要研究晶体的生长、形貌、内部结构、化学成分、物理性质及它们之间的相互关系等。历史上，结晶学曾经只是矿物学的一个分支，是随着对天然矿物的研究而发展起来的。随着科学技术的发展和人类知识水平的提高，人们发现晶体的分布领域越来越广，已经大大超出了矿物学的范畴。目前，结晶学与固体物理学、化学、无机非金属材料科学、金属材料、复合材料科学密切相关，是多种应用科学的理论基础。因此，结晶学便脱离了矿物学而成为一门独立的学科。

之前，本书作为无机非金属材料工程专业、材料科学与工程专业结晶学课程的校内讲义已连续使用四届，经过几年的教学实践，编者对讲义进行了数次的修改、补充和完善，最后定稿成书。全书共分为 10 章，主要内容包括晶体的形成；晶体的宏观对称；晶体定向与结晶符号；单形和聚形；实际晶体的形态和规则连生；晶体的面角恒等及投影；晶体生长的基本规律；晶体结构的几何理论；晶体化学基础；晶体结构。针对材料科学与工程专业、无机非金属材料工程专业、矿物材料专业及宝石学专业的特点，本书以几何结晶学和晶体化学的内容为主，晶体结构的几何理论、晶体生长学部分侧重于基本概念和基本理论的介绍。最后介绍了常见典型晶体结构。本书可以作为材料科学与工程、无机非金属材料工程、矿物材料学、宝石学等学科专业的教材，也可以作为相关专业研究人员和教学工作者的参考用书。

济南大学侯文萍教授对书稿进行了细致的审阅，提出了许多宝贵的意见和建议。

本书的编写和出版，得到了山东理工大学教材出版基金、山东省试点专业材料科学与工程专业教改项目的资助；山东理工大学教务处、山东理工大学材料科学与工程学院给予了大力支持，在此表示衷心的感谢！

编者

2006 年 6 月

第 2 版 前 言

本书于 2006 年 6 月出版，2007 年进行了修改，订正了部分错误，并于 2008、2010、2011、2013 年多次印刷。在第一版使用的八年多时间里，结晶学的教学及科研有了新的发展，对结晶学教材建设提出了新的要求；同时在教材的使用过程中发现了一些问题和不足，需进一步修改和完善，因此教材的再版势在必行。

本版教材在体系上与第 1 版相比未做大的变动，但对章节进行了删减和调整；增加了部分内容，对部分插图进行了修改和补充。调整的主要内容如下：

将第 1 版绪论和第一章进行了合并，增加了准晶的概念，补充了结晶学发展历史；增加了晶体的人工合成方法、补充了部分插图；添加了 230 种空间群表；重点对第三章~第十章的插图进行了修改和补充，使其更好地说明文字内容；对《结晶学实验指导书》进行系统修改，使其针对性、实用性更强。

本书的再版，得益于山东省高等教育名校建设工程的实施，得到了山东理工大学教务处、山东理工大学材料学院的支持，在此表示感谢！

编者

2014 年 5 月

第 3 版 前 言

结晶学是研究晶体的一门经典自然科学。它主要研究晶体的生长、形貌、内部结构、化学成分、物理性质及它们之间的相互关系等。历史上，结晶学曾经只是矿物学的一个分支，是随着对天然矿物的研究而发展起来的。随着科学技术的发展和人类知识水平的提高，人们发现晶体的分布领域越来越广，已经大大超出了矿物学的范畴。目前，结晶学与固体物理学、化学、无机非金属材料科学、金属材料学、复合材料科学密切相关，是多种应用科学的理论基础。因此，结晶学便脱离了矿物学而成为一门独立的学科。

全书共分为 10 章，主要内容包括晶体的形成；晶体的宏观对称；晶体定向与结晶符号；单形和聚形；实际晶体的形态和规则连生；晶体的面角恒等及投影；晶体生长的基本规律；晶体结构的几何理论；晶体化学基础；晶体结构。针对材料科学与工程专业、无机非金属材料工程专业、金属材料专业及宝石学专业的特点，本书以几何结晶学和晶体化学的内容为主，晶体结构的几何理论、晶体生长学部分侧重于基本概念和基本理论的介绍。最后介绍了常见典型晶体结构。为加深对书中内容的理解和掌握，书后附有实验指导，供教学和学习参考。

本书可以作为材料科学与工程、无机非金属材料工程、金属材料、宝石学等学科专业的教材，也可以作为相关专业研究人员和教学工作者的参考用书。

本书的出版，得到了山东理工大学教务处、山东理工大学材料学院的支持以及淄博市校城融合发展计划（2017ZBXC193）的资助，在此表示感谢。

目　录

第一章　绪　论

第一节　晶体的概念和空间格子规律

一、晶体的概念

晶体（crystal）一词源于希腊语“*κρνσταλλοσ*”，意为“洁净的冰”，直到17世纪人们还深信透明的石英以及水晶就是“永久冻结的水”；晶体的拉丁文为“*crystallus*”，原指具有几何多面体形状的宝石，17世纪转化为“crystal”，含义则扩展到具有规则形态的盐类。

人类对晶体的认识经历了漫长的发展过程。最初，人们在岩石洞穴及裂隙里发现有些矿物，其表面被若干天然形成的平面——晶面所包围，呈现某种特定形态的几何多面体，如石英呈带尖顶的六方柱、内陆盐湖中的石盐常呈立方体等（图1-1）。人们在研究了许多天然矿物以后，形成了一个早期的关于晶体的概念：**晶体是天然形成的具有几何多面体外形的固体**。显然，这个概念是表象的和不完善的。

在科学发展的过程中，随着人们对晶体结构认识的不断深入，晶体的概念也得以不断深化和完善。开始人们发现，如果把一个大的石盐晶体打碎，能够形成无数立方体外形的小晶体（图1-1（b））。基于这种现象，于是，阿羽依（R. J. Haüy）在1784年就曾经指出：这个过程能一直进行下去，直到一立方体形态的晶体“分子”。推而广之，他认为，所有晶体都是由具有几何多面体外形的“分子”构成的。这个理论遇到的严重困难是：有的晶体，如萤石，解理块为八面体，而仅用八面体是不能堆砌晶体的。况且，许多晶体的解理并不发育。另外，他把最小的平行六面体说成是“分子”，这显然也是错误的。

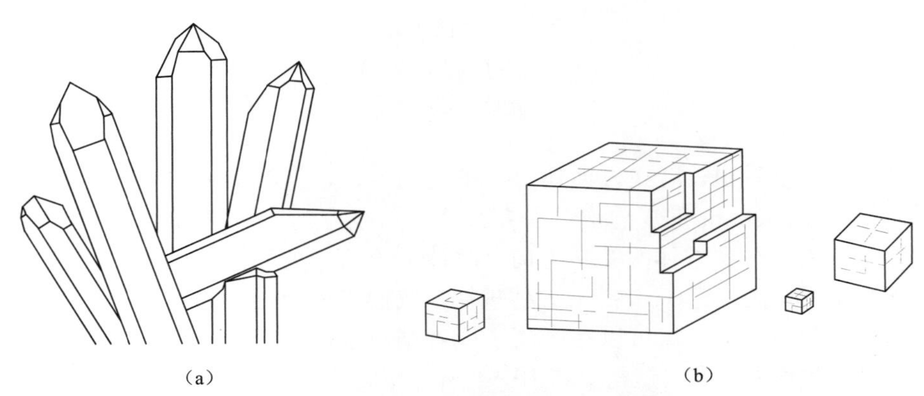

（a）　（b）

图1-1　具有几何多面体外形的天然晶体

（a）石英晶体；（b）石盐晶体及解理块。

早在阿羽依之前的1690年，惠更斯（C. Huygens）就提出：晶体中质点的有序排列导致晶体具有一定的多面体外形。当时，这一观点并未被重视和接受。在阿羽依的理论遭到否定之后，惠更斯的理论就在布拉维（A. Bravais）等人的努力下发展成为晶体结构的点阵理论。

基于晶体的各向异性和均一性提出的点阵理论，成功地通过了实践的考验。1912年，劳厄（M.V. Laue）开创了X射线结晶学，它的发展一方面证明了晶体的点阵结构，即晶体内部具有格子构造；另一方面表明，这样定义下的晶体在自然界是普遍存在的。现在，我们甚至可以用高分辨率电子显微镜直接观察到点阵结构。

这样，我们就可以给晶体下一个比较科学的定义：**晶体是内部质点在三维空间周期性重复排列的固体，即晶体是具有格子构造的固体。**

在自然界及日常生活中，具有规则几何多面体外形的晶体是少数的。有些东西从外表看来似乎不是晶体，但实际也是晶体，如陶瓷、水泥、钢铁、洗衣粉、药片和化学肥料等，无一不是由无数微小晶体组成的多晶体。

二、晶体的空间格子规律

1. 空间格子的概念

空间格子是表示晶体内部结构中质点重复规律的立体几何图形。

人类利用X射线测出的第一个晶体结构是氯化钠的结构。现以氯化钠为例，说明空间格子的构成。氯化钠的结构如图1-2所示。

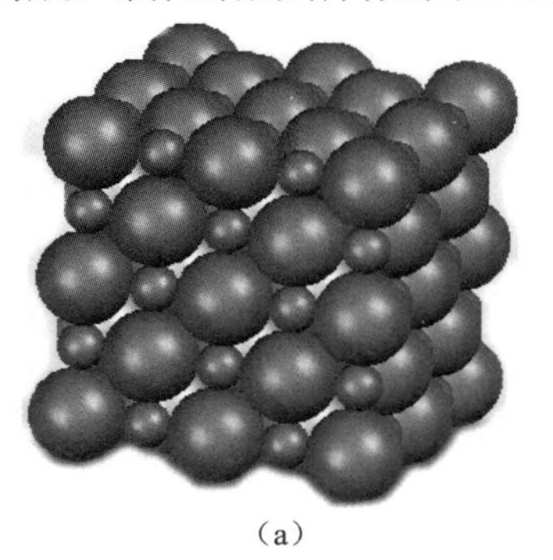

（a）

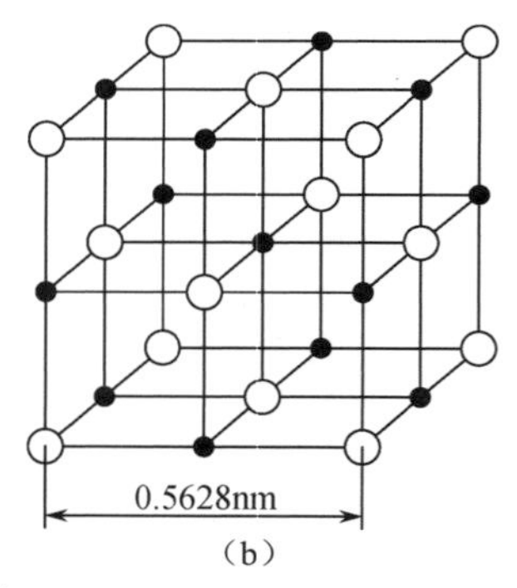

（b）

图1-2　氯化钠结构

（a）NaCl离子堆积；（b）晶胞。

大球—Cl^-；小球—Na^+。

由图1-2可以看出，沿立方体任何一条棱的方向，氯离子和钠离子均是作等距相间排列，每隔0.5628nm重复一次；沿立方体对角线方向，两种离子各自以0.3988nm的间距等距排列；在立方体的其它方向，两种离子的排列亦是规则的，只是排列方式与重复规律不同。为了进一步揭示这种规律，我们可以对结构进行抽象：首先，在结构中任选一几何点，这个点可以在氯离子或者钠离子的中心，或在它们中间的任意一点，然后，以此点为基准，在整个结构中把所有相同的点全部找出来，由此得出的每一个点，都应该是结构中占据相同位置、且周围具有相同环境的等同点，称为相当点。

相当点的条件：

（1）如果原始点选在质点中心，则质点种类要相同。

（2）相当点周围的环境、方位要相同，即相当点周围相同方向上要有相同的质点。

图 1-3（a）表示氯化钠结构中 Cl^-和 Na^+在平面上的分布。若原始点选在 Cl^-的中心，相当点的分布如图 1-3（b）所示；选在 Na^+的中心或其它任何部位，相当点的分布也相同。所以相当点的分布能够反映晶体结构中所有质点的重复规律。

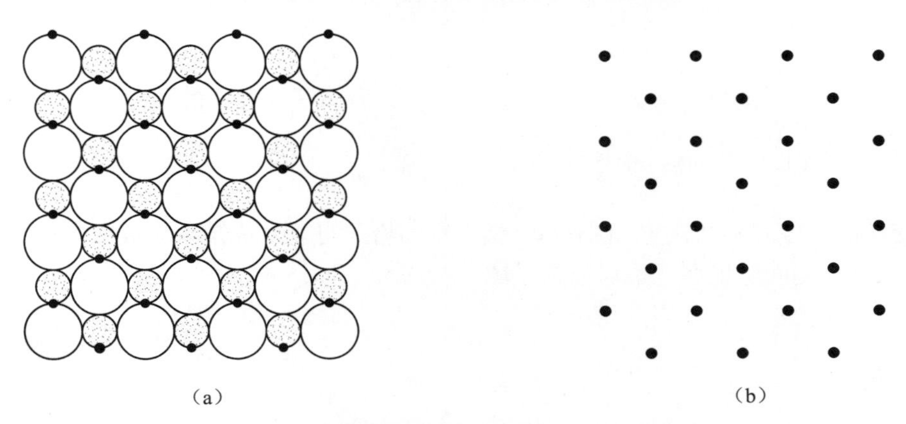

（a）　　　　　　　　　　（b）

图1-3　氯化钠结构中Cl^-和Na^+在平面上的分布

（a）氯化钠结构中相当点的分布；（b）由此导出的点阵。

大球—Cl^-；小球—Na^+；黑点—相当点。

相当点在平面内的分布，就构成了晶体结构的平面点阵，用直线连接相当点，就构成平面格子；相当点在三维空间也规则排列，形成空间点阵，用直线连接三维空间的相当点，就构成空间格子。

为了研究晶体内部质点的重复规律而不受晶体自身大小的影响，我们设想相当点是在三维空间无限重复排列的，即空间格子是无限图形。

2. 空间格子要素

（1）结点（阵点）：空间格子中的点，它代表晶体结构中的相当点。在实际晶体中，结点的位置可以为同种质点所占据，但就结点本身而言，它并不表示任何质点，只具有几何意义，为几何点。

（2）行列（直线点阵）：分布在同一直线上的结点构成行列。显然，由任意两结点就决定一个行列。行列中相邻两个结点间的距离为该行列上的结点间距。同一行列的结点间距相同；相互平行的行列，结点间距相同；不同方向的行列，结点间距一般不同（图 1-4）。

（3）面网（平面点阵）：结点在平面上的分布即构成面网。显然，任意两相交的行列即可构成一个面网（图 1-5）。

面网上单位面积的结点数为面网密度。相互平行的面网，面网密度相同；互不平行的面网，面网密度一般不同。

（4）单位平行六面体（空间点阵）：从三维空间来看，空间格子可以划分出一个最小的重复单位，称为单位平行六面体，它由6个两两平行且相等的面构成，其大小和形状

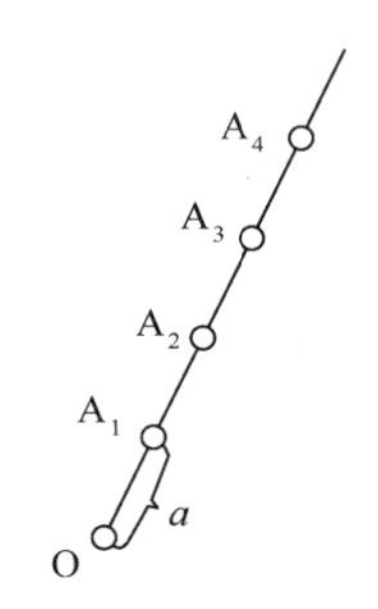

图1-4　空间格子的行列

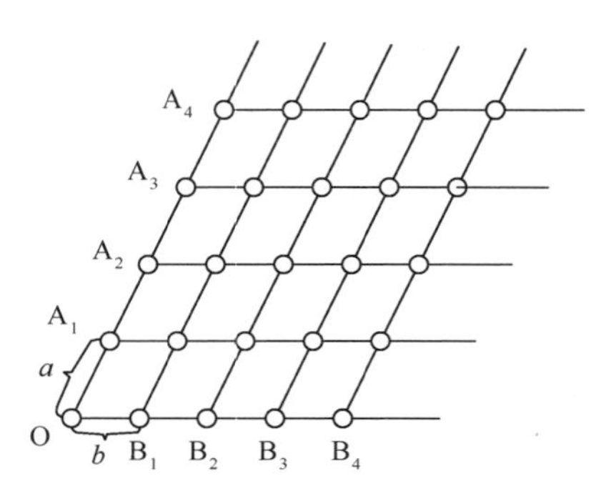

图1-5　空间格子的面网

由3条交棱的长度和夹角决定（图1-6）。整个空间格子可以看成是由无数个单位平行六面体在三维空间无间隙地叠置堆垛而成（图1-7）。

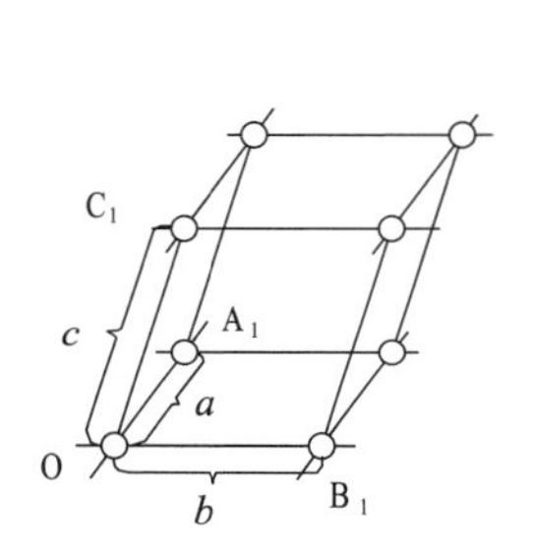

图1-6　单位平行六面体

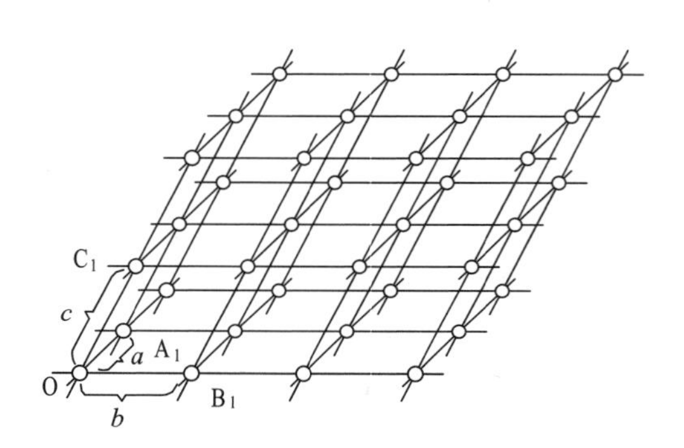

图1-7　空间格子

第二节　晶体的基本性质

晶体和其它所有物体一样，它们的各项性质都取决于其本身的化学组成和内部结构。从上一节我们已经知道，晶体是具有格子构造的固体，一切晶体的内部结构都遵循晶体的空间格子规律，这决定了一切晶体所共有的基本性质。

一、自限性（自范性）

晶体在合适的条件下，能自发地长成规则几何多面体外形的性质，称为晶体的自限性。在下一章我们会了解到，晶面是格子构造中的最外层面网，晶棱是最外层面网相交的公共行列（图 1-8）。既然一切晶体都具有格子构造，它们一定能够自发地形成规则几何多面体外形。

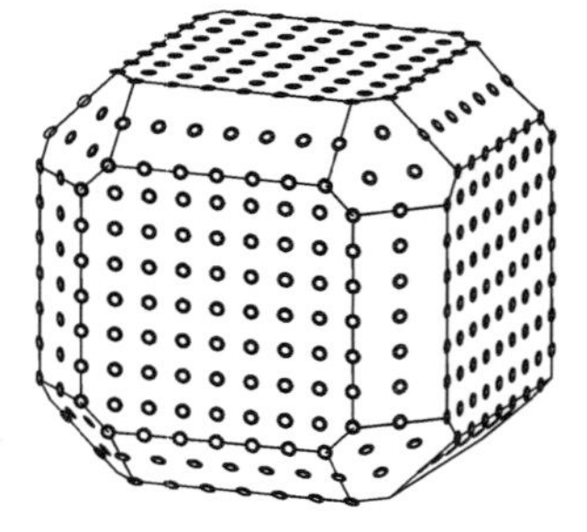
图1-8　晶面、晶棱、角顶与面网、行列、结点的关系示意图

合适条件主要指晶体生长的足够空间。

有些晶体并不具有规则几何多面体外形，这是

由于晶体生长时受到了空间限制。实际上，如果让不具有规则外形的晶体继续不受限制地自由生长，它们依然可以自发地长成规则几何多面体外形。所以，从本质上讲，晶体的自限性并不存在任何例外。

下面的实验也显示了晶体的这一性质：将明矾石晶体磨成圆球，用细线把它挂在明矾石的饱和溶液里，数小时后，圆球上出现了一些规则排布的小晶面，它们逐渐扩大并汇合，最后覆盖整个晶体而形成多面体外形（图 1-9）。

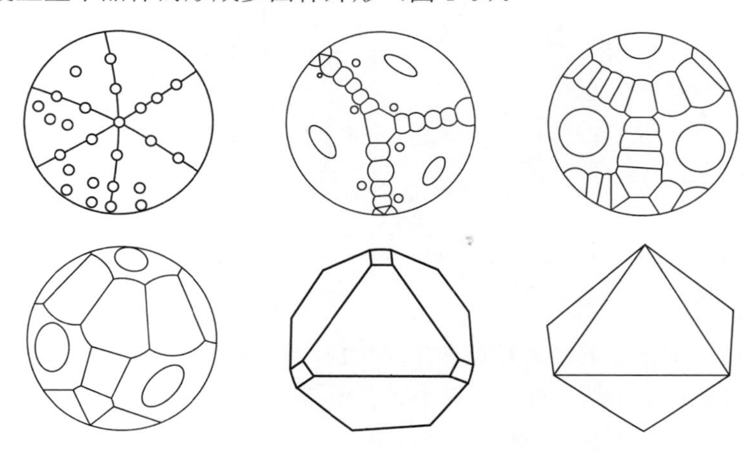

图1-9　晶体的自限性

二、各向异性

晶体的几何度量和物理性质常随方向不同而表现出量的差异，这种性质称为各向异性。当然，在晶体以对称性联系起来的方向上，其几何度量和物理性质是相同的。

晶体的各向异性是由晶体内部质点的有序排列决定的。在晶体结构的不同方向上，质点的排列方式不同（图 1-10），物理性质一定存在差异。图 1-11 示出氯化钠晶体在 a 方向、$b+c$ 方向和 $a+b+c$ 方向上抗拉强度的区别，3 个方向的抗拉强度比为 1:2:4。

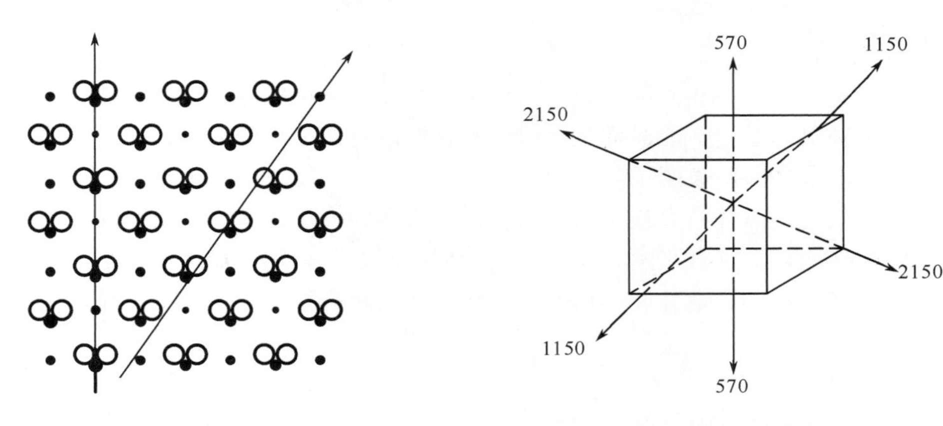

图1-10　晶体的各向异性　　图1-11　氯化钠晶体的抗拉强度（单位：g/mm^2）

关于晶体的各向异性，我们还可以做一个实验：在霞石的底面和柱面上涂上一层石蜡，在酒精灯上将两根铁针烧热，分别把针尖靠近底面和柱面，底面上的石蜡化成圆形，柱面上化成椭圆形，如图 1-12（a）所示；而在石盐晶体的每一个正方形面上，石蜡均化成圆形，如图 1-12（b）所示。这表明霞石底面上的热传导是各向同性的，而柱面上的热传导是各向异性的；石盐立方体的每一个晶面上的热传导都是各向同性的。

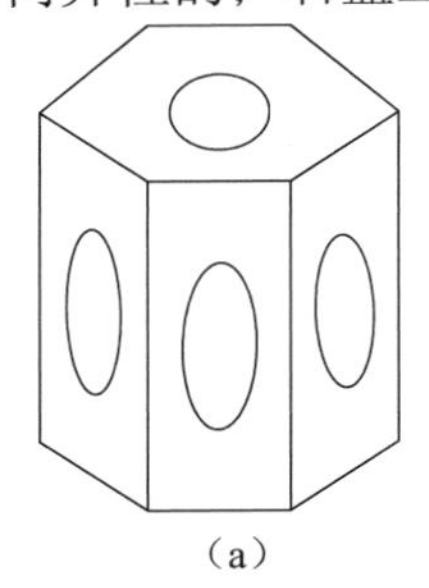
（a）

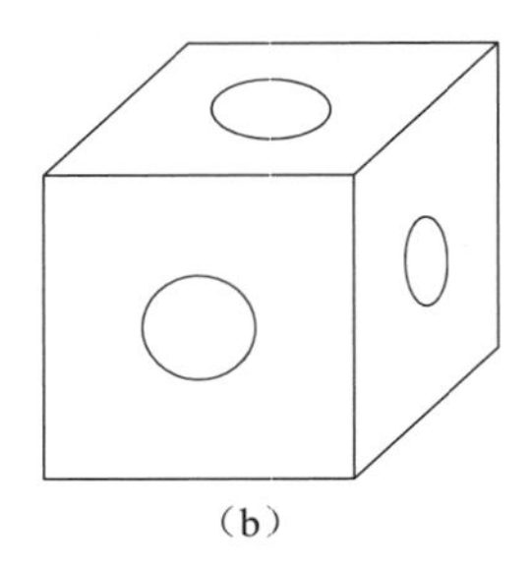
（b）

图1-12　晶体的热传导性

（a）霞石；（b）石盐。

三、均一性

同一晶体的任何部位的物理性质和化学组成均相同，这一性质称为晶体的均一性。例如，把石盐分成许多小块，每一小块都具有相同的性质（颜色、密度、味道），因为每一小块均具有完全相同的结构及化学组成。

均一性和各向异性在同一晶体上的表现，可以以电导率为例进行说明。在晶体上按不同方向测量，电导率除靠对称性联系起来的方向外都是不同的，这就是晶体的各向异性；而在晶体上的各个部位按相同方向测量的电导率都相同，这就是晶体的均一性。即晶体的各向异性均一地在晶体的每一点上表现出来。

四、对称性

所有的晶体都是对称的。晶体的对称不但表现在外形上，其内部构造也是对称的。晶体的对称性是晶体的重要性质，这将在后面的章节里专门讨论。

五、稳定性

晶体的稳定性是指在相同的热力学条件下，晶体与同种成分的非晶质体、液体和气体相比，以晶体最为稳定。非晶质体随时间推移可以自发地转变为晶体，而晶体决不会自发地转变为非晶体，就表明了晶体的稳定性。

晶体的稳定性是晶体具有最小内能的结果。晶体的格子构造，是质点间的引力和斥力达到平衡的结果，在这种平衡状态下，无论质点间的距离是增加还是减小，都将导致势能的增加。非晶质体、液体和气体的内部质点间的距离都不等于平衡距离，其势能较大，稳定性较差。

六、定熔性

定熔性是指晶体具有固定熔点的性质。

当加热晶体时，最初，晶体的温度是随时间上升的，当达到某一温度（熔点）时，晶体开始熔融，之后一段时间内，晶体的温度不随时间升高，此时，外界提供的热量全部用于破坏格子构造。当晶体全部熔融时，温度才又开始上升（图 1-13）。

非晶质体没有固定的熔点。加热玻璃，玻璃随温度的升高逐渐变软，最后变成熔融液体，不存在由固相向液相转变的突变点（图 1-14）。

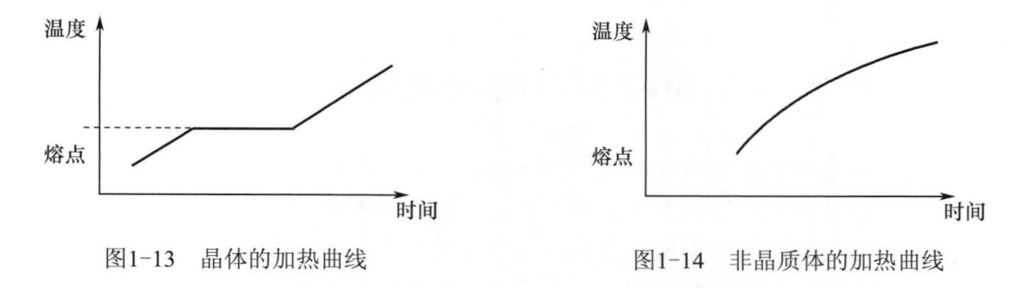

图1-13　晶体的加热曲线　　图1-14　非晶质体的加热曲线

在温度停顿的时间内，晶体吸收到一定的热量使自身变成液体，这部分热量称为熔融潜热。由于晶体内部各部分的质点都是按相同方式排列，破坏同一晶体结构的各部分需要同样的温度，因此，晶体具有固定的熔点。

第三节　非晶质体的概念

非晶质体是和晶体相对立的概念。它们也是固体，但其**内部质点在三维空间不成周期性重复排列**，即**非晶质体不具有格子构造**。

图 1-15 所示为石英晶体和石英玻璃的内部构造。可以看出，石英晶体内部质点呈规则排列，具有格子构造；而非晶质的石英玻璃内部质点的分布是没有规律性的，因此不具有格子构造。表现在外形上，非晶质体在任何条件下，都不会自发地长成规则几何多面体；在内部结构上，其各部分之间仅具有统计均一性，因而在不同方向上的性质是相同的。非晶质体在外形上是一种无定形的凝固态物体，内部结构上是统计均一的各向同性体。从以上这些特点上看，非晶质体类似于液体。因此，非晶质体也被认为是过冷却的液体，或是硬化的液体。加热非晶质体，它将逐渐软化，最后变成熔体，没有固定的熔点。

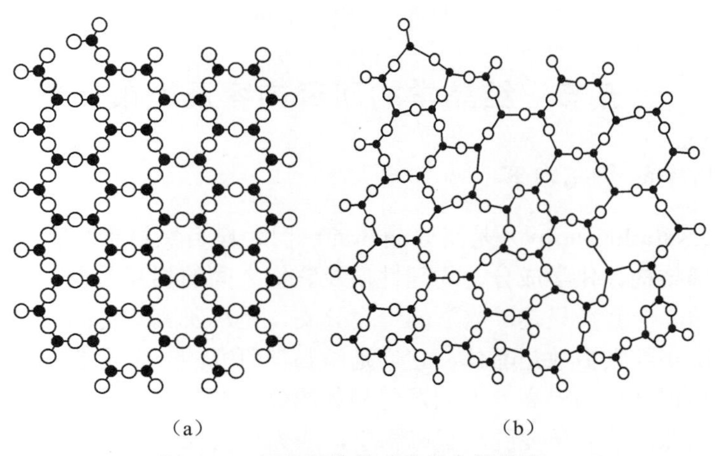

图1-15　晶体和非晶质体的内部构造

（a）石英晶体；（b）石英玻璃。

非晶质体的分布远不如晶体那么广泛。在岩石矿物中，只有琥珀、蛋白石和火山玻璃等少数非晶体，其它如玻璃、沥青、松香、塑料也为非晶体。在晶体与非晶体之间还存在着结构介于两者之间的固体，称为准晶体。高聚物中存在着一维或二维周期性重复排列的分子。

第四节　准晶体的概念

1982 年，以色列科学家谢赫特曼（D. Shechtman）在急冷凝固的 Al-Mn 合金中发现了一种质点分布呈短程有序和非整周期平移重复的新的凝聚态物质。后来，人们在许多合金中发现具有类似性质的物质，它们具有传统结晶学中不存在的 5 次或 6 次以上（如 8 次、10 次、12 次等）旋转对称轴（图 1-16）。这种特殊的固体不是传统意义上的晶体，而是**一种原子排列具有准周期性的晶体**，简称为准晶。所谓“准”周期性，是指质点在三维空间的排列并非像晶体那样，是某一种基本单元在三维空间的周期性重复排列，而是存在多级呈自相似的配位多面体，在三维空间作长程定向有序分布。这种排列既不像晶体那样简单地平移，又不像非晶态或玻璃那样杂乱无章。

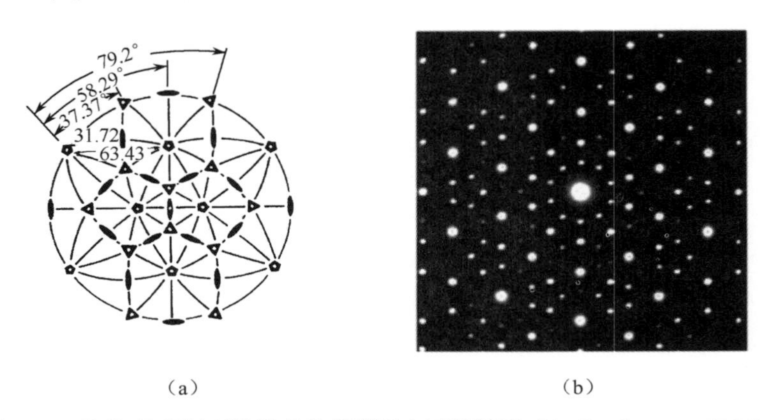

（a）　　　　（b）

图1-16　具有5次旋转对称准晶的投影及电子衍射图（D. Shechtman，1984）

（a）投影图；（b）电子衍射图。

第五节　结晶学的研究内容及发展历史

一、结晶学的研究内容

结晶学（crystallography）是研究晶体的一门经典自然科学。它主要研究晶体的生长、形貌、内部结构、化学成分、物理性质及它们之间的相互关系。

历史上，结晶学曾经只是矿物学的一个分支，是从研究矿物晶体开始发展起来的。因为自然界的矿物绝大多数是晶体，它们是结晶学研究的一个重要方面。随着科学技术的发展和人类知识水平的提高，人们发现晶体的分布领域越来越广，已经大大超出了矿物学的范畴。因此，结晶学便脱离了矿物学，成为一门独立的学科。

如今，结晶学的研究内容已相当广泛和深入，形成了如下分支：

（1）晶体生长学（crystallogeny）：研究晶体的发生成长机理和晶体的人工制造；探究影响晶体生长的因素，寻找更加适合晶体生长的结晶条件；深入研究晶体生长的理论，掌握晶体生长的内在规律，帮助人们获得现代科学技术所急需的晶体材料。由于现代科学技术对特殊晶体材料的需要，晶体生长的理论和实验研究得到迅速发展。

（2）几何结晶学（gometrical crystallography）：研究晶体外形的几何规律，是结晶学经典的和基础的部分，主要内容包括晶体的几何形貌、几何要素（晶面、晶棱等）以及其间的对称性和各种几何关系。它对晶体的描述、分类和鉴定均具有重要意义。几何结晶学的基本规律在材料科学中得到广泛应用。

（3）晶体构造学（crystallology）：研究晶体内部结构中质点的排布规律、晶体结构的形式和构造缺陷。具体内容有晶体内部各类几何要素（包括质点、行列、面网等）在空间的分布规律和晶体结构的具体测定；实际晶体结构的不完善性，即各种点缺陷、线缺陷、面缺陷和体缺陷。晶体构造学对从根本上阐明晶体的一系列现象和性质起着重要的作用。

（4）晶体化学（亦称结晶化学，crystallochemistry）：研究晶体的化学成分与晶体结构的关系，着重研究晶体在原子、分子层面上的相互作用与物质结构理论，进一步分析成分、结构与晶体性质和生成条件的关系。从而揭示组成晶体的化学成分、晶体的结构以及晶体的性能之间的内在相互关系，并探求其中的根本原理。

（5）晶体物理学（crystallophysics）：研究晶体的结构与晶体物理性质的关系，以及晶体物理性质的产生机理和规律，即晶体的结构、对称、晶体形成条件对晶体的力学、电学、光学等物理性质的影响。

实际上，晶体化学与晶体物理学紧密相连，研究内容有许多相同之处，因为晶体的化学成分与晶体的物理性质密切相关。

二、结晶学与其它学科之间的关系

结晶学的形成和发展与数学、物理学、化学等基础自然学科的发展密切相关，同时结晶学与固体物理学、无机非金属材料科学、金属材料科学、复合材料科学的关系十分密切，其理论知识也成为许多应用学科的理论基础。

1. 结晶学与基础学科的关系

结晶学虽然已经从矿物学中脱离出来成为独立的学科，但是结晶学与矿物学以及其它地球科学，如岩石学、地层学、矿床学、地球化学、构造地质学、工程地质学等之间依然有着密切的联系。可以说，结晶学是矿物学及其相关学科的基础，而这些学科的研究成果又进一步推动着结晶学的研究。

和任一自然科学的发展一样，结晶学的形成、发展及其基本理论，都离不开多门基础学科的理论基础和基本知识。例如，数学是结晶学研究和发展的重要基础学科，许多结晶学理论都是通过数学推导得到证实和完善的；结晶学与物理学及化学之间有着互相渗透和互为利用的关系，并形成了固体物理学、固体化学、晶体物理学和晶体化学等边缘学科。

2. 结晶学与应用学科的关系

对许多应用学科来说，结晶学都是重要的理论基础之一。其中，直接以晶体为研究对象的学科有选矿学、冶金学、金相学、铸造学、陶瓷工艺学、水泥工艺学、耐火材料工艺学、化学工艺学和药物学等；在半导体、无线电、超声波、激光、超导等技术领域，均是利用晶体材料作为核心部件的，关键性理论均与结晶学有密切关系；还有如电子技术、仪器仪表、食品工业、农业以及环境科学等部门也或多或少地需要结晶学基础知识。

3. 结晶学是材料学科的理论基础

结晶学是材料学科的理论基础。材料学科的发展，材料制品的研究、开发与实际应用，都离不开结晶学理论知识的指导，这从下面三个方面可以看出：

（1）材料制品大多数是晶体或以结晶相为主要组成。

① 金属材料：纯金属、合金、金属化合物和金属铸件等基本都是晶体集合体。

② 无机非金属材料：除玻璃及其制品外，可分为两类：

单晶材料：直接利用晶体自身的某种性质。常见的单晶材料有水晶、红宝石、蓝宝石、冰洲石、云母、金刚石、单晶硅和单晶锗等。这些单晶可以是天然形成的，也可以由实验制成。

多晶材料：又分为多晶单相制品和多晶多相制品，前者由同种晶体的细小集合体组成，如氧化铝瓷、钛酸钡瓷和刚玉质耐火材料等；后者由两种或两种以上不同晶体的细小集合体组成，有时还同时存在玻璃相、气相等物相，如普通陶瓷、部分特种陶瓷、耐火材料、水泥熟料、铸石材料和研磨材料等。

（2）工业原料的主要组成相是晶体。

① 天然矿石原料：金属材料工业所用的原料大都是结晶态的天然矿石；冶金工业的人造富矿如烧结矿、球团矿皆以结晶矿物为主要组成，冶金所用的熔剂性材料，如石灰石、白云石和萤石等都是天然晶体的集合体；无机非金属材料工业的原料，主要有天然矿石原料、化工原料、工业废渣和工业尾矿等，亦都是由结晶相为主要组成。

② 人造化工原料：是天然矿石经加工或提取获得，主要用来制造新型无机非金属材料，或用来作为传统硅酸盐制品的辅助原料，如碳酸钡、钛白粉和工业氧化铝等，也都是由晶体组成的。

③ 工业废渣和工业尾矿：工业废渣可作为无机非金属材料工业的原料，如水泥工业大量使用的高炉矿渣、钢渣、粉煤灰和煤渣等。天然矿产开采的尾矿，也是某些无机非金属材料制品的重要原料。而废渣和尾矿主要也是由晶体组成。

（3）指导材料制品的研制和开发应用。

众所周知，材料的性能主要是由制品的化学成分、矿物组成和显微结构决定的。不同化学组成的材料，必然形成不同的矿物组成和显微结构，也就具有不同的理化性能及用途。即使是同样化学组成的制品，因为制造过程及工艺条件的不同，所形成的相组成和矿物组成也会有差别，有时差异很大甚至完全不同。由于显微结构特征存在差异，制品的理化性能也存在差异，结果具有完全不同的用途和使用效果。

为了提高或改进材料的生产工艺或制品的技术性能，总是从不断改进制品的化学组成配方、调整影响矿物组成及显微结构特征的工艺因素等方面着手，以获得具有理想显微结构和最佳理化性能的材料制品。不难看出，结晶学知识在指导材料生产制造和使用，尤其对单晶体材料、功能材料和结构材料的性能与使用分析，具有重要的作用。

例如，金属材料工业部门，需要用结晶学知识指导金属的冶炼、合金制造及金属热处理和金相分析，以控制制品中结晶相的内部构造、晶粒组成及其形状和大小，研究金属材料中各结晶相的构造缺陷特点，采用有效的工艺措施以获得特定金相结构和特殊性能的金属材料制品。又如，为提高陶瓷材料的性能亦可采用如金属材料一样的热加工，使瓷坯内的晶粒大小和排列达到有序，形成晶面和晶棱定向排列的各向异性的结构材料，获得兼有单晶特性的多晶材料。再如，为提高无机非金属结构材料的硬度和韧性，在制品中加入少量异性成分，与原组成矿物晶体形成如金属合金固溶体的制品，在提高材料硬度的同时，还可利用某些晶体多相转变产生的体积效应以提高制品的韧性，改善制品的其它性能，这是当前国际上研究高温结构陶瓷的前沿热门课题之一。

从上述可见，无论是材料制品自身以及制造所用的工业原料，还是材料改性以及制造材料新工艺等的研究，都离不开结晶学的基础：一方面，用结晶学知识可从理论上指导并解决材料的生产实践和实际应用方面的重要问题，帮助对材料相组成和显微结构的分析；另一方面，随着材料科学对晶体产生、成长、结合、性能等方面的研究成果，又可更加丰富和充实结晶学的理论和研究内容。

三、结晶学的发展历史

公元前4000年的古代苏美尔人将初步加工的雪花石膏（方解石）、金、银、玛瑙石和青金石等用于装饰和魔法，这可能是人类最早使用晶体的记录；至少在5000年前，水晶已用于中医治疗；古埃及人也将青金石、玛瑙、绿松石、祖母绿以及透明水晶用作珠宝首饰。

虽然远古时代人类已经注意到晶体，且对其产生了极大的兴趣，并开始利用晶体的某些性能如颜色、透明度、硬度等。然而，在人类的蒙昧时期，晶体各种现象的解释也都带上了宗教迷信的色彩。直到17世纪中叶，人们对晶体形貌的观察和认识才具有了真正意义上的科学性。17世纪以后，结晶学开始作为一门科学得到发展。之后的300多年，结晶学的发展经历了经典几何结晶学的发展到成熟、X射线的应用到晶体构造学及微观对称理论的成熟、准晶的发现到准晶理论和准晶体学的奠立及发展等阶段。

1．经典结晶学阶段（晶体宏观对称及晶体形态学）

1669年丹麦解剖学和地质学家尼古拉斯·斯丹诺（Nicolaus Steno，1638—1686）对石英和赤铁矿晶体进行了研究后，首先发现了晶体的面角恒等定律。这一定律的发现奠定了几何结晶学的基础，使人们从千姿百态的晶体外形中找到了初步规律。1688年，意大利科学家多米里克·加格利尔米尼（Domenico Guglielmini，1655—1710）把面角守恒定律推广到了多种盐类晶体上。1780年法国学者阿诺德·克兰乔（Arnold Carangeot，1742—1806）发明了接触测角仪；之后，克兰乔的老师法国学者罗姆·得利（Romé de l'Isle，1736—1790）利用这一测角仪进行了20多年的测角工作，测量了500余种矿物晶体，肯定了面角守恒定律的普遍性。从此，人们了解到晶体晶面的相对位置是每一种晶体的固有特征，而晶面的大小在很大程度上取决于晶体生长期间的物理化学条件。这为进一步发现晶体外形的规律性，尤其是关于晶体宏观对称性的规律创造了条件。

1690年荷兰学者惠更斯（Christiaan Huygens，1629—1695）根据方解石的解理和双折射性质，提出了晶体是具有一定形状的物质质点（成椭球形的物质分子）作规则的垒叠而成的，还试图找出晶体内部的构造规律。这一观点是晶体构造思想的最早萌芽，但当时并未引起重视。1741 年，俄国学者罗蒙诺索夫（Михаи́л Ломоно́сов，1711—1765）创立了物质结构的原子—分子学说，认为晶体是由微分子堆砌而成的，从理论上阐明了面角守恒定律的实质。

1781 年法国学者阿羽依（R.J.Haüy，1743—1822）基于对方解石晶体沿着解理面裂开性质的观察，提出了晶体是由无数个具有多面体形状的原始“必要分子”在三度空间无间隙地平行堆砌而成（图 1-17）。1801 年阿羽依发表了著名的整数定律（又称有理指数定律，The law of rational indices），阐述了晶面与晶棱的关系，为晶体定向和晶面符号的确定提供了理论依据，他的这种思想奠定了晶体构造学的基础，比较满意地解释了晶体外形与其内部构造间的关系。此外，他又提出了晶体是对称的，这种对称不但为晶体外形所固有，同时也表现在晶体的物理性质上。

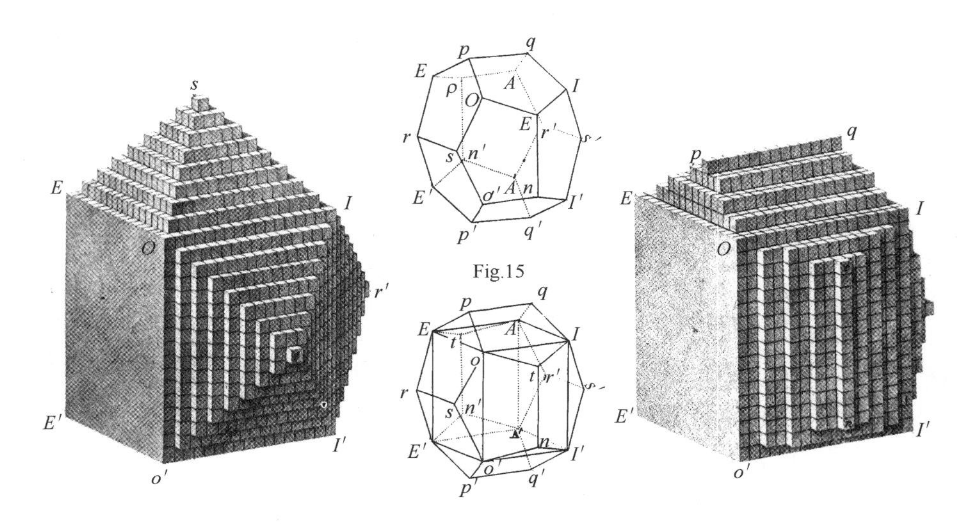

图 1-17 “立方体分子”组成的几何多面体（Haüy，1801）

进入 19 世纪，结晶学得到了迅速发展，几何结晶学的许多基本定律，都在这一时期建立起来。经典几何结晶学达到了非常成熟的阶段。

1809 年英国学者乌拉斯顿（William Hyde Wollaston，1766—1828）设计出了第一台单圈反射测角仪。这种仪器的出现，使得晶体测角工作的精度大为提高。当时，这项工作盛极一时，曾积累了许多实际资料。

1805—1809 年间，德国矿物学家魏斯（Christian Samuel Weiss，1780—1856）确定了晶体中不同的旋转轴，总结出了晶体的对称定律（Law of crystal symmetry），并于 1813 年首先提出晶体分为六大晶系。他的这些工作为晶体的合理分类奠定了基础。魏斯对结晶学最重要的贡献是确定了结晶学中另一个重要定律——晶带定律（Weiss zone law），它表述了晶带轴和与其相关的一组晶面间的关系。1818 年，魏斯还提出过晶面指数，但未被广泛接受，后来被米勒指数取代。魏斯的成果主要发表于柏林皇家科学文集中。

1839 年英国矿物学家米勒（William Hallowes Miller，1801—1880）先后创立了表示晶面空间方位的 *h*、*k*、*l* 晶面指数和（*hkl*）晶面符号。由于它使用简单，计算方便，至今仍获得普遍的采用，并称其为米勒指数和米勒符号；1874 年他在克兰乔接触测角仪和乌拉斯顿单圈反射测角仪的基础上创制了接触双圈测角仪。针镍矿（NiS）的英文名称“Millerite”即为纪念首先研究了该矿物晶体的米勒而得。

德国学者赫塞尔（Johann F. C. Hessel，1792—1872）首先用几何的方法推导出晶体外形可能有的对称要素的组合形式共有 32 种，即 32 种对称型（点群）。但由于当时不被重视，所以他的这一成果未被人们所注意。1867 年俄国学者加多林（Аксель Вильгельмович Гадолин，1828—1892）用严谨的数学方法加以推导，得出了相同的 32 种对称型，引起人们的重视，从而完成了晶体宏观对称的总结工作，为晶体的分类奠定了基础。

这一时期的重要著作有斯丹诺的《岩体中的自然包裹体初探》（*De solido intra solidum naturaliter contento dissertationis prodromus*，1669），罗姆·得利的《结晶学导论》（*Essai de Cristallographie*，1772）和《矿物形态学》（*Ou description des formes propres à tous les corps du règne minéral*，1783），惠更斯的《光论》（*Traité de la lumière*，1690），阿羽依的《晶体结构理论》（*Essai d'une théorie sur la structure des crystaux*，1784）、《矿物论》（*Traité de minéralogie*，1801）和《晶体论》（*Traité de cristallographie*，1822），魏斯的《晶体形态几何学特征探究》（*De indagando formarum cristallinarium caractere geometrico principali*，1808），米勒的《结晶学论》（*A treatise on crystallography*，1839）和《结晶学短文》（*A tract on crystallography*，1863）等。

2．现代结晶学阶段（晶体微观对称及晶体构造学等结晶学分支的形成）

晶体内部构造理论的研究工作，随着晶体宏观对称及晶体形态学的深入开展，也得到了迅速的发展；与此同时逐渐产生并形成了晶体构造学、X 射线晶体学、晶体化学等结晶学分支学科。

1842 年德国学者弗兰肯海姆（Moritz Ludwig Frankenheim，1801—1869）首先提出了晶体内部格子构造的理论。他认为晶体的内部构造应以点为单位在三度空间成周期性的重复排列，推出了 15 种可能的空间格子形式。同时，又提出了平行六面体的概念。1848 年法国著名的物理学家布拉维（Auguste Bravais，1811—1863）修正了弗兰肯海姆的研究成果，提出一切可能的不同空间格子形式只有 14 种，以后这 14 种空间格子形式被称为布拉维晶格（Bravais lattice）；1851 年布拉维进一步提出了实际晶体晶形与内部结构间的关系，即著名的布拉维法则（Bravais law），成为近代晶体构造理论的奠基人。

德国学者松克（Leonard Sohncke，1842—1897）进一步发展了晶体结构的几何理论，1879 年引出微观对称群的概念，在布拉维构造理论的基础上推导出包括平移、旋转和螺旋旋转群的 65 个松克点系（Sohncke point systems）。1890 年俄国结晶学家、现代结晶学的奠基人费德洛夫（E.C. Евграф Степанович Фёдоров，1853—1919）第一个提出反映滑移这一新的对称变换，并运用数学的方法推导出了晶体结构中一切可能的对称要素组合方式——230 种空间群（费德洛夫群，Fedorov groups），这一理论便成为一切有关晶体构造的研究基础。同时，费德洛夫发现了结晶学极限定律，为晶体化学的诞生奠定了基础。1889 年，他发明了双圈反射测角仪和费氏旋转台，使晶体的研究工作大大向前推进一步。

德国学者圣弗利斯（Arthur Moritz Schoenflies，1853—1928）、英国学者威廉·巴洛（William Barlow，1848—1934）分别于 1891 年和 1894 年从点在空间排列方式的角度出发，相继用不同的方法得出了与费德洛夫相同的结果。圣弗利斯还为标记点群（对称型）和空间群建立了一套符号体系，圣弗利斯符号直到 20 世纪 50 年代还广泛使用，之后逐渐被更加清晰和科学的国际符号取代。至此，晶体构造的理论研究工作已经非常成熟了，为晶体结构的分析建立了理论基础，并提供了可能。然而，这一理论得到进一步的证实要在 20 年以后。

19 世纪末叶，晶体构造的几何理论已被许多学者所接受，但还有赖于实验的证明。1895 年，德国物理学家伦琴（Wilhelm Conrad Röntgen，1845—1923）发现了 X 射线，1901 年因此获得第一个诺贝尔物理学奖。1909 年，德国学者马克斯·冯·劳厄（Max von Laue，1827—1960）提出了 X 射线通过晶体会出现干涉现象的设想，并于 1912 年第一次成功地进行了 X 射线通过硫酸铜晶体发生衍射的实验，证实了晶体格子构造的真实性。由于劳厄实验的成功，使结晶学进入了一个蓬勃发展的阶段。它不仅证实了晶体构造的理论，而且更重要的是提供了用 X 射线来研究晶体具体构造的可能，为晶体构造学的发展开辟了一个广阔的前景。劳厄为此又确立了著名的晶体衍射劳厄方程式。X 射线分析使晶体结构和分子构型的测定从推断转为测量，这一进展对整个科学的发展有着重要的意义。由于发现 X 射线在晶体中的衍射现象，劳厄获得了 1914 年的诺贝尔物理学奖。

1912—1914 年，英国学者布拉格父子（William Henry Bragg，1862—1942；William Lawrence Bragg，1890—1971）利用 X 射线做了大量的晶体测量工作，发表了第一个测定的晶体结构即氯化钠晶体结构，之后相继测定了许多晶体结构，而且改善了晶体结构测定的理论和实验技术，提出了著名的布拉格方程（$n\lambda=2d\sin\theta$）。布拉格父子把晶体结构分析问题总结成了标准的步骤，从而开拓了晶体结构研究的新领域。从 1909 年 X 射线通过晶体产生衍射效应的实验第一次获得成功以来，所有已知晶体结构的测定基本上都是应用上述方法做出的。

如果说劳厄和他的同事们发现了 X 射线在晶体中的衍射，从而证明了 X 射线的波动特性，那么，利用 X 射线系统地探测晶体结构，则应归功于布拉格父子。1915 年，因“开展用 X 射线分析晶体结构的研究”，劳伦斯·布拉格和他的父亲亨利·布拉格一起获得诺贝尔物理学奖。晶体中 X 射线衍射效应的发现，是结晶学发展进程中的一个里程碑。它为 X 射线晶体学的诞生奠定了基础，对晶体化学和晶体物理学的形成和发展起了决定性的作用。

晶体化学、晶体物理学起源于晶体学向化学及物理学的渗透。在晶体学发展的经典阶段，人们还只能从观察晶体的多面体的外形来联系晶体的组成和结构。但这种联系也曾对化学的发展做出巨大的贡献。

1819 年、1822 年德国化学家米切利希（Eilhard Mitscherlich，1794—1863）先后发现了类质同象（异质同构、异质同晶）和同质多像（同质异构、同分异构）现象。1850 年前后，法国科学家巴斯德（Louis Pasteur，1822—1895）注意到了酒石酸盐晶体的旋光性与其外形中缺乏对称中心和反映面这一事实间的联系。X 射线在晶体研究中的广泛应用，使得人们通过实验直接了解晶体的内部结构，逐步建立了晶体化学的科学理论体系。1927 年挪威学者戈尔施密特（Victor Mortiz Goldschmidt，1888—1947）在测定元素离子半径工作的基础上，综合研究了决定简单离子化合物晶体构造的因素，提出了晶体化学第一定律（First law of crystallochemistry）。1928 年鲍林（Linus Carl Pauling，1901—1994）总结、提出了关于离子晶体结构的五条法则，即鲍林规则（Pauling’s rules）。他们共同奠定了晶体化学的基础，使晶体化学开始成为一门独立的结晶学分支学科。戈尔施密特定律和鲍林规则等晶体化学原理对无机化学、矿物学、水泥陶瓷工业等的发展起了重大的推动作用。

在晶体化学形成发展的同时，晶体物理学理论逐步系统化。因为 X 射线晶体学的建立，使人们能从本质上认识晶体的物理性质，找出晶体内部结构与晶体物理性质之间的关系，现代晶体物理学走向成熟。

自 1889 年费德洛夫推导出 230 个空间群之后，晶体对称理论停滞了半个世纪，到 20 世纪 50 年代，苏联结晶矿物学家舒布尼柯夫（Алексей Васильевич Шубников，1887—1970）将对称理论向前推进了一步，1951 年提出正负对称型（又称反对称、黑白对称或双色对称）的概念，创立了对称理论的非对称学说。1953—1955 年间，别洛夫（Николай Васильевич Белов，1891—1982）等人根据正负对称型概念增加了晶体所可能有的对称形式，将费多洛夫 230 个空间群发展为 1651 个舒布尼柯夫黑白对称群。1956 年，又提出多色对称理论的概念，并探讨了四维空间的对称问题。这些理论在晶体学、晶体化学、晶体物理学领域中得到广泛的应用。

这一时期的重要著作有弗兰肯海姆的《晶体学》(*Die Lehre von der Cohäsion*，1835)，布拉维的《结晶学研究》(*Études cristallographiques*，1866)，费德洛夫的《晶体的对称》（*Симмтрія правильныхъ системъ фигуръ*，1891），圣弗利斯的《晶系与晶体结构》（*Kristallsysteme und krystallstruktur*，1891)，劳厄的《物理学史》(*Geschichte der Physik*，1947)，布拉格父子合著的《X 射线与晶体结构》(*X-Rays and Crystal Structure*，1915)，德国晶体学家格罗特(Paul Heinrich von Groth，1843—1927)的《化学晶体学》(*Chemischen Krystallographie*，1919)，亨利·布拉格的《结晶状态》(*The Crystalline State*，1925）以及《晶体分析导论》(*An Introduction to Crystal Analysis*，1928)，戈尔施密特的《元素的地球化学分布规则(1～9 卷)》(*Geochemische Verteilungsgesetze der Elemente*，1923-1938)和《地球化学》(*Geochemistry*，1954)，鲍林的《化学键的本质》(*The Nature of the Chemical Bond*，1939）等。

3．准晶的发现——准晶结晶学的诞生（准晶结构及对称新理论）

按照经典结晶学理论，晶体中质点排列方式决定了晶体结构只有 1、2、3、4、6 次旋转轴存在，不可能出现 5 次或 6 次以上的旋转对称性，这就是魏斯确立的“晶体的对称定律”。科学技术的迅猛发展，高分辨率透射电子显微镜的出现，使得科学家既可以直接观察晶体内部的结构和各种微观现象，如晶格像、结构像，甚至于原子像；又可以利用电子衍射显微图像来研究晶体的微细结构以及与晶体结构有关的一类现象。

1982 年 4 月 8 日，以色列科学家谢赫特曼在观察 $Al_{86}Mn_{14}$ 合金急冷凝固的结构时，发现了具有 5 次旋转对称的明锐斑点的电子衍射图。1984 年 11 月，谢赫特曼等在《物理评论快报》上发表论文报导了这种晶体结构长程定向有序，而无平移周期性，具有 $m\bar{3}\bar{5}$ 点群对称，它既不是通常的晶体，也不是非晶体。接着，宾夕法尼亚大学的莱文(D. Levine)和斯坦哈特（P. Steinhardt）在《物理评论快报》发表文章，将彭罗斯拼图及麦凯菱面体三维堆砌中的顶点的坐标写出来，旋转后作傅里叶变换，得到相应的 5 次、3 次旋转对称衍射图，指出谢赫特曼的实验结果就是二十面体准晶。准晶有着准周期（quasiperiodic）的结构，是晶体的自然延伸。从此，“准晶”（quasicrystal）一词正式提出。

与此同时，中国科学院郭可信研究小组利用高分辨电子显微术、电子衍射及计算机成像模拟技术，深入系统地研究了具有二十面体构造单元的合金相，发现了 5 次对称。1985 年，第一次在（Ti_{1-x},V_x）2Ni（x=0.1~0.3）急冷合金中发现了具有 5 次对称的准晶，首先提出朗道相变理论解释准晶生长的可能性。

准晶的发现在晶体学界以及与之密切相关的凝聚态物理、固体化学、材料科学、矿物学等领域产生了巨大震动。仅数年的时间，国内外就发表了近千篇论文，传统的经典对称理论受到猛烈冲击。从此，5 次对称轴作为 20 世纪 80 年代的重大发现载入科学史册，准晶体结晶学从此诞生。

目前除 Al 合金外，在 Mg、Ti、Ni、Fe、Pd、Cd、Ag 基等近百种成分合金中也都观察到二十面体准晶，其中近 50 种属于热力学稳定型。2004 年发现了树枝状有机超分子自组装生成的 12 重旋转对称液晶准晶。除三维准晶外，还发现了大量二维准晶。这些二维准晶沿其周期性方向分别具有 10 次、8 次、12 次、5 次、6 次旋转轴。二维准晶以 10 次对称的准晶居多，共计有近 70 种成分合金，其中近 30 种属于热力学稳定型。2009 年斯坦哈特等在产于俄罗斯的一块矿石中发现了成分为 $Al_{63}Cu_{24}Fe_{13}$ 的二十面体准晶。

准晶的结构可以用著名的斐波那契序列来加以描述。这个序列的特点是其中一个数是前面两个数之和，而且这种排列永远找不到重复周期。对于晶体学来说，L 表示长线段，S 表示短线段。准周期就是这两个线段（周期）的排列永远找不到重复单元。人们细心观察一些衍射图和高分辨电子显微图像后发现，在任意一个方向上，衍射点或像点的排列都不存在单一周期，而是两种周期的准周期排列。对于二维、三维空间，数学描述更为抽象。

一个实际的准晶体如同晶体一样，存在诸如位错、层错、孪晶、反相畴、晶界等精细结构和结构缺陷。对准晶缺陷应力场的理论分析，以及对准晶位错的电子显微学表征技术，目前已进行了系统研究。亚稳定的准晶相会在提高温度时转变为晶体相，而在低温下热力学稳定的准晶相又会向成分相近的晶体相跃迁。这种与准晶有类似化学配比和相关结构的晶体被称为准晶的晶体近似相。这些近似相通常晶胞较大，且有较多的晶体缺陷。

准晶的特异结构是否带来优异的性能，是人们最关心的。准晶的力学性能表明，它比较脆，但较耐磨，能应用于涂层和材料表面的改性。加入稀土元素的镁合金析出的准晶相能有效地强化合金，改善加工性能，具有十分广阔的应用前景。将准周期的概念引入半导体超晶格技术后，能得到光倍频的效果。二维构造的准周期结构，是一种新型的光子晶体，它具有如负折射率等特异光学性能。

准晶的发现，打破了原先将“周期性”与“长程平移序”等同起来的观念，建立了“准周期的平移序”的新概念。这种准周期的长程平移序，既可包容 5 次、8 次、10 次、12 次旋转对称，又存有六角、立方这类传统旋转对称。1992 年国际晶体学联合会建议，将晶体定义为**“能够给出有明确衍射图的固体，非周期晶体是无周期平移的晶体”**。准晶的出现及准晶体结晶学的产生，丰富了结晶学的内容，扩大了它的范畴，使之既包括有周期性平移对称的传统晶体，也包括只有准周期性平移的准晶体。由于没有了周期性平移的约束，在原来晶体中已有 7 种晶系、32 种对称型（点群）和 47 种单形的基础上，新增加了准晶的 5 种晶系、28 种对称型（点群）和 42 种单型。这对传统结晶学无疑是一个重要的补充和发展，使结晶学进入了一个崭新的时期。

这一时期的重要文献有谢赫特曼的《长程定向有序而无平移对称的金属相》(*Metallic Phase with Long-Range Orientational Order and No Translational Symmetry*，1984)，斯坦哈特和奥斯特伦德的《准晶物理学》(*The Physics of Quasicrystals*，1987)，雅诺特（Christian Janot）的《准晶：入门》(*Quasicrystals*：*a primer*，1997)，郭可信的《准晶研究》(2004)，王仁卉等的《准晶物理学》(2004)，施托伊雷尔（Walter Steurer）和德露蒂（Sofia Deloudi）的《准晶结晶学》(*Crystallography of Quasicrystals: Concepts, Methods and Structures*，2009）等。

第二章　晶体生长的基本规律

晶体的生长是相变过程，包括介质达到过饱和或过冷却阶段、晶核形成和晶体生长三个阶段。整个过程受系统热力学条件和动力学因素控制，外界条件也对晶体形成有很大影响。本章介绍晶体生长的一般知识和基本规律。

第一节　晶体的形成方式

自然界的物质有三态：气态、固态和液态。它们在一定条件下可以互相转变。固态物质又分为晶体、准晶体与非晶体。在一定条件下，物质可以从其它状态转变为晶体，这一过程称为结晶作用。因此，结晶作用是相变过程，伴随它还会产生热效应。

一、气-固结晶作用

气-固结晶作用又称为凝华结晶作用，即气态物质不经过液态阶段直接转变为固态的晶体。其必要条件是气相物质具有足够低的蒸气压，且处于较低的温度下。

现以硫为例说明。从图 2-1 可以看出，硫的蒸气压为 p 时，当温度降至 b 点，气态硫凝结成液态硫；温度降至 c 点时，液态硫结晶形成单斜硫；温度降至 T 点时，单斜硫转变成斜方硫。当硫的蒸气压在 p'，温度降至 S 点时，气态硫直接结晶成斜方硫。

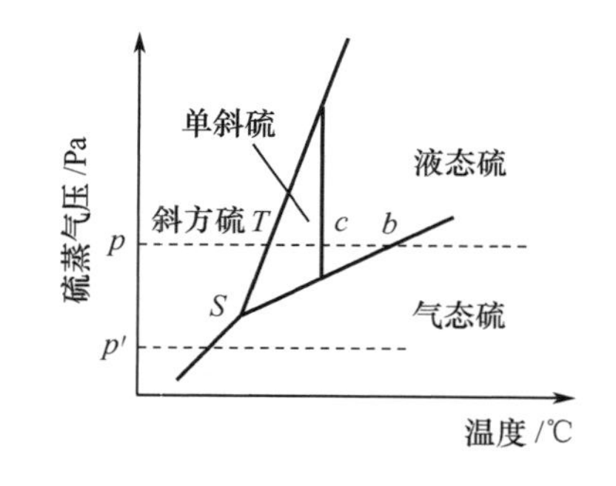

图2-1　硫的温度-压力相平衡图

气-固结晶作用在自然界很常见，如雪花晶体的形成、冬季玻璃窗上水蒸气凝结形成的冰花，以及当岩浆带着高温蒸气喷出地表时，由于温度压力的突然降低，在火山口近旁析出的硫磺、氯化钠、碘、氯化铁等晶体；工业上利用气-固结晶作用生产氯化铝、樟脑、三氯化钼、四氯化铬等。

二、液-固结晶作用

1. 从溶液中结晶

从溶液中结晶的必要条件是溶液的过饱和。获得过饱和溶液的方式有 3 种：

（1）降低饱和溶液的温度。目的在于降低溶质的溶解度，获得过饱和溶液，使溶液中多余溶质结晶。因为多数溶解物质的溶解度是随溶液温度升高而升高的，为获得较大的单晶体，要控制降温速度，使过饱和度在一个合适的范围内。

（2）减少饱和溶液的溶剂。

① 蒸发溶剂。有些物质的溶解度随温度的变化很小，如氯化钠，这类物质可以通过蒸发溶剂使溶液达到过饱和。

② 电解溶剂。通过电解使溶剂变成气体逸出，使溶液达到过饱和析出晶体。例如，H_2O 可以电解变成 H_2 和 O_2 逸出。

（3）通过化学反应生成难溶物质。两种或两种以上不同溶液混合时，溶液之间会发生化学反应，生成难溶的化合物晶体析出。例如，在室温下将氯化钙（$CaCl_2$）溶液和酒石酸（$H_2C_4H_2O_6$）混合，可生成酒石酸钙晶体。由于反应很快，瞬间会形成很多晶核，通常用凝胶（多用硅酸）作为扩散和支持介质，用以降低晶核的形成速度，使已形成的晶核有足够的空间长成较大的晶体。这一技术称为凝胶法培养单晶体。

自然界中从溶液中结晶的例子很多。岩浆期后热水溶液中，往往能够结晶出大的晶体。碳酸盐类、硫酸盐类及卤化物类矿物都是从溶液中结晶的产物。实验室用水热法培养单晶体，就是模拟岩浆热液的自然结晶过程。

2. 从熔体中结晶

天然熔体为岩浆，它是一种富含挥发成分、高温黏稠的硅酸盐熔融体。人工熔体常见有金属熔体、玻璃熔体等。熔体结晶的条件是过冷却，即熔体温度低于结晶物质的熔点一定程度。

岩浆过冷却形成各种岩浆岩。金属铸件、微晶玻璃、熔铸耐火材料等均是相应组分的熔体过冷却的产物。

三、固-固结晶作用

1. 同质多相转变

同质多相转变又称同质异构转变，指某种晶体在热力学条件发生变化时，转变为另一种在新条件下稳定的晶体。转变前后晶体的化学成分不变，但结构发生了本质的改变。因此，转变前后两种晶体的物理性质也会发生显著改变。

2. 重结晶

重结晶亦可称为再结晶，是指细小的晶体由于温度、压力等条件的改变而发生结晶长大的现象。包括纯固相反应重结晶和有少量液相或气相参与的重结晶作用。

纯固相反应重结晶主要通过晶界迁移结晶进行，即众多同种晶体的细小颗粒在高温（有时还需要高压）条件下，晶粒之间接触界面上，质点会发生转移，并进行重新排列，使小晶粒逐渐长成大晶粒，此为晶界迁移再结晶作用。典型的晶界迁移再结晶作用为烧结。

例如，粉晶中存在破碎时产生的塑性变形。成型后进行高温煅烧，粉晶内部的质点发生重新排列，并使晶体稍有长大，此为一次烧结。温度继续升高，密集细小的晶粒接触界面附近的质点发生移动，使晶粒相互合并长大，此为二次烧结。

有少量液相或气相参与的重结晶作用也是一种小晶体的长大作用，但转变过程中有液相或气相参与。先是晶体的一部分质点进入液相或气相，然后又在同种晶体上堆积，使晶体长大。

3. 固相反应结晶

两种或两种以上的粉晶原料，混合成型后进行高温烧结，各化学组成之间会发生化学反应，形成新的化合物晶体，此为固相反应再烧结作用。有些结构陶瓷及功能陶瓷的烧成，就是利用固相反应原理，例如，在生产钛酸钡瓷时，先把钛白粉（TiO_2）和碳酸钡粉晶（$BaCO_3$）按比例混合，在1100～1200℃的条件下进行预烧，生成钛酸钡（$BaTiO_3$）及四钛酸钡（$BaTi_4O_9$）晶体，再经破碎成型、烧结成瓷。

4. 固溶体分离

固溶体分离通常是指某一均匀的结晶固溶体，由于温度、压力或温度与压力两者同时改变而分离为两种或两种以上不同结晶相的过程。固溶体分离作用产生的驱动力或必要条件是出溶前后体系自由能的降低，出溶作用过程中组分（离子、原子或分子）的迁移是扩散作用。例如由一定比例的闪锌矿（ZnS）和黄铜矿（$CuFeS_2$）在高温时组成为均一相的固溶体，而在低温时就分离成为两种独立晶体相。条纹长石中钠长石在钾长石中的分离也是一种固溶体分离现象。由于固溶体分离作用是一种固溶体的分解反应，因此，分离后的各晶体化学成分之和理论上应等于分离前固溶体的化学组成。

5. 脱玻化

玻璃是一种非晶态的固体，内部质点排列不规则，具有较大的内能。玻璃会自发地转变为晶体，这一过程称为脱玻化。年代久远的玻璃及其制品中，会结晶出“霉点”或树枝状、毛发状的雏晶。

第二节　晶核的形成

晶体的生长是一个相变过程，晶核的产生是相变的开始。晶核是如何形成的呢？

一、形成晶核的相变驱动力

由热力学原理可知，凡是自由能减小的过程均能自发进行，直到自由能不再减小。然而，有些过程的自由能虽然是减小的，但是相变并没有自发进行，体系处于亚稳定状态。只有在体系的相变驱动力足够大时，相变才能自发进行。

相变驱动力（ΔG）为体系内始态摩尔自由能（G_α）与终态摩尔自由能（G_β）的差值。

$$\Delta G = G_\alpha - G_\beta$$

只有 ΔG 足够大的体系，相变才会自发进行。不同系统 ΔG 的衡量标准和计算方法不同。

1. 气相结晶系统

$$\Delta G = G_\alpha - G_\beta \approx RT\sigma \quad 或 \quad \Delta G \propto \sigma$$

式中，R 为气体常数；T 为绝对温度；σ 为气相过饱和度，与蒸气压强有关。

改变气相系统的蒸气压强，可调节相变驱动力，控制结晶过程。

2. 溶液结晶系统

$$\Delta G = \Delta\mu_i = \mu_i^s - \mu_i^c \approx RT\sigma'$$

式中，μ_i^s 为溶质始态摩尔化学位；μ_i^c 为溶质终态（晶体）摩尔化学位；σ'为溶液的过饱和度。

在液相结晶系统中，相变驱动力为系统中纯组分摩尔化学位的变化值 $\Delta\mu_i$。调节溶液的过饱和度可改变相变驱动力，控制结晶过程。

3. 熔体结晶系统

在熔体温度 T 低于晶体熔点 T_0 时，熔体处于过冷却状态，结晶才会发生。熔体温度与晶体熔点的差值为过冷却度 ΔT：

$$\Delta T = T_0 - T$$

系统的相变驱动力为

$$\Delta G = G_m - G_c = L_m \Delta T / T_m \quad \text{或} \quad \Delta G \propto \Delta T$$

式中，G_m 为熔体的摩尔自由能；G_c 为晶体的摩尔自由能；L_m 为 1mol 物质结晶时释放的结晶潜热；T_m 为晶体生长线速度最快点的温度。

改变熔体的过冷却度即可改变相变驱动力，控制结晶过程的进行。

二、成核作用

形成晶核的过程称为成核作用。晶核是指从结晶母相中初始析出，并达到某临界大小，能够继续长大的微小晶粒。晶核可以在结晶母相中自发产生，也可以借助于外来物质的诱导产生。

1. 均匀成核作用

在均匀无相界面的体系内，自发地发生相变形成晶核，称为均匀成核作用。

结晶作用开始时，体系内总是存在局部的和瞬间的组成不均匀。原始态的原子和分子有可能聚集，形成新相的质点团，即胚芽。同时，新相又可能分离成原子和分子。如果体系是过饱和或过冷却的，在相变驱动力的作用下，相变向终态进行，胚芽有可能稳定存在，并成为晶体生长的核心——晶核。可见，体系内随时都有胚芽产生，只要有足够大的相变驱动力，它们就可以成为晶核。

1）均匀成核的热力学分析

新相（晶核）产生之前，体系为均匀液相。新相（晶核）产生后，体系中固、液两相并存。此时，体系自由能有两种相反的变化趋势：固相的产生使体系自由能（ΔG_V）降低；同时，固相界面的表面能增加（ΔG_S）又导致体系自由能升高。在气相和液相系统中，新相产生导致体系总自由能变化为 ΔG：

$$\Delta G = -\Delta G_V + \Delta G_S$$
$$\Delta G_V = -V\Delta g_V$$
$$\Delta G_S = S\sigma$$

式中，ΔG_V 为体积自由能变化值；ΔG_S 为表面自由能变化值；V 为新相体积；Δg_V 为单位体积的新相与母相自由能差值；S 为新相表面积；σ 为单位面积相界面的表面能。

假定胚芽是半径为 R 的球，则有

$$\Delta G = -V\Delta g_V + S\sigma = -4/3\pi R^3 n\Delta g_V + 4\pi R^2 n\sigma$$

式中，n 为胚芽数目。

对于同一体系，Δg_V 和 σ 为定值，ΔG 取决于 R 大小。变化关系如图 2-2 所示。可以看出：

$R < R_c$，ΔG 随 R 值增加而升高，胚芽易缩小消失。

$R_c < R < R_0$，ΔG 随 R 值增加而降低，但仍为正值，ΔG_V 的降低不足以抵消 ΔG_S 的升高，胚芽可以存在，但很难长大。

$R = R_0$，$\Delta G_V = \Delta G_S$，$\Delta G = 0$，胚芽体积加大使自由能降低值等于表面积增加使自由能升高的值，胚芽可以存在，但也可以消失。

$R > R_0$，ΔG 随 R 增加而降低且为负值，晶体可以自发地生长。

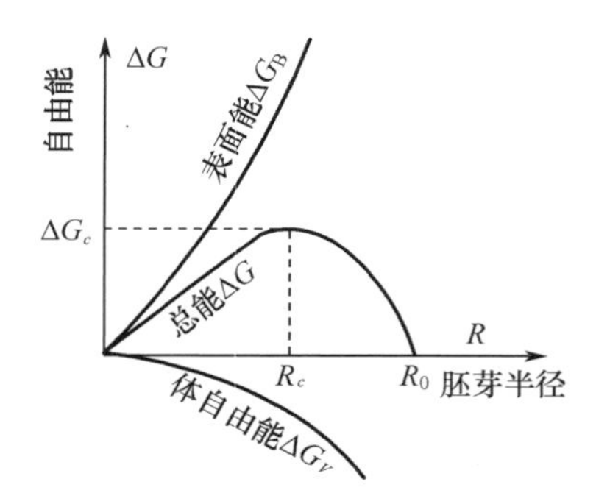

图2-2　总自由能与胚芽半径关系图解

2）临界晶核

在众多的胚芽中，半径小于 R_c 的胚芽不稳定，它们不断地聚集成胚芽又不断地拆散。只有半径大于 R_c 的胚芽才能稳定存在。R_c 为胚芽稳定存在的临界半径。半径为 R_c 的胚芽为临界晶核，半径大于 R_c 的可作为晶核。R_c 值与结晶物质种类和环境温度有关，此外，还取决于溶液的过饱和度，过饱和度越大，R_c 值就越小。R_c 值一般在 10^{-2}～10^{-3}μm。

在达到临界半径之前，即 $R < R_c$ 时，$\Delta G > 0$，此时，胚芽必须吸收能量才能长大，直到半径等于 R_c 为止。因此临界晶核的形成需要一定能量，这部分能量就是成核能 ΔG_c。ΔG_c 由系统内的能量起伏提供。

2. 非均匀成核作用

晶核借助于外来物质的诱导产生，实质是溶质分子在外来物质表面上形成吸附层。外来物质为溶液中的杂质或器皿壁等，也可以是晶体。

非均匀成核也需要一定的成核能（$\Delta G_c'$）。外来物不同，$\Delta G_c'$的值也不同。$\Delta G_c'$与 ΔG_c 相比，有以下几种情况：

$\Delta G_c'=\Delta G_c$，结晶物质与外来物质无亲合力，不发生非均匀成核。

$\Delta G_c'= 0$，结晶物质与外来物质是同一种晶体，两者完全亲和。

$0 <\Delta G_c'<\Delta G_c$，外来物质与结晶物质的结构越接近，$\Delta G_c'$值越小，非均匀成核越易于进行。在人工培养晶体中，可利用与培养目标结构相近的它种晶体作为籽晶，以诱导非均匀成核作用的发生。这种籽晶又称衬底。

第三节　晶体的生长

临界晶核形成以后，质点继续在晶核上堆积时，体系的总自由能将随着晶核的增大迅速下降，晶核得以不断长大，晶体进入生长阶段。在理想条件下，质点在晶核上的堆积将会按一定的顺序进行。因为质点落在晶核上的不同位置时，所受到的引力有差异。此时，质点将优先落在引力最强的位置上，以释放更多的能量，使晶体的内能最小。有关晶体生长机理的理论已提出很多，下面介绍 3 种迄今被广泛接受的理论。

一、晶体的层生长理论

层生长理论由科塞尔（W. Kossel）首先于 1727 年提出，后经斯特兰斯基（N. Stranski）加以完善，又称科塞尔-斯特兰斯基理论（the Kossel-Stranski model）。基本内容如下：假设晶核为一单原子构成的立方格子，相邻质点间距为 a，在晶核上存在 3 种可能的不同位置，称为三面凹角、二面凹角和一般位置（图 2-3）。每一位置各有为数不等的邻近质点吸引新的质点，其具体情况如表2-1所列，表中只列出了距离最近和较近的 3 种质点数。较远的质点作用很小，可以忽略。由于引力与距离的平方成反比，质点向晶核上聚集时，将首先落在三面凹角位置，其次是二面凹角位置，最后落在一般位置。

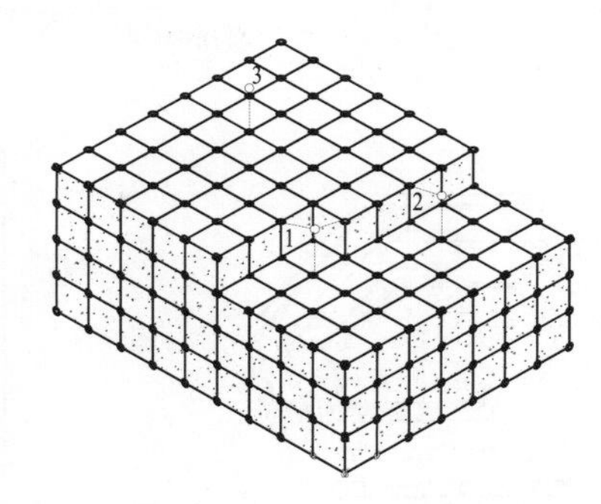

图2-3　晶体理想生长过程中质点的堆积顺序

1—三面凹角；2—二面凹角；3—一般位置。

由图 2-3 可以看出，当一个质点落在三面凹角位置以后，三面凹角并不消失，只是向前移动了一个结点间距；这样逐渐向前推移，直到堆满一个行列，三面凹角才会消失。之后，质点将落在任意一个二面凹角的位置，并立刻产生新的三面凹角。然后再重复先前的过程，直到这一行列长满。如此一个行列一个行列地生长，直到长满一个网层。此时三面凹角和二面凹角全部消失，质点只有落在一般位置，而且一旦堆积，立刻就有二面凹角产生，随后又产生三面凹角。再重复上一网层的生长过程，直到新网层长满。

表2-1　三种可能位置上不同距离的质点数

位　置	距　离		
	a	$\sqrt{2}\,a$	$\sqrt{3}\,a$
三面凹角	3	6	4
二面凹角	2	6	4
一般位置	1	4	4

因此晶体的理想生长过程是：在晶核的基础上先长满一个行列，再长相邻的行列；长满一层面网以后，再长相邻的面网，如此逐层向外推移。生长停止后，最外层的面网就是实际晶面，相邻面网的交棱就是实际晶棱。整个晶体就成为被晶面包围的几何多面体，从而表现了晶体的自限性。用层生长理论可以解释以下的晶体生长现象：

（1）晶体常成面平棱直的几何多面体形态。

（2）晶体中的环带构造（图 2-4）。在晶体生长过程中，介质性质或环境条件会有变化，不同阶段形成的晶体，在颜色、成分方面会有细微不同，并在晶体内部留下当时轮廓的痕迹，其中最常见的就是晶体横断面上的环带。环带的各对应边互相平行，同时也平行于晶体的最外层晶面。环带说明在晶体生长过程中，晶面是平行向外推移的。

（3）同种晶体的不同个体，对应晶面间的夹角不变。因为晶面是平行向外推移的，故无论晶面的大、小形状是否相同，对应晶面间的夹角不变。

（4）某些晶体内部的沙钟构造。晶体由中心向外生长，晶面由小到大向外平行移动的痕迹构成以晶体中心为顶点的锥状体，称为生长锥或沙钟构造（图 2-5、图 2-6）。

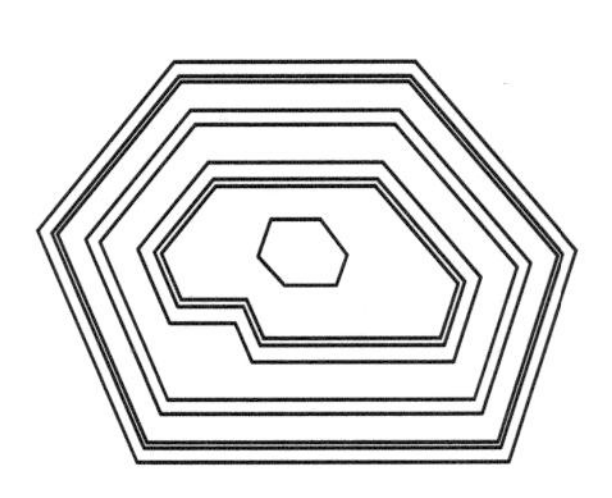

图2-4　石英横截面上的环带图

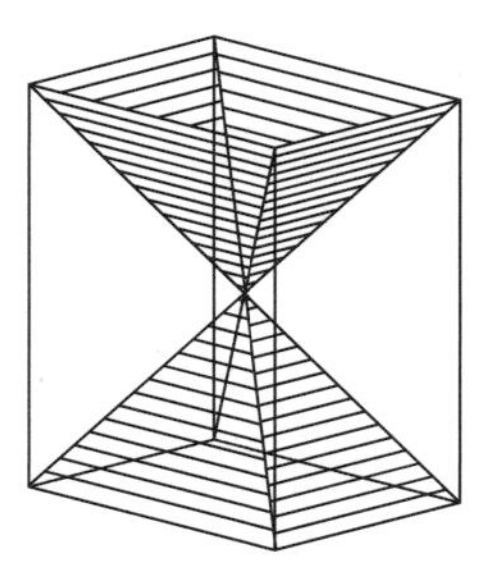

图2-5　生长锥示意图

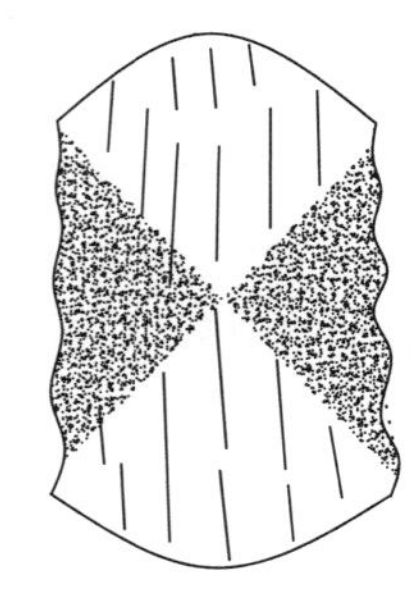

图2-6　普通辉石的沙钟构造

二、晶体的阶梯状生长理论

阶梯状生长理论又称为安舍列斯（O. M. Ahgenec）生长理论。层生长理论对于阐明理想条件下晶体的生长过程具有重要意义，但是实际情况要复杂得多。首先，由于质点总是存在热振动，体系也不会是绝对均匀的，实际质点的堆积过程，往往并不按前述方式和顺序进行。比如，在一个行列还没有长满时，相邻行列就可能已经开始生长了；其次，按上述理论，在长满一层面网之后，质点只能落到一般位置上。然而，从体系总自由能的变化考虑，像我们在成核过程中讨论的那样，此时单个质点在一般位置上是不能稳定存在的，故不能在一层完整的面网上面形成新的凹角，这样，相邻的一层面网也就无从生长了。

因此，安舍列斯指出，在实际情况下，晶体生长不是一层一层生长的，一次粘附在晶面上的不是一个分子层，而是几万甚至是十几万个，其厚度取决于溶液的过饱和度。

根据与三维成核完全相似的热力学分析，现在一般认为，在晶体生长过程中，质点是以二维晶核的形式（单个原子或分子厚的质点层）呈孤岛状堆积到晶体上去的，并由此产生新的凹角位置，使质点得以继续堆积，直到长满一层为止，然后再重复这一过程。与形成三维晶核的情况相似，二维晶核也需要一定的临界尺寸。大于临界尺寸的二维晶核才可以稳定存在。同样，形成临界二维晶核也需要有一定的成核能，此部分能量也需要借体系的能量起伏来获得，并且远小于相同条件下三维晶核的成核能。

如果溶液过饱和度很大，三维晶核的成核能也很小，成核速度很大。此时，在晶体生长面上堆积的往往不再是二维晶核，而是三维晶核乃至微晶粒。由于晶体的棱和角顶接受质点的机会比晶面中心大，因此微晶粒将先从角顶和棱处堆积，形成一个小突起（如图 2-7（a）中的 *ABEF*），此时，在小突起的前方就产生了凹角，于是质点优先向凹角处进行堆积，并形成一个斜坡；斜坡形成后凹角并未消失，质点得以继续堆积，斜坡亦平行地向前推移，直到长满这一厚层为止。不过往往是在第一个斜坡还在向前推移、尚未消失的时候，在它的基础上又形成了第二、第三个新的突起。整个生长过程就成为一系列相互平行且层层高起、成阶梯状分布的斜坡，同时平行向前推进（图 2-7（b））。而且，这样的斜坡在晶体生长的过程中永远不会消失。因为当前面的斜坡消失以后，还会产生新的斜坡。这样，当晶体生长结束后，晶面上的斜坡就会被保留下来，使晶体表面不平坦，形成晶面生长条纹。

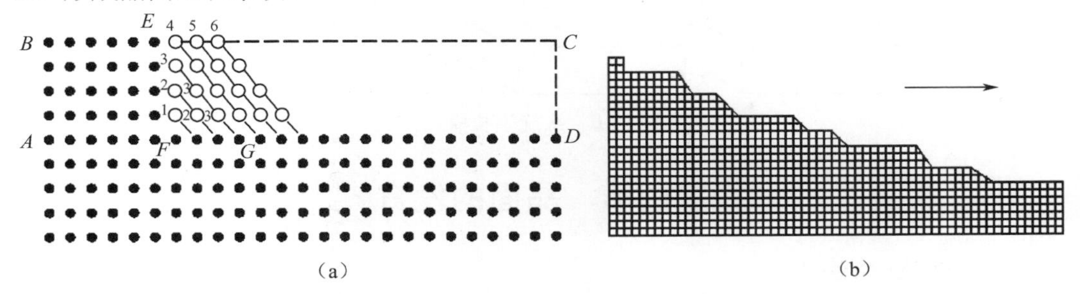

图2-7　晶体阶梯状生长的示意剖面图

（a）一个阶梯中质点的堆积顺序；（b）若干个阶梯同时向前平行推移。

三、晶体的螺旋生长理论

该理论于 1949 年由弗兰克首先提出，后由弗兰克等人（W. K. Burton，N. Cabrera，F. C. Frank）进一步发展并提出了一系列与此相关的动力学规律，总称 BCF 理论。该理论认为，在实际晶体的内部结构中，经常存在着不同形式的缺陷，其中有一种叫螺旋位错。晶面上存在的螺旋位错露头点可以作为晶体生长的台阶源，促进光滑界面的生长。这种台阶源永不消失，因此不需要形成二维核。这一理论成功地解释了晶体在很低的饱和度下仍能生长，而且生长出光滑的晶体界面的现象。

在晶体生长的初期，质点是按照层生长方式进行堆积的。但随着质点的不断堆积，由于杂质或热应力的不均匀分布，产生内应力，当内应力积累到一定限度时，晶格便会沿着某层面网发生剪切位移，这样就形成了螺旋位错（图 2-8）。由图 2-8 可见，结构中一旦产生了螺旋位错，就会出现凹角。介质中的质点将优先在凹角处堆积，同时形成三面凹角，并且，二面凹角和三面凹角不会因质点的堆积而消失，而是位置随质点的不断堆积呈螺旋状上升，使晶面逐层旋转着向外推移，并且在晶面上形成螺旋状生长锥（图 2-9、图 2-10）。目前有关晶体螺旋状生长的资料，主要是从气相结晶的过程中观察到的。

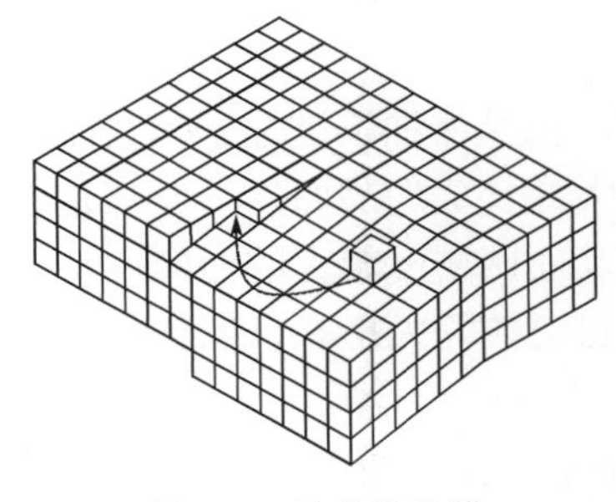

图2-8　晶体的位错

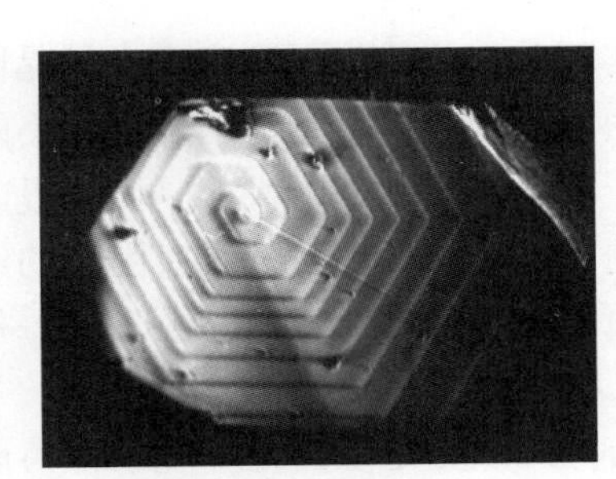

图2-9　石墨晶体表面的螺旋生长纹（据N. Kvasnitsa）

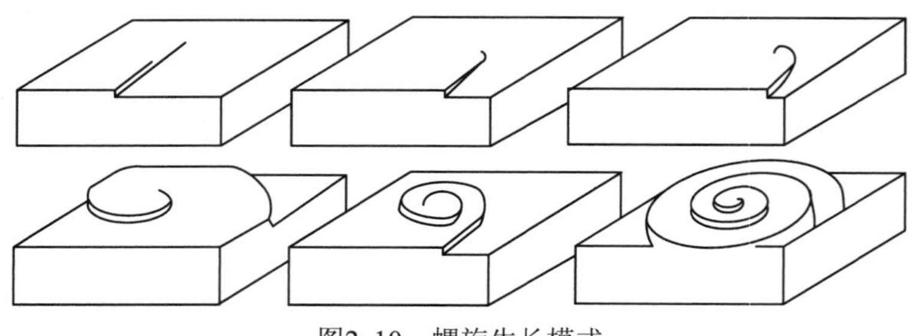

图2-10　螺旋生长模式

第四节　晶面的发育

一、布拉维法则

1. 晶面生长速度

前面讲到，在晶体的生长过程中，晶面是平行向外推移的。晶面在单位时间内沿其法线方向向外推移的距离为晶面生长速度。

图 2-11 所示为格子构造的切面，*AB*、*CD*、*BC* 为三个面网的迹线，相应的面网密度为 *AB*>*CD*>*BC*。当晶体继续生长时，质点将首先落在 1 上，其次是 2，最后是 3。因此，晶面 *BC* 将优先生长，*CD* 次之，*AB* 最后。即面网密度小的面网将优先生长。

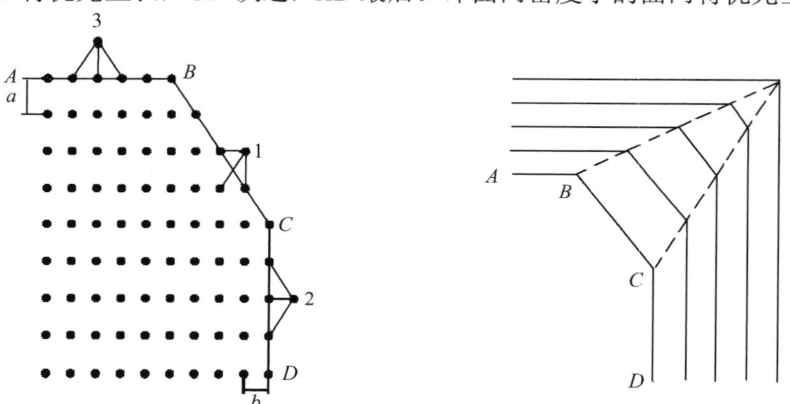

图2-11　晶体构造中网面密度与生长速度关系图

由此得到的结论是：面网密度越大的面网生长越慢。

2. 布拉维法则

实际晶体往往为面网密度大的晶面所包围。

由上面的分析可知，面网密度小的晶面生长快，在晶体生长过程中，其面积将逐渐缩小，最终被面网密度大的晶面淹没。能够继续扩大并长成的晶面，一般都是面网密度较大的面网。每种晶体都具有固定的结构，因此，其面网密度较大的面网也是一定的，这些面网总是最终发育成晶面，使每种晶体都具有自己的习见形态。例如，萤石常呈立方体，磁铁矿常呈八面体。

布拉维法则是以简化环境条件为前提的，未考虑温度、压力、组分浓度和涡流等环境因素对晶面生长速度的影响。实际上，由于环境因素的影响，会出现许多偏离布拉维法则的现象。因此，某种晶体虽然有其习见形态，但也可以出现其它形态。例如萤石，可以是立方体，也可以是八面体。这表明在不同环境下，立方体面网和八面体面网的生长速度发生了变化。不过，就总的定性趋势而言，布拉维法则还是有一定意义的。

二、居里—吴尔夫原理

1885 年居里（P. Curie）指出，在温度、晶体体积一定时，晶体生长的平衡态应具有最小表面能

$$\sum_{i=1}^{n}\sigma_i S_i = \text{最小}$$

式中，σ_i 为任一晶面的比表面能；S_i 为任一晶面的表面积；n 为晶面数。

1901 年，吴尔夫（G. Wulff）对这一原理进行了扩展，指出在晶体生长中，就晶体的平衡态而言，各晶面的生长速度与该晶面的表面能成正比。参考图 2-11 可以发现，面网密度大的面网比表面能小。因此，居里—吴尔夫原理与布拉维法则是一致的，且这一原理从晶体的表面能出发，考虑了晶体和介质两方面的因素。但是，由于实际晶体都未达到平衡态，各晶面表面能的实测数据较难取得且极难精确，使这一原理的实际应用受到限制。

三、周期键链理论

此理论从晶体结构的几何特点和质点能量两方面考虑晶面发育。这种理论认为，在晶体结构中存在一系列周期性重复的强键链（Periodic Bond Chain，PBC），其重复特征与晶体结构中质点的重复一致。按键链的多少，可将晶体生长过程中可能出现的晶面分为 3 种类型，这 3 种面与 PBC 的关系如图 2-12 所示，图中箭头指示强键方向，*A*、*B*、*C* 表示 PBC 方向。

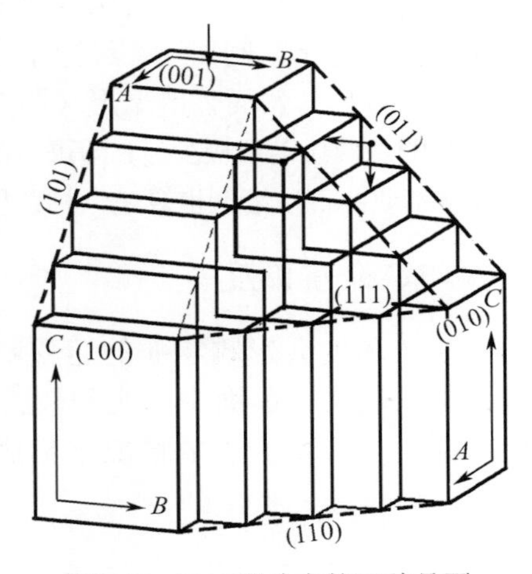

图2-12　PBC理论中的三种晶面

F 面：(100)、(010)、(001)；

S 面：(110)、(011)、(101)；K 面：(111)。

F 面：又称平坦面。有两个以上的 PBC 与之平行，面网密度大，质点结合到 F 面上时，只形成一个强键。晶面生长速度慢，易成为晶体的主要晶面。

S 面：又称阶梯面。只有一个 PBC 与之平行，面网密度中等。质点结合到 S 面上时，形成的强键至少比 F 面多一个。生长速度比 F 面快。

K 面：又称扭折面。不与任何 PBC 平行，面网密度小，质点进入扭折处时， 形成的强键至少比 S 面多一个，质点极易从扭折处进入晶格，晶面生长速度快，为易于消失的晶面。

因此，晶体上 F 面常发育成较大的面，K 面罕见或缺失。

第五节　影响晶体生长的外部因素

从本质上来说，晶体的外形是由其本身的结构所决定的；同时，晶体生长过程中的

环境因素对晶体形态也有很大影响。所以，一个实际晶体所具有的生长形态，是结构和环境因素共同作用的结果。影响晶体生长形态的外部因素主要有以下几种。

一、涡流

由于溶质的析出和结晶潜热的释放，在生长晶体周围，溶液的密度相对下降，导致溶液上向移动，稍远处的溶液补充进来，由此形成了涡流。涡流使溶液对生长晶体的物质供应不均匀，使处于容器中不同位置上的晶体具有不同形态。

二、温度

介质温度的变化，直接导致过饱和度及过冷却度的变化，同时使晶面的比表面自由能发生改变，不同晶面的相对生长速度也因此有所改变，使晶体具有不同形态。例如，方解石（$CaCO_3$）晶体在温度较高时，呈扁平形态；地表常温下则长成细长晶体。

三、杂质

杂质一般指溶液中除溶质和溶剂以外的其它物质，它们常可被晶体表面所吸附。由于不同晶面的性质不同，它们吸附杂质的能力也不同。杂质往往是选择性地吸附在某种晶面上，使该种晶面的结合能变小，晶面的生长速度则相应变慢，从而使晶形产生变化。从居里-吴尔夫原理分析，杂质的吸附将改变晶面的比表面自由能，结果也是使晶面的生长速度发生变化。例如，在纯净水中结晶的石盐为立方体，在溶液中含有少量硼酸时，则出现立方体与八面体的聚形（图 2-13）。

有的杂质仅需要极少量，即可对晶体形态产生很大影响；有的杂质需大量存在才起作用。此外就本质而言，溶剂也算是一种杂质。因此从不同溶剂中生长的晶体，形态会有所不同。

四、介质黏度

介质黏度会影响物质的运移和供给。由于晶体的棱和角顶处较易于接受溶质，因此生长较快；晶面中心生长较慢，甚至不生长，结果形成核晶，如图 2-14 所示。核晶亦可在快速生长的情况下形成，如石盐的核晶；还有些核晶是在升华作用中产生的，如雪花。

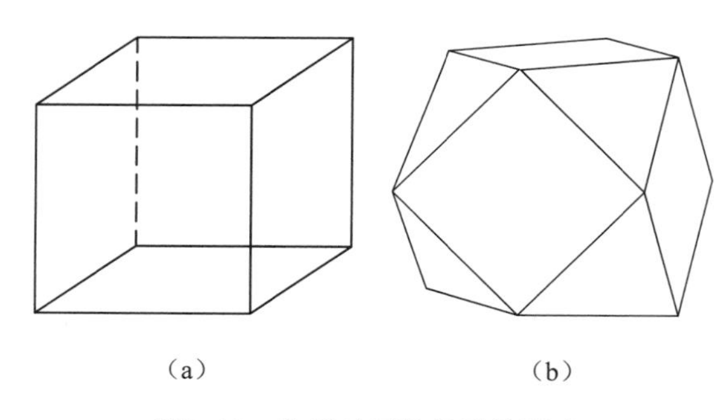

图2-13　杂质对石盐晶形的影响

（a）纯水中生成；（b）含有少量硼酸的溶液中生成。

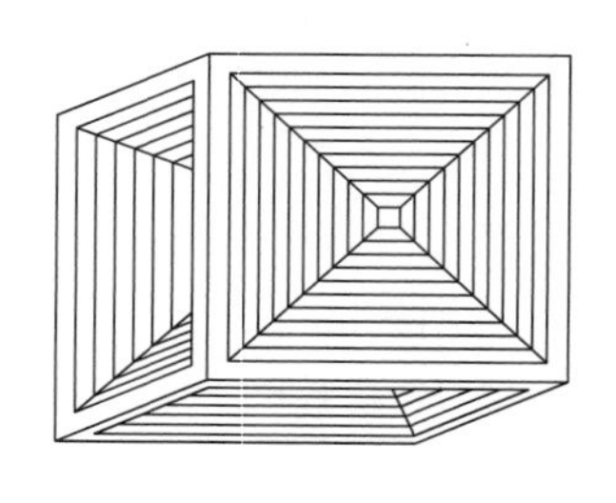

图2-14　石盐的核晶

五、组分的相对浓度

对于化合物晶体，在不同性质的晶面上，质点的分布情况不同。当介质中各组分的相对浓度发生变化时，会导致晶面生长速度的相对变化，从而影响晶形。例如，钇铝榴石（$Y_3Al_2[AlO_4]_3$）的晶形，当介质的成分富含 Al_2O_3 时，只出现菱形十二面体；富含 Y_2O_3 时，则同时还出现四角三八面体的小晶面（图 2-15、图 2-16）。

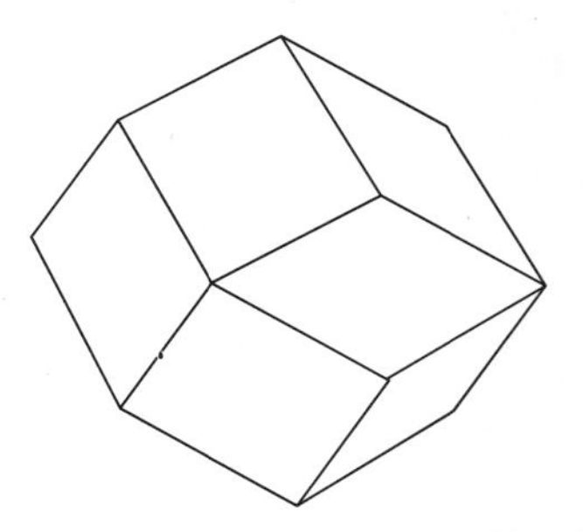

图2-15　介质成分富含Al_2O_3时钇铝榴石晶体

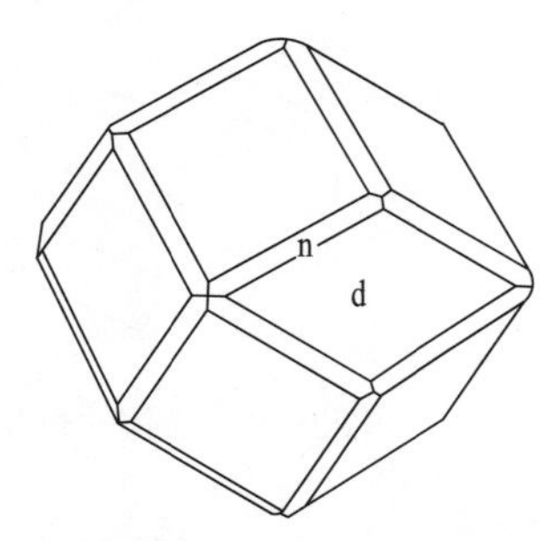

图2-16　介质成分富含Y_2O_3时钇铝榴石晶体

第六节　晶体的溶解与再生

一、晶体的溶解

已形成的晶体如果处于不饱和溶液中，即发生溶解。由于晶棱和角顶处的质点具有相对大的自由能，且与溶液接触的机会较多，较易于脱离晶体进入溶液。故角顶和晶棱处最先溶解，使晶体呈浑圆状（图 2-17）。

就不同性质的晶面而言，生长最慢的晶面溶解最快。因为这类晶面的面网密度大，面网间距也大；面网内的键力较强，面网间的键力较弱，因此溶解速度大，表现得最不稳定。

在实际晶体的内部结构中，总是存在一些晶格缺陷，它们是晶格中的弱点所在。晶面溶解时，会在这些缺陷的出露点先溶解成一些小凹坑，形成蚀像（图 2-18）。

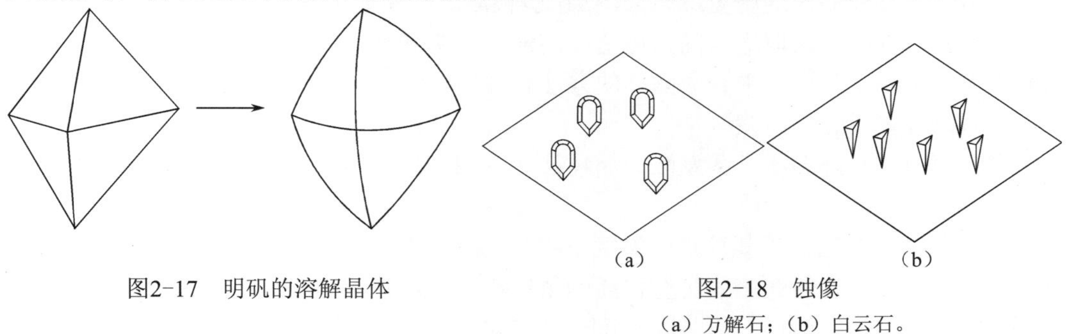

图2-17　明矾的溶解晶体

图2-18　蚀像

（a）方解石；（b）白云石。

二、晶体的再生

溶解或熔融的晶体，如果再处于过饱和溶液或过冷却熔体中，可以恢复几何多面体形态，此为晶体的再生（图 2-19、图 2-20）。自然界晶体的生长过程，常常是经历了多次溶解和再生的反复过程。

晶体的溶解和再生，不是简单的逆过程。晶体溶解时，溶解速度是随方向渐变的，溶解晶体呈浑圆状；晶体再生时，晶面生长速度是随方向突变的，因此晶体又可以恢复成几何多面体形态。

图2-19　晶体的再生

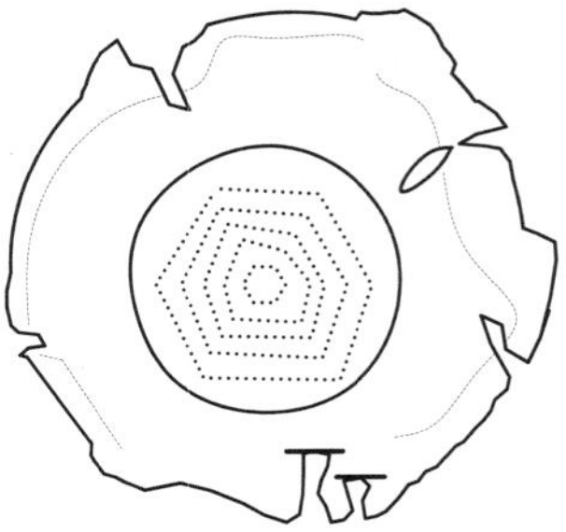

图2-20　石英颗粒的再生

第七节　晶体的人工合成方法

晶体生长有着悠久的历史，我国早在春秋战国甚至更早的时期，就有煮海为盐、炼制丹药等晶体生长的实践活动。而同时，随着炼金术的兴起与发展，人工晶体生长，特别是人工晶体气相生长在全世界都有发现。

虽然萌芽状态的人工晶体生长出现很早，但是，现代人工晶体生长的起步却较晚。1890 年，法国科学家维尔纳叶（A. Verneuil）发明了焰熔法（flame-fusion growth method），用于生长熔点高的红宝石和蓝宝石晶体，1902 年，开始工业生产红宝石和蓝宝石晶体。进入 20 世纪后，人工晶体生长才有飞跃式的发展，不仅体现在人工晶体生长理论、人工晶体生长技术上，而且，发现了一大批极有价值的新晶体，为科学进步和人类生活水平提高做出了巨大贡献。

一、溶液法合成晶体

从溶液中合成晶体的历史最悠久，应用也很广泛。这种方法的基本原理是将原料（溶质）溶解在溶剂中，采取适当的措施造成溶液的过饱和状态，使晶体在其中生长。依据温度压力的不同，从溶液中合成晶体的方法有常温溶液法、高温溶液法、水热法等。

1．常温溶液法

常温溶液法有降温法、蒸发法、循环法（图 2-21）、电解溶剂法等。此方法具有以下优点：

（1）晶体可在远低于其熔点的温度下生长。有许多晶体不到熔点就分解或发生不希望有的晶型转变，有的在熔化时有很高的蒸气压，溶液使这些晶体可以在较低的温度下生长，从而避免了上述问题。此外，在低温下使晶体生长的热源和生长容器也较容易选择。

（2）降低黏度。有些晶体在熔化状态时黏度很大，冷却时不能形成晶体而成为玻璃体，溶液法采用低黏度的溶剂则可避免这一问题。

（3）容易长成大块的、均匀性良好的晶体，并且有较完整的外形。

（4）在多数情况下，可直接观察晶体生长过程，便于对晶体生长动力学的研究。

溶液法的缺点是组分多，影响晶体生长因素比较复杂，生长速度慢，周期长（一般需要数十天乃至一年以上）。另外，溶液法生长晶体对控温精度要求较高。

2．高温溶液法

高温溶液法是生长晶体的一种重要方法，也是最早的炼丹术所采用的手段之一。高温下从溶液或者熔融盐溶剂中生长晶体，可以使溶质相在远低于其熔点的温度下进行生长。此法与其它方法相比具有如下优点：

（1）适用性强，只要能找到适当的助熔剂或助熔剂组合，就能生长出单晶。

（2）许多难熔化合物和在熔点极易挥发或高温时变价或有相变的材料，以及非同成分熔融化合物，都不能直接从熔体中生长或不能生长成完整的优质单晶，助熔剂法由于生长温度低，显示出独特能力。

高温溶液法制备晶体的缺点：晶体生长速度慢；不易观察；助熔剂常常有毒；晶体尺寸小；多组分助熔剂相互污染。

该方法适宜于高熔点材料、低温下存在相变的材料、组分中存在高蒸气压的成分等材料的制备。

3．水热法

水热法又称高压溶液法，是利用高温高压的水溶液使那些在大气条件下不溶或难溶于水的物质通过溶解或反应生成该物质的溶解产物，并达到一定的过饱和度而进行结晶和生长的方法。

水热法生长过程的特点：过程是在压力与气氛可以控制的封闭系统中进行的（图2-22）；生长温度比熔融法和熔盐法低很多；生长区基本处于恒温和等浓度状态，温度梯度小；属于稀薄相生长，溶液黏度低。

优点：生长熔点很高、具有包晶反应或非同成分熔化而在常温常压下又不溶解或者溶解后易分解且不能再次结晶的晶体材料。生长那些熔化前后会分解、熔体蒸气压较大、高温易升华或者只有在特殊气氛才能稳定的晶体。晶体热应力小、宏观缺陷少、均匀性和纯度高。

缺点：理论模拟与分析困难，重现性差；对装置的要求高；难于实时观察；参量调节困难。

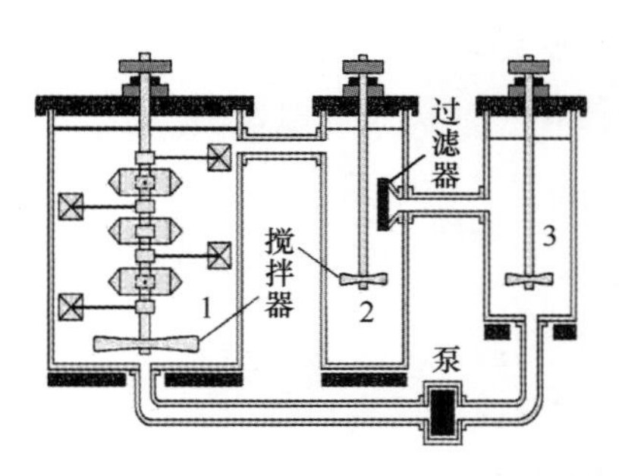

图2-21 循环法晶体生长装置示意图（据CDSTM）

1—生长槽；2—溶解槽；3—热平衡槽。

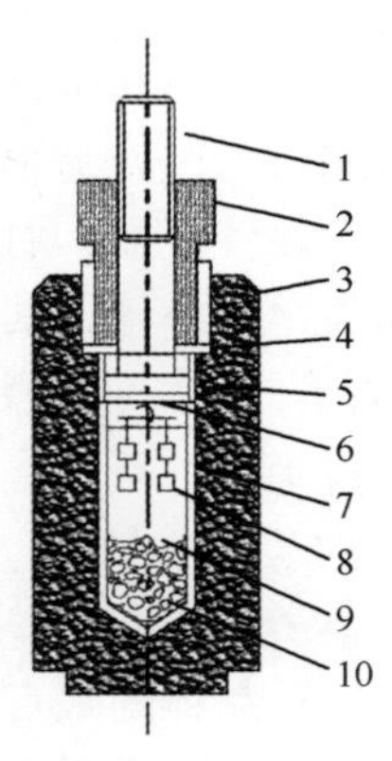

图2-22 水热法晶体生长装置示意图（据CDSTM）

1—螺杆；2—锁定螺纹；3—反应釜；4—不锈钢环；5—铜环；6—钛板；7—钛衬底；8—晶体；9—水热溶液；10—营养料。

二、熔体法合成晶体

从熔体中合成晶体是制备大单晶和特定形状的单晶最常用的和最重要的一种方法，电子学、光学等现代技术应用中所需要的单晶材料，大部分是用熔体生长方法制备的，如 Si（单晶硅）、GaAs（氮化镓）、$LiNbO_3$（铌酸锂）、Nd-YAG（掺钕钇铝石榴石）、Al_2O_3（刚玉）等以及某些碱土金属和碱土金属的卤族化合物等，许多晶体品种早已开始进行不同规模的工业生产。

与其它方法相比，熔体生长通常具有生长快、晶体的纯度和完整性高等优点。

熔体中合成晶体有多种不同的方法和手段，如提拉法、坩埚下降法、泡生法、水平区熔法、焰熔法、浮区法等。

熔体中合成晶体的基本原理是将生长晶体的原料熔化，在一定条件下使之凝固，变成单晶。这里包含原料熔化和熔体凝固两大步骤，熔体必须在受控制的条件下实现定向凝固，生长过程是通过固-液界面的移动来完成的。

1．提拉法

提拉法又称丘克拉斯基法（Czochralski method），在一定温度场、提拉速度和旋转速度下，熔体通过籽晶生长，形成一定尺寸的单晶，生长装置见图 2-23。其优点有：

（1）通过精密控制温度梯度、提拉速度、旋转速度等，可以获得优质大单晶。

（2）可以通过工艺措施降低晶体缺陷，提高晶体完整性。

（3）通过籽晶制备不同晶体取向的单晶。

（4）容易控制。

提拉法的缺点是：

（1）由于使用坩埚，因此容易污染。

（2）对于蒸气压高的组分，由于挥发，不容易控制成分。

（3）不适用于对于固态下有相变的晶体。

2．坩埚下降法

坩埚下降法又称布里奇曼-斯托克巴杰法（Bridgman-Stockbarger method），是将一个垂直放置的坩埚逐渐下降，使其通过一个温度梯度区（温度上高下低），熔体自下而上凝固（图 2-24）。通过坩埚和熔体之间的相对移动，形成一定的温度场，使晶体生长。温度梯度形成的结晶前沿过冷是维持晶体生长的驱动力。使用尖底坩埚可以成功得到单晶，也可以在坩埚底部放置籽晶。对于挥发性材料要使用密闭坩埚。此法主要用于生长碱金属和碱土金属的卤化物晶体。其优点有：

（1）坩埚封闭，可生产挥发性物质的晶体。

（2）成分易控制。

（3）可生长大尺寸单晶。

（4）常用于培养籽晶。

坩埚下降法生长晶体的缺点有：

（1）不宜用于负膨胀系数的材料。

（2）由于坩埚作用，容易形成应力和污染。

（3）不易于观察。

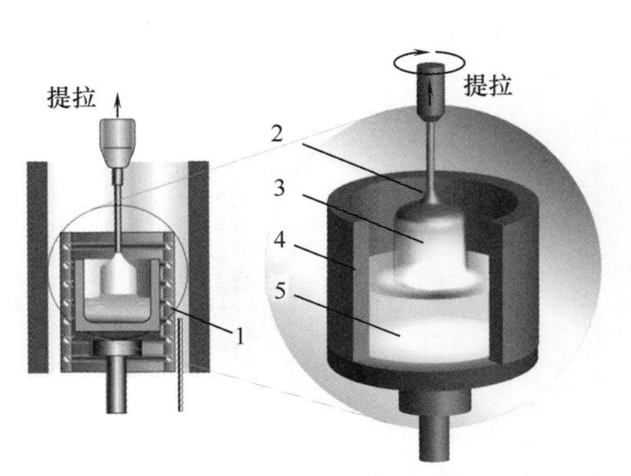

图2-23　提拉法晶体生长装置示意图

（据Cradley Crystals）

1—加热炉；2—籽晶；3—晶体；4—坩埚；5—熔体。

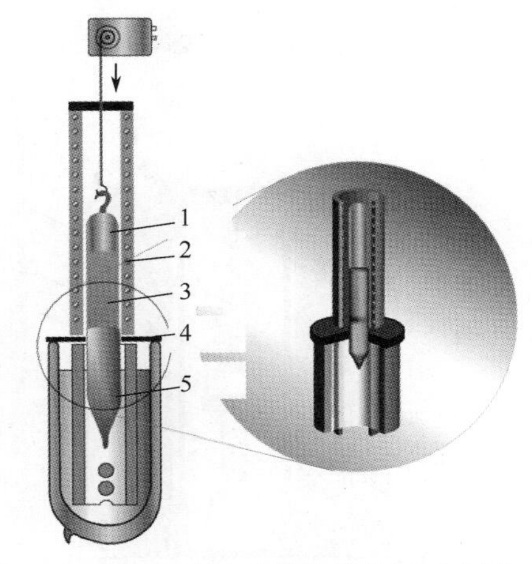

图2-24　坩埚下降法晶体生长装置示意图

（据Cradley Crystals）

1—坩埚；2—加热体；3—溶体；4—绝热板；5—晶体。

3．泡生法

泡生法（Kyropoulos method）的原理与提拉法类似（图 2-25）。首先原料熔融，再将一根受冷的籽晶与熔体接触，如果界面的温度低于凝固点，则籽晶开始生长。为了使晶体不断长大，就需要逐渐降低熔体的温度，同时旋转晶体，以改善熔体的温度分布。也可以缓慢地（或分阶段地）上提晶体，以扩大散热面。晶体在生长过程中或生长结束时不与坩埚壁接触，这就大大减少了晶体的应力，不过，当晶体与剩余的熔体脱离时，通常会产生较大的热冲击。

泡生法与提拉法的区别在于，泡生法是利用温度控制生长晶体，生长时只拉出晶体头部，晶体部分依靠温度变化来生长，而拉出颈部的同时，调整加热电压以使得熔融的原料达到最合适的生长温度范围。

20 世纪 70 年代以后，该法已经较少用于生长同成分熔化的化合物，而多用于含某种过量组分的体系，可以认为目前常用的高温溶液顶部籽晶法是该方法的改良和发展。

4．焰熔法

焰熔法又称维尔纳叶法（Verneuil method），是一种最简单的无坩埚生长方法，19 世纪就被用来进行宝石的生长，其基本原理一直都没有什么改变。

焰熔法主要用来生长红宝石、蓝宝石、尖晶石、氧化镍等高熔点晶体，其原理是利用氢气和氧气在燃烧过程中产生的高温，使一种疏松的原料粉末通过氢氧焰撒下熔融，并落在一个冷却的结晶杆上结成单晶（图 2-26）。焰熔法的优点是：

（1）不用坩埚，无坩埚污染问题。

（2）可以生长高熔点氧化物晶体。

（3）生长速度快，可生长较大尺寸的晶体。

（4）设备简单，适用于工业生产。

焰熔法的缺点是：

（1）火焰温度梯度大，生长的晶体缺陷多。

（2）易挥发或易被氧化的材料不宜使用。

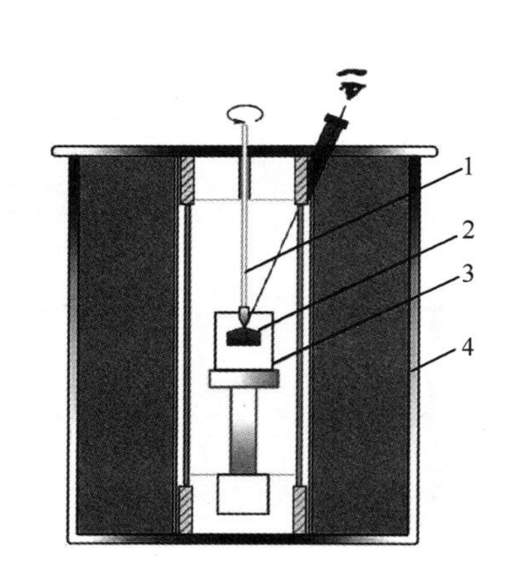

图 2-25　泡生法晶体生长装置示意图（据 CDSTM）

1—籽晶杆；2—晶体；3—铂金坩埚；4—发热体。

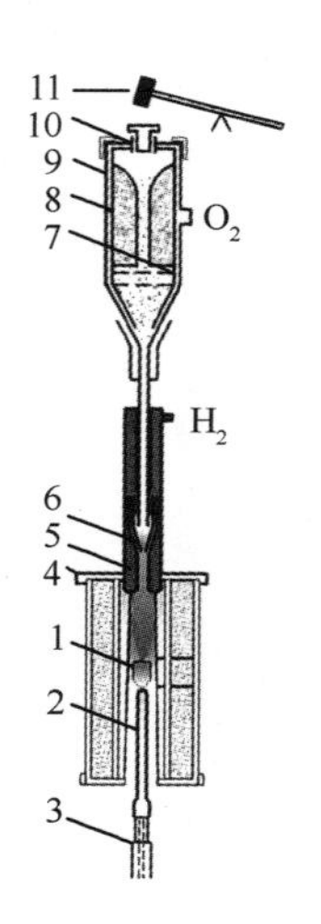

图 2-26　焰熔法晶体生长装置示意图（据 CDSTM）

1—红宝石晶体；2—结晶台；3—结晶座的升降齿条；4—炉子；5—氢氧混合室；6—氧气喷嘴；7—筛网；8—内料斗；9—外科斗；10—弹簧片；11—小锤。

（3）生长过程中，原料的损失严重。

5．水平区熔法

水平区熔法主要用于材料的物理提纯，但也常用来生长晶体。该法与坩埚移动法大体相似，但水平区熔法的熔区被限制在一个狭小的范围内（图 2-27）。

生长晶体时，首先将原料烧结或者压制成棒状，固定两端，然后，移动原料棒或者加热高频线圈，使得只有受加热的部分熔融，而绝大部分材料处于固态。随着熔区沿着原料棒由一端向另一端缓慢移动，晶体就慢慢生长，并慢慢冷却直至完成生长过程。

水平区熔法与坩埚移动法相比，其优点是减小了坩埚对熔体的污染，并降低了加热功率，可以用于生长高纯度晶体，或者多次结晶以提纯晶体。水平区熔法常用高频线圈加热，需要有惰性气氛来进行保护。

6．浮区法

浮区法又称垂直区熔法。生长装置中（图 2-28），在生长的晶体和多晶棒之间有一段熔区，该熔区由表面张力所支持。熔区自上而下或自下而上移动，以完成结晶过程。

浮区法的主要优点是不需要坩埚，也由于加热不受坩埚熔点限制，可以生长熔点极高的材料；生长出的晶体沿轴向有较小的组分不均匀性，在生长过程中容易观察等。浮区法晶体生长过程中，熔区的稳定是靠表面张力与重力的平衡来保持，因此，材料要有较大的表面张力和较小的熔态密度。浮区法对加热技术和机械传动装置的要求都比较严格。

三、气相法合成晶体

气相法合成晶体是将拟生长的晶体材料通过升华、蒸发、分解等过程转化为气相，然后通过适当条件使它成为饱和蒸气，经冷凝结晶而生长成晶体。气相法晶体生长的特点是：

（1）生长的晶体纯度高。

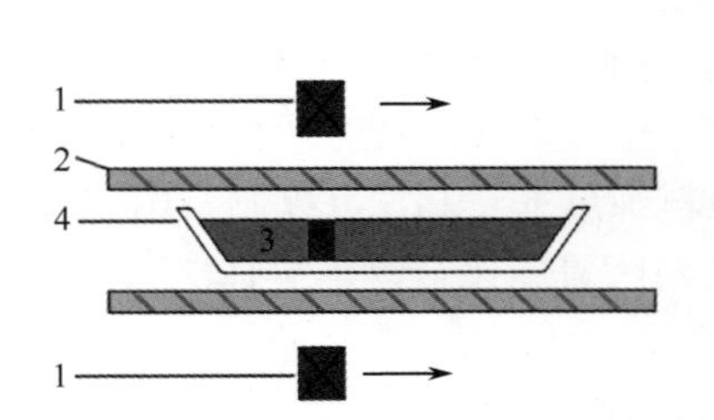

图2-27　水平区熔法晶体生长装置示意图

（据CDSTM）

1—加热器；2—管式炉；

3—原料；4—石英舟。

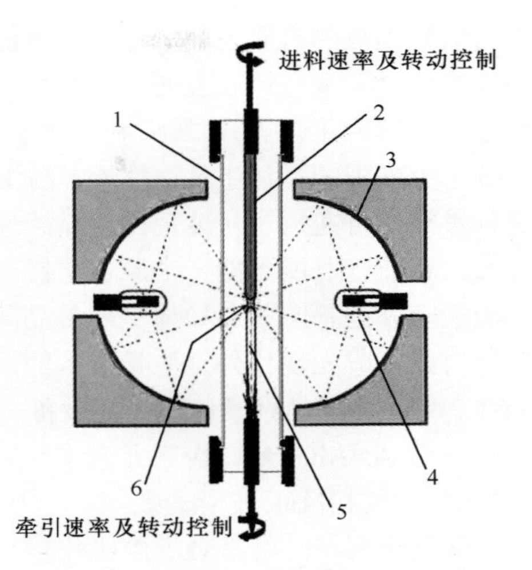

图2-28　浮区法晶体生长装置示意图

（据CDSTM）

1—石英管；2—进料杆；3—椭圆反射镜；4—卤灯；

5—籽晶杆；6—熔区。

（2）生长的晶体完整性好。

（3）晶体生长速度慢。

（4）有一系列难以控制的因素，如温度梯度、过饱和比、携带气体的流速等。

目前，气相法主要用于晶须生长和外延薄膜的生长（同质外延和异质外延），而生长大尺寸的块状晶体有其不利之处。气相法主要可以分为两种：

（1）物理气相沉积（physical vapor deposition，PVD）：用物理凝聚的方法将多晶原料经过气相转化为单晶体，如升华-凝结法、分子束外延法和阴极溅射法。

（2）化学气相沉积（chemical vapor deposition，CVD）：通过化学过程将多晶原料经过气相转化为单晶体，如化学传输法、气体分解法、气体合成法和 MOCVD 法等。

1．升华法

在高温区将材料升华，然后输送到冷凝区使其成为饱和蒸气，经过冷凝成核而长成晶体（图 2-29）。

升华法生长速度慢，主要应用于生长小块晶体、薄膜和晶须，SiC 晶体就是用这种方法生长的。此外，为了得到完整性好的晶体，需要控制扩散速度和加惰性气体保护，升华室内一般都充有氮气或氩气。

2．射频溅射法

射频溅射法是指采用射频溅射的手段使组成晶体的组分原料汽化，然后再结晶的技术来生长晶体的方法。射频溅射是适用于各种金属和非金属材料的一种溅射沉积方法，其频率区间为 5~30MHz，国际上通常采用 13.56MHz 的频率。主要用来进行薄膜制备，也可以制备小尺寸的晶体。

3．分子束外延法

分子束外延（MBE）技术是指在超高真空条件下，一种或几种组分的热原子束或分子束喷射到加热的衬底表面，与衬底表面反应，沉积生成薄膜单晶的外延工艺。到达衬底表面的组分元素与衬底表面不但要发生物理变化（迁移、吸附和脱附等），还要发生化学变化（分解、化合等），最后利用化学键合与衬底结合成为致密的化合物。

分子束外延的晶体生长速度慢（约 1μm/h），生长温度低，可随意改变外延层的组分和进行掺杂，可在原子尺度范围内精确地控制外延层的厚度、异质结界面的平整度和掺杂分布，目前已发展到能一个原子层接一个原子层精确地控制生长的水平。

分子束外延是制备半导体多层单晶薄膜的外延技术，现在已扩展到金属、绝缘介质等多种材料，成为现代外延生长技术的重要组成部分。分子束外延技术是目前生长半导体晶体、半导体超晶格晶体的关键设备，所用的原料纯度非常高。可以制备Ⅲ-Ⅴ族化合物半导体 GaAs/AlGaAs、Ⅳ族元素半导体 Si，Ge、Ⅱ-Ⅵ族化合物半导体 ZnS, ZnSe 等。

4．化学气相沉积法

化学气相沉积法是将金属的氢化物、卤化物或金属有机物蒸发成气相，或用适当的气体做为载体，输送至使其冷凝的较低温度带内，通过化学反应，在一定的衬底上沉积，形成所需要的固体薄膜材料（图 2-30）。薄膜可以是单晶态，也可以是非晶。主要有以下几种类型：

（1）热分解反应气相沉积：利用化合物的热分解，在衬底表面得到固态薄膜的方法称为热分解反应气相沉积。

（2）化学反应气相沉积：由两种或两种以上气体物质在加热的衬底表面发生化学反应而沉积成为固态薄膜的方法称为化学反应气相沉积。

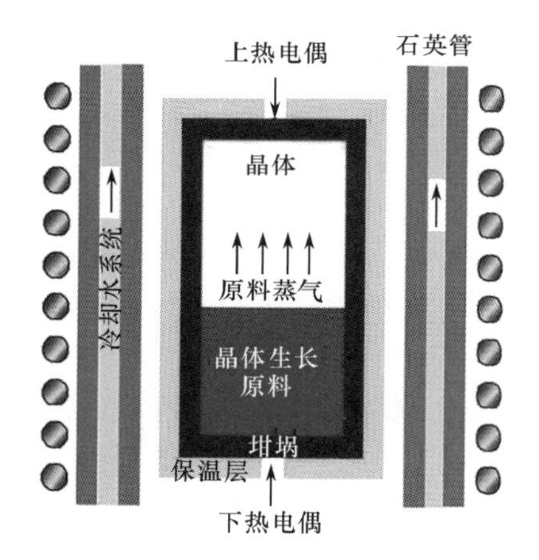

图2-29　升华法晶体生长装置示意图

（据CDSTM）

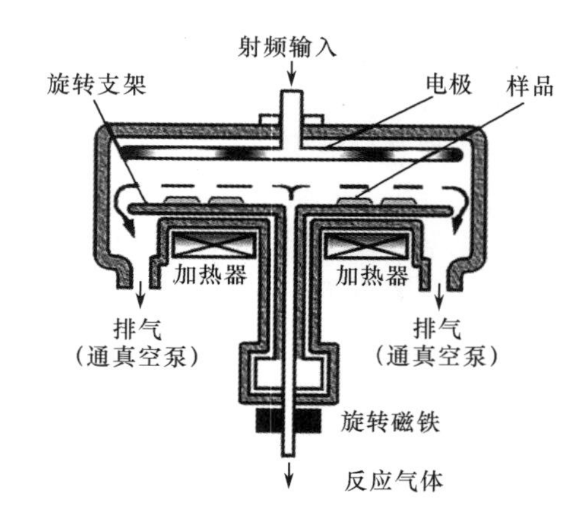

图2-30　化学气相沉积法晶体生长装置示意图

（据CDSTM）

第三章　晶体的面角恒等及投影

根据晶体生长的布拉维法则，实际晶体往往为面网密度大的面网所包围。这些面网构成实际晶体的晶面。对于在理想的条件下生长的同种晶体来说，由相同面网构成的晶面是同形等大的。但是，由于受到复杂生长环境的影响，即使是由相同面网构成的晶面，其形态和大小也会不同，形成歪晶（图 3-1）。歪晶掩盖了晶体的固有对称特点，给人类掌握晶体形态的规律带来困难。

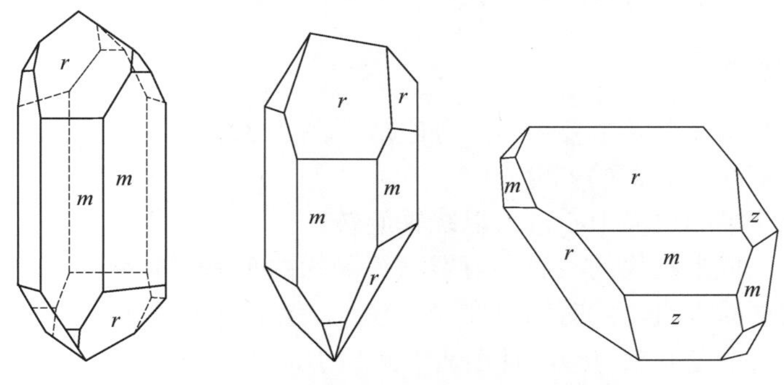

图3-1　石英晶体的不同实际形态

面角 $r\wedge m$=141°47′，$m\wedge m$=120°，$r\wedge z$=134°

但后来科学家们发现，同种晶体的形态虽然随环境的变化而变化，但对应晶面间的夹角不变，这就是面角恒等定律。在此基础上，人们开始测量晶面夹角，并根据测角数据进行晶面投影，从而恢复了晶体的理想形态。

第一节　面角恒等定律

面角恒等定律是由丹麦矿物学家斯丹诺（N. Steno）于 1669 年首先提出，又称斯丹诺定律。它的主要内容是：**同种晶体，对应晶面间的夹角恒等**。

面角是任意两晶面法线之间的夹角，其数值等于晶面夹角的补角。晶面夹角恒等，面角当然恒等。如图 3-2 所示，AC、CB 为两相交晶面，α 为两晶面的夹角，β 为两晶面的面角，β=180° $-\alpha$。

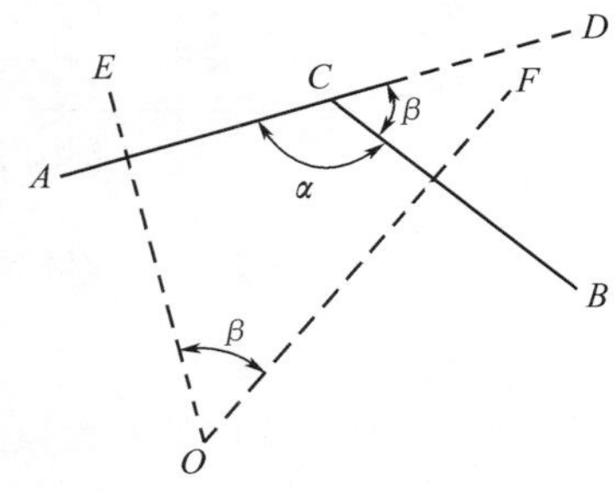

图3-2　晶面夹角和面角

图 3-1 所示的 3 个石英晶体，均由相同的晶面组成，晶面的形状、大小不同，晶体的外形自然也不一样，但是对应晶面间的夹角完全相等。面角恒等是格子构造的

必然结果。因为同种晶体具有完全相同的格子构造，格子构造中的同种面网构成晶体外形上的同种晶面。晶体生长过程中，晶面平行向外推移，故不论晶面大小、形态如何，对应晶面间的夹角恒定不变。

面角恒等定律的发现，对结晶学的发展有深远的影响，使人类用面角测量和投影的方法，恢复晶体的理想形态，奠定了几何结晶学的基础。

第二节　晶体的测量

根据面角恒等定律，只要知道了各晶面间的面角关系，就有可能恢复晶体的理想几何外形。为此，需要实际测量晶面之间的夹角，以获得面角数据。这项工作就是晶体测量，或称晶体测角。

晶体测量使用的仪器有接触测角仪和反射测角仪。

一、接触测角仪

接触测角仪结构简单，主要由两部分组成（图 3-3）：

半圆仪：上有 0°～180°的刻度。

直臂：固定在半圆仪的中心，可以绕轴旋转。

测量晶体时，把半圆仪的底边和直臂与待测的两个晶面靠紧，并使此二晶面相交的晶棱与测角仪的平面垂直，此时即可在半圆仪上读得晶面的面角数据。此种仪器使用简便，但精度较差（误差 0.5°~1°），且不适于测量小晶体。

二、反射测角仪

1. 单圈反射测角仪

其结构如图 3-4 所示，M 为一周边有刻度的水平圆盘，可以绕轴旋转；V 为游标；K 为平行光管；F 为视物管，K 和 F 的轴线均与圆盘轴线垂直，且三者交圆盘中心于一点。

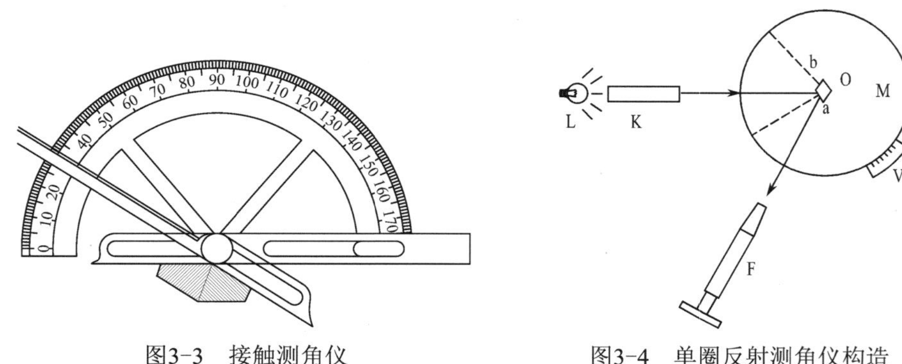

图3-3　接触测角仪　　图3-4　单圈反射测角仪构造

1）原理与方法

单圈反射测角仪的基本原理是利用光的反射定律，即光的入射角等于反射角。测量方法如下：

（1）用胶蜡把晶体固定在圆盘中心，并使欲测二晶面的交棱与圆盘旋转轴平行。

（2）打开光源，使光线通过视物管平行射向晶面 a。

（3）转动圆盘，使晶面 a 的法线恰好为光管 K 和视物管 F 的分角线，此时，从视物管可以看到由 a 反射的光线，记下刻度盘读数。

（4）再转动圆盘，使晶面 b 的法线处于 K 和 F 的分角线位置，此时从视物管中可以看到由晶面 b 反射的光线，再记下刻度盘读数，两次读数的差值即为晶面 a 和 b 之间的面角数值。

2）单圈反射测角仪的优点和局限性

单圈反射测角仪的优点是精度较高，可达 1′～1/2′；局限性在于安装一次晶体，只能测交棱相互平行的一组晶面的面角数据，测另一组晶面时，必须另行安装晶体。

2. 双圈反射测角仪

双圈反射测角仪与单圈反射测角仪的不同之处在于，除了一个水平圆盘之外，还有一个直立圆盘，两圆盘的轴线互相垂直且相交。把晶体安装在晶托上，并使之处于两圆盘轴线的交点上（图 3-5）。任意方向的某个晶面，通过绕水平和直立两个轴旋转，一定能够把它转到特定的反射位置上，即转到光管和视物管的分角线位置。但由此得出的并不是面角值。对应于两个旋转，每个晶面均有两个读数，它们是晶面的一组球面坐标值，即方位角 φ 值和极距角 ρ 值。

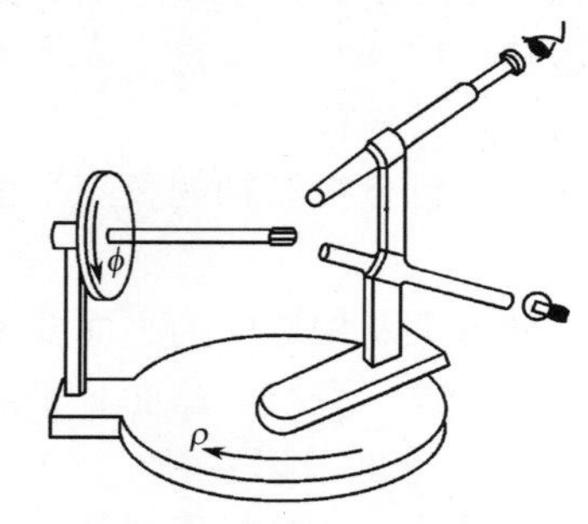

图3-5　双圈反射测角仪构造的简化示意图

第三节　晶体的球面投影及坐标

通过晶体测量，可以得到一组数据，即每一个晶面的球面坐标，包括方位角 φ 值和极距角 ρ 值。但是仅由这组数据，还不能够直观地看出晶面空间分布的规律性。为了解决这一问题，还需要把数据变换成一定形式的平面图形，这就是晶体的平面投影。晶体的平面投影全部是在球面投影的基础上进行的，因此晶体的投影实际包括两个步骤：①晶体的球面投影；②将球面投影转变为平面投影（图 3-6）。

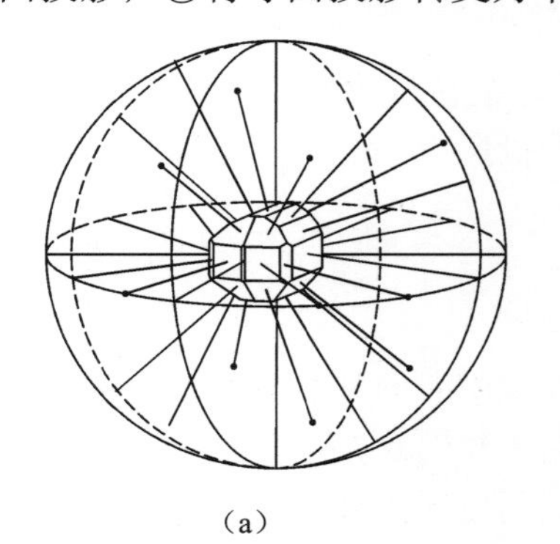

（a）

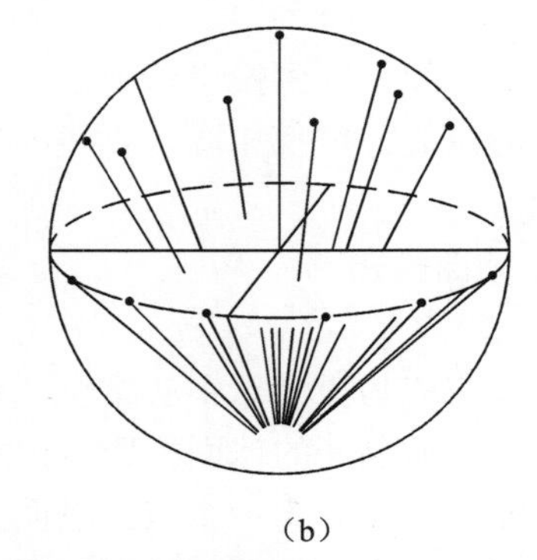

（b）

图3-6　晶体的球面投影和极射赤道平面投影过程

（a）球面投影；（b）从球面投影转变为极射赤道平面投影。

一、晶体的球面投影

球面投影是设想将晶体中心与投影球中心重合，然后把晶体上各种平面和直线的要素一一投影到球面上。

投影球是以单位长为半径的参考球。投影球要素及名称（图 3-7）如下：

投影中心：即球心。

赤道平面：过投影球中心的水平面，也是极射赤道平面投影的投影面。赤道平面在投影球上只有一个。

赤道：赤道平面与投影球面的交线；赤道为极射赤道平面投影的基圆。

投影轴：过球心且垂直于赤道平面的直线。上端与投影球的交点为北极 N，下端与投影球的交点为南极 S。

子午面：包含投影轴的直立平面。投影球上的子午面有无数个，子午面与球面的交线为子午线。

晶体外形上及构造中的平面要素有晶面、对称面、面网等；直线要素有晶棱、行列、晶轴、对称轴等。直线、晶面、平面的球面投影方法是不同的。

1. 直线的球面投影

设想使晶体中心与投影球的球心重合，将直线平行移动到过投影球中心，然后向两端延伸使之与球面相交，交点即为直线的球面投影点（图 3-8）。直线在球面上的投影点称为迹点。一条直线在球面上有两个迹点。

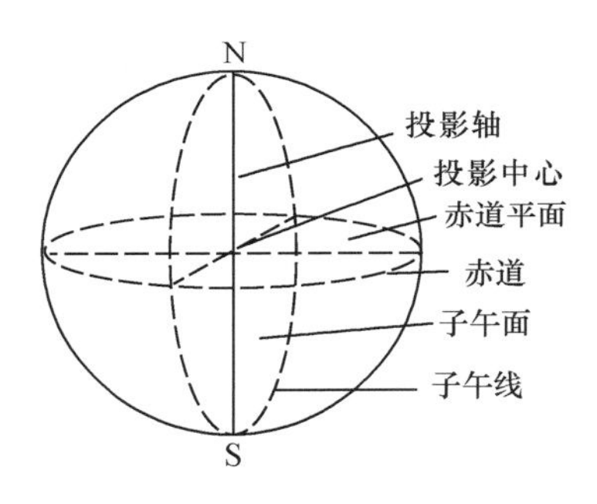

图 3-7　投影球要素及名称

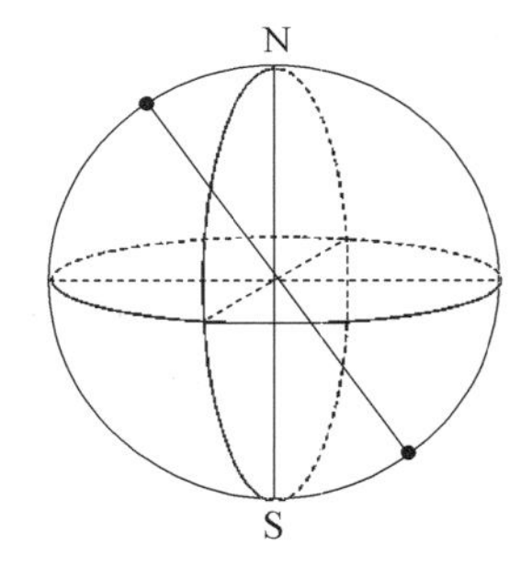

图 3-8　直线的球面投影

所有直线都必须平移到投影球中心，然后才能进行投影。因此所有方向相同的直线，在球面上的投影点的方位都相同。直线的球面投影点只能反映直线的方向，与直线的具体位置无关。

2. 晶面的球面投影

1）投影方法

设想将晶体中心与投影球中心重合，从晶体中心向某晶面引垂线，并延伸使之与球面相交，交点就是该晶面的球面投影点，如图 3-9（a）所示。

晶面在球面上的投影为一个点。晶面的球面投影点称为极点。晶面的球面投影点只能反映晶面的空间方位，与晶面的实际形态和大小无关。

由图 3-10 还可以看出，交棱相互平行的一组晶面，球面投影点分布在同一个大圆上。

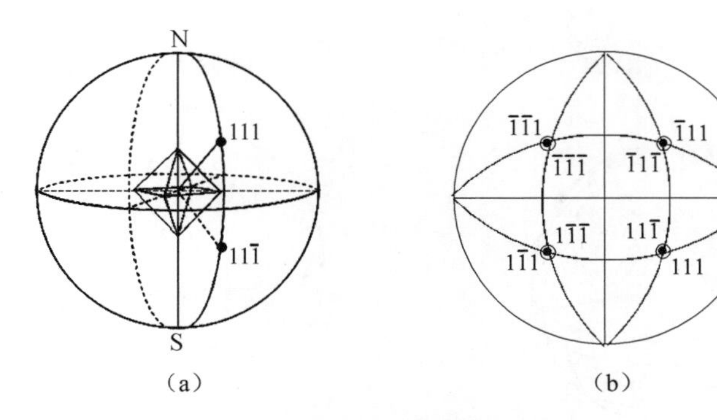

图3-9　八面体晶面的投影

（a）球面投影方法；（b）八面体晶面的极射赤道平面投影。

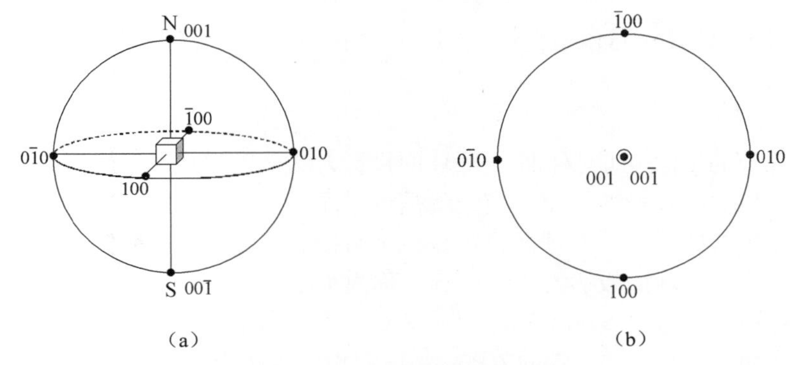

图3-10　立方体晶面的投影

（a）球面投影；（b）极射赤道平面投影。

2）球面上投影点的坐标

地球上点的位置用经度和纬度来表示，经度和纬度构成地球的坐标网。球面投影点的位置，也可以用该点的球面坐标来表示。球面坐标与纬度相当的是极距角 ρ，与经度相当的是方位角 φ。方位角 φ 和极距角 ρ 构成投影球的球面坐标网，如图 3-11 和图 3-12 所示。

（1）极距角（ρ）：投影轴与晶面法线或直线间的夹角，也就是投影球面上北极点 N 与球面投影点之间的圆弧的度数，故称极距角。极距角都是从北极 N 点开始度量，从投影球 N 极到 S 极，共分 180°。

（2）方位角（φ）：投影球中包含晶面法线或直线的子午面与零子午面之间的夹角称为方位角。在投影球面上，方位角为投影点所在的子午线与零子午线之间的水平圆弧的度数。方位角都是从零度子午线（φ=0°）开始顺时针度量，绕投影球一周，共分为 360°。

显然，有了球面坐标网以后，只要知道投影点的球面坐标值，即可确定投影点在球面上的位置。例如在图 3-12 中，（101）晶面的球面投影点，其极距角 ρ 为 45°，方位角 φ 为 90°。

两个晶面之间的面角，就是投影球面上两个极点之间的角度。例如在图 3-12 中，（101）晶面与（100）晶面的面角为 45°，根据面角与晶面夹角的互补关系，可以得出（101）晶面与（100）晶面之间的夹角为 135°，其余类推。同理，两条直线之间的夹角，就是投影球面上相应两个迹点之间的角度。

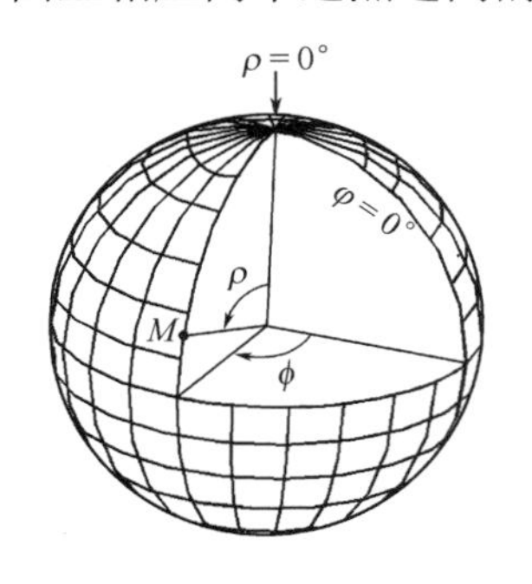

图 3-11　球面坐标的度量方法

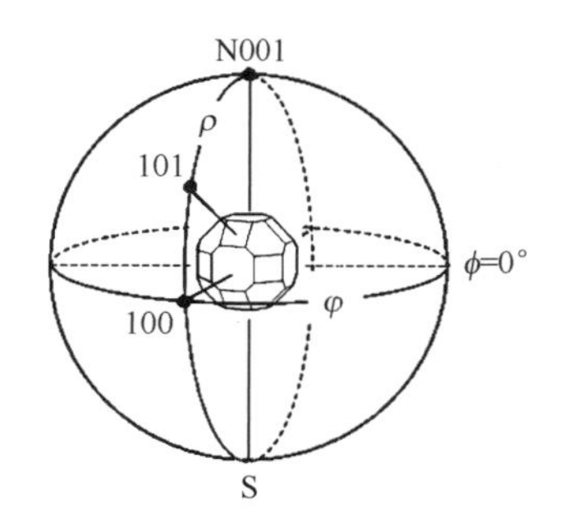

图 3-12　晶面的球面投影点坐标

经球面投影以后，晶面的大小、形态的影响被完全消除，面角关系则不变，而且被突出显示出来。

3. 平面的球面投影

除晶面以外的平面（如对称面），其球面投影方法是设想将晶体中心与投影球中心重合，将平面扩展后与投影球相交，交线就是该平面的球面投影。平面在球面上的投影均为圆。过投影中心的平面，其球面投影是一个与投影球等径同心的圆，称为大圆；不过投影中心的平面，其球面投影均小于大圆，称为小圆。

球面投影虽然可以真实地反映晶面、平面、直线的空间几何关系，然而在实际研究工作中难以应用。只有通过一定的方法，将球面投影再转投到平面上，成为平面的图形，才有实用价值。

将球面投影转变为平面投影的方法有正投影、极射赤道平面投影和心射赤道平面投影。下面介绍应用广泛的极射赤道平面投影。

第四节　极射赤道平面投影

晶体的平面投影都是以球面投影为基础的。也就是说，在对晶体进行投影时，先进行球面投影，再进行平面投影。极射赤道平面投影也是如此。

极射赤道平面投影以投影球的赤道平面作为投影面，以南极或北极为视点，所以称为极射赤道平面投影。投影面与投影球面的交线（投影球赤道）称为基圆。

一、晶面的极射赤道平面投影

1. 投影方法

上一节已经介绍，晶面在球面上的投影是一个点。晶面的极射赤道平面投影就是把晶面在球面上的投影点与南极或北极连线（北半球的投影点与南极连线，此时，北极点 N 的投影在基圆中心；南半球的投影点与北极连线，此时，南极点 S 的投影在基圆中心），连线与赤道平面相交，交点就是晶面的极射赤道平面投影点，如图 3-13 所示。

2. 晶面的极射赤道平面投影点的表示方法

晶面的球面投影点在北半球，以南极为视点进行投影，投影点用“•”表示；晶面的

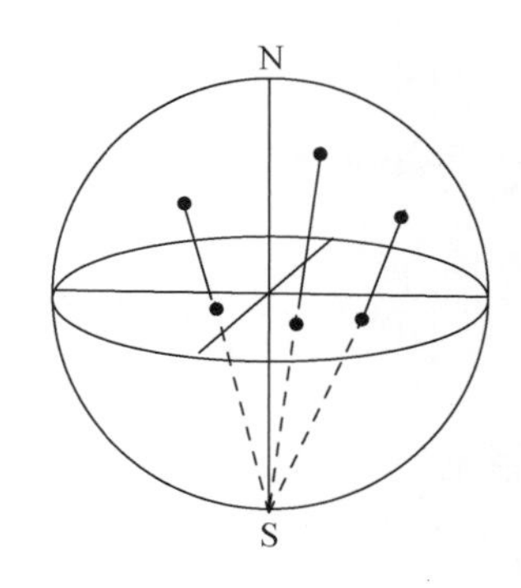

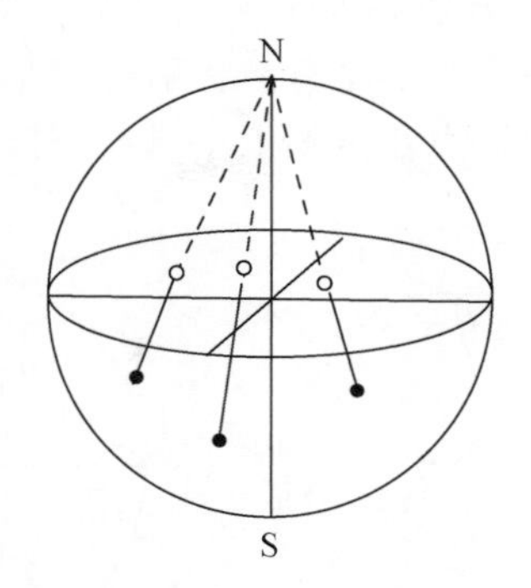

图 3-13　晶面的极射赤道平面投影方法

球面投影点在南半球，以北极为视点进行投影，投影点用“○”表示（图 3-13）。

3. 极射赤道平面投影点的坐标

极射赤道平面投影点在投影平面上的坐标也是用极距角和方位角表示。在图 3-14 中，晶面的球面投影点为 A，极射赤道平面投影点为 a，a 点的极距角等于 oa。oa 与基圆半径 r 以及极距角ρ的关系可以用下式表示：

$$oa = r\tan\rho/2$$

式中，r 为基圆半径。

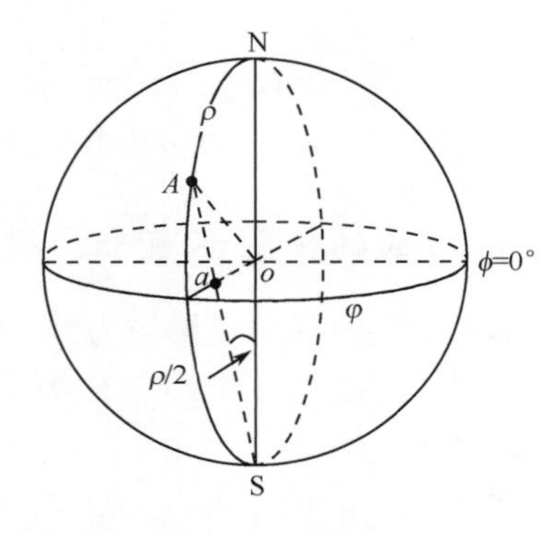

图 3-14　极射赤道平面投影点的坐标

根据上式可知，ρ=90°时，oa=r；ρ=0°时，oa=0。按照这种关系分割基圆半径，并将球面坐标网投影到赤道平面上，就可以直接在基圆半径上度量极距角ρ值；方位角 φ 在基圆上度量。按照这种规律，ρ =0°时，球面投影点落在北极 N 点，极射赤平投影点落在基圆中心；ρ =90°时，球面投影点落在赤道上，极射赤平投影点落在基圆上。

4. 晶面的极射赤道平面投影点规律

晶面的极射赤道平面投影点规律如图 3-15 所示。晶面与投影平面平行，极射赤道平面投影点落在基圆中心；晶面与投影平面垂直，极射赤道平面投影点落在基圆上；晶面与投影平面斜交，极射赤道平面投影点落在基圆内，且斜交角度越大投影点越接近于基圆。

二、直线的极射赤道平面投影

1. 投影方法

上一节已经介绍，直线在球面上的投影为 2 个点。直线的极射赤道平面投影与晶面的投影方法相同，就是把直线在球面上的投影点与南极和北极连线，连线与交赤道平面相交，交点就是直线的极射赤道平面投影点。

球面投影点在北半球，以南极为视点进行投影，投影点用“•”表示；球面投影点在南半球，以北极为视点进行投影，投影点用“○”表示。

2. 直线的极射赤道平面投影点规律

直线与投影平面垂直，极射赤道平面投影点在基圆中心；直线与投影平面平行，极射赤道平面投影点在基圆上；直线与投影平面斜交，极射赤道平面投影点在基圆内。

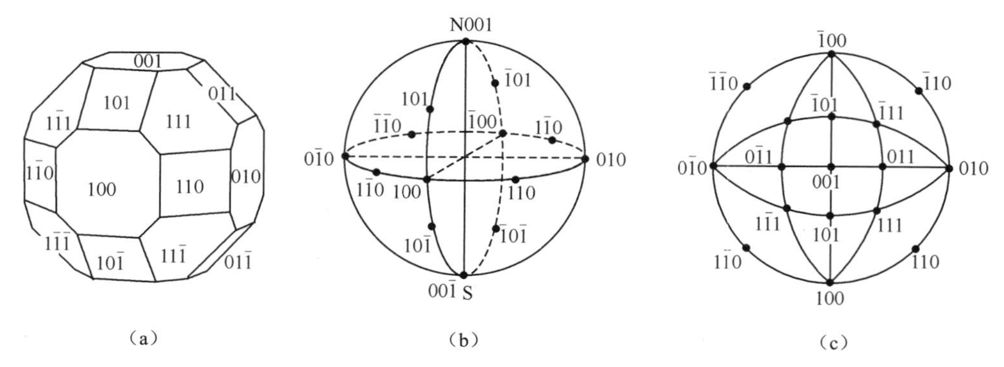

图3-15 晶面的球面投影点规律

（a）立方体、八面体和菱形十二面体的晶面；（b）晶面的球面投影（只投影了 2 组交棱互相平行的晶面）；（c）晶面的极射赤道平面投影（只投影了赤道和北半球的晶面）。

三、平面的极射赤道平面投影

晶体上平面的球面投影均为圆，极射赤道平面投影是以 S 极（或 N 极）为视点，将球面上的圆形迹线与 S 极（或 N 极）连线，连线与投影平面相交，交线就是平面的极射赤道平面投影。

1. 过投影中心的平面

过投影中心的平面，其球面投影是一个与投影球等径同心的大圆，按照平面与投影面的关系不同，平面的球面投影分为与投影平面垂直的直立大圆、与投影平面平行的水平大圆和与投影平面斜交的倾斜大圆 3 种。这 3 种大圆的极射赤道平面投影如图 3-16 所示。

直立大圆的极射赤道平面投影为基圆直径（图 3-16（a）、（b）、（c））。

水平大圆的极射赤道平面投影就是基圆（图 3-16（c））。

倾斜大圆的极射赤道平面投影是以基圆直径为弦的大圆弧（图 3-16（d）、（e））。

除水平大圆之外，投影球上所有大圆都被投影平面分为上、下两部分，作图时一般以南极为视点，只对上半个大圆进行极射赤道平面投影。

2. 不过投影中心的平面

不过投影中心的平面，球面投影都是小圆，其极射赤道平面投影也有 3 种情况：

与投影平面平行的水平小圆，极射赤道平面投影仍为小圆，且与基圆同心。离投影平面越近，小圆越大；越远，小圆越小（图 3-17）。

与投影平面垂直的直立小圆，极射赤道平面投影为一小圆弧，小圆弧的弦是小圆与基圆两个交点的连线（图 3-18）。

与投影面斜交的倾斜小圆，极射赤投影仍为小圆，但圆心与基圆中心不重合。

将球面投影转变为极射赤道平面投影之后，依然保留了晶面、直线、平面之间的角度关系。因此，极射赤道平面投影给图示晶体的对称性以及研究晶体的几何规律带来了极大方便。

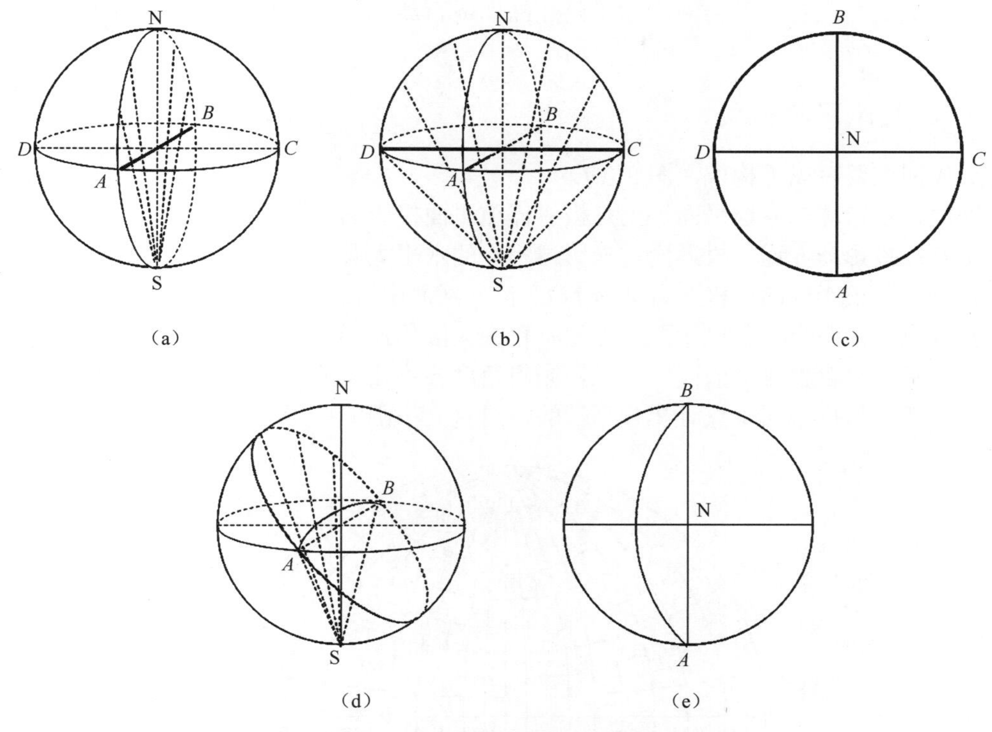

图3-16 过投影中心的平面的投影

（a）、（b）直立大圆的极射赤道平面投影方法；（c）直立和水平大圆的极射赤道平面投影；（d）倾斜大圆的极射赤道平面投影方法；（e）倾斜大圆的极射赤道平面投影。

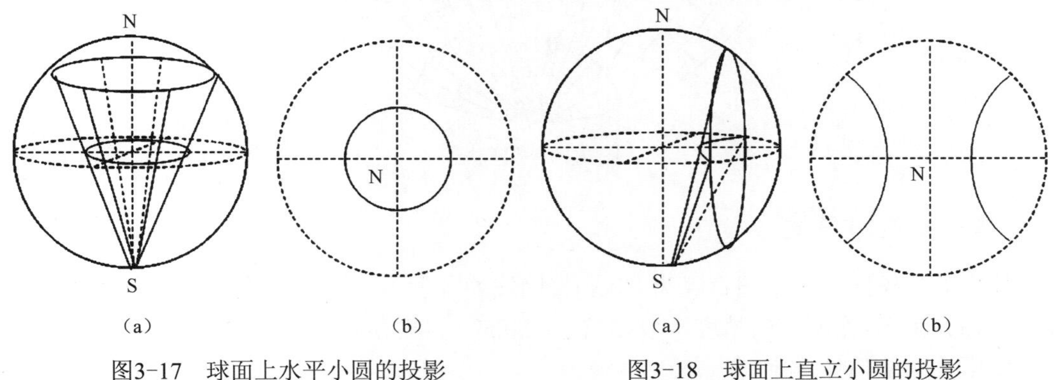

图3-17 球面上水平小圆的投影

（a）投影方法；（b）极射赤道平面投影。

图3-18 球面上直立小圆的投影

（a）投影方法；（b）极射赤道平面投影。

第五节 吴 氏 网

在上面几节中，我们从原理上叙述了晶体的极射赤道平面投影过程。但是在实际工作中，并不是先作球面投影，然后再转换成极射赤道平面投影的。而是根据极射赤道平面投影原理，将直立大圆、水平大圆、倾斜大圆以及直立小圆投影到赤道平面上，从而得到一张平面坐标网。这种坐标网是俄国学者吴尔夫于 1908 年首先绘制的，因此又称吴尔夫网或吴氏网。有了吴氏网，如果已知晶面或直线的球面坐标值，就可以直接标定投影点的位置。

一、吴氏网的构成

吴氏网主要有以下构成（图 3-19）：

网面：投影球的赤道平面，也是极射赤道平面投影的投影面。

基圆：投影球赤道，投影面与投影球相交的水平大圆。

目测点（投影球的南极 S 或北极 N）：位于网面中心。

基圆直径：两个垂直投影面且互相垂直的大圆的投影。

大圆弧：包含投影球的同一直径，倾斜角度各不相同的一组倾斜大圆的投影。

小圆弧：与投影面垂直且相互平行的一组直立小圆的投影。

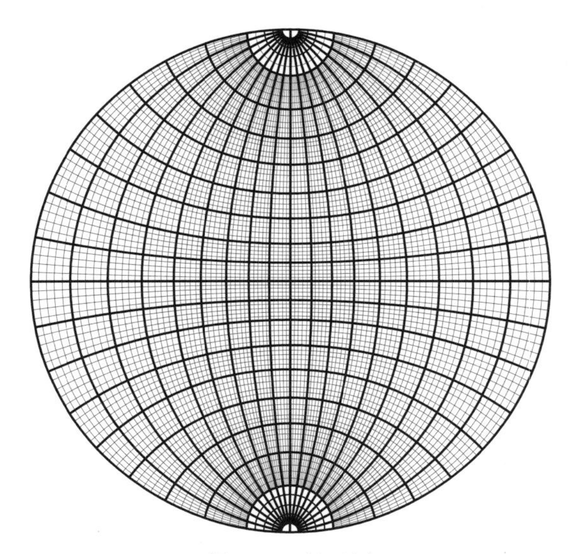

图3-19　吴氏网

二、吴氏网用途

标准的吴氏网，其基圆直径为 20cm；网线的分度为每格 2°。但是在两极附近，经线的间隔为 10°。作图时的精度一般要求达到 0.5°；没有落在网线上的点，其网线间的分度可以用插入法估计确定。

吴氏网的用途很广。在结晶学中，吴氏网可作为球面坐标的量角规。在基圆上可以度量方位角φ；直径上的刻度可以度量极距角ρ；大圆弧上的刻度可以度量两晶面的面角或两直线之间的夹角；可根据投影图进行图解计算晶体常数、确定晶面符号等。

此外，吴氏网在晶体光学、岩石学、航空航天学、航海学、天文测量学、晶体 X 射线学和电子显微学等方面均有广泛的应用。

三、吴氏网的应用举例

应用吴氏网进行投影时，需要透明纸、大头针、铅笔等作图工具。投影方法步骤如下：

（1）将透明纸覆于网面上，用大头针在网心将两者固定在一起，使透明纸能够相对于吴氏网旋转。

（2）用铅笔在透明纸上描出基圆，并用“×”标出网心。

（3）在基圆上选一点（一般在直径右侧端点）作为$\varphi = 0°$的标志。

（4）此时若已知某一晶面 M 的球面坐标值为 ρ=66°，φ=120°，就可以从透明纸上的φ=0°开始，顺时针沿基圆数 120°，此时这一点若与基圆中心连线的话，则此半径必为φ=120°的等值线，晶面 M 的投影点必位于此半径上。然后，转动透明纸，使φ = 120°的点与基圆任一直径端点重合，从中心沿此直径向端点方向数 66°，得到一点，此点就是 M 的投影点位置（图 3-20）。

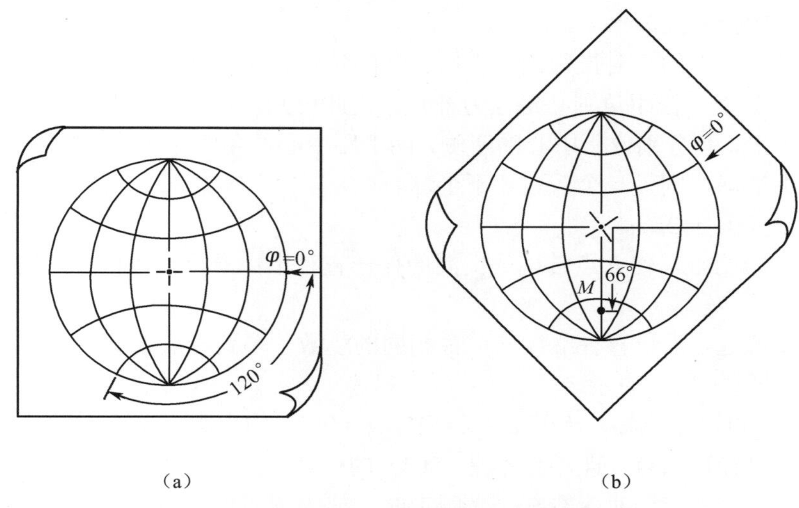

图3-20　运用吴氏网标定投影点位置的图示

（a）起始时；（b）旋转透明纸之后。

进行晶体的投影图解和计算，都是用转动透明纸完成的。转动时注意保持吴氏网不动，并使吴氏网的基圆与透明纸的基圆始终重合。作图时不能使用圆规和直尺，要徒手进行。

例 1　已知球面坐标值 ρ_b=40.5°，φ_b=350°，ρ_d=114°，φ_d=229.5°，求作投影点。

解题步骤（图 3-21）：

（1）从φ=0°开始，在基圆上顺时针数到 229.5°及 350°处，在这两处各作一标记，并将φ值标在基圆外侧。

（2）转动透明纸，使φ=350°处的标记转到对准吴氏网南北直径（或东西直径）的任一端点，然后由吴氏网的中心起，沿该直径向外数出 40.5°，该处即为 b 的投影点位置，由于是北半球的投影点，因此以“●”表示之。

（3）再转动透明纸，使φ=229.5°处的标记就近转到对准吴氏网南北直径（或东西直径）的任一端点，然后由吴氏网的中心起，沿该直径向外数出 66°（180°– 114°=66°），该

处即为 d 的投影点位置(或者由直径的外端点起,沿该直径向中心数至24°(114° – 90° =24°))。由于是南半球的投影点，因此以“○”表示之。

例 2 求已知点 b 的球面坐标值。

本题是例 1 的逆命题，故解题步骤是例 1 的逆步骤。解题步骤（图 3-21）：

（1）转动透明纸，使 b 点转到吴氏网的任一直径上。

（2）沿该直径由 b 点数至中心的极距角为 40.5°，即 ρ_b=40.5°。

（3）由 b 点所在的半径端点开始，沿基圆逆时针数到 φ=0°的标记处，其间的度数即为 b 点的方位角，为 350°，即 φ_b=350°。

如果已知点是下半球的点（$\rho>90°$，用“○”表示的点），则其极距角应该等于沿所在直径，由该点数至中心的角距的补角，或者等于由该点数至基圆的角距加上 90°。

例 3 求已知点 b 的直径反向点（即已知一条直线在球面上的一个投影点，求另一个反向的端点的投影点）。

互为直径反向点的一对投影点，它们之间的角距必为 180°，因此，它们的方位角的差值也必定为 180°，极距角则必定互为补角。由此可知，这样的一对点必定落在投影基圆的同一直径上，且分别位于中心的两侧，两者距中心的角距相等。这样的两个投影点，如果一个在上半球，则另一个一定在下半球。

解题步骤（图 3-22）：

（1）转动透明纸，使 b 点转到吴氏网的任一直径上；沿该直径由 b 点数至中心的极距角为 40.5°。

（2）从中心起，沿该直径继续向前数相同的度数，得到一点 b_1 即为所求。以与 b 点相反的符号，即以“○”表示之。

例 4 求作过两个已知点 b 和 e（ρ_e=51°，φ_e=96°）的大圆。

过球面非直径反向点（即相距不是 180°）的任意二点，必能而且只能作一个大圆。因此，只需使二已知点同时落在某一大圆上时，该大圆即为所求。

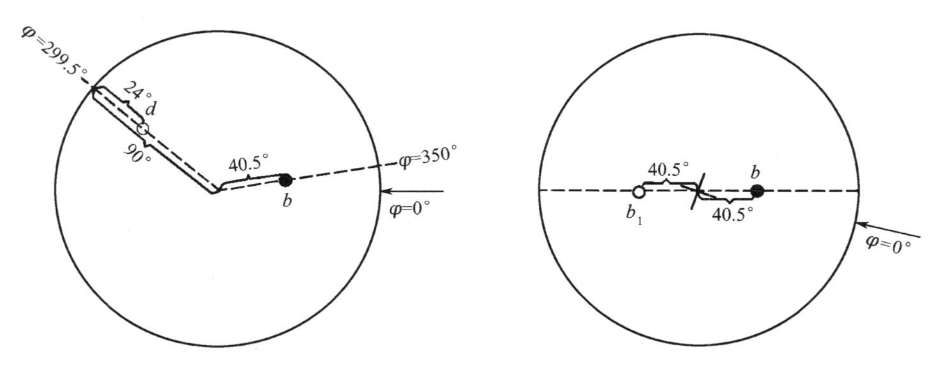

图3-21　例1、例2的图解　　　　图3-22　例3的图解

解题步骤（图 3-23）：

转动透明纸，使点 b 和 e 同时落在某一大圆上，描出该大圆即为所求。

如果二已知点不能同时落在某一现成的大圆上，此时可将它们转到与现成大圆相同角距的位置，然后用插入法描出它们所在的大圆。

例 5 求两已知点 b 和 e 之间的角距。

球面上任意两点之间的角距，就是这两点与球心连线时，两条连线所夹的球心角。显然，球心角必须在包含二连线且通过球心的平面内度量，因此，球面上两点之间的角距，在极射赤道平面投影图上，必须在包含这两点的相应大圆上度量。

解题步骤：

（1）转动透明纸，使点 b 和 e 同时落在吴氏网的同一大圆上。

（2）沿该大圆计数 b 和 e 之间的度数为 70.5°，为两点之间的角距（图 3-23）。

例 6 求以已知点 b 为极的极线大圆（即距 b 点为 90° 的大圆）。

已经知道，通过球面上角距不等于 180°的任意两个点，必能且只能作一个大圆，因此，只需找到距已知点均为 90°的这样两个点，过此二点所作的大圆即为所求。

解题步骤（图 3-24）：

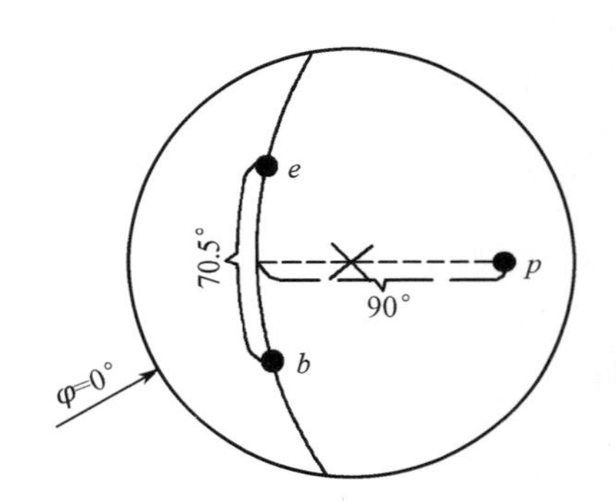

图3-23　例4、例5、例7的图解

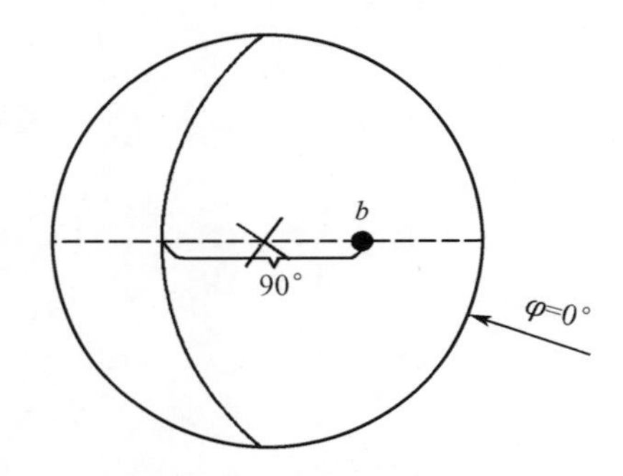

图3-24　例6的图解

（1）旋转透明纸，使 b 点落到吴氏网的东西向直径上。

（2）由 b 点起，沿该直径数 90°，在吴氏网上通过该处的大圆即为所求。

吴氏网东西向直径上任意一点，距南北向直径的两个端点必定均为 90°，而吴氏网上所有的大圆（东西向直径除外）都通过该两端点。

例 7 求已知大圆 be 的极（即距 be 大圆为 90°的点）。

这一命题是例 6 的逆命题，故其解题步骤即是例 6 的逆步骤。

解题步骤（图 3-23）：

（1）旋转透明纸，使 be 大圆与吴氏网上的某一个大圆重合。

（2）从该大圆与吴氏网东西向直径的交点起，沿此东西向直径数 90°，得出 p 点，后者即为所求。

第（2）步既可向东数，也可向西数，因此得出的点实际上应有一对，但两者必定互为直径反向点，通常只需表示出其位于上半球的一个点即可。

例 8 求作同时垂直于二已知大圆 be 和 em 的第三个大圆。

球面上的大圆代表了包含该大圆的平面。上述命题即是要找出与二已知平面均相垂直的第三个平面。显然，后者必定也垂直前二平面的交线。而此交线在极射赤道平面投影平面上就是二已知大圆的交点。所以，只需找出以此交点为极的极线大圆，即为所求。

解题步骤：

作以二大圆 *be* 和 *em* 的交点 *e* 为极的第三个大圆 *qr*，后者即为所求（图 3-25）。

例 9　求二已知大圆 *be* 和 *em* 的之间的夹角。

球面上二大圆之间的夹角，代表包含此二大圆的两个平面间所夹的平面角。在度量此角度时，必须在与二平面均相垂直的第三个平面内进行；在投影图上，就是必须在同时垂直于该二已知大圆的第三个大圆上进行度量。

解题步骤：

（1）作出同时垂直于此二已知大圆 *be* 和 *em* 的第三个大圆 *qr*，后者与前者分别交于 *q* 和 *r* 两点。

（2）读出 *q* 和 *r* 点之间的角距即为所求（图 3-25）。

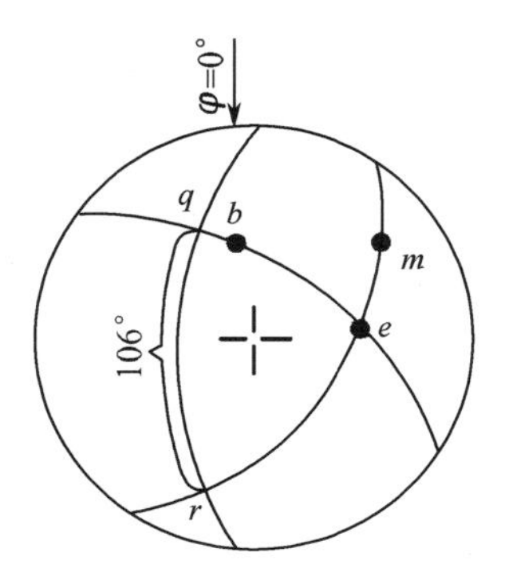

图3-25　例8、例9的图解

第四章　晶体的宏观对称

在第二章中已经介绍，晶体的生长过程，实质上就是质点按照空间格子规律有规则地进行堆积的过程，所以，只要生长时有足够的自由空间，晶体就必然会长成一定形状的几何多面体。例如石盐常长成立方体，而 α-石英经常长成带有尖顶的六方柱体，等等。

在具有几何多面体外形的晶体——结晶多面体上，最突出的一个性质就是它的对称性。晶体外形上的对称性是由其内部格子构造的对称性所决定的。所以，一切晶体都是对称的。不过，不同晶体之间的对称性往往又是有差别的，这表现在它们的对称要素可以有所不同，并且因此构成不同的对称型。所以，有必要同时也有可能，根据晶体的对称特点来对晶体进行分类，即划分出不同的晶族和晶系。

由于晶体的对称性从本质上来讲取决于其内部的格子构造，因此，晶体的对称性不仅包含几何意义上的对称，而且也包含物理意义上的对称，即晶体中凡是具有方向性的物理性质，例如折射率、电导率、弹性模量和硬度等，它们也都呈现相应的对称关系。这是因为，晶体的各项物理性质都是取决于其组成质点的种类和它们的排列方式的。所以，晶体的对称性决定并影响着晶体中涉及到几何及物理两方面的一切性质。反过来，根据晶体的几何外形以及它们的一系列物理性质，又可以用来正确地确定晶体的对称性。所以晶体的对称性对于认识晶体的一系列特性都具有重要的意义。另外，晶体的对称性对于晶体的利用还具有指导意义。

在本章中我们将依次阐述以上的有关内容，但仅限于讨论晶体外形上的对称，即晶体的宏观对称。

第一节　对称的概念和晶体对称的特点

一、对称的概念

图形相同部分有规律的重复，称为对称。具有对称特征的图形，称为对称图形。

对称是自然科学中最普遍的一种基本概念。自然界许多东西都具有对称特点，如植物枝叶的对生与互生，花瓣、动物形体及器官的对称生长，晶体界限要素的对称分布等；建筑物、交通工具、生活用品等，常具有对称的外形；在装饰、装璜设计、纺织品中也常可见到对称图案。所有对称物体和对称图案统称为对称图形。

对称的条件有两个：①对称图形必须具有两个或两个以上的相同部分；②这些相同部分能够通过一定的对称操作发生重复。例如蝴蝶，它由两个相同部分组成，并且相对于身体正中的平面对称分布，两部分可以借助该平面的反映发生重复；再如花朵，是由一定个数的相同的花瓣组成，它们围绕一根与花茎重合的直线对称分布，彼此可以借助于绕此直线的旋转发生重复。晶体具有对称性，晶体的对称在宏观上表现为相同晶面、晶棱有规律地重复。

二、晶体对称的特点

（1）所有的晶体都是对称的。因为晶体具有格子构造，而格子构造就是相同部分有规律地重复。所以从这个意义上讲，所有的晶体都是对称的。

（2）晶体的对称是有限的。晶体的对称受格子构造规律的控制，即遵守对称定律。只有符合格子构造规律的对称才会在实际晶体中出现。

（3）晶体的对称不仅表现在外形上，其内部结构和物理性质也是对称的。

第二节　晶体的宏观对称要素

一、对称操作和对称要素的概念

为使图形中相同部分发生重复所进行的操作称为对称操作。例如，要使蝴蝶的两个相同部分发生重复，就要借助于一个平面的反映；要使花瓣发生重复，必须使花朵绕一根直线旋转。这种旋转、反映就是对称操作。

我们还可以看到，在进行任何一种对称操作时，都必须借助一定的几何要素。蝴蝶左、右两部分之间的反映重复是相对位于形体正中的一个平面进行的；花瓣的旋转重复则是围绕着与花柄重合的直线进行的。这样一些在进行对称操作时所凭借的几何要素，平面、直线和点等，称为对称要素。一定的对称要素均有一定的对称操作与之相对应，对称要素能够明确地表征出物体的对称特点。

必须注意，有的对称操作可以用相应的实际动作来具体进行。例如旋转，就可以使物体绕某一直线为轴具体进行转动；但有的对称操作，例如反映，以及还有所谓的倒反，却是无法用某种实际的动作来具体进行的，而只能设想按相应的对称操作关系来变换物体中每一个点或面的位置。

二、晶体的宏观对称要素

晶体外形上可能出现的对称要素，即晶体的宏观对称要素，包括以下几种。

1. 对称面（P）

对称面是通过晶体中心的一个假想平面，它将图形分为互成镜像反映的两个相等部分。相应的对称操作是对此平面的反映。

如图 4-1（a）中的 P_1 和 P_2 是对称面；图 4-1（b）中的 AD 不是对称面，尽管 AD 将图形分为两个相等部分，但这两部分不互成镜像，$\triangle AED$ 成镜像反映的是$\triangle AE_1D$。

晶体中对称面可能出现的位置有（图 4-2（a））：垂直并平分晶面；垂直晶棱并通过它的中点；包含晶棱。

对称面用 P 表示。晶体中可以没有对称面，也可以有 1 个或多个，但最多不超过 9 个。描述时将对称面数目写在 P 前面。立方体中有 9 个对称面，就写成 $9P$。在立方体的 9 个对称面中，若使其中 1 个对称面处于水平位置，则有 4 个对称面与水平对称面垂直、

4 个对称面与水平对称面斜交。

对称面是通过晶体中心的假想平面，其球面投影为一大圆，极射赤道平面投影有不同情况：与投影平面平行的对称面，极射赤道平面投影为基圆；与投影平面垂直的对称面，极射赤道平面投影为基圆直径；与投影平面斜交的对称面，极射赤道平面投影为以基圆直径为弦的大圆弧（图 4-2（b））。

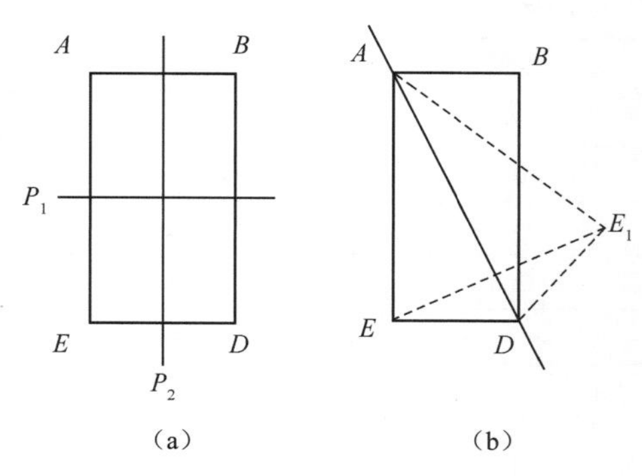

图4-1　对称面

（a）P_1 和 P_2 为对称面；（b）AD 为非对称面。

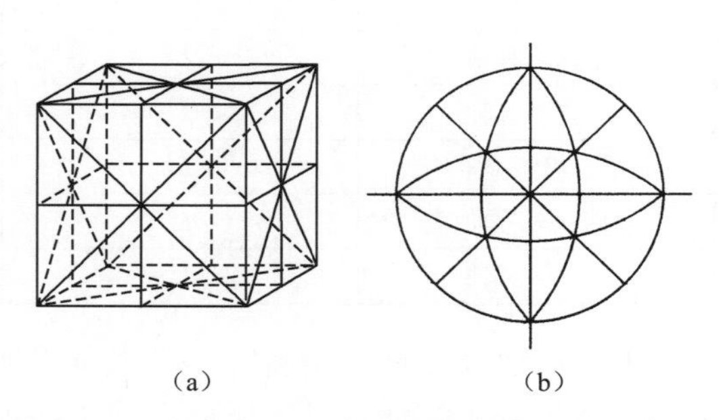

图4-2　立方体的9个对称面

（a）对称面的分布；（b）对称面的极射赤道平面投影。

2. 对称轴（L^n）

对称轴是通过晶体中心的一根假想直线，当图形绕此直线旋转一定角度以后，可使相同部分重复。相应的对称操作是绕此直线的旋转。

先看一下立方体的对称轴。如果过立方体两个相互平行的晶面的中心作一根假想直线，绕此直线旋转 90°、180°、270°、360°，可使相同部分重复（图 4-3）；过两个相对的角顶作一根假想直线，绕此直线旋转 120°、240°、360°可使相同部分重复；过两根相互平行的晶棱的中点作一根假想直线，绕此直线旋转 180°、360°，相同部分也会发生重复。

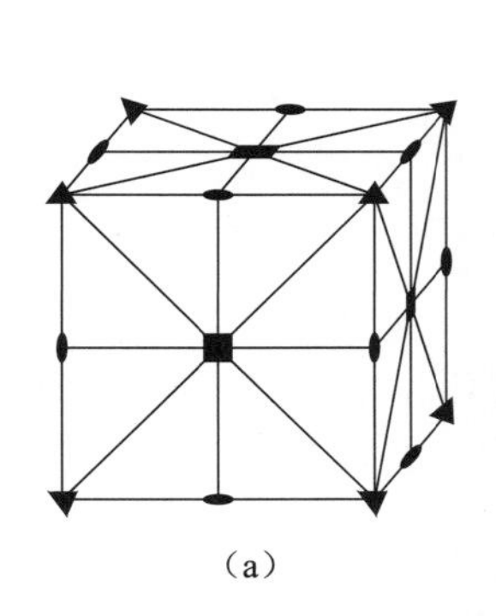

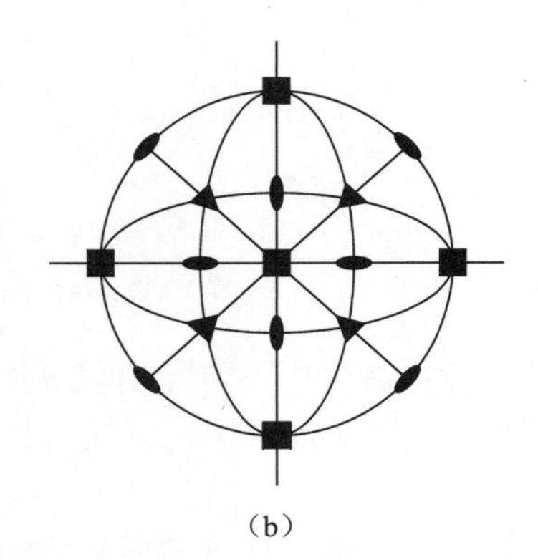

图4-3　立方体中的$3L^4 4L^3 6L^2 9PC$

（a）空间分布；（b）极射赤道平面投影。

这说明在同一晶体上会有不同的对称轴。为了对对称轴进行分类，引入轴次和基转角的概念。

图形旋转 360°，相同部分重复的次数称为轴次（n），重复时所旋转的最小角度称为基转角（α），轴次与基转角的关系为：$n=360°/\alpha$。

对称轴用 L^n 表示，n 为轴次。晶体外形上可能出现的对称轴及相应基转角见表 4–1。

表4–1　晶体外形上可能出现的对称轴及相应基转角

名　称	符号	基转角	作图符号
一次对称轴	L^1	360°	
二次对称轴	L^2	180°	⬮
三次对称轴	L^3	120°	▲
四次对称轴	L^4	90°	■
六次对称轴	L^6	60°	⬢

由于图形绕任意轴线旋转 360°均可复原，因此，L^1 是随处皆在的，这样，一次对称轴也就失去了实际意义。所以，除了特定的场合以外，在以后的讨论中对 L^1 都不再涉及。

轴次高于 2 的对称轴 L^3、L^4、L^6 为高次轴。L^2、L^3、L^4、L^6 的横截面形状及作图符号如图 4–4 和表 4–1 所列。

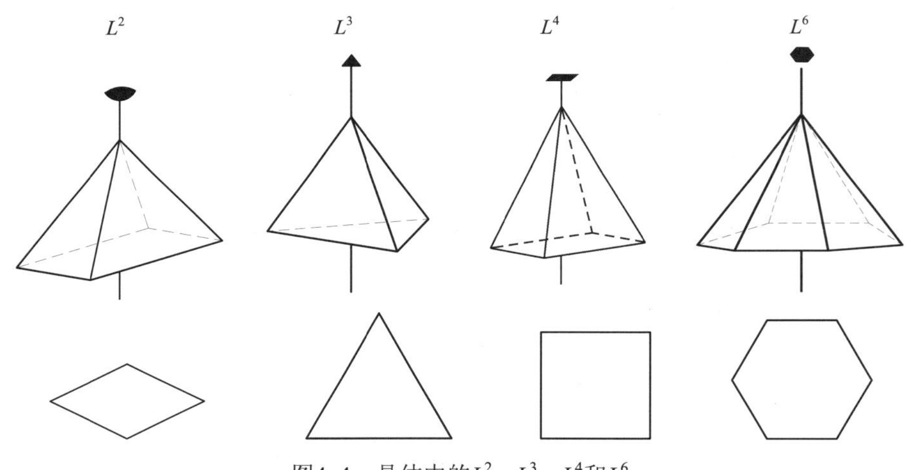

图4–4　晶体中的L^2、L^3、L^4和L^6

对称定律：晶体中不可能出现 5 次及高于 6 次的对称轴，因为它们不符合空间格子规律。在空间点阵中如果出现 n 次对称轴，则在垂直 L^n 的平面点阵中便有正 n 边形格子的几何图像。

各种同样大小的花砖铺地所形成的几何图像，就与平面点阵中划分的格子十分类似。正五边形和正 n 边形（$n>6$）不能铺满平面，因而不能形成相应的平面格子（图 4–5），换言之，点阵中只允许 1、2、3、4、6 次对称轴。

对称定律还可以用下面的方法予以证明。我们知道，晶体外形上的对称是其内部晶体结构对称性的外在表现，任一晶体结构都必遵循空间格子规律。如图 4–6 所示，现假设有一基转角为 α 的对称轴 l 垂直纸面且通过空间格子中的一个结点 A，而 B 则为与 A

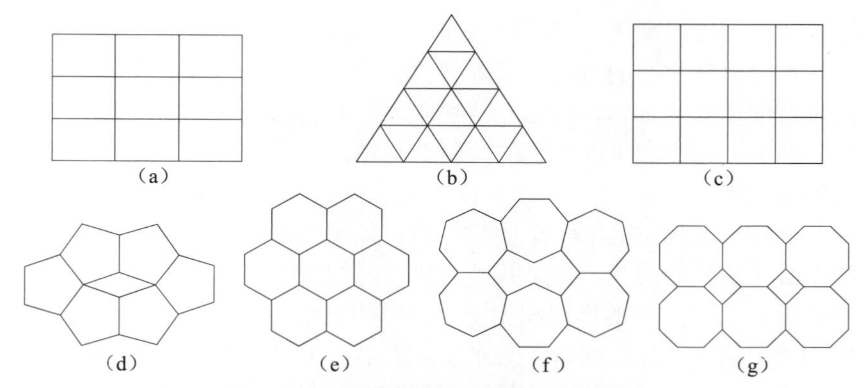

图4-5　垂直对称轴所形成的多边形网孔

(a)、(b)、(c)、(d)、(e)、(f)、(g)分别表示垂直L^2、L^3、L^4、L^5、L^6、L^7、L^8的多边形网孔，五、七、八边形网孔不能无间隙地排列。

相邻的另一结点。由于空间格子中的各个结点必定都是等同点，因此，还必存在另一基转角为α的对称轴m垂直纸面通过结点B。现通过对称轴l的作用，从B点出发逆时针旋转α角至C；通过对称轴m的作用，从A点出发顺时针旋转α角至D。显然，D和C既然可以分别借助对称轴m和l的作用与结点A和B对称重复，故C和D必定亦为结点，并有

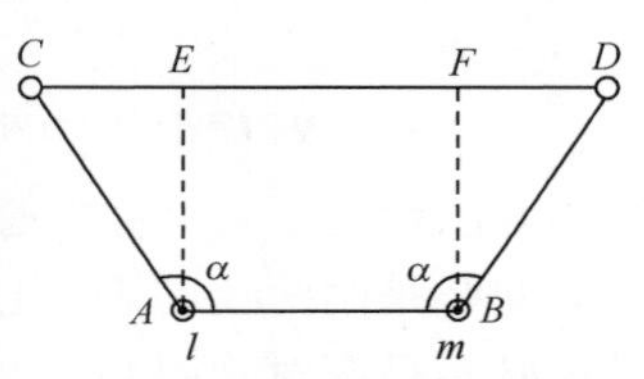

图4-6　对称轴轴次证明图解

$$\overline{AC}=\overline{BD}=\overline{AB}$$

于是，连接A、B、C、D成一等腰梯形，从而$AB/\!/CD$。由于空间格子中相互平行的行列，它们的结点间距必须相等，因此应当有

$$\overline{CD}=K\cdot\overline{AB} \tag{4-1}$$

在此，K应为整数。现过A和B分别作CD的垂线AE和BF，于是，

$$\begin{aligned}\overline{CD}&=\overline{CE}+\overline{EF}+\overline{FD}=\overline{AC}\cdot\cos(180°-\alpha)+\overline{AB}+\overline{BD}\cdot\cos(180°-\alpha)\\&=\overline{AB}(1-2\cos\alpha)\end{aligned}$$

所以

$$K=1-2\cos\alpha \tag{4-2}$$

$$\cos\alpha=(1-K)/2 \tag{4-3}$$

现以K的具体值代入式（4-3），求出α的可能值（$\alpha>2\pi$者略去），如表4-2所列。

表4-2　基转角的可能值

K	>3	3	2	1	0	−1	<−1
$\cos\alpha=(1-K)/2$	<−1	−1	−1/2	0	1/2	1	>1
α	无相当值	180°	120°	90°	60°	0°（360°）	无相当值

由表4-2中可知，晶体中可能存在的对称轴，其基转角和轴次不能是任意的，基转角只能为360°、180°、120°、90°和60°，亦即只能有轴次为1次、2次、3次、4次和6次的对称轴，而不可能有5次以及高于6次的对称轴出现。

在晶体中，可以没有对称轴，也可以同时出现不同轴次的对称轴，同轴次的对称轴也可以是1个或多个。描述时将其数目写在L^n之前，如$3L^4$、$6L^2$等。

晶体中对称轴可能出现的位置有：晶面中心、晶棱中点、角顶（图 4-3（a））。

对称轴是通过晶体中心的直线，其球面投影为两个点。在极射赤道平面投影图上，与投影平面垂直的直立对称轴，投影点落在基圆中心；与投影平面平行的水平对称轴，投影点落在基圆上；与投影平面斜交的倾斜对称轴，投影点落在基圆内（图 4-3（b））。

3. 对称中心（C）

对称中心是位于晶体中心的一个假想的点，如果过对称中心作任意直线，则在此直线上距对称中心等距离的两端，必可找到对应点。相应的对称操作是对此点的反伸。

对称中心用 C 表示。它的作用相当于一个照相机镜头。由对称中心联系起来的两个部分，分别相当于物体和像，两者互为上下、左右、前后均颠倒相反的关系。所不同的是，相当于物体和像的两部分的大小相等，且距对称中心的距离也相等。

图 4-7 是一个具有对称中心的图形，点 C 为对称中心，在通过 C 点所作的直线上，距 C 点等距离的两端均可以找到对应点，如 A 和 A_1、B 和 B_1。也可以这样认为，取图形上任意一点 B，与对称中心 C 连线，再由对称中心 C 向相反方向延伸等距离，必然找到对应点 B_1。

一个具有对称中心的图形，其中心相对的两侧的晶面和晶棱都表现为反向平行，如图 4-8 所示，C 为对称中心，$\triangle ABD$ 与$\triangle A_1B_1D_1$ 为反向平行。晶体中若存在对称中心，其晶面必是两两反向平行且相等的；反过来说，若晶体上晶面两两反向平行且相等，则晶体必然存在对称中心。

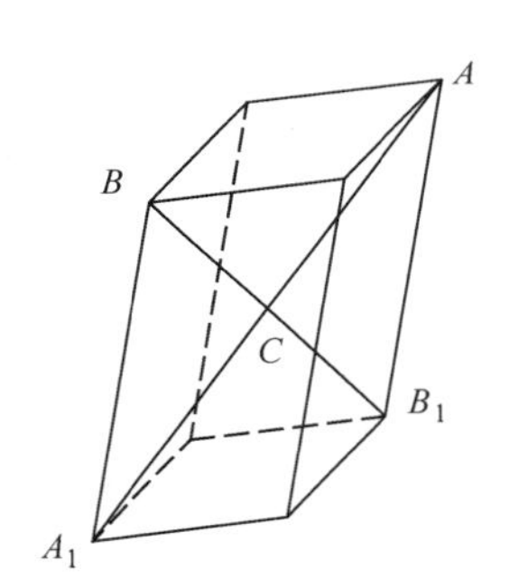

图4-7　具有对称中心的图形

（A 与 A_1、B 与 B_1 为对应点）

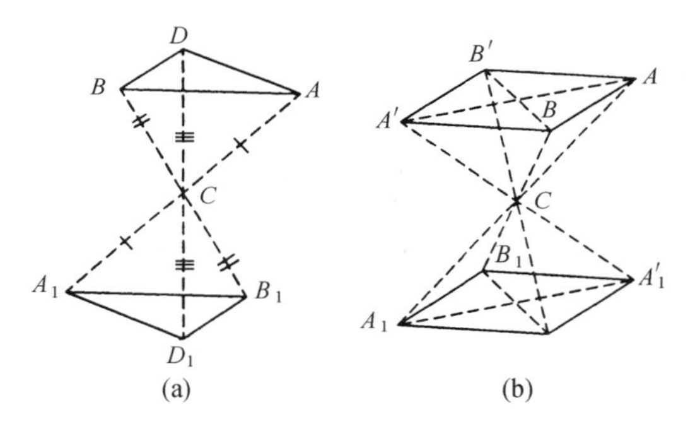

图4-8　由对称中心联系起来的两个反向平行图形

（a）三角形；（b）平行四边形。

4. 旋转反伸轴（L_i^n）

旋转反伸轴是通过晶体中心的一根假想的直线，图形绕此直线旋转一定角度后，再对此直线上的一个点进行反伸，可使相同部分重复。相应的对称操作为绕此直线的旋转和对此直线上一点反伸的复合操作。在这里，旋转和反伸是对称变换的两个不可分割的动作，无论是先旋转后反伸，还是先反伸后旋转，效果是相同的。但必须是两个动作连续完成以后才能使晶体还原。

旋转反伸轴用 L_i^n 表示，i 意为反伸，n 为轴次。n 可为 1、2、3、4、6；α 为基转角，$n=360°/\alpha$。同理，晶体中不可能出现 5 次及高于 6 次的旋转反伸轴。

L_i^1：相应的对称操作是旋转 360°加反伸。因为图形旋转 360°后复原，所以对称操作相当于没有旋转而单纯反伸，结果与借助对称中心的反伸操作等效。如图 4-9（a）所示，点 1 旋转 360°后反伸可与点 2 重合，而借助于对称中心的直接反伸也可与点 2 重合，所以 L_i^1 与 C 等效，即 $L_i^1 = C$。

L_i^2：相应的对称操作为旋转 180°加反伸。如图 4-9（b）所示，点 1 围绕 L_i^2 转 180°以后，再凭借 L_i^2 上一点的反伸可与点 2 重合。但由图可看出，借助于垂直于 L_i^2 的 P 的反映，也同样可使点 1 与点 2 重合。因此，L_i^2 与跟它垂直的对称面 P 等效，即 $L_i^2 = P$。

L_i^3：对称操作为旋转 120°加反伸。如图 4-9（c）所示，点 1 旋转 120°后反伸可以得到点 2；点 2 旋转 120°后反伸可以得到点 3；点 3 旋转 120°后反伸可以得到点 4；点 4 旋转 120°后反伸可以得到点 5；点 5 旋转 120°后反伸可以得到点 6。这样，由一个原始的点经过 L_i^3 的作用，可依次获得点 1、2、3、4、5、6，共 6 个点。如果用 L^3+C 代替 L_i^3，则由点 1 开始经 L^3 的作用可得点 1、3、5，再通过 C 的作用又获得点 2、4、6，总共也是 6 个点，与 L_i^3 所导出的结果完全相同。因此，$L_i^3 = L^3+C$。

L_i^4：相应的对称操作为转 90°后反伸。如图 4-9（d）所示，点 1 旋转 90°反伸可以得到点 2；点 2 旋转 90°反伸可以得到点 3；点 3 旋转 90°反伸可以得到点 4。这样，通过 L_i^4 的作用，可依次获得点 1、2、3、4，共 4 个点。

L_i^4 是一个独立的复合对称要素，它的作用无法由其它对称要素或它们的组合来代替。

L_i^6：对称操作为旋转 60°后反伸。如图 4-9（e）所示，从点 1 开始，旋转 60°后反伸得点 2，依此类推，通过 L_i^6 的作用依次获得点 1、2、3、4、5、6，共 6 个点。若用 L^3+P 代替 L_i^6，则由点 1 开始，经 L^3 作用可得点 1、3、5，再通过垂直于 L^3 的 P 的作用又可获得点 2、4、6，总共也是 6 个点，与 L_i^6 导出的完全相同。因此，$L_i^6 = L^3+P$（$P \perp L^3$）。

综上所述，除 L_i^4 之外，其它所有旋转反伸轴都可以用其它简单对称要素或它们的组合来代替。其关系归纳如下：

$$L_i^1 = C，L_i^2 = P，L_i^3 = L^3+C，L_i^6 = L^3+P_{\perp}$$

一般常用的旋转反伸轴为 L_i^4 和 L_i^6。L_i^4 肯定是必需的，它不能用其它对称要素代替。L_i^6 和 $L^3+P_{\perp}$ 等效，由于 L_i^6 在晶体分类中的特殊意义，故采用 L_i^6 代替 $L^3+P_{\perp}$ 的组合。除 L_i^4 和 L_i^6 之外，其它旋转反伸轴均用等效的简单对称要素或其组合代替。

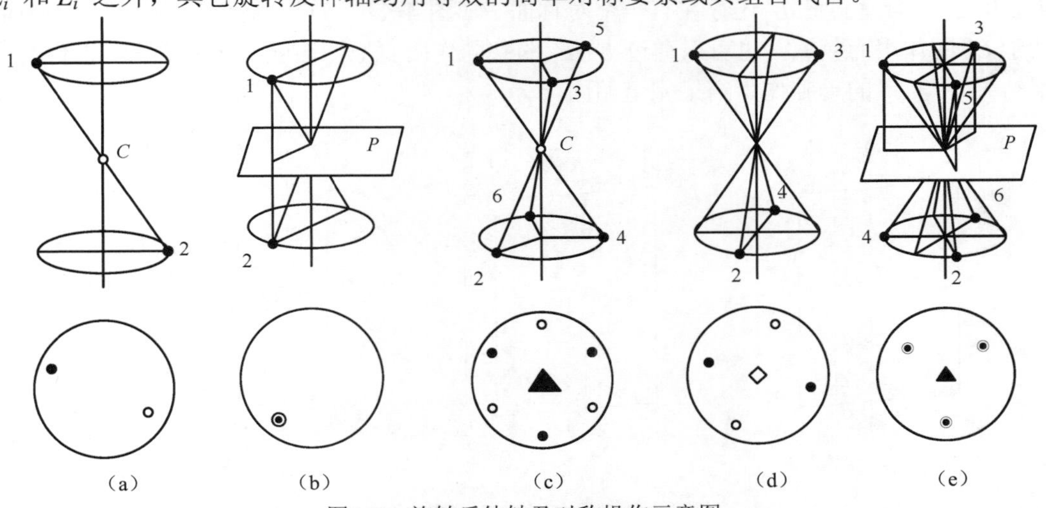

图4-9　旋转反伸轴及对称操作示意图

四次旋转反伸轴 L_i^4，对称操作为绕此直线旋转 90°和对于其上一点进行反伸的复合。图 4-10 所示是一个具有 L_i^4 的晶体及其极射赤道平面投影图。图 4-10（a）表示晶体起始位置。当绕 L_i^4 旋转 90°，到达图 4-10（b）所示的过渡位置时，晶体显然尚未复原；只有再通过 L_i^4 上的一点进行反伸之后才会使晶体复原。图 4-10（c）中的实线和虚线，分别代表晶体的起始位置和绕 L_i^4 旋转 90°后的过渡位置，显然，过渡位置中的 $A'B'C'$再通过 L_i^4 上的一点反伸后，即可与起始位置中的 CDB 重复。同时，还有 $A'B'D'$与 CDA、$C'D'A'$与 BAC、$C'D'B'$与 BAD 的重复，整个晶体第一次复原。旋转 360°，晶体共有 4 次重复。

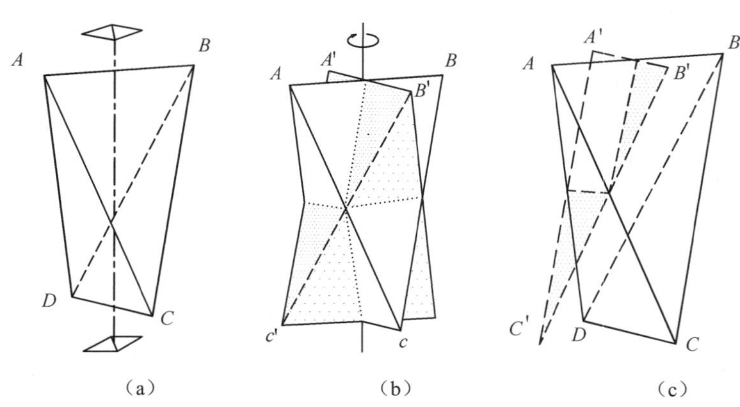

图4-10　具$L^4{}_1$的四方四面体及对称操作示意图

（a）原始位置；（b）旋转90°后的位置（阴影部分）与原始位置的关系；

（c）与CDB面处于反向平行位置的$A'B'C'$面。

对于 L_i^6 来说，相应的对称变换是旋转 60°加反伸。图 4-11 所示是一个横切面呈等边三角形的柱状晶体，它具有一个 L_i^6。图 4-11（a）表示起始位置；图 4-11（b）中的虚线则表示晶体在绕 L_i^6 旋转 60°后所处的位置，显然，此时晶体尚未复原，需要再通过中心点的反伸后，晶体才达到复原。但从图中还可以看出，该晶体中还存在着一个与 L_i^6 重合的 L^3，且垂直此 L^3 还存在有一个对称面 P（图 4-11（c））。整个晶体既可以单纯借助于 L_i^6 的作用而复原，也可以通过 $L^3+P_\perp$ 的共同作用复原。这就意味着 $L^3+P_\perp$组合的作用结果，与 L_i^6 的单独作用结果完全相同。

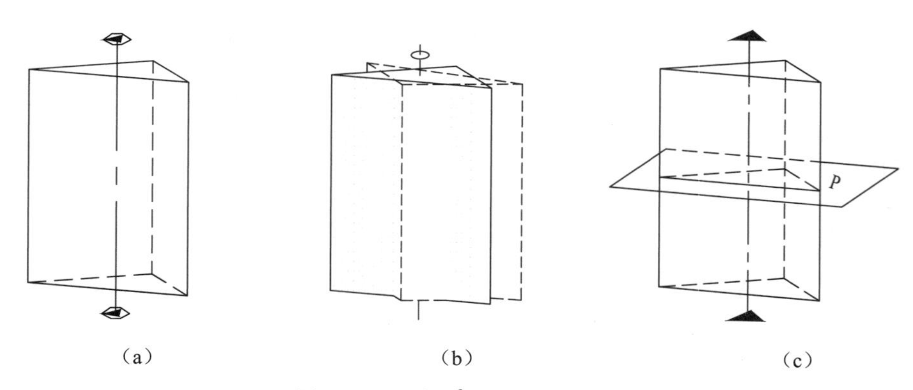

图4-11　具有L_i^6的三方柱的图示

5. 旋转反映轴（L_S^n）

旋转反映轴又称映转轴，也是一种复合的对称要素。它的辅助几何要素为一根假想的直线和垂直此直线的一个平面；相应的对称变换就是围绕此直线旋转一定的角度及对于此平面反映的复合。在晶体中，只能有 1 次、2 次、3 次、4 次及 6 次的映转轴。

基于等效关系的考虑，可以得出如下的结论：

$L_S^1=P=L_i^2$；$L_S^2=C=L_i^1$；$L_S^3=L^3+P=L_i^6$；$L_S^4=L_i^4$；$L_S^6=L^3+C=L_i^3$

所以，每一个映转轴都可以由与之等效的倒转轴来代替。在以后的叙述中将不再采用映转轴，而由相应的倒转轴来代替它们。有的书中不用倒转轴而采用映转轴。不过，实际使用的也只有 4 次和 6 次映转轴两种，它们的符号经常被分别写为 L_4^2 和 L_6^3。符号中下角的数字代表映转轴本身的轴次，上角的数字则代表该映转轴中所包含的对称轴的轴次。映转轴因其在对称分类时颇为不便，故在对称型和空间群的国际符号中均已摒弃不用。

综上所述，在晶体中可能存在的宏观对称要素（映转轴除外）可归纳如表 4–3 所列。

表4–3　晶体的宏观对称要素

对称要素	对　称　轴					对称面	对称中心	旋转反伸轴		
	1 次	2 次	3 次	4 次	6 次			3 次	4 次	6 次
辅助几何要素	直线					平面	点	直线和直线上的定点		
对称操作	围绕直线的旋转					对于平面的反映	对于点的反伸	绕直线的旋转和对于定点的反伸		
基转角	360°	180°	120°	90°	60°			120°	90°	60°
习惯符号	L^1	L^2	L^3	L^4	L^6	P	C	L_i^3	L_i^4	L_i^6
国际符号	1	2	3	4	6	m	$\bar{1}$	$\bar{3}$	$\bar{4}$	$\bar{6}$
等效对称要素						L_i^2	L_i^1	L^3+C		L^3+P
图示符号		⬬	▲	◆	⬢	双线或粗线	○或 C	△	◇	⬡

第三节　对称要素的组合定理和对称型

一、对称要素的组合定理

在结晶多面体中，可以只有一个对称要素，也可以同时存在一个以上的对称要素。任意两个对称要素同时存在于一个晶体上时，将产生第三个对称要素，且产生的个数一定。因此，晶体上对称要素的组合不是随意的。除必须遵循对称定律外，还必须符合对称要素的组合定理。

定理 1　如果有一个对称面 P 包含 L^n，则必有 n 个 P 同时包含此 L^n：$L^n+P_{/\!/}=L^nnP$，且任二相邻的 P 之间的夹角等于 360 °/2n。例如图 4-12（a）所示电气石晶体的情况。

逆定理：如果两个对称面 P 以 δ 角相交，则两者交线必为一 n 次对称轴 L^n，$n=360°/2\delta$。

定理 2　如果有一个 L^2 垂直于 L^n，则必有 n 个 L^2 垂直于 L^n：$L^n+L^2_\perp=L^nnL^2$。例如图 4-12（b）所示 α-石英晶体中的情况。

定理 3　偶次对称轴垂直对称面，交点必为对称中心：L^n（偶）$+P_\perp=L^nPC$。例如图 4-12（c）、（d）所示正长石和磷灰石晶体中的情况。

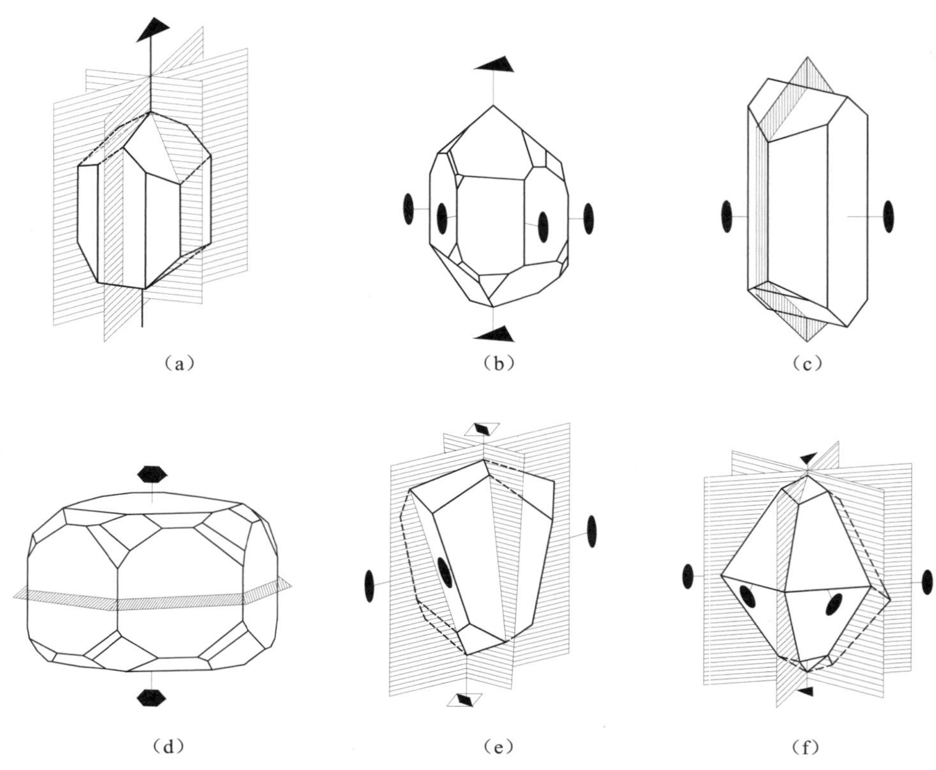

图4-12　某些对称型中对称要素在空间的组合情况

(a) $L^3 3P$（电气石）；(b) $L^3 3L^2$（α-石英）；(c) L^2PC（正长石）；

(d) L^6PC（磷灰石）；(e) $L_i^4 2L^2 2P$（黄铜矿）；(f) $L^3 3L^2 3PC$（方解石）。

定理 4　如果有一个 P 包含 L_i^n，或有一个 L^2 垂直 L_i^n，当 n 为偶数时，必有 $n/2$ 个 P 包含 L_i^n 和 $n/2$ 个 L^2 垂直 L_i^n；当 n 为奇数时，必有 n 个 P 包含 L_i^n 和 n 个 L^2 垂直 L_i^n：L_i^n（偶）$+L^2_{\perp}$（或 $P_{/\!/}$）$=L_i^n$（$n/2$）L^2（$n/2$）P，L_i^n（奇）$+L^2_{\perp}$（或 $P_{/\!/}$）$=L_i^n nL^2 nP$。例如图 4-12（e）、（f）所示黄铜矿和方解石晶体中的情况。

定理 5　如果有轴次分别为 n 和 m 的两个对称轴以 δ 角斜交时，围绕 L^n 必有 n 个共点且对称分布的 L^m；同时，围绕 L^m 必有 m 个共点且对称分布的 L^n：$L^n+L^m=nL^m mL^n$。且任两相邻的 L^n 与 L^m 之间的交角均等于 δ。如图 4-13（f）所示萤石晶体中的情况。

二、对称型和晶类的概念

结晶多面体中全部宏观对称要素的组合，称为该结晶多面体的对称型。组合不仅是指对称要素的总数，而且包含了对称要素之间的组合关系。由于晶体在宏观观察中是有限的，对称要素必须交于一点（晶体的中心），在对称操作中至少有一个点是不动的，故对称型也称点群。

晶类是指按对称型进行归类时所划分的晶体类别。实际上，对称型与晶类可以视为是同义的。

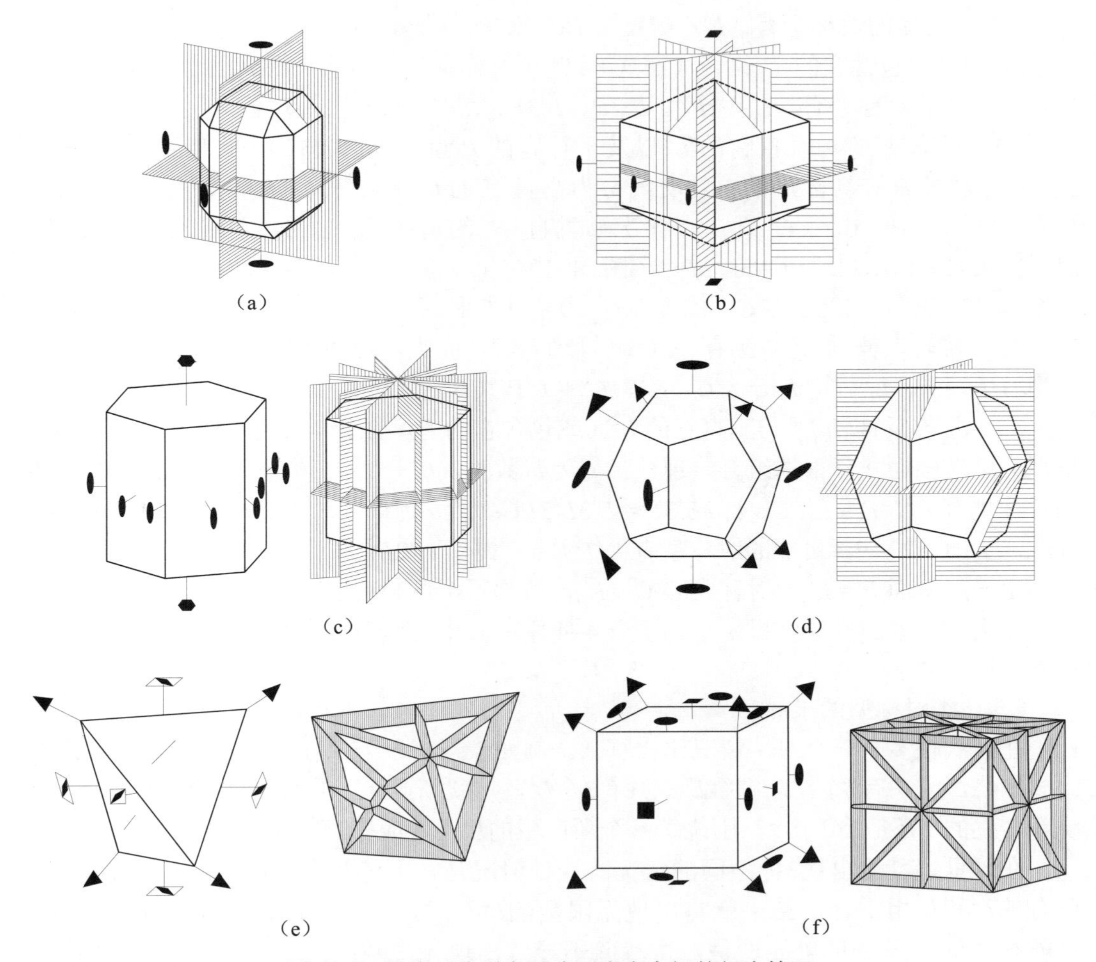

图4-13　某些对称型中对称要素在空间的组合情况

（a）$3L^2 3PC$（橄榄石）；（b）$L^4 4L^2 5PC$（锆石）；（c）$L^6 6L^2 7PC$（绿柱石）；（d）$3L^2 4L^3 3PC$（黄铁矿）；（e）$3L_i^4 4L^3 6P$（黝铜矿）；（f）$3L^4 4L^3 6L^2 9PC$（萤石）。

三、32 种对称型的导出

为了便于推导，我们把对称型分成两类，把高次轴不多于一个的组合称 A 类；把高次轴多于一个的称为 B 类。

1．A 类对称型的推导

A 类对称型的对称要素可能有 7 种组合情况：

（1）对称轴单独存在（原始式）。此类对称型为原始式。晶体上可能存在的原始式对称型有 L^1、L^2、L^3、L^4、L^6 共 5 种。

（2）L^n 与垂直的 L^2 组合（轴式）。此类对称型为轴式。根据组合定理 $L^n + L^2{}_\perp = L^n nL^2$，晶体上可能存在的轴式对称型有（$L^1L^2$）、$L^2 2L^2 = 3L^2$、$L^3 3L^2$、$L^4 4L^2$、$L^6 6L^2$ 共 5 种（括号内的对称型与其它组合导出的对称型重复，下同）。

（3）L^n 与垂直它的 P 组合（中心式）。此类对称型为中心式。根据组合定理 L^n（偶）$+ P_\perp =$

L^nP（C），可能的对称型有（$L^1P=P$）、L^2PC、L^3P、L^4PC、L^6PC 共 5 种。

（4）L^n 与包含它的 P 组合（面式）。此类对称型为平面式。根据组合定理 $L^n+P_{/\!/}=L^nnP$，可能的对称型有（$L^1P=P$）、L^22P、L^33P、L^44P、L^66P 共 5 种。

（5）对称轴 L^n 与垂直它的 L^2 以及平行它的 P 组合（轴面式）。此类对称型为轴面式。垂直 L^n 的 P 与包含 L^n 的 P 的交线必为垂直 L^n 的 L^2，即 $L^n+P_{\perp}+P_{/\!/}=L^n+P_{\perp}+P_{/\!/}+L^2{}_{\perp}=L^nnL^2$（$n$+1）$P$（$C$）（$C$ 只在有偶次轴垂直 P 的情况下产生），可能有的对称型有 $L^1L^22P=L^22P$、$L^22L^23PC=3L^23PC$（图 4-13（a））、$L^33L^24P=L_i^63L^23P$、L^44L^25PC（图 4-13（b））、L^66L^27PC（图 4-13（c））共 5 种。

（6）旋转反伸轴 L_i^n 单独存在（倒转原始式）。此类对称型为倒转原始式。可能的对称型有 $L_i^1=C$、$L_i^2=P$、$L_i^3=L^3C$、L_i^4、$L_i^6=L^3P$ 共 5 种。

（7）旋转反伸轴 L_i^n 与垂直它的 L^2（或包含它的 P）的组合（倒转轴面式）。此类对称型为倒转轴面式。根据组合定理，当 n 为奇数时，$L_i^n+L^2{}_{\perp}$（或 $P_{/\!/}$）$=L_i^nnL^2nP$，可能的对称型有 $L_i^1L^2P=L^2PC$、$L_i^33L^23P=L^33L^23PC$；当 n 为偶数时，$L_i^n+L^2{}_{\perp}$（或 $P_{/\!/}$）$=L_i^n$（n/2）L^2（n/2）P，可能的对称型有 $L_i^2L^2P=L^22P$、$L_i^42L^22P$、$L_i^63L^23P=L^33L^24P$。

由于对称面 $P=L^2{}_i$，对称中心 $C=L^1{}_i$，故都不再单独列出。

A 类对称型的推导结果统一列于表 4–4 中，其中有些对称型是重复的，独立存在的不同对称型共 27 种。

2．B 类对称型的推导

在高次轴多于一个时，情况比较复杂。例如，当有一个L^2与L^3斜交时，根据定理5，此时围绕L^2应共有2个L^3，围绕L^3应共有3个L^2，这就新产生了1个L^3 和2个L^2；于是，围绕新产生的L^3还应有3个L^2，围绕每一个新产生的L^2还各应有2个L^3；如此等等。

在这里，可能出现3种不同的情况。一种情况是，上述新产生的L^2和L^3始终不能与已有的L^2和L^3相重合，结果就将出现无限数的L^2和L^3。显然，这种情况在晶体中是不可能存在的。另一种可能性是，虽然并不导致出现无限数的L^2和L^3，但由已有的那些L^3或L^2还可能产生5次或高于6次的对称轴。其道理与前面叙述过的两个以60°相交的P产生一个L^3的道理是完全类同的。在那里，假若两个P不是以60°而是成36°相交，那么，在两个P的交线上出现的就不再是L^3而将是L^5了。显然，出现5次或高于6次的对称轴，这在晶体中也是不允许的。最后，还有一种可能性则是，既不导致出现无限数的对称要素，也不产生5次或高于6次的对称轴，这就要求原始的两个对称轴必须以适当的角度相交。

从数学上可以证明，当两个高次轴并存时，如要满足上述要求，只能有$3L^24L^3$和$3L^44L^36L^2$两种组合方式。其中，后一组合可以看成是在前一组合的基础上增加L^2所导致的结果。因此，可以把$3L^24L^3$的组合作为高次轴多于一个时的原始形式。在此，3个L^2均相互垂直，每一个L^3则与此3个相互垂直的L^2均以54°44′08″的相等角度相交，而任意两个L^3之间的交角均为109°28′16"，如图4-14所示。

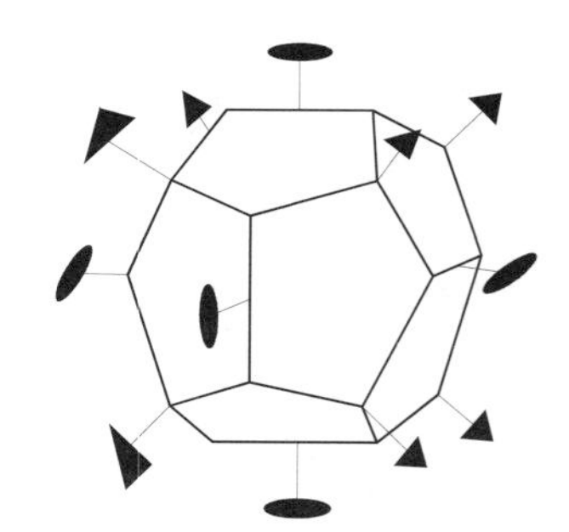

图4-14　$3L^24L^33PC$对称型中对称要素的空间取向关系

在此原始式的基础上，再增加可能的对称要素进行组合，结果将一共得出5个新的对称型，它们分别与原始式、中心式、轴式、面式和面轴式相对应。在中心式中，因C与每个L^2相组合均产生一个P，所以共产生了3个P，每一个P均与一个L^2垂直，因此在中心式对称型中，对称要素的组合为$3L^24L^33PC$（图4-13（d））。在面式中，所加的P的方位是既包含一个P同时又包含两个L^3，由此所产生的对称面P，除去重复的以外共有6个；在此，由于P的法线与L^2成45°交角，根据定理4的逆定理，原来3个L^2的对称性已提高而变为L_i^4，故面式对称型的对称要素组合为$3L_i^44L^36P$（图4-13（e））。在轴式和面轴式中，新增加的L^2与原来$3L^2$中的一个L^2垂直，并与另外两个L^2 成45°交角。在此，根据定理2的逆定理，因为两个L^2成45°交角，原来的$3L^2$便变成了$3L^4$。至于倒转原始式，就是把原始式中的对称轴变为相应的倒转轴，即得到$3L_i^24L_i^3$，但是因为$L_i^2=P$，$L_i^3=L^3+C$，而P与C的组合结果，根据定理3的逆定理，还将产生垂直P的L^2，故其对称要素的总和最后变为$3L^24L^33PC$（图4-13（d）），与中心式重复。于是，倒转面式便等于在中心式的基础上再增加P，其结果将与面轴式重复。

这样，最终得到可能出现在晶体中的全部对称型共32种。

32 种对称型的推导列于表 4–4 中。

表4–4　32种对称型的推导

对称型＼共同式＼轴次		原始式	轴式	面式	中心式	轴面式	倒转原始式	倒转轴面式
		L^n	L^nnL^2	L^nnP	L^nP（C）	$L^nnL^2(n+1)P(C$	L_i^n	$L_i^nnL^2nP$（n 为奇数）$L_i^nn/2L^2n/2P$（n 为偶数）
A类	n=1	L^1	L^2	P	C	L^22P	$L_i^1=C$	$L_i^1L^2P=L^2PC$
	n=2	L^2	$3L^2$	L^22P	L^2PC	$3L^23PC$	$L_i^2=P$	$L_i^2L^2P=L^22P$
	n=3	L^3	L^33L^2	L^33P	L^3C	L^33L^24P	$L_i^3=L^3C$	L^33L^23PC
	n=4	L^4	L^44L^2	L^44P	L^4PC	L^44L^25PC	L_i^4	$L_i^42L^22P$
	n=6	L^6	L^66L^2	L^66P	L^6PC	L^66L^27PC	$L_i^6=L^3P$	$L_i^63L^23P$
B类		$3L^24L^3$	$3L^44L^36L^2$	$3L_i^44L^36P$	$3L^24L^33PC$	$3L^44L^36L^29PC$		

关于 B 类对称型的推导，也可以从几何多面体的角度进行。

在有几个高次轴组合时，如 L^n 和 L^m（m、n>2），高次轴 L^n 和 L^m 相交于 O 点，则在 L^n 周围必能找到 n 个 L^m，在每个 L^m 上距 O 点等距离的地方取一点，连接这些点一定会得到一个正 n 边形，L^n 位于正 n 边形面中心而 L^m 分布于正 n 边形的角顶，每个角顶周围 m 个正 n 边形围成一个 m 面角。这样两个高次轴相交必然产生凸正多面体（表 4-4）。

一个凸多面体的多面角至少需要三个面构成，每个多面角面角之和要小于 360°，因此只能是正三角形、正方形、正五边形。多面角由 3 个、4 个或 5 个正三角形分别构成正四面体、正八面体、正三角二十面体。多面角由 3 个正方形构成的是立方体。多面角由 3 个正五边形构成的是正五角十二面体。

表4-4 正多边形可能围成的正多面体及其对称轴图解

对称型 共同式 / 轴次	原始式	轴式	面式	中心式	轴面式	倒转原始式	倒转轴面式
	L^n	$L^n nL^2$	$L^n nP$	L^nC (n 为奇数) L^nPC (n 为偶数)	$L^n nL^2(n+1)P(C)$	L_i^n	$L_i^n nL^2 nP$ (n 为奇数) $L_i^n n/2L^2 n/2P$ (n 为偶数)

正多面体形状及面棱角数		四面体	八面体	正三角二十面体	立方体	五角十二面体
	形状					
	面	4	8	20	6	12
	棱	6	12	30	12	30
	角	4	6	12	8	20
对称型		$3L^2 4L^3$	$3L^4 4L^3 6L^2$	$6L^5 10L^3 15L^2$	$3L^4 4L^3 6L^2$	$6L^5 10L^3 15L^2$

第四节 晶体的对称分类

一、晶体的分类依据和分类体系

根据对称型中对称轴的轴次和对称要素的数量，将晶体分为 3 个晶族、7 个晶系和 32 个晶类。分类依据和分类体系见表 4-5。

表4-5 晶体的对称分类

晶族	晶系	对称特点	序号	对称型	对称型国际符号		对称型圣弗利斯符号	矿物晶体实例
					完整	简化		
低级晶族（无高次轴）	三斜	无 L^2 和 P	1	L^1	1	1	C_1	高岭石
			2	C	$\bar{1}$	$\bar{1}$	C_i	蓝晶石
	单斜	L^2 和 P 不多于一个	3	L^2	2	2	C_2	斜晶石
			4	P	m	m	$C_{1h}=C_{2i}$	埃洛石
			5	L^2PC	$2/m$	$2/m$	C_{2h}	正长石
	斜方	L^2 和 P 总数不少于 3 个	6	$3L^2$	222	222	D_2	泻利盐
			7	$L^2 2P$	$mm2$	mm	C_{2v}	异极矿
			8	$3L^2 3PC$	$2/m2/m2/m$	mmm	D_{2h}	橄榄石

（续）

晶族	晶系	对称特点	序号	对称型	对称型国际符号		对称型圣弗利斯符号	矿物晶体实例
					完整	简化		
中级晶族（只有一个高次轴）	四方	有一个 L^4 或 L_i^4	9	L^4	4	4	C_4	彩钼铅矿
			10	$L^4 4L^2$	422	42	D_4	镍矾
			11	$L^4 PC$	$4/m$	$4/m$	C_{4h}	方柱石
			12	$L^4 4P$	$4mm$	$4mm$	C_{4v}	白榴石
			13	$L^4 4L^2 5PC$	$4/m2/m2/m$	$4/mmm$	D_{4h}	金红石
			14	L_i^4	$\bar{4}$	$\bar{4}$	C_{4i}	砷硼钙石
			15	$L_i^4 2L^2 2P$	$\bar{4}2m$	$\bar{4}2m$	D_{2d}	黄铜矿
	三方	有一个 L^3	16	L^3	3	3	C_3	细硫砷铅矿
			17	$L^3 3L^2$	32	32	D_3	α-石英
			18	$L^3 3P$	$3m$	$3m$	C_{3v}	电气石
			19	$L^3 C$	$\bar{3}$	$\bar{3}$	C_{3i}	白云石
			20	$L^3 3L^2 3PC$	$\bar{3}2/m$	$\bar{3}m$	D_{3d}	方解石
	六方	有一个 L^6 或 L_i^6	21	L^6	6	6	C_6	霞石
			22	$L^6 6L^2$	622	62	D_6	β-石英
			23	$L^6 PC$	$6/m$	$6/m$	C_{6h}	磷灰石
			24	$L^6 6P$	$6mm$	$6mm$	C_{6v}	红锌矿
			25	$L^6 6L^2 7PC$	$6/m2/m2/m$	$6/mmm$	D_{6h}	绿柱石
			26	L_i^6	$\bar{6}$	$\bar{6}$	C_{3h}	
			27	$L_i^6 3L^2 3P$	$\bar{6}2m$	$\bar{6}2m$	D_{3h}	蓝锥石
高级晶族（高次轴多于一个）	等轴	有 4 个 L^3	28	$3L^2 4L^3$	23	23	T	香花石
			29	$3L^2 4L^3 3PC$	$2/m\bar{3}$	$m3$	T_h	黄铁矿
			30	$3L_i^4 4L^3 6P$	$\bar{4}3m$	$\bar{4}3m$	T_d	闪锌矿
			31	$3L^4 4L^3 6L^2$	432	432	O	赤铜矿
			32	$3L^4 4L^3 6L^2 9PC$	$4/m\bar{3}2/m$	$m3m$	O_h	金刚石

二、晶族、晶系、晶类的划分

根据对称型中有无高次轴以及高次轴的多少，把晶体分为 3 个晶族；各晶族再根据具体对称特点划分晶系。

1．高级晶族

高次轴多于一个的对称型属于高级晶族。高级晶族共有 5 种对称型，均为等轴晶系。

2．中级晶族

只有一个高次轴的对称型属于中级晶族。根据高次轴的轴次又可分为 3 个晶系：

（1）四方晶系：唯一的高次轴为 4 次轴 L^4 或 L_i^4。

（2）三方晶系：唯一的高次轴为 L^3。

（3）六方晶系：唯一的高次轴为 L^6 或 L_i^6。

3．低级晶族

无高次轴的对称型属于低级晶族。根据二次轴和对称面的有无及多少，又可划分为3个晶系：

（1）斜方晶系：L^2和P的总数不少于3个。

（2）单斜晶系：L^2或P不多于1个。

（3）三斜晶系：无L^2，无P。

各晶系再将具有同一对称型的晶体归为一类，称为晶类。晶体中共存在32种对称型，故7个晶系又可分为32个晶类。

第五章　单形和聚形

在第四章中，我们讲述了晶体外型上可能出现的宏观对称要素、对称要素的组合规律、32 种对称型以及晶体的对称分类体系。本章将讲述晶体的具体形态。

只要在生长时有足够的自由空间，晶体必然会长成由许多晶面和晶棱包围的几何多面体。晶面和晶棱在晶体上的分布服从晶体的对称特性。从一个原始晶面开始，借助于对称型中全部对称要素的作用，能够导出所有晶面，这些借对称要素联系起来的一组晶面，就构成一种单形。对 32 种对称型逐一进行推导，最终可以导出 146 种结晶单形。如果只考虑单形的具体形态特征，而不考虑单形的实际对称性，146 种结晶单形将合并成 47 种几何形态不同的单形，称为几何单形。单形按照一定的条件聚合，即构成聚形。

因此，晶体的形态可分为两种类型：第一种，由同种晶面组成，称为单形（图 5-1）；第二种，由两种以上的不同晶面组成，称为聚形（图 5-2）。

晶体的形态，主要受自身晶体结构和对称性的影响。其次是外部环境的影响。不同生长条件下形成的同种晶体，可能具有不同的形态特征；实际晶体总是或多或少地偏离理想形态，形成所谓歪晶。如果晶体生长过程中的某些痕迹保留在晶面上，就会形成晶面花纹。

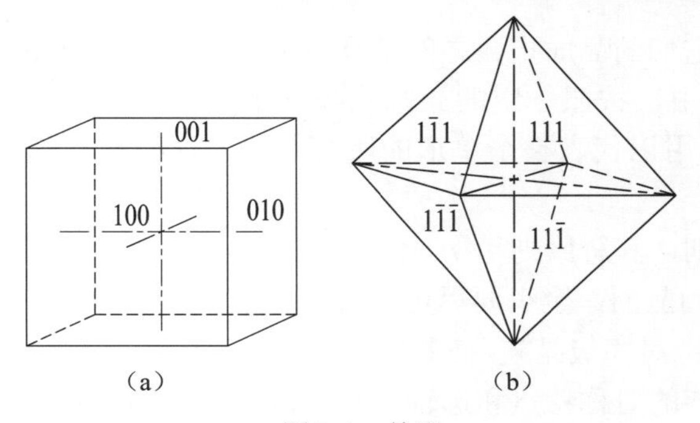

图5-1　单形

（a）立方体；（b）八面体。

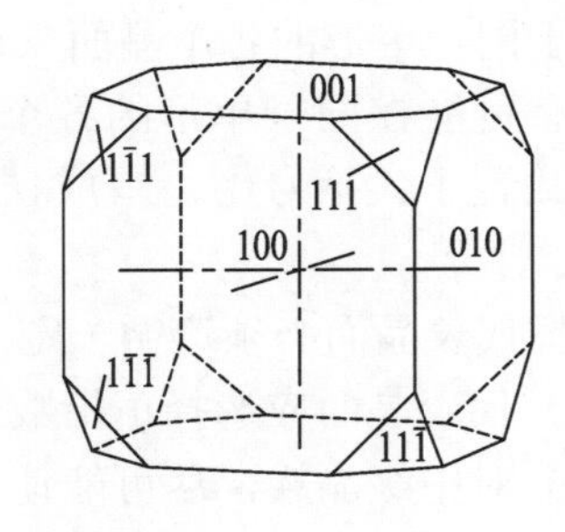

图5-2　立方体和八面体的聚形

此外，属于同一对称型的晶体，可以具有完全不同的形态。例如，立方体和八面体，对称型可以同为 $3L^4 4L^3 6L^2 9PC$，但形态完全不同。再如，对称型为 $3L^2 3PC$ 的晶体，形态也可以完全不同。

本章将讨论晶体的理想形态——单形和聚形。

第一节　单形的概念和单形符号

一、单形的概念

晶体上相互间能够对称重复的一组晶面组合在一起，便构成一个单形。所以。同一单形中的各个晶面，彼此间必定都可以借助于对称要素的作用而相互重复，具有相同的性质；不属于同一单形的晶面之间不可能对称重复。图5-3所示是斜方晶系的一个单形，它的8个晶面相互间都可以通过$3L^2 3PC$对称型的作用发生重复。

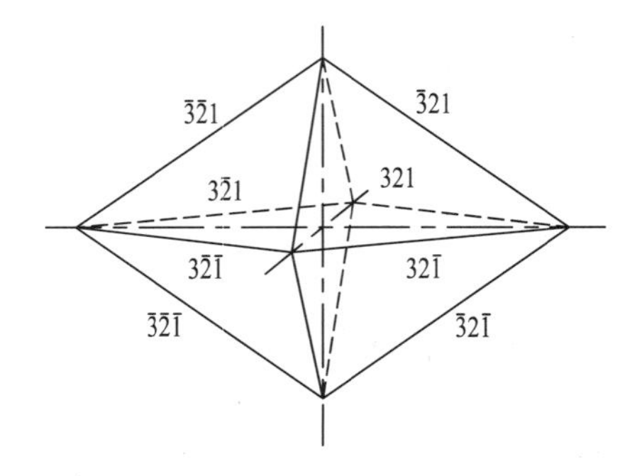

图5-3　斜方双锥单形（对称型$3L^2 3PC$）

显然，同一单形的各个晶面，它们对于相同对称要素的关系（平行、垂直、以某个角度相交等）应该都是一致的。由于在晶体定向时我们总是优先选择对称要素作为结晶轴，即便在没有对称要素可选时，也总是使结晶轴的安置符合于晶体本身的对称性，因此，对于同一个单形的各个晶面而言，它们与相同结晶轴之间的关系也应该都是一样的，即它们在3个结晶轴上将具有相同的截距系数比，从而它们晶面指数的绝对值也必定相等。如图5-3所示，其8个晶面的晶面符号是：（321）、（$3\bar{2}1$）、（$\bar{3}\bar{2}1$）、（$\bar{3}21$）、（$32\bar{1}$）、（$3\bar{2}\bar{1}$）、（$\bar{3}\bar{2}\bar{1}$）、（$\bar{3}2\bar{1}$）。

通过上面的分析，可以得出单形的概念：单形是借对称要素联系起来的一组晶面。因此，同一单形的各个晶面必能相互对称重复。在理想条件下，同一单形的所有晶面应是同形等大的。各晶面与对称要素的关系是一致的。

二、单形符号

对于同一单形的各个晶面来说，它们的晶面指数之间都具有上述对称相等的关系。因此，有可能在同一单形的各个晶面中，按照一定的原则选择一个代表晶面，将它的晶面指数置于大括号中，写成$\{hkl\}$，用以代表整个单形的所有晶面，这种符号称为单形符号。

选择代表晶面必须遵循一定的原则，其总原则是：

（1）代表晶面应选择正指数最多的晶面，至少要尽可能选择l为正值者。

（2）对中级晶族，尽可能使$h \geqslant k$；对高级晶族，$h \geqslant k \geqslant 1$。

为满足上述总的原则，根据各晶族的对称特点和选轴原则，得出选择代表晶面的具体法则：

对于高级晶族，按先前、次右、后上的法则选择代表晶面。对于中低级晶族，按先上、次前、后右的法则选择代表晶面。

前、右、上的标准：三轴定向中，分别以X、Y、Z轴的正端为前、右、上。四轴定向中，以X轴正端和U轴负端的分角线方向为前，Y轴正端为右，Z轴正端为上。

在这里，选择“前、右、上”，实际上是意味着使3个晶面指数尽量为正；在中、低级晶族中“先上”，就是尽可能使l为正，“次前、后右”的顺序则是为了尽可能使$h \geqslant k$。高级晶族中由于对称特点决定，l为正是必定可以保证的，而“先前、次右、后上”的顺序则是为了尽可能满足$h \geqslant k \geqslant l$。不过，这种形象化的选择法则，在很少情况下（主要是对于实际晶体中罕见的某些单形）也可能与总的原则不完全符合而不能适用。

图5-4所示为四方晶系的复四方双锥单形。在它的16个晶面中，“先上”，包

括图 5-4（b）所示的 8 个晶面；“次前”，在以上 8 个面之中最朝前的为（$3\bar{2}1$）和（321）2 个；“后右”，便只剩下（321）。因此，此复四方双锥的单形符号应为{321}。

图 5-5 所示则为等轴晶系的六八面体单形，由 48 个对称的晶面组成。“先前”，同等程度地最朝前的晶面共有 8 个；“次右”，这 8 个面中最偏右的将是（321）、（$32\bar{1}$）两者；“后上”，即（321）。于是，此六八面体的单形符号便是{321}。

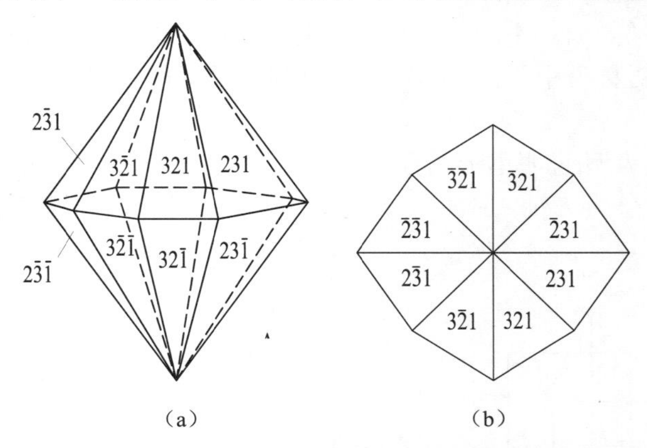

图5-4　复四方双锥单形代表晶面的选择

（a）体视图；（b）顶视图。

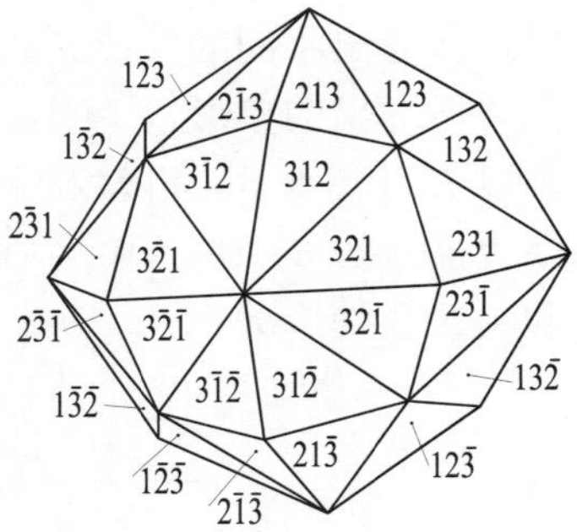

图5-5　六八面体单形代表晶面的选择

在图 5-3 所示斜方晶系单形的例子中，其单形符号恰好也是{321}。

从以上 3 个例子可以发现，对于同一单形的各个晶面而言，它们彼此间指数的绝对值肯定是相同的，但不同数字的指数在晶面符号中排列的顺序却有的不变，有的可变。之所以存在这种差别，其根源是在于它们的对称程度有差异。

在高级晶族中，晶体的 3 个结晶轴必定能通过晶体所固有的 $4L^3$ 之作用而相互重复，即 3 个结晶轴的性质都是相同的。因此，假若有一晶面在 3 个结晶轴上的截距依次为 Pa、qa、ra 时，则绕 L^3 旋转 120°后，必定有另一截距为 qa、ra、Pa 的晶面与之对称重复；再旋转 120°后，还会有截距为 ra、Pa、qa 的晶面也发生重复。显然，这些晶面都应属于同一单形，它们晶面指数的排列顺序则是全部可以轮换的，例如图 5-5 所示单形中的（321）、（213）、（132）等。在中级晶族中，由于各水平结晶轴之间必能借助于晶体中唯一的高次轴之作用而相互对称重复，即各水平结晶轴的性质是相同的，但它们与 Z 轴之间则无对称联系，因此，属于同一单形的各个晶面，它们对应于 Z 轴的指数在符号中的排列顺序不能改变，而对应于水平结晶轴的指数则可以相互掉换排列顺序。图 5-4 的例子就属于这种情况。最后，在低级晶族中，由于 3 个结晶轴彼此间全都不能由对称要素相联系，因此，属于同一单形的各个晶面，其指数的排列顺序就不允许有丝毫改变，否则，就肯定不属于同一个单形。

在此可以顺便指出，为什么在三方和六方晶系中我们要采用四轴定向，即要选取 3 个水平结晶轴。尽管从数学的角度来看，有 2 个水平结晶轴就已够了。例如电气石晶体的例子中，（$10\bar{1}0$）、（$\bar{1}100$）、（$0\bar{1}10$）3 个晶面组成一个三方柱的单形，在这 3 个晶面中，指数间的对称关系是显而易见的。但如果我们采用 3 个结晶轴，取消 U 轴，那么，这 3 个晶面的符号将成为（100）、（$\bar{1}10$）、（$0\bar{1}0$），结果使得属于同一单形的各晶面之间，无法从指数上反映出对称关系来，从而也给单形符号的建立造成了困难。

第二节　146 种结晶单形的导出

由单形的概念可知，以单形中的任意一个晶面作原始晶面，通过该对称型中全部对称要素的作用，必能导出该单形的全部晶面。不同的对称型，由于对称要素的数目和种类不同，将导出不同的单形。在同一对称型中，由于原始晶面与对称要素的相对位置关系不同，所导出的单形也不同。

现以 L^4（图 5-6）和 $L^2 2P$ 对称型为例,说明单形的推导过程。

四方晶系的 L^4 对称型中，唯一的 L^4 为 Z 轴。晶面与 L^4 之间的可能关系不外乎垂直、平行和斜交 3 种情况。

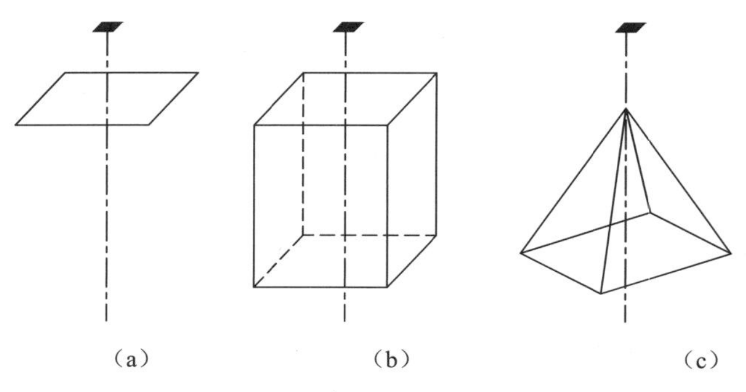

图5-6　导出L^4对称型单形的示意图

（a）单面{001}；（b）四方柱{100}；（c）四方单锥{*hhl*}。

位置 1：原始晶面与 L^4（Z 轴）垂直，而与 X、Y 轴平行。它通过此 L^4 的作用，始终只能与自身相重复，因此，单独这样一个晶面就构成一个单形，称为单面，其单形符号为{001}（图 5-6（a））。

位置 2：原始晶面与 L^4 平行，由于 L^4 的作用，必定产生 4 个晶面。它们都平行于 L^4 而围成一个横切面呈正方形的柱（图 5-6（b）），称为四方柱。

位置 3：原始晶面与 L^4 斜交，相应得出的单形是由 4 个均以同角度与 L^4 相交于一点的晶面所构成的锥，其横切面亦为正方形（图 5-6（c）），称为四方单锥。

在 L^4 对称型中，原始晶面与 L^4 的相对位置关系只有这样 3 种，可能的单形也就只有单面、四方柱、四方单锥 3 种。

在 $L^2 2P$ 对称型中，根据定向法则，L^2 为 Z 轴，$2P$ 的法线则为 X 轴与 Y 轴。单形的原始晶面与对称要素有 7 种不同的位置关系。

位置 1：原始晶面垂直于 L^2 和 $2P$，通过 L^2 和 $2P$ 的作用不能产生新的晶面。这样一个晶面就构成一种单形——单面（图 5-7（a））。

位置 2：原始晶面与 P_1 和 L^2 平行，与 P_2 垂直，那么通过绕 L^2 的旋转或 P_1 的反映，可以产生另外一个平行于原始晶面的新晶面，这样一对晶面构成了一种单形——平行双面（图 5-7（b））。

位置 3：原始晶面与 P_2 和 L^2 平行，与 P_1 垂直。推导出的结果与位置 2 相同——平行双面。

位置 4：原始晶面与 L^2 平行，与 $2P$ 斜交，通过 L^2 的旋转或 $2P$ 的反映，可以导出 4 个晶面，这 4 个晶面围成一个平行于 L^2 柱，柱的横截面为菱形，它们组成一种新的单形——斜方柱（图 5-7（c））。

位置 5：原始晶面与 L^2 和 P_1 斜交，与 P_2 垂直，由于 L^2 的旋转或 P 的反映，可以产生一个与原始晶面斜交的新晶面。这两个晶面便组成了一个新单形——双面（图 5-7（d））。

位置 6：原始晶面与 L^2 和 P_2 斜交，与 P_1 垂直，导出的结果与位置 5 相同——双面。

位置 7：原始晶面与 L^2 和 $2P$ 均斜交，通过 L^2 和 P 的作用可以获得 4 个以同一角度交 L^2 于一点的晶面，这 4 个晶面围成一个横截面为菱形的锥，由此构成一种新的单形——斜方单锥（图 5-7（e））。

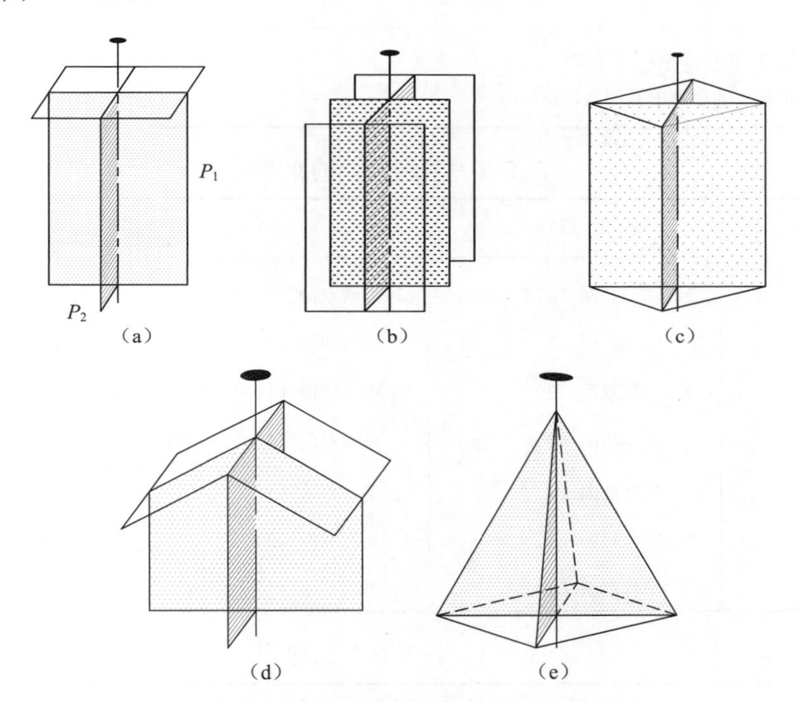

图5-7 导出$L^2 2P$对称型中单形的示意图

（a）单面{001}；（b）平行双面{100}；（c）斜方柱{*hk*0}；（d）双面{0*kl*}；（e）斜方单锥{*hkl*}。

综上所述，在 $L^2 2P$ 对称型中，原始晶面与对称要素的相对位置关系有 7 种，共推导出 5 种单形（除去重复的）：单面、平行双面、双面、斜方柱和斜方单锥。

在每一种对称型中，单形晶面与对称要素的相对位置关系最多仅有 7 种。因此，每一种对称型至多只能导出 7 种单形。如果对 32 种对称型逐一进行推导，最终将导出 146 种不同的单形。这是所有晶体中所能出现的全部单形，称为结晶单形。

146 种结晶单形在各晶系中的分布及相应的单形符号如表 5-1～表 5-11 所列（表中单形符号一栏，对于指数可能取负值的情况没有单独列出，其单形相同于指数为正值的情况。例如 $L^3 3P$ 对称型中，$\{000\bar{1}\}$与{0001}相同，亦为单面）。

表5-1 三斜晶系的单形

单形符号	1（L^1）	$\bar{1}$（C）
{hkl}	1. *单面（1）**	2. 平行双面（2）
{$0kl$}	单面（1）	平行双面（2）
{$h0l$}	单面（1）	平行双面（2）
{$hk0$}	单面（1）	平行双面（2）
{100}	单面（1）	平行双面（2）
{010}	单面（1）	平行双面（2）
{001}	单面（1）	平行双面（2）

注：* 数字为146种结晶单形的序号；
**括号内的数字为单形的晶面数，下同

表5-2 单斜晶系的单形

单形符号	2（L^2）	m（P）	$2/m$（L^2PC）
{hkl}	3. 轴双面（2）	6. 反映双面（2）	9. 斜方柱（4）
{$0kl$}	轴双面（2）	反映双面（2）	斜方柱（4）
{$h0l$}	4. 平行双面（2）	7. 单面（1）	10. 平行双面（2）
{$hk0$}	轴双面（2）	反映双面（2）	斜方柱（4）
{100}	平行双面（2）	单面（1）	平行双面（2）
{010}	5. 单面（1）	8. 平行双面（2）	11. 平行双面（2）
{001}	平行双面（2）	单面（1）	平行双面（2）

表5-3 斜方晶系的单形

单形符号	222（$3L^2$）	mm（L^22P）	mmm（$3L^23PC$）
{hkl}	12. 斜方四面体（4）	15. 斜方单锥（4）	20. 斜方双锥（8）
{$0kl$}	13. 斜方柱（4）	16. 反映双面（2）	21. 斜方柱（4）
{$h0l$}	斜方柱（4）	反映双面（2）	斜方柱（4）
{$hk0$}	斜方柱（4）	17. 斜方柱（4）	斜方柱（4）
{100}	14. 平行双面（2）	18. 平行双面（2）	22. 平行双面（2）
{010}	平行双面（2）	平行双面（2）	平行双面（2）
{001}	平行双面（2）	19. 单面（1）	平行双面（2）

表5-4 四方晶系的单形（1）

单形符号	4（L^4）	422（$L^4 4L^2$）	4/m（L^4PC）
{hkl}	23．四方单锥（4）	26．四方偏方面体（8）	31．四方双锥（8）
{hhl}	四方单锥（4）	27．四方双锥（8）	四方双锥（8）
{$h0l$}	四方单锥（4）	四方双锥（8）	四方双锥（8）
{$hk0$}	24．四 方 柱（4）	28．复四方柱（8）	32．四 方 柱（4）
{100}	四 方 柱（4）	29．四方柱（4）	四 方 柱（4）
{110}	四 方 柱（4）	四方柱（4）	四 方 柱（4）
{001}	25．单　　面（1）	30．平行双面（2）	33．平行双面（2）

表5-5 四方晶系的单形（2）

单形符号	4mm（$L^4 4P$）	4/mmm（$L^4 4L^2 5PC$）	$\bar{4}$（L_i^4）	$\bar{4}2m$（$L_i^4 2L^2 2P$）
{hkl}	34．复四方单锥（8）	39．复四方双锥（16）	44．四方四面体（4）	47．复四方偏三角面体（8）
{hhl}	35．四方单锥（4）	40．四方双锥（8）	四方四面体（4）	48．四方四面体（4）
{$h0l$}	四方单锥（4）	四方双锥（8）	四方四面体（4）	49．四方双锥（8）
{$hk0$}	36．复四方柱（8）	41．复四方柱（8）	45．四 方 柱（4）	50．复四方柱（8）
{100}	37．四 方 柱（4）	42．四 方 柱（4）	四 方 柱（4）	51．四 方 柱（4）
{110}	四 方 柱（4）	四 方 柱（4）	四 方 柱（4）	52．四 方 柱（4）
{001}	38．单　　面（1）	43．平行双面（2）	46．平行双面（2）	53．平行双面（2）

表5-6 三方晶系的单形（1）

单形符号	3（L^3）	32（$L^3 3L^2$）	3m（$L^3 3P$）
{$hk\bar{i}l$}	54．三方单锥（3）	57．三方偏方面体（6）	64．复三方单锥（6）
{$h0\bar{h}l$}	三方单锥（3）	58．菱 面 体（6）	65．三方单锥（3）
{$hh\overline{2h}l$}	三方单锥（3）	59．三方双锥（6）	66．六方单锥（6）
{$hk\bar{i}0$}	55．三 方 柱（3）	60．复三方柱（6）	67．复三方柱（6）
{$10\bar{1}0$}	三 方 柱（3）	61．六 方 柱（6）	68．三 方 柱（3）
{$11\bar{2}0$}	三 方 柱（3）	62．三 方 柱（3）	69．六 方 柱（6）
{0001}	56．单　　面（1）	63．平行双面（2）	70．单　　面（1）

表5-7 三方晶系的单形（2）

单形符号	$\bar{3}$（L^3C）	$\bar{3}m$（$L^3 3L^2 3PC$）
{$hk\bar{i}l$}	71．菱面体（6）	74．复三方偏三角面体（12）
{$h0\bar{h}l$}	菱面体（6）	75．菱 面 体（6）
{$hh\overline{2h}l$}	菱面体（6）	76．六方双锥（12）
{$hk\bar{i}0$}	72．六方柱（6）	77．复六方柱（12）
{$10\bar{1}0$}	六方柱（6）	78．六 方 柱（6）
{$11\bar{2}0$}	六方柱（6）	79．六 方 柱（6）
{0001}	73．单　面（1）	80．平行双面（2）

表5-8　六方晶系的单形（1）

单形符号	6（L^6）	622（$L^6 6L^2$）	6/m（L^6PC）
$\{hk\bar{i}l\}$	81．六方单锥（6）	84．六方偏方面体（12）	89．六方双锥（12）
$\{h0\bar{h}l\}$	六方单锥（6）	85．六方双锥（12）	六方双锥（12）
$\{hh\overline{2h}l\}$	六方单锥（6）	六方双锥（12）	六方双锥（12）
$\{hk\bar{i}0\}$	82．六方柱（6）	86．复六方柱（12）	90．六方柱（6）
$\{10\bar{1}0\}$	六方柱（6）	87．六方柱（6）	六方柱（6）
$\{11\bar{2}0\}$	六方柱（6）	六方柱（6）	六方柱（6）
$\{0001\}$	83．单面（1）	88．平行双面（2）	91．平行双面（2）

表5-9　六方晶系的单形（2）

单形符号	6mm（$L^6 6P$）	6/mmm（$L^6 6L^2 7PC$）	$\bar{6}$（L_i^6）	$\bar{6}2m$（$L_i^6 3L^2 3P$）
$\{hk\bar{i}l\}$	92．复六方单锥（12）	97．复六方双锥（24）	102．三方双锥（6）	105．复三方双锥（12）
$\{h0\bar{h}l\}$	93．六方单锥（6）	98．六方双锥（12）	三方双锥（6）	106．三方双锥（6）
$\{hh\overline{2h}l\}$	六方单锥（6）	六方双锥（12）	三方双锥（6）	107．六方双锥（12）
$\{hk\bar{i}0\}$	94．复六方柱（12）	99．复六方柱（12）	103．三方柱（3）	108．复三方柱（6）
$\{10\bar{1}0\}$	95．六方柱（6）	100．六方柱（6）	三方柱（3）	109．三方柱（3）
$\{11\bar{2}0\}$	六方柱（6）	六方柱（6）	三方柱（3）	110．六方柱（3）
$\{0001\}$	96．单面（1）	101．平行双面（2）	104．平行双面（2）	111．平行双面（2）

表5-10　等轴晶系的单形（1）

单形符号	23（$3L^2 4L^3$）	m3（$3L^2 4L^3 3PC$）
$\{hkl\}$	112．五角三四面体（12）	119．偏方复十二面体（24）
$\{hhl\}$	113．四角三四面体（12）	120．三角三八面体（24）
$\{hkk\}$	114．三角三四面体（12）	121．四角三八面体（24）
$\{111\}$	115．四面体（4）	122．八面体（8）
$\{hk0\}$	116．五角十二面体（12）	123．五角十二面体（12）
$\{110\}$	117．菱形十二面体（12）	124．菱形十二面体（12）
$\{100\}$	118．立方体（6）	125．立方体（6）

表5-11　等轴晶系的单形（2）

形 号	$\bar{4}3m$（$3L_i^4 4L^3 6P$）	43（$3L^4 4L^3 6L^2$）	$m3m$（$3L^4 4L^3 6L^2 9PC$）
{*hkl*}	126. 六 四　面 体（24）	133. 五角三八面体（24）	140. 六 八　面 体（48）
{*hhl*}	127. 四角三四面体（12）	134. 三角三八面体（24）	141. 三角三八面体（24）
{*hkk*}	128. 三角三四面体（12）	135. 四角三八面体（24）	142. 四角三八面体（24）
{111}	129. 四　面　体（4）	136. 八　面　体（8）	143. 八　面　体（8）
{*hk*0}	130. 四 六　面 体（24）	137. 四 六　面 体（24）	144. 四 六　面 体（24）
{110}	131. 菱形十二面体（12）	138. 菱形十二面体（12）	145. 菱形十二面体（12）
{100}	132. 立　方　体（6）	139. 立　方　体（6）	146. 立　方　体（6）

早先，对于单形还有另外的一些命名，不过其中只有轴面这一名称目前还被广泛应用。轴面是指只与一个结晶轴相交而与其余结晶轴均平行的板面（平行双面）或单面，其中单形符号为{001}或者{0001}特别称为底轴面。

必须指出，在不同的对称型中，或在不同的晶系以至不同的晶族中，虽然可能出现几何上相同的单形，即命名相同的单形，但它们在对称性上必定存在差异。因此，上述146种结晶单形都是结晶学上不同的单形。

例如，在前述的 L^4 和 $L^2 2P$ 两个对称型中都可以有单面出现，两者都由单独一个晶面组成，但这两种单面一个是垂直于唯一的 L^4，另一个则是同时垂直于 L^2 和 $2P$。所以，当它们在晶体中出现时，两者的晶面形状就会有本质上的差异，而各自与本身的对称性相符（图5-8）。

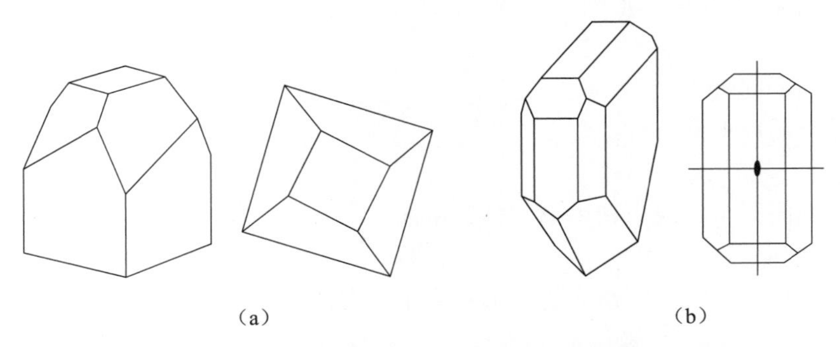

图5-8　两种对称性不同的单面（同时示出体视图和顶视图）

（a）具有 L^4 对称；（b）具有 $L^2 2P$ 对称。

再如立方体，它在等轴晶系的全部5个对称型中都可出现。如果单纯从几何外形上讲，任何立方体都应该具有 $3L^4 4L^3 6L^2 9PC$ 对称型，但从结晶学的意义上讲，要全面地考虑到各方面的性质，例如生长时在晶面上留下的细微花纹的对称性、物理性质所表现出来的对称性等，则5个对称型中的5种立方体，它们的对称特点都是不同的，分别与各自的对称型相适应。所以，它们是5种结晶学上不同的单形。图5-9分别示出了萤石（对

称型为 $3L^4 4L^3 6L^2 9PC$）和黄铁矿（对称型为 $3L^2 4L^3 3PC$）的立方体，它们晶面上的条纹方向指示了它们各自的真实对称。当然，有些黄铁矿的立方体晶体并不表现出条纹，但这绝不意味着此时黄铁矿立方体的对称性就提高了，它的真实对称仍是 $3L^2 4L^3 3PC$，而在几何外形上所表现出来的 $3L^4 4L^3 6L^2 9PC$ 对称则是一种假象。

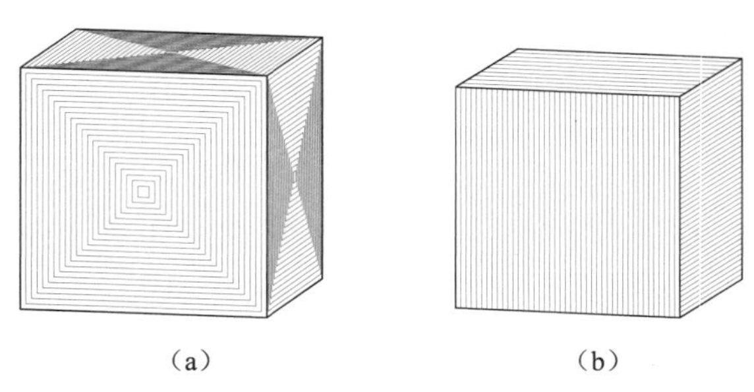

图5-9　两种对称性不同的立方体

（a）萤石（$3L^4 4L^3 6L^2 9PC$）；（b）黄铁矿（$3L^2 4L^3 3PC$）。

第三节　47 种几何单形

前已述及，结晶学上不同的单形共 146 种，它们是晶体中所可能具有的全部单形。但如果只从单形的几何性质着眼，只考虑组成单形的晶面数目、各晶面之间的几何关系（垂直、平行、斜交）、整个单形独立存在时的形状，而不考虑单形真实的对称性，那么 146 种结晶单形可归并为 47 种几何性质不同的单形——几何单形。

一、47 种单形的几何特征

下面介绍 47 种几何单形的几何特征，即单形的名称、形态、切面形状及晶面数目等特征。

1. 低级晶族的单形

低级晶族的单形共 7 种。

1）单面

由 1 个晶面即可组成一种单形，称为单面。

2）平行双面

由 2 个互相平行的晶面组成的单形称为平行双面。

3）双面

由 2 个相交的晶面构成的单形称为双面。以 L^2 联系的称为轴双面，以 P 联系的称为反映双面。

4）斜方柱

由 4 个两两平行的晶面组成的柱体称为斜方柱，斜方柱的横切面为菱形。

5）斜方四面体

由 4 个互不平行的不等边三角形晶面组成的单形称为斜方四面体，每条晶棱的中点都是 L^2 的出露点，通过晶体中心的横切面为菱形。这一单形仅见于 $3L^2$ 对称型中。

6）斜方单锥

由 4 个不等边三角形晶面交于一点，形成单锥，锥顶出露 L^2，横切面为菱形，仅见于 $L^2 2P$ 对称型中。

7）斜方双锥

由 8 个不等边三角形晶面组成的双锥体，如同两个单锥以底面连接而成，仅见于 $3L^2 3PC$ 对称型中。

2. 中级晶族的单形

中级晶族除垂直高次轴可出现单面、平行双面之外，有下列 25 种单形。

1）柱类

由若干晶面组成的柱体，晶面的交棱相互平行且平行于高次轴；按高次轴的轴次、横切面的形状和晶面数有 6 种单形：三方柱、复三方柱、四方柱、复四方柱、六方柱、复六方柱。复柱晶面之间的交角是相间相等的。

2）单锥类

是由若干三角形的晶面相交于高次轴形成的单锥体，按高次轴的轴次、横切面的形态和晶面数不同，可分为 6 种单形：三方单锥、复三方单锥、四方单锥、复四方单锥、六方单锥、复六方单锥。复锥的晶面交角也是相间相等的。

3）双锥类

由若干三角形晶面交高次轴于两点形成的双锥体，亦可分为 6 种：三方双锥、复三方双锥、四方双锥、复四方双锥、六方双锥、复六方双锥。

4）四方四面体和复四方偏三角面体

四方四面体：由 4 个互不平行的等腰三角形晶面组成，相间的两晶面以底面相交，交棱中点为 L_i^4 出露点，围绕 L_i^4 上、下两晶面错开 90°。

复四方偏三角面体：如果将四方四面体的每一个晶面平分为两个不等边的偏三角形的晶面，形成由 8 个不等边三角形组成的单形，称复四方偏三角面体。

5）菱面体和复三方偏三角面体

菱面体：由 6 个两两平行的菱形晶面组成，上、下 3 个晶面均交 L^3 于一点，且绕 L^3 错开 60°（与三方双锥的区别）。

复三方偏三角面体：如果将菱面体的每一个晶面平分为 2 个不等边三角形的晶面，则由这样 12 个晶面组成的单形即称为复三方偏三角面体，围绕 L^3 上部 6 个晶面与下部 6 个晶面交错排列。

6）偏方面体类

晶面均为四边形，其中两个边相等，上部晶面与下部晶面均交高次轴于一点且绕高次轴错开一定角度，即上、下晶面不正好相对。有 3 种单形：三方偏方面体、四方偏方面体、六方偏方面体。

3. 高级晶族的单形

高级晶族的单形有 15 种，可分为 3 组。

1）四面体组

四面体：由 4 个互不平行的等边三角形晶面组成，晶面中心四面出露 L^3，晶棱中点出露 L_i^4 或 L^2。

三角三四面体：犹如四面体的每个晶面突起并分成 3 个等腰三角形晶面构成。

四角三四面体：犹如四面体的每个晶面突起分成 3 个四角形晶面组成，四角形的四个边两两等长。

五角三四面体：犹如四面体的每个晶面突起并分成 3 个偏五角形的晶面组成。

六四面体：犹如四面体的每个晶面突起并分成 6 个不等边三角形组成。

2）八面体组

八面体：由 8 个等边三角形的晶面组成，晶面垂直于 L^3，角顶出露 L^4，晶棱中点出露 L^2。

与四面体组的情况类似，如果八面体的每一个晶面突起并等分为 3 个或 6 个晶面，可构成三角三八面体、四角三八面体、五角三八面体和六八面体。

3）立方体组

立方体：由 6 个两两平行的正方形晶面组成，晶面中心出露 L^4，角顶出露 L^3，晶棱中点出露 L^2。

四六面体：犹如立方体的每个晶面突起并等分成 4 个等腰三角形晶面组成。

五角十二面体：如同立方体的每个晶面均突起并平分为 2 个五边形晶面组成，五边形晶面的五条边中有四条等长，一个不等。

偏方复十二面体：设想五角十二面体的每个面再突起分成 2 个偏四边形的面组成，四边形的两条边等长。

菱形十二面体：由 12 个两两平行的菱形晶面组成。

综上所述，共有几何单形 47 种（图 5-10～图 5-16）。

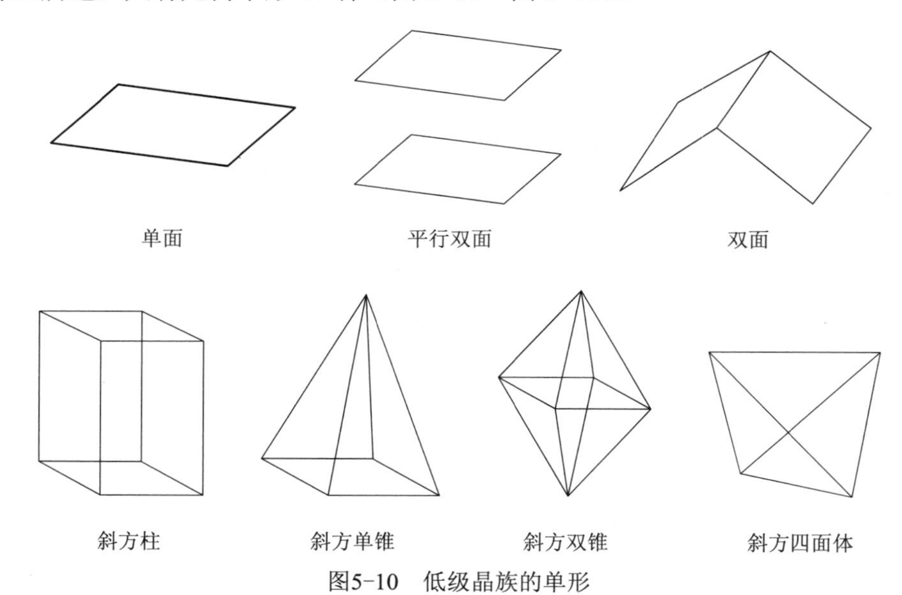

图5-10　低级晶族的单形

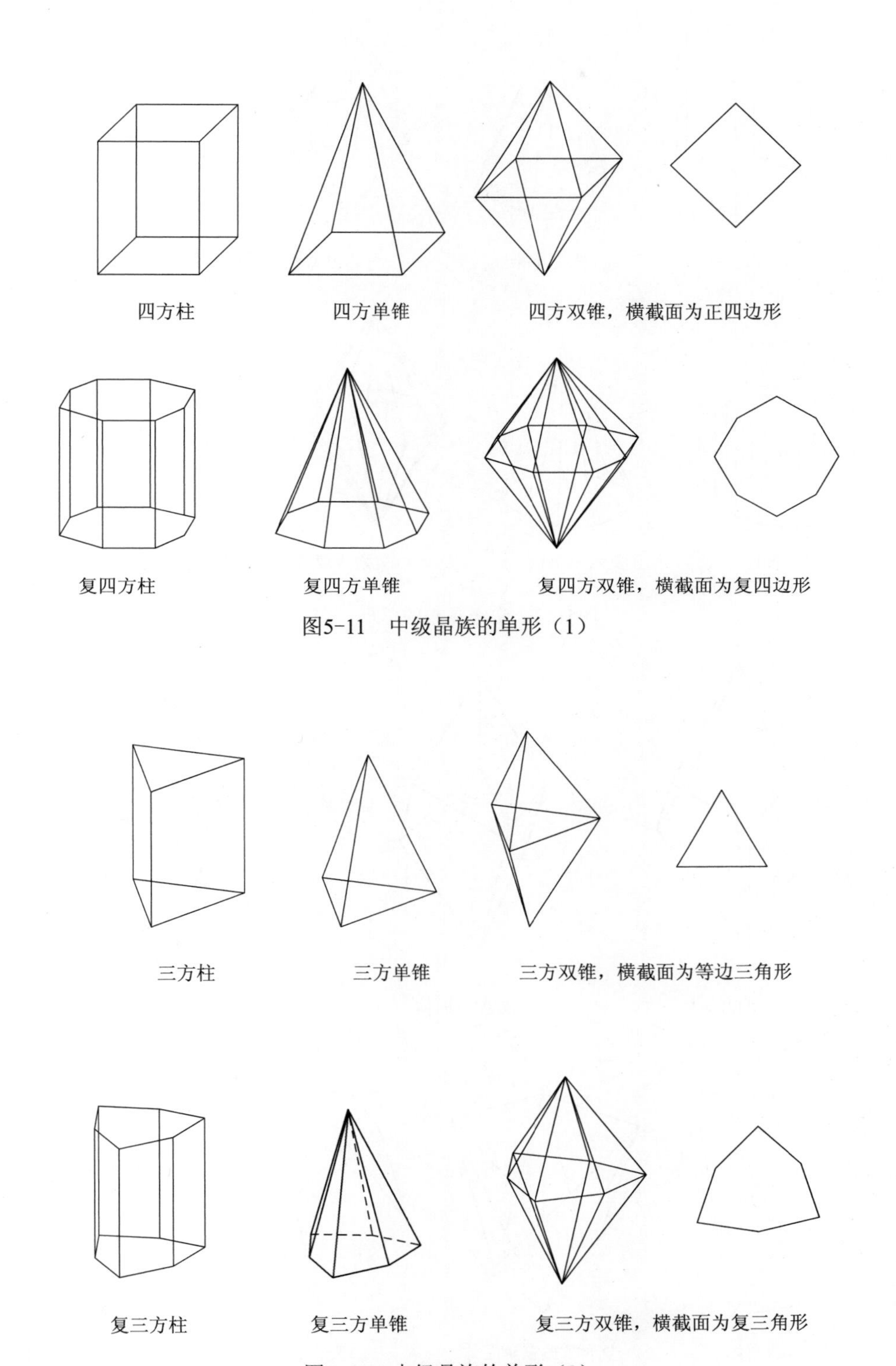

图5-11　中级晶族的单形（1）

图5-12　中级晶族的单形（2）

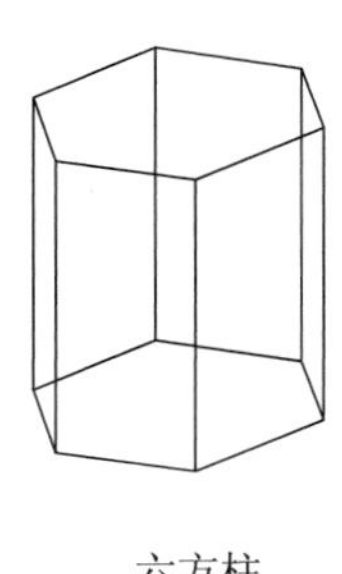
六方柱

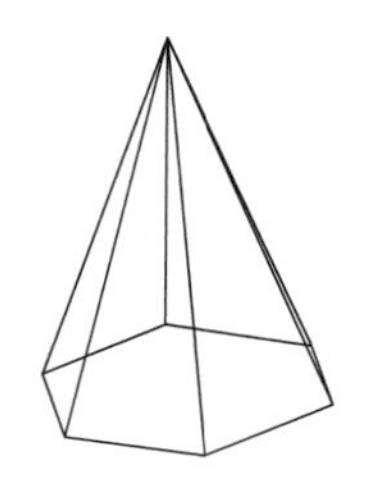
六方单锥

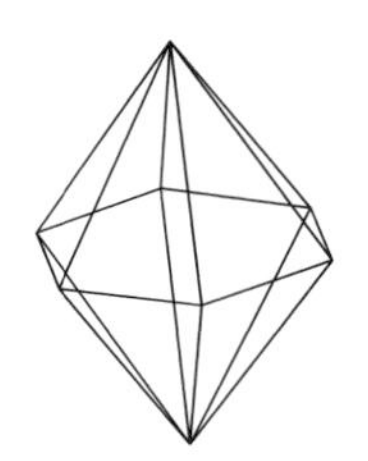
六方双锥，横截面为正六边形

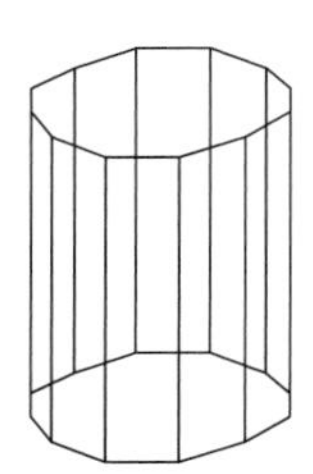
复六方柱

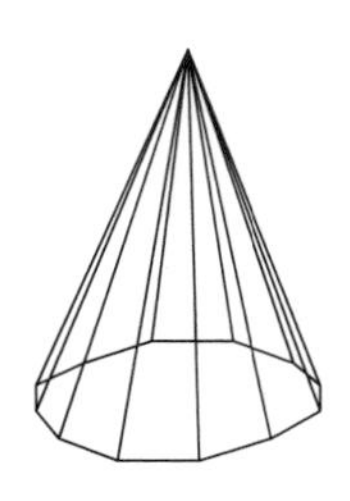
复六方单锥

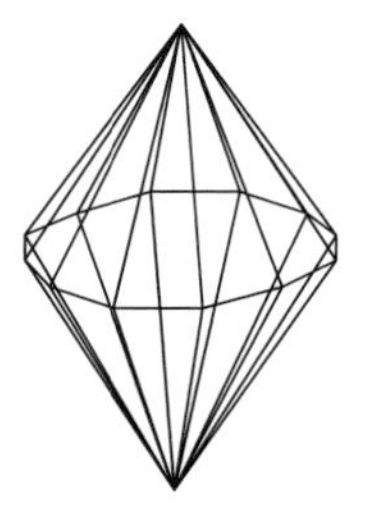
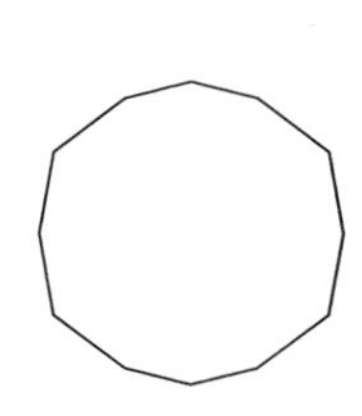
复六方双锥，横截面为复六边形

图5-13　中级晶族的单形（3）

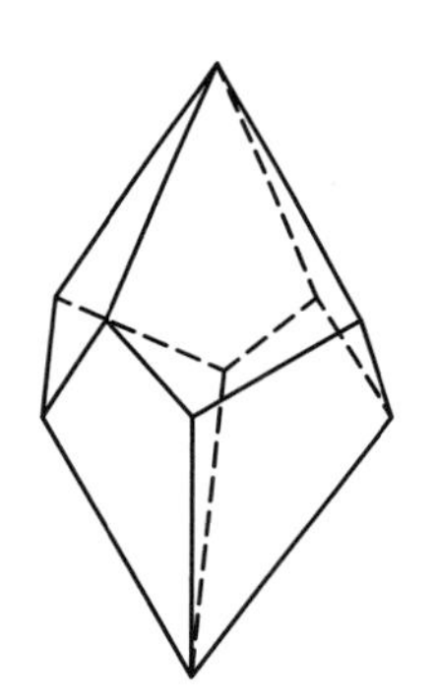
四方偏方面体

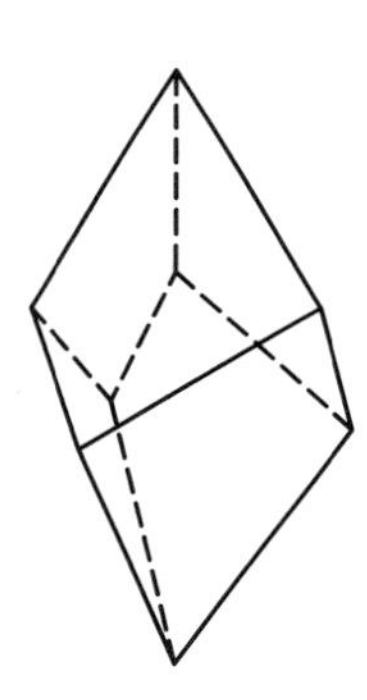
三方偏方面体

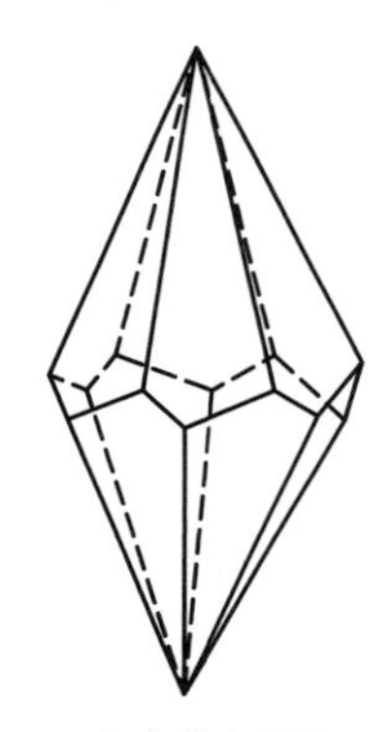
六方偏方面体

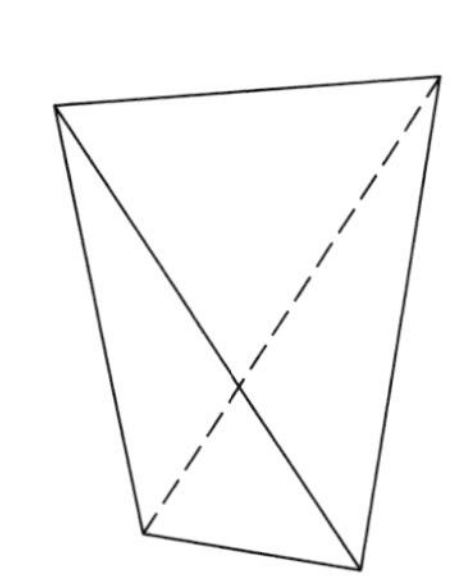
四方四面体

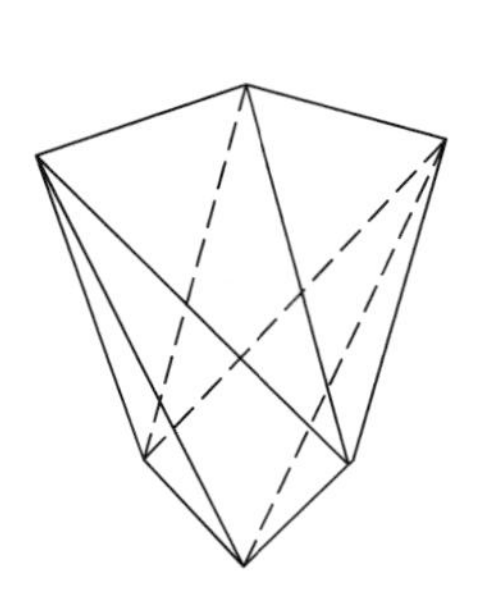
复四方偏三角面体

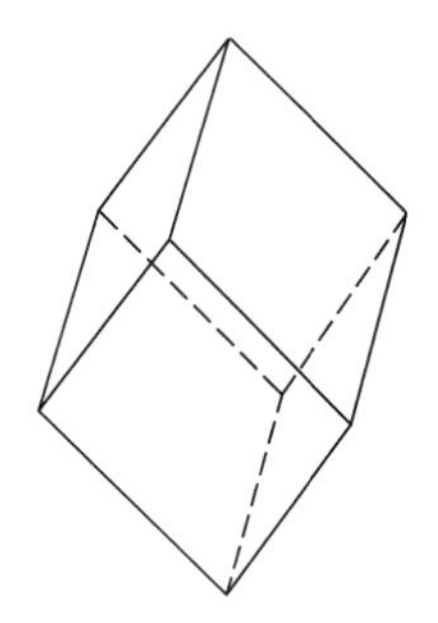
菱面体

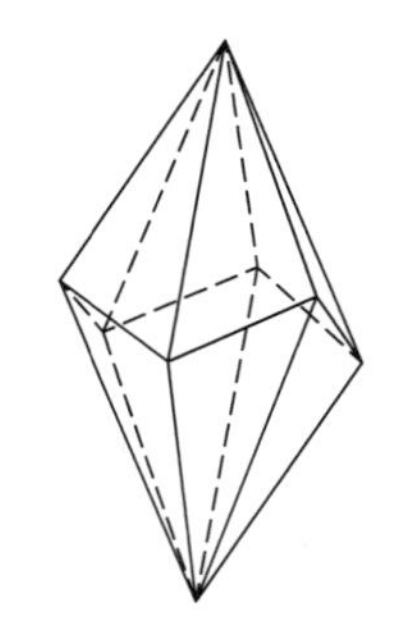
复三方偏三角面体

图5-14　中级晶族的单形（4）

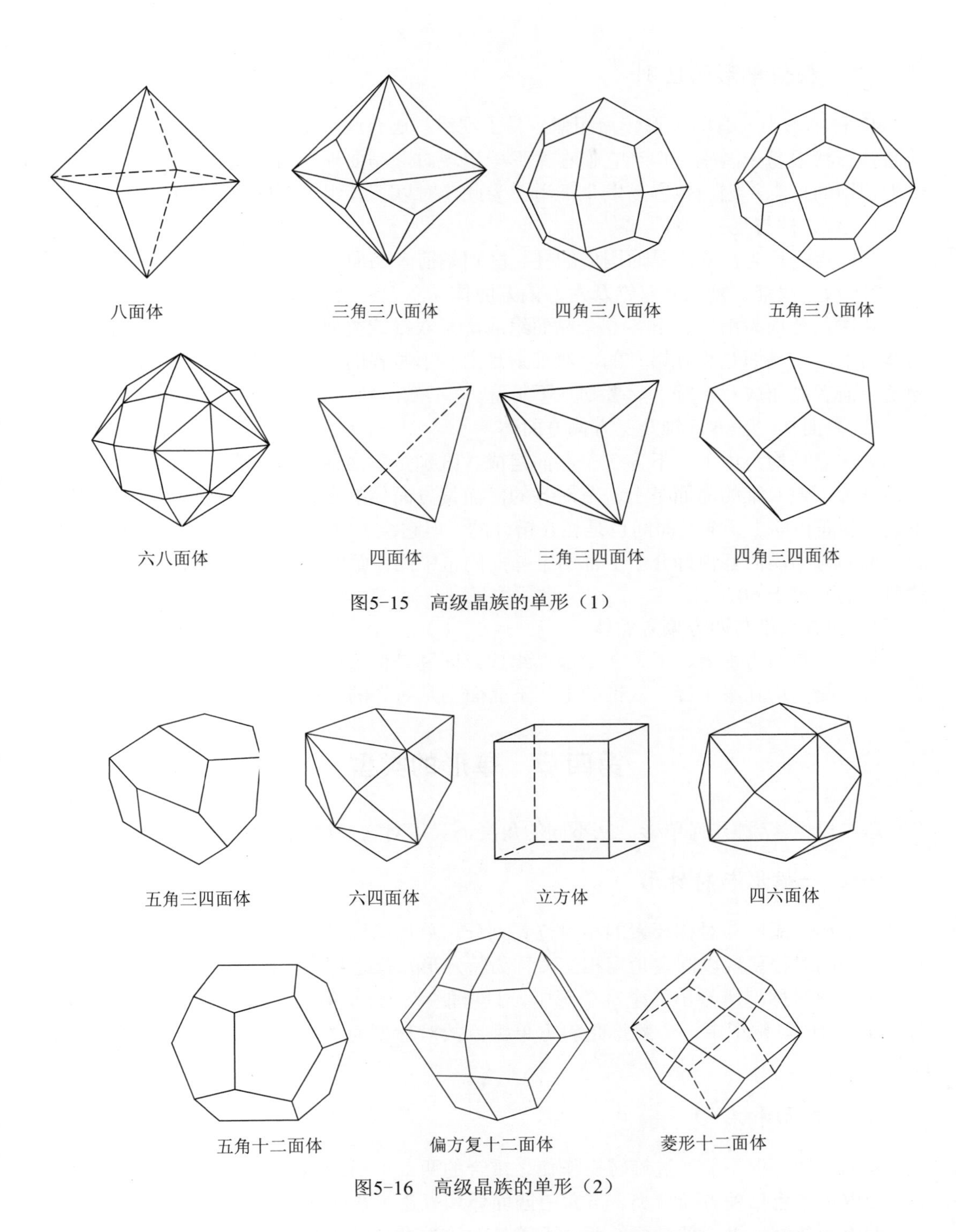

图5-15　高级晶族的单形（1）

图5-16　高级晶族的单形（2）

在以上这 47 种几何性质不同的单形中，15 种为高级晶族，即等轴晶系所特有，25 种为中级晶族所特有，5 种为低级晶族所特有；另有 2 种单形，即单面和平行双面，则在中、低级晶族中均可以出现，而且在三斜晶系只可能存在这两种单形。但是当它们在中级晶族的各晶系中出现时，则单形的晶面一定垂直于 Z 轴。

二、相似单形的区别

47种单形中，有的单形较为相似，易于混淆；还有些单形，当它们单独存在时，根据晶体形状很易于区别，但当它们在聚形中出现时，晶面形状常会变得面貌全非，不能作为识别的标志，因而也容易发生混淆。为此，对以下各组单形应特别注意加以区别。

1．六方柱与复三方柱

共同点是均为由6个晶面围成的柱。区别是前者晶面成对平行，后者则互不平行。

2．六方双锥、复三方双锥及六方偏方面体

共同点是均为由上、下各6个晶面组成，呈双锥或类似于双锥的形状。区别是偏方面体的上、下晶面是相互错开的，双锥则是上、下对齐的；六方双锥与复三方双锥的差异是，前者晶面成对平行，后者则互不平行。

3．菱面体、三方双锥及三方偏方面体

共同点是均为由上、下各3个晶面组成。区别是菱面体的晶面成对平行，后两者均互不平行；但双锥的晶面是上、下对齐的，而偏方面体的上、下晶面则是相互错开的。不过，菱面体的上、下晶面间也是相互错开的，但它绕L^3方向上、下正好错开60°，因而下部的每个晶面都恰好介于上部两个晶面的正中间；而偏方面体上、下晶面绕L^3错开的角度则不等于60°。

4．四方双锥与四方偏方面体

共同点是均为由上、下各4个晶面组成。区别是偏方面体的上、下晶面是互相错开的，所有晶面均互不平行；双锥的上、下晶面则是对齐的，所有晶面均成对平行。

第四节　单形的类型

总结以上47种几何单形，从不同的角度，又可对它们进行如下的划分。

一、一般形与特殊形

按单形的晶面与对称要素的相对位置划分。单形晶面垂直或平行于任何对称要素，或与相同的对称要素以固定角度相交，称为特殊形，反之称为一般形。

在一种对称型所导出的全部单形中，只可能有一种一般形，晶类即以一般形命名。例如在L^22P对称型中，一般形是斜方单锥，故对称型为L^22P的晶体被归为斜方单锥晶类。

二、左形和右形

互为镜像，但不能通过旋转操作使之重合的两个单形，称为左形和右形。有左、右形之分的单型包括偏方面体类、五角三四面体和五角三八面体。

偏方面体类：以上部晶面的两个不等长的边为准。长边在左侧称为左形；在右侧者称为右形（图5-17～图5-19）。

五角三四面体：在两个L^3出露点之间可以找到由三条晶棱组成的折线，连接两L^3作一根假想直线，若折线的最下一条晶棱在左则为左形，在右则为右形（图5-20）。

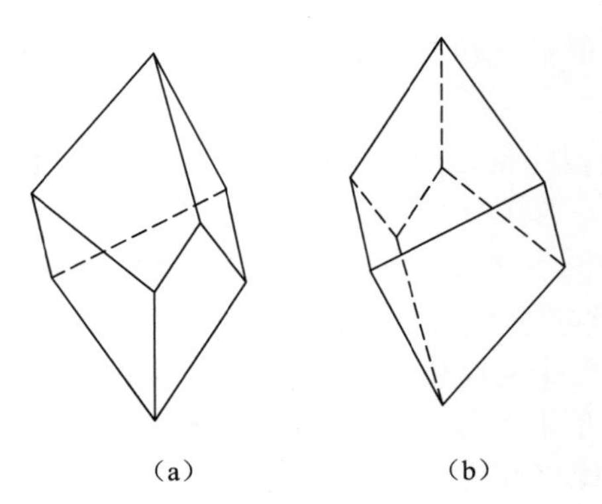

（a）　　（b）

图5-17　三方偏方面体

（a）左形；（b）右形。

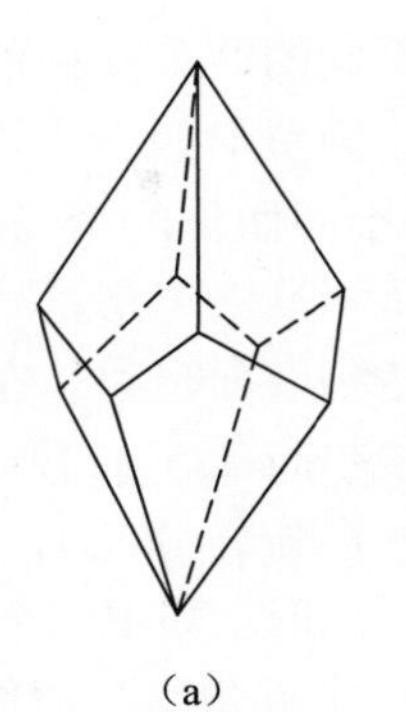

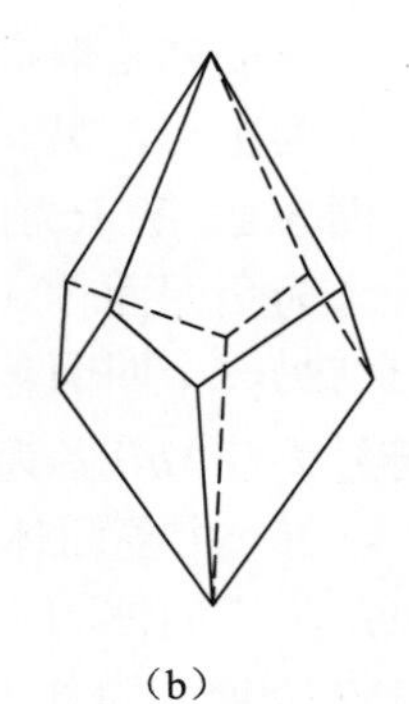

（a）　　（b）

图5-18　四方偏方面体

（a）左形；（b）右形。

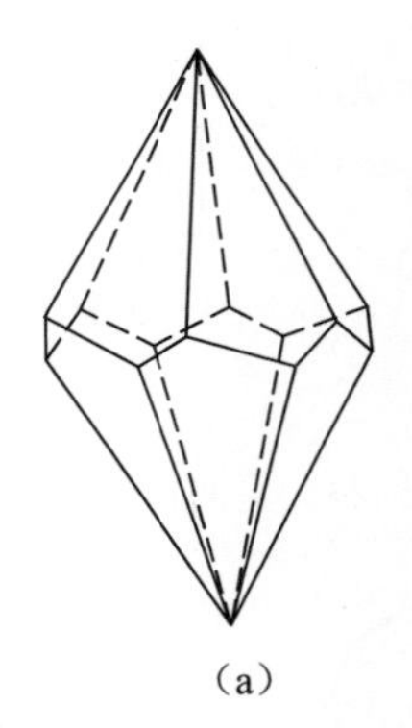

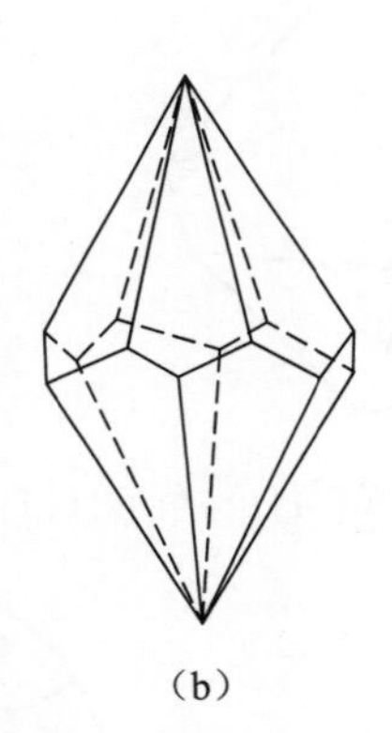

（a）　　（b）

图5-19　六方偏方面体

（a）左形；（b）右形。

五角三八面体：在两个 L^4 的出露点之间也能找到一条由 3 条晶棱组成的折线。连接两 L^4 出露点作一条假想直线。若最上方的一条晶棱在直线的左侧，则为左形，在右侧则为右形（图 5-21）。

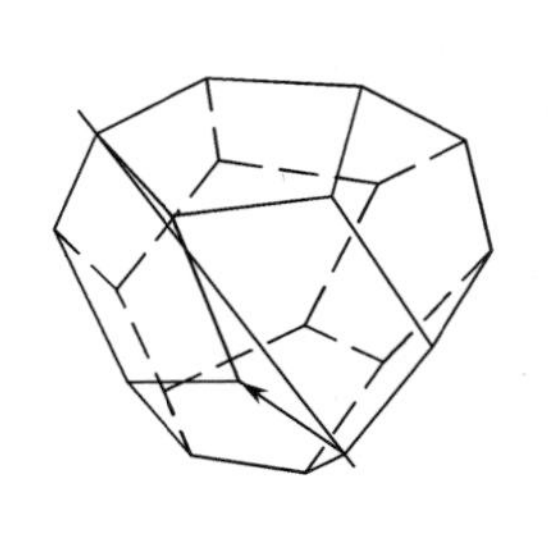

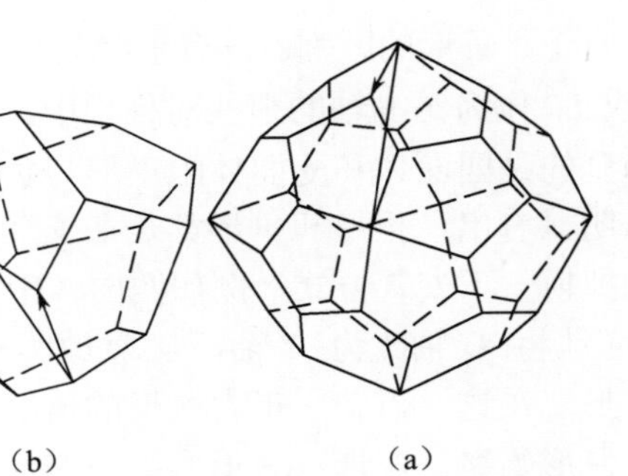

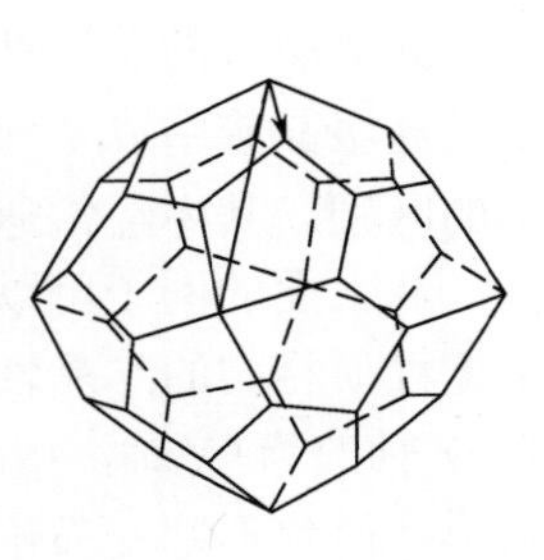

（a）　　（b）

图5-20　五角三四面体

（a）左形；（b）右形。

（a）　　（b）

图5-21　五角三八面体

（a）左形；（b）右形。

三、正形和负形

同一晶体上取向不同的两个同种单形，如果能借旋转 90°（四轴定向时 60°）重复者，则一个为正形，另一个为负形。

图 5-22 所示为两个四面体的聚形，其中一个为正四面体（正形），单形符号为{111}，另一个为负四面体（负形），单形符号为$\{1\bar{1}1\}$。当其中一个四面体绕 L_i^4 旋转 90°时，则可与另一个四面体达到取向一致。在图 5-23 中，r 和 z 分别为菱面体的正、负形。单形符号为$\{h0\bar{h}l\}$者为正菱面体（正形），而单形符号为$\{0h\bar{h}l\}$者则为负菱面四面体（负形）。当一个菱面体绕 L^3 旋转 60°时，则可与另一个菱面体达到取向一致。图 5-24 所示为五角十二面体的正、负形。其中一个为正形，单形符号为$\{hk0\}$，另一个为负形，单形符号为$\{h0l\}$。当其中一个五角十二面体绕 L^2 旋转 90°时，则可与另一个五角十二面体达到取向一致。

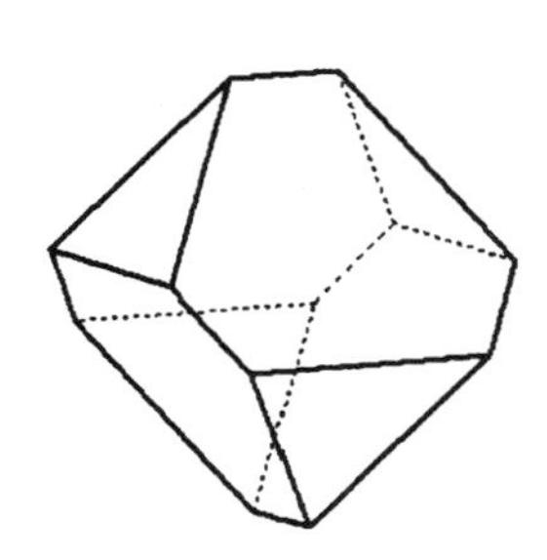

图5-22　四面体的正形{111}与负形$\{1\bar{1}1\}$

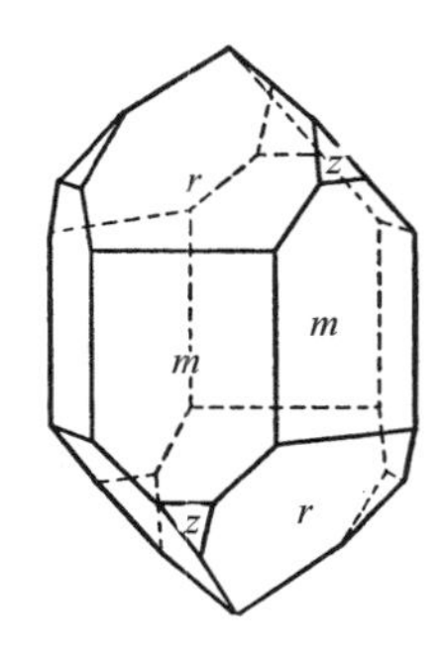

图5-23　菱面体的正形$\{h0\bar{h}l\}$与负形$\{0k\bar{k}l\}$

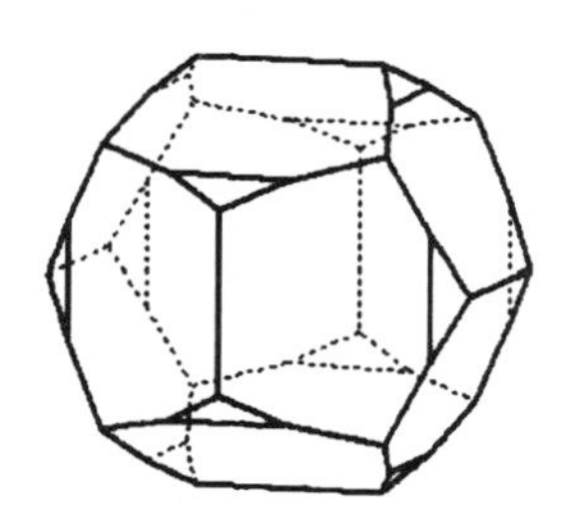

图5-24　五角十二面体的正形$\{hk0\}$与负形$\{h0l\}$

并非所有的单形都有正、负形的区别。只有中级晶族中以 L^3、L_i^4 或 L_i^6 作为 Z 轴的，以及高级晶族中以 L^2 或 L_i^4 作为结晶轴的那些对称型中，它们的部分单形才有正形与负形的区别。其中经常遇到的是四面体和菱面体的正形与负形。

从上面的例子可以明显看出，正形和负形都是在安置好结晶轴以后相对而言的。如果把性质相同的结晶轴掉换一下安置方式（例如四面体中将 X 轴与 Y 轴互换，菱面体中将$-Y$ 轴改为$+X$ 轴，相应地将$-U$ 轴改为$+Y$ 轴，$-X$ 轴改为$+U$ 轴），则原先的正形将变为负形，而负形则变为正形。在这一点上，正、负形的情况与左、右形的情况是完全不同的。在左形和右形中，左形始终是左形，右形始终是右形，不会发生变化。所以，正形和负形的区分必须以晶体定向为前提。

有的单形，既有左、右形的区别，还有正、负形的区别，例如三方偏方面体、五角三四面体等。

应当注意，另有一些单形，例如四方柱，也可以有两个甚至更多个形状相同但取向互异的四方柱，且彼此间也能借助于旋转而使取向达到一致，如{110}、{100}、$\{hk0\}$等四方柱。但它们相互间并不构成正形与负形的关系，因为使它们达到取向一致的旋转角不等于90°；而当旋转90°时，它们均只能各自与自身相重合。早先，常用第一四方柱（晶面与两个水平结晶轴以等角度相交）、第二四方柱（晶面垂直于一个水平结晶轴）、第三四方柱（晶面与两个水平结晶轴以不等角度相交）的名称来加以区分。其它一些单形，如三方、四方、六方晶系的柱、锥、双锥以及菱面体等，也可以有第一式、第二式、第三式的区别，例如三种六方双锥，它们的单形符号依次为$\{h0\bar{h}l\}$、$\{hh\overline{2h}l\}$、$\{hk\bar{i}l\}$或$\{hk\bar{k}l\}$。

四、定形与变形

单形晶面间的夹角恒定者称为定形；反之，即为变形。属于定形的有单面、平行双面、三方柱、四方柱、六方柱、立方体、四面体、八面体、菱形十二面体共9种，其余皆为变形。例如五角十二面体为变形，图5-25表示了它的晶面指数随面角不同而发生的变化。

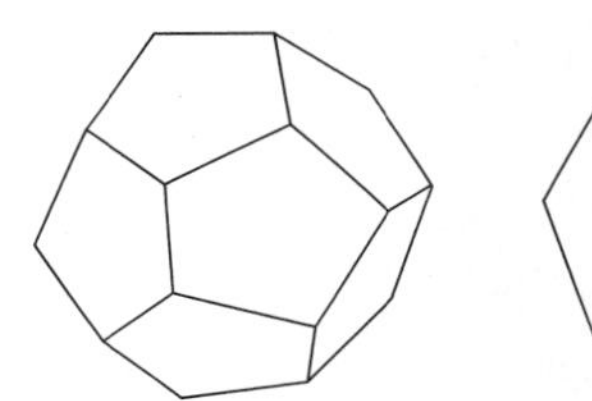
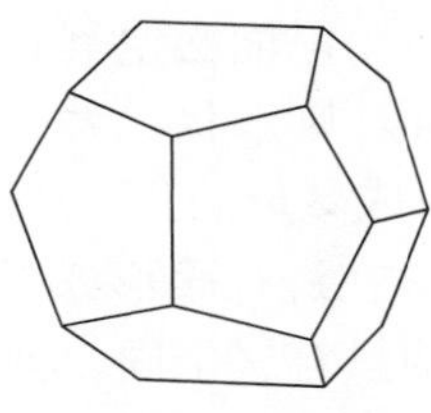
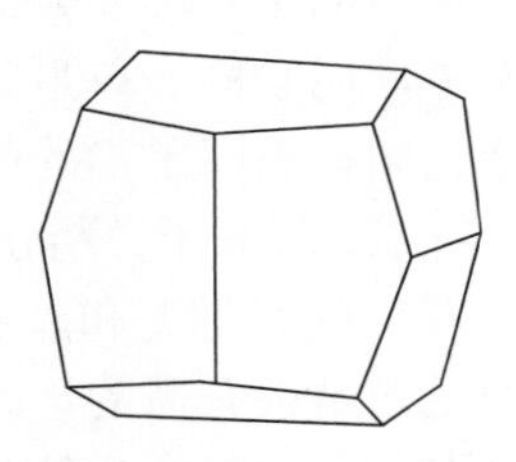

图5-25　五角十二面体晶面夹角的变化

五、开形与闭形

所有晶体，在几何上都是封闭的凸多面体。但就其中的每一种单形而言，有的单形，如立方体，由它本身一个单形的各个晶面，即能封闭空间而构成凸多面体。但有的单形，如四方柱，仅仅由它本身一个单形的全部晶面却是无法封闭空间的。

在这里，由一个单形本身的晶面即能围成闭合的凸多面体者，称为闭形；凡单形的晶面不能封闭空间的称为开形，例如单面、平行对面、各种柱、单锥。

47种单形中，单面、板面、双面以及各种柱和单锥等17种单形属于开形，其余30种单形都是闭形。其中在低级晶族的7种单形中，有5种是开形；闭形只有2种，而且都只存在于斜方晶系中。中级晶族所可能有的27种单形中，开形和闭形分别有14种和13种。高级晶族的15种单形，全部都是闭形。这种分布情况，显然是与不同晶族中对称要素的种类、数目及其空间取向等特点不同直接相关的。

第五节　聚　形

一、聚形的概念

单形有闭形和开形之分，而单独一个开形是不能封闭空间的，它必须由几个单形聚合在一起，即组成聚形，才能形成一个封闭的多面体晶形。至于闭形，它们虽然可以在晶体上单独存在，但也不排斥它们参与组成聚形出现。所以聚形是指两个或两个以上单形的聚合。

二、单形聚合的条件

在任何情况下，只有对称性相同的单形才能在一起组成聚形，即只有属于同一对称型的单形才可能相聚。因此，决不会出现立方体与四方双锥或者八面体与平行双面在一起的聚形。

此外，在每一个对称型中，可能出现的单形的种数都是有限的，最多不会超过 7 种；但是在一个聚形上所可能出现的单形，其个数却无一定的限制，可以有两个或几个同种的单形同时并存，但此时它们在晶体上的相对方位肯定是不同的，具有指数值不同的单形符号。

三、聚形分析的方法、步骤

由于单形是借助于对称要素的作用而相互联系起来的一组晶面的组合，因此，在晶体的理想形态中，属于同一单形的各个晶面必定具有相同的形状、大小，且物理、化学等性质也完全相同。不同单形的晶面，则形状、大小、性质等也就不会完全相同。

基于以上特点，就易于分析出组成聚形的各个单形来。聚形分析的方法与步骤如下：

（1）确定晶体的对称型和晶系。在进行聚形分析时，先确定晶体的对称型、晶系，并进行晶体的定向是很有益的，因为只有属于同一种对称型的单形才能相聚，而每一种对称型都只能有各自有限的几种单形。

（2）确定单形数目。观察聚形中有几种不同形状、大小的晶面。在聚形中存在几种不同形状、大小的晶面时，一般要说明它是由几个单形组成的。

（3）确定单形名称。逐一考虑每一组同形等大的晶面，根据它们的晶面数目、晶面之间的几何关系特征，或者还可设想使各晶面延展而恢复出单独存在时的形状，从而定出各个单形的名称。

（4）检查、核对。根据表 5–1～表 5–11 核对该对称型栏目下的单形名称和单形符号与所确定的单形名称和单形符号是否一致，如果不相一致，则说明分析有误。

但应注意，单形相聚后，由于晶面相互交截的结果，可以使单形的外貌变得与其单独存在时的形状完全不同。因此，单纯地依据晶面形状来判断单形是极不可靠的。

现在以橄榄石晶体为例（图 5–26），说明聚形分析的方法。

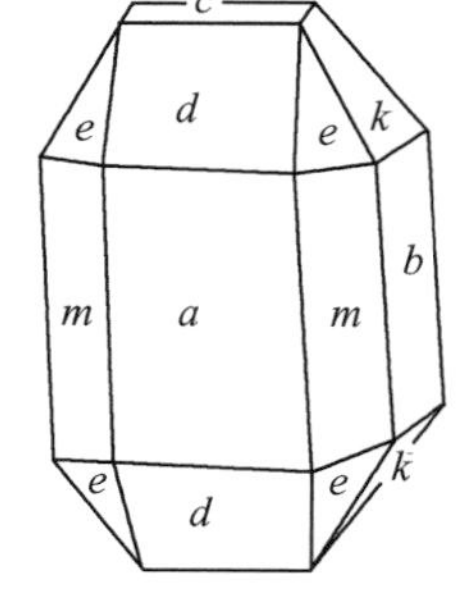

图5–26　橄榄石晶体

（1）对称型。晶体的对称型为 $3L^2 3PC$，属于斜方晶系。

（2）单形数目。晶体上共有 *a*、*b*、*C*、*d*、*e*、*m*、*k* 7 种不同形态大小的晶面，因而可知橄榄石晶体是由相应 7 种单形组成。

（3）单形名称。根据对称型、单形晶面的数目、晶面间的相互关系、晶面扩展相交后组成的单形形状，确定 7 种单形名称为：

3 个平行双面（a、b、c）；

3 个斜方柱（m、d、k）；

1 个斜方双锥（e）。

（4）检查、核对。据表 5–3，可知属于该对称型的单形有平行双面、斜方柱和斜方双锥，与分析结果一致。

应当注意，单形必须是能够借助于晶体中的全部对称要素之作用而相互联系起来的一组晶面的组合。因此，决不能把属于同一个单形的一些晶面割裂开来；或是相反，把不属于同一单形的晶面凑在一起，即不要对单形进行分家和归并。例如，不要把等轴晶系的菱形十二面体当作四方柱和四方双锥的聚形；也不要把四方晶系中的四方柱和平行双面的聚形当作立方体的单形。

第六章 晶体定向和结晶符号

在晶体上，所有晶面和晶棱的分布都是对称的。除此之外，晶面和晶棱之间的几何关系，还表现在晶面与晶棱相截或平行时，可以用确定的数学形式表征彼此间的关系。为了表达这种关系，首先需要在晶体中建立起一个坐标系，这就是晶体定向。

因此，晶体定向，就是要在晶体上建立合理的三维坐标系，包括在晶体上选择坐标轴和确定各坐标轴的度量单位两项工作。

本章将讨论晶体定向的原则。在此基础上，讲述如何确定晶面符号、晶棱符号和单形符号；介绍整数定律、晶带定律以及晶带定律的应用。

第4章介绍了对称型的书写符号。除此之外，还有两种重要的对称型符号：对称型的国际符号以及对称型的圣弗利斯符号。由于对称型的国际符号涉及对称要素的空间方位，因此在本章结合晶体定向逐一讲述；对称型的圣弗里斯符号是是法国学者 A.M.圣弗利斯根据对称要素的组合定理拟就的，也一并在本章介绍。

第一节 结晶轴和晶体几何常数

一、结晶轴的概念和选择原则

1. 结晶轴的概念

晶体中的坐标轴称为结晶轴，简称晶轴。晶轴是几条假想的直线，沿着与晶体对称有关的限定方向穿过理想晶体，相交在晶体中心。

2. 晶轴的选择原则

（1）晶轴的选择要符合晶体自身的对称性。因此，要优先选择对称轴作为晶轴；对称轴不够或没有时，选对称面的法线方向作为晶轴；对称面数目不够或没有时，选择合适的晶棱方向作为晶轴。在选择晶棱做晶轴时，可以设想将其平行移动至晶体中心。

（2）在满足上述条件的前提下，应尽可能使晶轴互相垂直或近于垂直，并使轴单位尽可能相等，即使 $a=b=c$，$\alpha=\beta=\gamma=90°$。

3. 晶轴的安置及名称

三轴定向：除三方晶系、六方晶系以外的晶体，均采用 X、Y、Z 三轴定向。X、Y、Z 晶轴的安置是：Z 轴直立，上端为正；X 轴前后，前端为正；Y 轴左右，右端为正。

轴角：X、Y、Z 晶轴正端之间的夹角为轴角。分别用 $\alpha\,(Z\wedge Y)$、$\beta\,(Z\wedge X)$、$\gamma\,(X\wedge Y)$ 表示，如图 6-1 所示。

四轴定向：三方、六方晶系的晶体采用 X、Y、U、Z 四轴定向。4 根晶轴的安置是：Z 轴为直立轴，上端为正。X、Y、U 为 3 个水平轴，Y 轴左右，右端为正；X 轴为左前，前端为正；U 轴右前，后端为正。水平晶轴 X、Y、U 正端之间的夹角为 120°（图 6-2、图 6-3）。

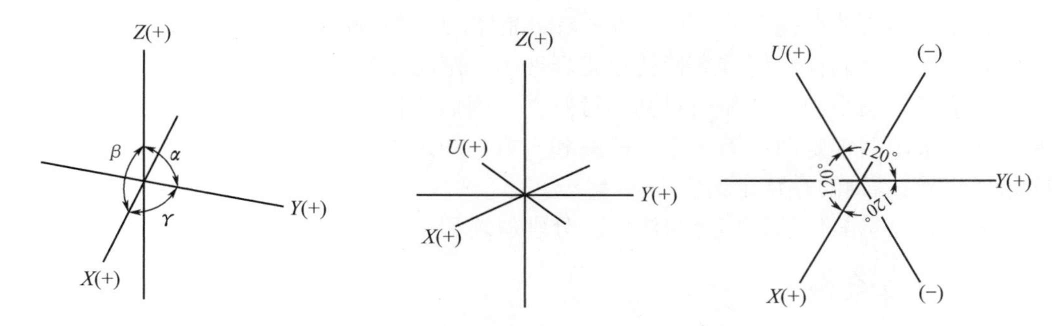

图6-1　三轴定向晶轴的安置和轴角　图6-2　四轴定向晶轴的安置　图6-3　四轴定向水平晶轴的安置

二、轴单位（轴长）、轴率和晶体几何常数

1. 轴单位

晶轴的度量单位称为轴单位。晶轴是格子构造中的行列，轴单位是相应行列上的结点间距。X、Y、Z 轴上的结点间距用 a、b、c 表示。

结点间距很小，需借助 X 射线衍射测定。目前，绝大多数的晶体结构都已测定，轴单位和轴角是已知的。对于晶体的外形来说，重要的是晶面和晶棱的方向，而不是它们的具体位置。因此无需考虑 3 个轴单位的具体长度，只需要知道它们之间的比率就够了。

2. 轴率

将轴单位进行连比，记为 $a:b:c$，称为轴率。轴率通常以 b 的长度作为单位长度，写成以 b 为 1 的连比式，例如橄榄石的轴率是 0.46575:1:0.58651。

3. 晶体几何常数

轴率 $a:b:c$ 和轴角 α、β、γ 合称晶体几何常数，这是表示晶体坐标系统特征的一组参数。

正确选择晶体的结晶轴，其晶体几何常数应该与晶体内部结构研究中的晶胞参数 a、b、c、α、β、γ 一致。两者的不同之处在于：晶胞参数表示晶胞的大小和形状，a、b、c 是表示晶胞棱长的具体数值；而晶体几何常数中的轴率 $a:b:c$ 是比值，反映的是对应方向上结点间距的相对大小或晶胞 3 条棱的相对长短。

不同晶系的晶体，晶体几何常数的规律不同；同一晶系的晶体，晶体几何常数的规律相同，但具体数值不等。

知道晶体几何常数以后，就可以知道晶体构造中晶胞的形状；如果再用 X 射线晶体结构分析测得轴单位的具体长度，就可以知道晶胞的大小。

例如橄榄石，晶体常数为 $a:b:c$=0.46575：1：0.58651，$\alpha=\beta=\gamma=90°$，晶胞形状像火柴盒。闪锌矿，$a:b:c$=1：1：1，$\alpha=\beta=\gamma=90°$，晶胞形状为立方体，若测得 a=0.540nm，则可知晶胞是棱长为 0.540nm 的立方体。

第二节　各晶系结晶轴的选择及其晶体几何常数特点

不同晶系的对称特点是各不相同的。为了更好地适应于晶体的对称性，在选择结晶轴的总原则不变的前提下，对于不同晶系的晶体，选择结晶轴的具体法则也应有所不同。相应地，它们的晶体几何常数特征也将表现出一定的差异。

由于三方晶系和六方晶系对称的特殊性，因而它们的晶体定向也与其它晶系有较大的不同，采用四轴定向；除了三方晶系和六方晶系之外，其它几个晶系采用三轴定向，即选择3个结晶轴的晶体定向。

现将各晶系晶体的具体定向法则，分别叙述如下。

一、三轴定向

1. 等轴晶系

1）对称特点

必有 3 个互相垂直的 L^4 或 L_i^4 或 L^2，理想发育的晶体总沿这 3 个方向呈等长状态，这 3 个方向可以借助于 L^3 的作用互相重复，因此晶体在这 3 个方向的性质相同，结点间距相等。

2）选轴原则

以互相垂直的 $3L^4$ 或 $3L_i^4$ 为 X、Y、Z 轴；没有 4 次轴时选择互相垂直的 $3L^2$ 为 X、Y、Z 轴，并使 Z 轴直立，Y 轴左右，X 轴前后（图 6-4）。

3）晶体几何常数

$a=b=c$，$\alpha=\beta=\gamma=90°$，轴率 $a:b:c=1:1:1$。

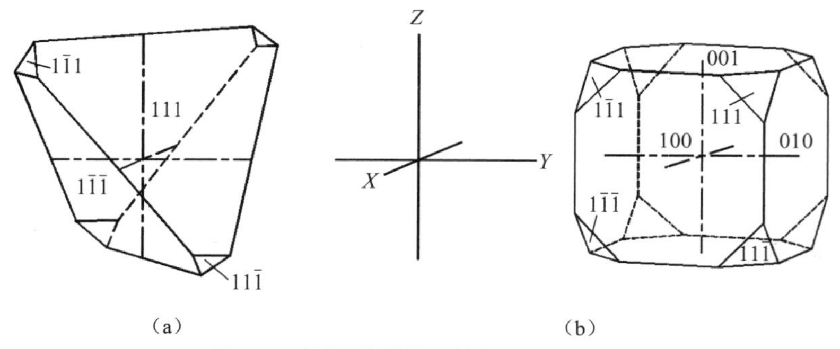

图6-4　等轴晶系结晶轴的选择与安置

（$a=b=c$，$\alpha=\beta=\gamma=90°$）

（a）闪锌矿；（b）方铅矿。

2. 四方晶系

1）对称特点

必有而且只有一个 L^4 或 L_i^4，晶体沿 4 次轴发育较长或较短。

2）选轴原则

以 L^4 或 L_i^4 为 Z 轴，以与 L^4 或 L_i^4 垂直且互相垂直的两个 L^2 为 X、Y 轴，两者分别位于前后、左右方向（图 6-5）；如果晶体无 L^2 时，则选择两个互相垂直的对称面

法线方向为 X、Y 轴；如既无 L^2 也无对称面时，则选择合适的晶棱方向为 X、Y 轴。

3）晶体几何常数

$a=b\neq c$，$\alpha=\beta=\gamma=90°$。轴率 $a:c$（因 $a=b$，故轴率以 $a:c$ 表示）的值因晶体种类不同而不同，例如锆石 $a:c$=1:0.64037，黄铜矿 $a:c$=1:1.97050。

3. 斜方晶系

1）对称特点

L^2 和 P 的总数不少于 3 个，且 $3L^2$ 或 L^2 与 $2P$ 法线互相垂直。

2）选轴原则

有 $3L^2$ 时，以此互相垂直的 $3L^2$ 为 X、Y、Z 轴；在 L^22P 中，以 L^2 为 Z 轴，$2P$ 法线为 X、Y 轴（图 6-6）。

3）晶体几何常数

$a\neq b\neq c$，$\alpha=\beta=\gamma=90°$，轴率 $a:b:c$ 因晶体种类不同而不同，如文石 $a:b:c$=0.62244：1：0.72056。

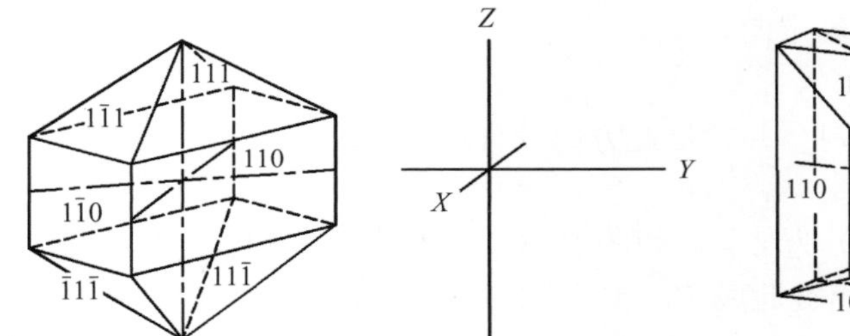

图6-5　四方晶系结晶轴的选择与安置

（$a=b\neq c$，$\alpha=\beta=\gamma=90°$）

（锆石 $a:c$=1：0.6404）

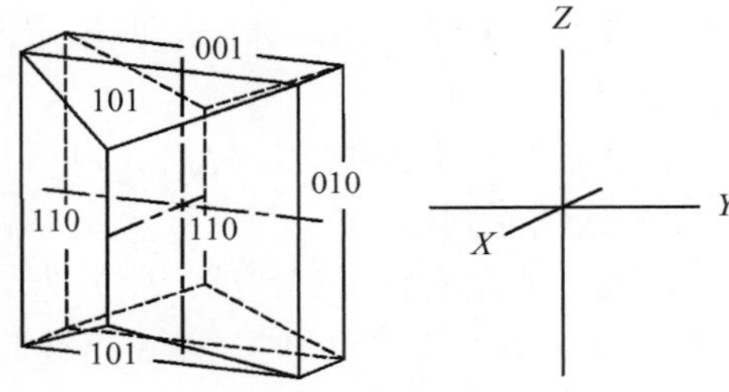

图6-6　斜方晶系结晶轴的选择与安置

（$a\neq b\neq c$，$\alpha=\beta=\gamma=90°$）

（十字石 $a:b:c$=0.4734：1：0.6828）

4. 单斜晶系

1）对称特点

L^2 或 P 的个数不多于 1 个，在 L^2PC 中，L^2 与 P 的法线重合。

2）选轴原则

以 L^2 或 P 的法线为 Y 轴，以 2 两根均垂直 Y 轴的合适晶棱方向为 X、Z 轴。X、Z 轴均与 Y 轴垂直，X 轴与 Z 轴不垂直。安置结晶轴时，使 Z 轴直立，Y 轴左右水平，X 轴前后并向前下方倾斜（图 6-7）。

3）晶体几何常数

$a\neq b\neq c$，$\alpha=\gamma=90°$，$\beta>90°$，轴率 $a:b:c$ 的具体数值在不同种的晶体中不同。

5. 三斜晶系

1）对称特点

只有 L^1 和 C。

2）选轴原则

以 3 根合适显著的晶棱方向为 X、Y、Z 轴。结晶轴安置：先使 Z 轴直立，然后使 Y 轴左右并向右下倾斜，此时，X 轴应居于前后并向前下倾斜（图 6-8）。

3）晶体几何常数

$a \neq b \neq c$，$\alpha \neq \beta \neq \gamma \neq 90°$。轴率 $a:b:c$ 值和轴角 α、β、γ 值均因晶体种类不同而异。

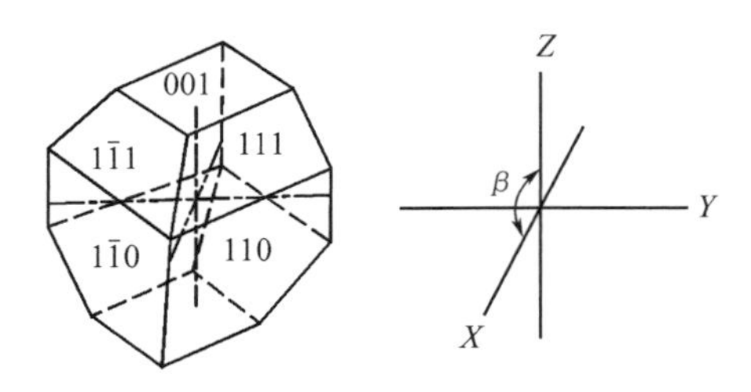

图6-7　单斜晶系结晶轴的选择与安置

（$a \neq b \neq c$，$\alpha = \gamma = 90°$，$\beta > 90°$）

（榍石 $a:b:c$=0.7547:1:0.8543, β=119.43°）

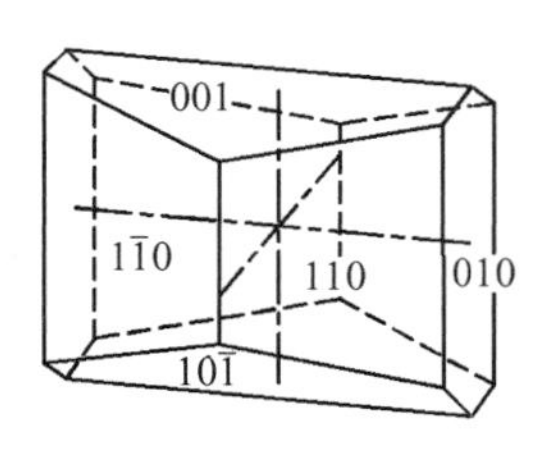

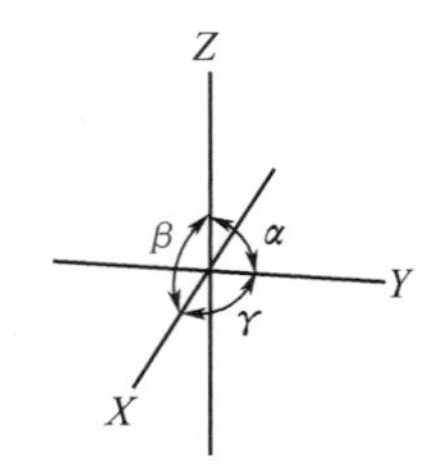

图6-8　三斜晶系结晶轴的选择与安置

（$a \neq b \neq c$，$\alpha \neq \beta \neq \gamma \neq 90°$）

（钠长石 $a:b:c$=0.6335:1:0.5577，β=94.3°）

二、四轴定向

三方及六方晶系的晶体采取四轴定向。

1）对称特点

有且只有一个 L^3 或 L^6（L_i^6），晶体往往沿此方向发育较长或较短。

2）选轴原则

以唯一的高次轴（L^3、L^6、L_i^6）为 Z 轴，以与 Z 垂直且彼此成 60°相交的 $3L^2$ 为 X、Y、U 轴（图 6-9）；无 L^2 时，以 3 个彼此成 60°相交的对称面的法线方向为 X、Y、U 轴；无 L^2 和 P 时，以 3 条彼此成 60°相交的合适晶棱方向为 X、Y、U 轴。

3）晶体几何常数

$a = b \neq c$，$\alpha = \beta = 90°$，$\gamma = 120°$。轴率 $a:c$ 具体数值不同。

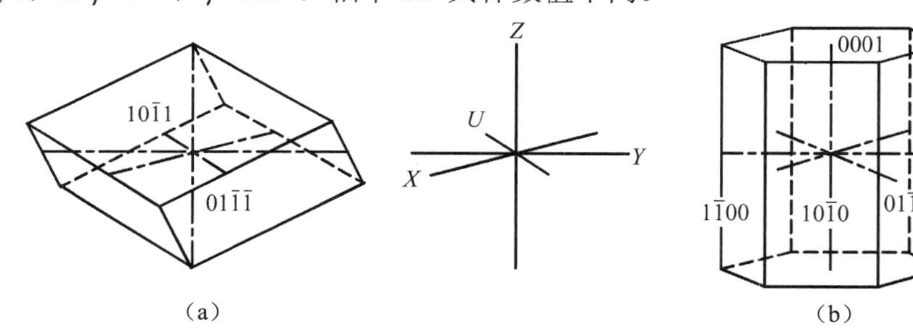

图6-9　三方及六方晶系结晶轴的选择与安置

（$a = b \neq c$，$\alpha = \beta = 90°$，$\gamma = 120°$）

（a）方解石 $a:c$=1:0.8543；（b）绿柱石 $a:c$=1:0.4989。

综上所述，在晶体的三轴定向中，选择结晶轴的一般步骤是：有 4 次轴时优先选择 4 次轴；4 次轴不够或没有时选择 L^2；L^2 不够或没有时选择对称面的法线；最后连对称面也不够或没有时，选择合适的晶棱方向。

在以上的选择中，除单斜晶系优先考虑 Y 轴之外，其余皆优先考虑 Z 轴。

最后，还有两种情况需要加以说明。按照上述的晶体定向的具体法则，结晶轴选择的可能性往往并不是唯一的。

一种情况是，例如对一个四方柱状晶体（四方晶系，对称型 4/*mmm*，$L^4 4L^2 5PC$）来说，*Z* 轴的选择是唯一的，但 *X* 轴和 *Y* 轴却允许有两种可能的选择，如图 6–10 所示。从外形上讲，这两种定向都符合选轴原则。但如果从晶体内部格子构造中单位平行六面体的划分方式来考虑，两种选择中只有一种是正确的。

另一种情况是，对于一个对称型是 $3L^2 3PC$（*mmm*）的斜方晶系晶体，按照选轴原则，必须以 3 个相互垂直的 L^2 作为 *X* 轴、*Y* 轴和 *Z* 轴。但是，*X*、*Y*、*Z* 轴的具体配置却有 6 种可能的不同方式（图 6–11）。而且从内部结构的角度来看，这 6 种方式都是正确的。在这里，我们就必须遵守所谓的从先原则，即对于前人已经做出的晶体定向，只要没有错误，我们就应该遵从前人的选择。

各晶系结晶轴的选择及晶体几何常数特点见表 6–1。

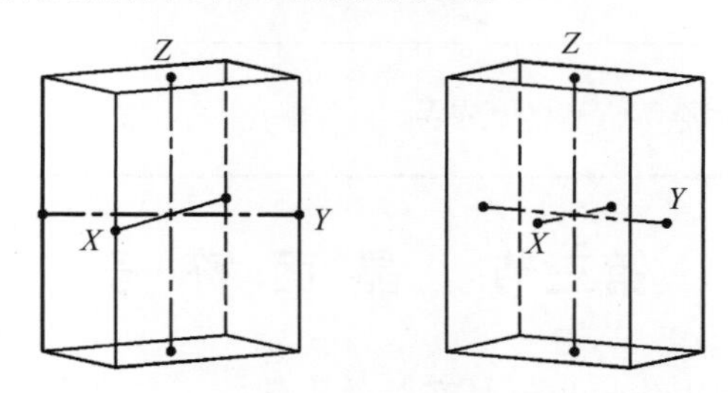

图6–10　四方晶系晶体中水平结晶轴两套可能的选择

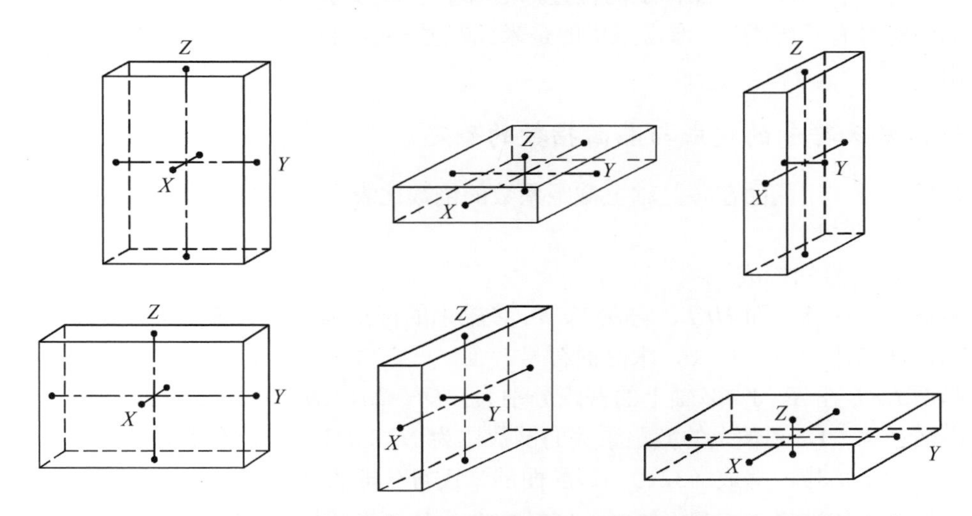

图6–11　斜方晶系（*mmm*，$3L^2 3PC$）对称型晶体中，结晶轴的6种可能配置方式

表6–1　各晶系选择结晶轴的原则及晶体几何常数

晶　系	选择结晶轴的原则	晶　体 几何常数
等轴晶系	以相互垂直的 $3L^4$ 或 $3L_i^4$ 为结晶轴，无 L^4 或 L_i^4 时，以相互垂直的 $3L^2$ 为结晶轴	$a=b=c$ $\alpha=\beta=\gamma=90°$
四方晶系	以 L^4 或 L_i^4 为 *Z* 轴，以与 L^4 或 L_i^4 垂直且互相垂直的两个 L^2 或 2*P* 法线方向为 *X*、*Y* 轴，如无 L^2 和 *P*，则选择合适的晶棱方向为 *X*、*Y* 轴	$a=b\neq c$ $\alpha=\beta=\gamma=90°$

（续）

晶　系	选择结晶轴的原则	晶　体 几何常数
三方及 六方晶系	以唯一的高次轴为 Z 轴，以与 Z 垂直且彼此成60°相交的 $3L^2$ 或 $3P$ 法线或3条适当晶棱方向为 X、Y、U 轴	$a=b\neq c$ $\alpha=\beta=90°$ $\gamma=120°$
斜方晶系	有 $3L^2$ 时，以 $3L^2$ 为 X、Y、Z 轴；在 L^22P 中，以 L^2 为 Z 轴，$2P$ 法线为 X、Y 轴	$a\neq b\neq c$ $\alpha=\beta=\gamma=90°$
单斜晶系	以 L^2 或 P 法线为 Y 轴，以2根均垂直 Y 轴的合适晶棱方向为 X、Z 轴	$a\neq b\neq c$ $\alpha=\gamma=90°$，$\beta>90°$
三斜晶系	以3条合适显著的晶棱方向为 X、Y、Z 轴	$a\neq b\neq c$ $\alpha\neq\beta\neq\gamma\neq90°$

第三节　晶面符号

在完成了晶体的定向工作，也就是在晶体上建立了三维坐标系之后，就可以用简单的数字符号，表示晶面在晶体上的位置，这种数字符号称为晶面符号。

晶面符号有不同类型，通常采用的是米氏符号，是英国人米勒（W. H. Miller）在1839年提出的。

一、米氏符号的构成与晶面指数的确定

米氏符号：用晶面在各晶轴上截距系数的倒数比表示晶面在晶体上位置的简单数字符号。

1. 米氏符号的构成

假设有一任意晶面 HKL，它在 X、Y、Z 轴上的截距为 OH、OK、OL（图6-12），X、Y、Z 轴的轴单位为 a、b、c，求晶面符号。

晶面 HKL 在 X、Y、Z 轴上的截距分别为：$OH=2a$，$OK=3b$，$OL=6c$。

晶面在 X、Y、Z 轴上的截距系数的倒数比为1/2∶1/3∶1/6；化整成为3∶2∶1，去比例号，加小括号，写成（321）。该晶面的米氏符号即为（321）。

小括号内的数字称为晶面指数。三轴定向的晶面指数按 X、Y、Z 轴的顺序排列，不能颠倒，一般式写成（hkl）；四轴定向的晶面指数按 X、Y、U、Z 轴顺序排列，不能颠倒，一般式写成（$hk\bar{i}l$）。

2. 利用轴率确定晶面符号

三轴定向的晶体，如果已知轴率 $a:b:c$ 和晶面在 X、Y、Z 结晶轴上的截距 OH、OK、OL，晶面指数可直接由下式求出：

$$h:k:l=a/OH:b/OK:c/OL$$

四轴定向（三方、六方晶系）的晶体，相应每个晶面就有4个晶面指数。此时，由于轴率总是1∶1∶1∶c'，故晶面指数可直接由下式求出：

$$h:k:i:l=1/OH:1/OK:1/OI:C'/OL$$

四轴定向中，晶面在水平结晶轴上晶面指数的代数和为 0。从数学角度来看，3 个水平结晶轴中必定有 1 个是多余的。这就意味着，在对应于水平结晶轴的 3 个指数 h、k、i 中，必定只有 2 个是独立的参数；三者之间有某种确定的关系，由其中的任意两者必定能确定第三者。根据四轴定向时 3 个水平结晶轴的正端互成 120°交角的关系，在此应当有

$$h+k+i=0$$

即与 3 条水平结晶轴相对应的晶面指数，它们的代数和永远为 0。

图6–13所示为包含3个水平结晶轴的平面，AB 为某一晶面 ABE 与此平面相交的迹线。晶面 ABE 分别截 X 轴、Y 轴、U 轴于 A、B、C，显然，OA、OB、OC 即为晶面在 X 轴、Y 轴、U 轴上的截距。现过 B 点作 U 轴的平行线 BD，BD 交 X 轴于 D 点。

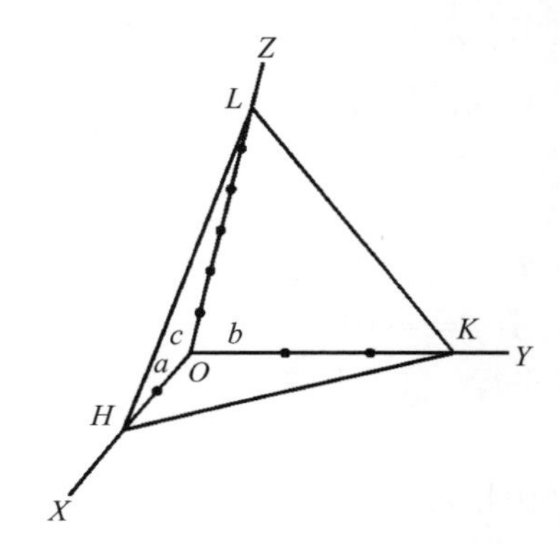

图6–12　求晶面符号的图解

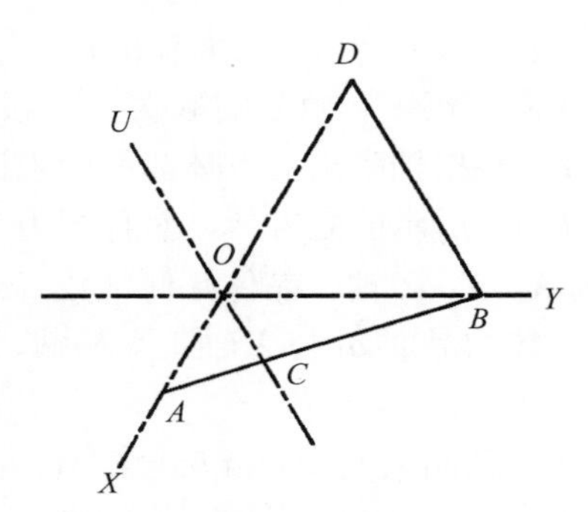

图6–13　证明$h+k+i=0$图解

根据3条水平结晶轴之间的夹角关系可知△OBD 为等边三角形，因此

$$OB=OD=BD \quad (6-1)$$

同时，

$$AOC \backsim ADB$$

$$AD/DB=OA/OC \quad (6-2)$$

即

$$(OA+OB)/OB=OA/OC$$

简化后得

$$(1/OA)+(1/OB)-(1/OC)=0 \quad (6-3)$$

根据关系式

$$h:k:i:l=1/OH:1/OK:1/OI:C'/OL \quad (6-4)$$

对应于3条水平结晶轴的晶面指数应为

$$h=n/OA，k=n/OB，i=n/OC \quad (6-5)$$

式中，n 为在简化结晶面指数时所可能存在的公因数。将式（6–5）代入式（6–3）即得

$$h+k+i=0$$

利用这一关系，可以给确定晶面符号的工作带来不少方便。

如果晶面平行于某个结晶轴时，晶面在此结晶轴上的截距和截距系数都等于无穷大，相应的晶面指数等于 0。这就是为什么不直接用截距系数，而是要用它们的倒数作为晶面指数的原因。

此外，在同一单形中如果有两个晶面相互平行，那么，根据相似三角形的原理，它们在 3 个结晶轴上的截距必定全都对应相等，但因它们分别位于原点的相反两侧，因而截距值的正、负号则恰好相反。因此，对于同一单形的所有晶面来说，凡是相互平行的

一对晶面，它们的晶面指数的绝对值必定对应相等，而正负号则均相反，例如（321）与（$\bar{3}\bar{2}\bar{1}$）、（001）与（$00\bar{1}$）等。

3. 晶面符号举例

例 1 根据轴率求八面体晶面的米氏符号。

图 6-14 所示的八面体，对称型为 $3L^4 4L^3 6L^2 9PC$。按照选轴原则，要以相互垂直的 $3L^4$ 作为 X、Y、Z 轴。晶体几何常数：$a:b:c=1:1:1$，$\alpha=\beta=\gamma=90°$。

八面体的晶面 o_1（图 6-14）与 X、Y、Z 轴正端等长相截，在三晶轴上的截距相等，即 $OH=OK=OL$。

由于等轴晶系的轴率 $a:b:c=1:1:1$，晶面 o_1 的米氏指数：

$$h:k:l=1/OH:1/OK:1/OL=1:1:1$$

晶面 o_1 的米氏晶面符号为（111）。同理，晶面 o_2、o_3、o_4 的米氏晶面符号依次为（$1\bar{1}1$）、（$11\bar{1}$）、（$1\bar{1}1$）、（$1\bar{1}\bar{1}$）。八面体的每一个晶面均与 3 根晶轴等长相截，因此晶面指数的绝对值相同，仅正、负号的顺次不同。

例 2 根据轴率求立方体晶面的米氏符号。

图 6-15 所示的立方体，对称型为 $3L^4 4L^3 6L^2 9PC$。按照选轴原则，选取相互垂直的 $3L^4$ 作为 X、Y、Z 轴。晶体几何常数：$a:b:c=1:1:1$，$\alpha=\beta=\gamma=90°$。

立方体的晶面 a_1 与 X 轴正端相截，与 Y、Z 轴平行，在晶轴 X、Y、Z 轴上的截距为 OH、∞、∞。

已知等轴晶系的轴率 $a:b:c=1:1:1$，晶面 a_1 的米氏指数：

$$h:k:l=1/OH:1/OK:1/OL=1/OH:1/\infty:1/\infty=1:0:0$$

晶面 a_1 的米氏晶面符号为（100）。

立方体的每个晶面，都与 1 个晶轴垂直（对应的晶面指数为 1 或 $\bar{1}$），与另外 2 根晶轴平行（对应的晶面指数为 0）。立方体的 6 个晶面米氏晶面符号为（100）、（$\bar{1}00$）、（010）、（$0\bar{1}0$）、（001）、（$00\bar{1}$）。

例 3 根据轴率求五角十二面体晶面的米氏符号。

图 6-16 所示的五角十二面体，对称型为 $3L^2 4L^3 3PC$。按照选轴原则，选取相互垂直的 $3L^2$ 作为 X、Y、Z 轴。晶体几何常数：$a:b:c=1:1:1$，$\alpha=\beta=\gamma=90°$。

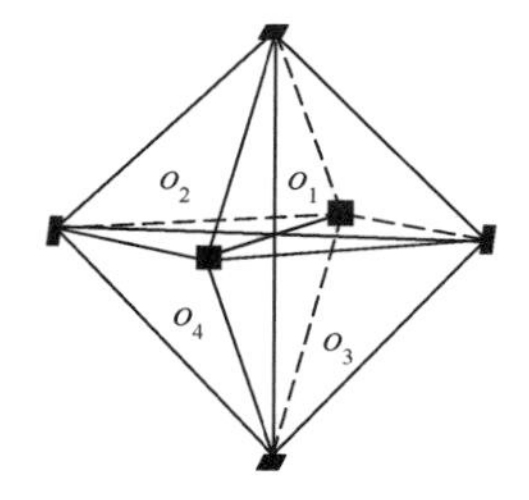

图 6-14 八面体的晶轴选择

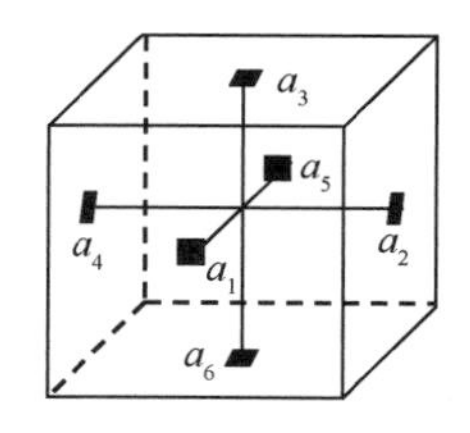

图 6-15 立方体的晶轴选择

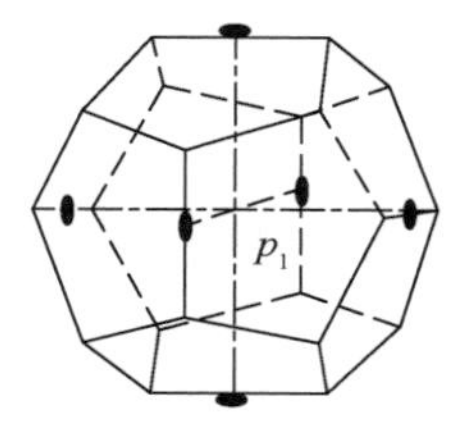

图 6-16 五角十二面体的晶轴选择

五角十二面体的晶面 p_1 与 Z 轴平行，与 X 和 Y 轴正端相截，但截距不等。晶面 p_1 在晶轴 X、Y、Z 轴上的截距为：OH、OK、∞。

由于轴率 $a:b:c=1:1:1$，晶面 p_1 的米氏指数：

$$h:k:l=1/OH:1/OK:1/\infty=h:k:0$$

如果只知道晶面与晶轴相截，但是不能确定截距的具体数值，对应的晶面指数可用字母表示。不同的字母表示对应晶面指数的数值不相等，相同的字母表示对应晶面指数的数值相等。

图 6-16 所示五角十二面体 p_1 晶面，米氏晶面符号为（$hk0$）。

五角十二面体的每个晶面，都与 1 个晶轴平行，对应的晶面指数为 0；与另外 2 根晶相截，但截距不等；12 个晶面的米氏符号为

$$(hk0)、(h\bar{k}0)、(\bar{h}k0)、(\bar{h}\bar{k}0)$$
$$(h0l)、(h0\bar{l})、(\bar{h}0l)、(\bar{h}0\bar{l})$$
$$(0kl)、(0\bar{k}l)、(0k\bar{l})、(0\bar{k}\bar{l})$$

例 4　根据轴率求六方柱晶面的米氏符号。

图 6-17 所示的六方柱，对称型为 $L^6 6L^2 7PC$。按照选轴原则，以 L^6 作为 Z 轴，以垂直 Z 轴且以 60°相交的 $3L^2$ 作为 X、Y、U 轴。晶体几何常数：$a:b:c=1:1:c'$，$\alpha=\beta=90°$，$\gamma=120°$。

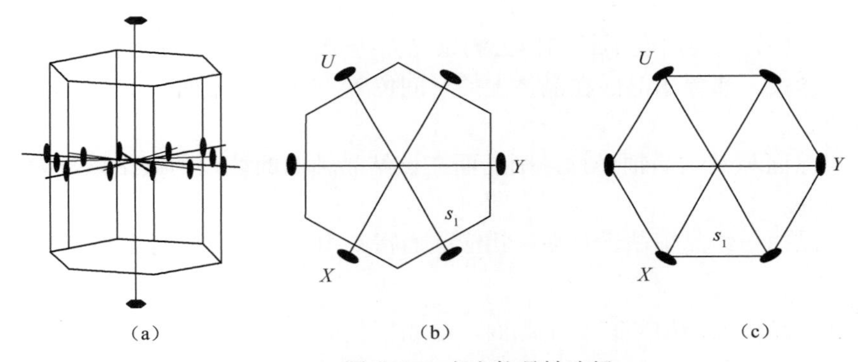

图 6-17　六方柱晶轴选择

（a）L^6 和 L^2 的分布；（b）水平晶轴的第 1 种选择；（c）水平晶轴的第 2 种选择。

在这种情况下，Z 轴的选择是唯一的，但是 X、Y、U 轴却有两种选择，如图 6-17（b）、（c）所示，这两种选择都符合选轴原则。

如果按照第 1 种选择图（6-17（b）），晶面 s_1 与 X、Y 轴正端、U 轴负端相截，且在 X、Y 轴上的截距相等，即 $OH=OK$；在 U 轴上的截距 OI 为 X、Y 轴上的截距的 1/2，即 $OI=OH/2=OK/2$。由于晶面与 Z 轴平行，其在 Z 轴上的截距为∞。

根据以上分析，晶面 s_1 的米氏指数为

$$\begin{aligned} h:k:i:l &= 1/OH:1/OK:1/OI:c'/\infty \\ &= 1/OH:1/OH:2/OH:0 \\ &= 1:1:2:0 \end{aligned}$$

晶面与 U 轴负端相截，U 轴上的指数应为负值。由此得出晶面 s_1 的米氏晶面符号为（$11\bar{2}0$）。

同理可以求出其余 5 个晶面的米氏指数。

如果按照第 2 种选择图（6-17（c）），晶面 s_1 与 Y 轴和 Z 轴平行，相应的截距都为∞；与 X 正端、U 轴负端等长相截，即 $OH=OI$。晶面 s_1 在 X、Y、U、Z 轴上的截距为 OH、∞、OH、∞。

根据以上分析，晶面 s_1 的米氏指数为

$$h:k:i:l=1/OH:1/\infty:1/OH:1/\infty$$

$$=1:0:1:0$$

由于与 U 轴负端相截，U 轴上的指数为负值。故晶面 s_1 的米氏晶面符号为（$10\bar{1}0$）。

应当说明，在实际晶体的晶面符号计算工作中，我们并不是真正去测量每一晶面在各个结晶轴上截距的具体长度，然后据以来求晶面符号的。在实际工作中，都是根据晶体测量所得出的各个晶面的极坐标值，计算出晶面法线与3个结晶轴间的夹角 θ_x、θ_y、θ_z，由于角距与截距间有如下的关系：

$$\cos\theta_x:\cos\theta_y:\cos\theta_z=1/OX:1/OY:1/OZ$$

因而可由下式直接求出晶面指数：

$$h:k:l=\cos\theta_x:\cos\theta_y:\cos\theta_z$$

二、晶面指数与晶面相对空间位置的关系

在实际应用中，主要问题不是如何去测试晶面符号，而是在看到一个晶面符号之后，能够理解它的含义，想象出晶面在晶体上的空间位置。从这一方面来说，下面几点结论有其应用价值。

（1）如果晶面与某结晶轴平行，则晶面在该结晶轴上的截距和截距系数为∞，相应的晶面指数为 0。

（2）如果晶面与结晶轴截于负端，相应晶面指数为负，把负号写在相应晶面指数的上端，如（$\bar{3}21$）。

（3）在同一晶体上，如果有 2 个晶面，晶面指数的绝对值全部对应相等，符号全部对应相反，则这两晶面互相平行，如（001）和（$00\bar{1}$），（130）和（$\bar{1}\bar{3}0$）。

（4）如果仅知道晶面与结晶轴是相交的，但无法确定晶面指数的具体数值，这类晶面符号用一般式来表示，如（hkl）、（hhk）、（hkk）等。

（5）在同一晶面符号中，晶面指数的绝对值越大，表示晶面在相应结晶轴上的截距系数越小，在轴单位相同的情况下，还表示晶面在该结晶轴上的截距越小，如（$11\bar{2}0$），晶面在 U 轴上的截距是 X、Y 轴上的 1/2。

三、整数定律

根据对实际资料的统计结果，各种晶体上常见晶面的晶面指数，都是绝对值很小的整数，其绝对值都不大于 3，等于或大于 6 的指数很少见（仅出现在晶面极繁多的晶体上）。这就是整数定律所要阐明的内容。

整数定律：晶面在各结晶轴上的截距系数之比，恒为简单整数比。

从晶体内部的格子构造分析，得出上述结论是很自然的，因为晶面是格子构造中的面网，我们所选的结晶轴又是格子构造中的行列，晶面与各结晶轴截于结点或平移后截于结点，截距又是以各结晶轴行列方向的结点间距为单位度量的，故晶面在各结晶轴上的截距系数一定为整数，之比当然是整数比。如图 6-18 所示，晶面 a_1b_2 在 X、Y 轴上的截距系数为 $1a$、$2b$，截距系数之比为 1:2；晶面 Kb_5 截 X 轴在结点之间，平移后截结晶

轴于结点（a_2、b_4），截距为 $2a$、$4b$，截距系数之比为 1∶2，均为整数比。

根据布拉维法则，实际晶面往往是面网密度较大的面网。图 6-19 有一系列交于 X、Y 轴的面网，面网密度是 $a_1b_1 > a_1b_2 > \cdots > a_1b_n$；截距系数之比为 $a_1 : b_1=1:1$、$a_1 : b_2=1:2$，$a_1 : b_3=1:3$，$a_1 : b_4=1:4$，…，$a_1 : b_n=1:n$，显然，面网密度越大，晶面在各晶轴上的截距系数之比越简单。

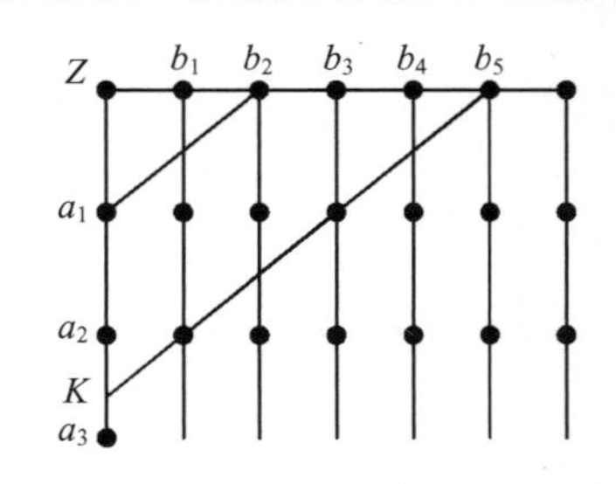

图6-18　面网 Kb_5（垂直纸面）截 X 轴在结点之间，平移至 a_1b_2 处截 X 轴在结点上

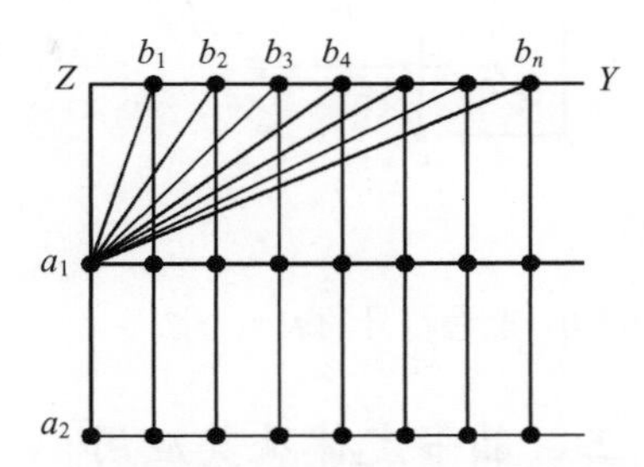

图6-19　晶面（垂直纸面）的网面密度越大，在结晶轴上截距系数之比越简单

第四节　晶棱符号和晶带符号

一、晶棱符号

晶棱符号是表征晶棱方向的符号，它只与晶棱方向有关，不涉及晶棱的具体位置，即所有平行的晶棱具有同一个晶棱符号。

确定晶棱符号的方法如下：

在晶体定向之后，将晶棱平行移动使之经过坐标原点，在晶棱上任取一点，将其在 3 个结晶轴上的坐标（x，y，z）用轴单位 a、b、c 度量，得到 3 个坐标系数，将坐标系数按 X、Y、Z 轴的顺序进行连比，将比值划为无公约数的整数，即得到晶棱指数 $r:s:t$；去比例号，放在“[　]”内，$[rst]$即为晶棱符号。

如图 6-20 所示，设晶体上有一晶棱 OP，将其平移使之通过坐标原点，在其上任取一点 M，M 点在 3 根晶轴上的坐标分别为 $1a$、$2b$ 和 $3c$，取坐标系数进行连比，得到晶棱指数 $r:s:t=1:2:3$，故晶棱 OP 的符号为[123]。

二、晶带

交棱相互平行的一组晶面的组合，称为一个晶带。

如图 6-21 所示，晶面（$1\bar{1}0$）、（100）、（110）、（010）、（$\bar{1}10$）、（$\bar{1}00$）、（$\bar{1}\bar{1}0$）、（$0\bar{1}0$）的交棱相互平行，组成一个晶带（后 4 个晶面在晶体后面，图上未绘出）；平行此组晶棱，过晶体中心的直线 CC' 为晶带轴；该组晶棱的符号[001]也是晶带轴符号，此晶带的符号用晶带轴符号 [001]表示。该晶带上所有晶面的赤道平面投影点落于同一个大圆上。同理，晶面（100）（101）、（001）、（$\bar{1}01$）、（$\bar{1}00$）、（$\bar{1}0\bar{1}$）、（$00\bar{1}$）、（$10\bar{1}$）又组成一个晶带轴为 BB' 的[010]晶带。此外，还可以找到晶带轴为 DD'的[110]晶带等。

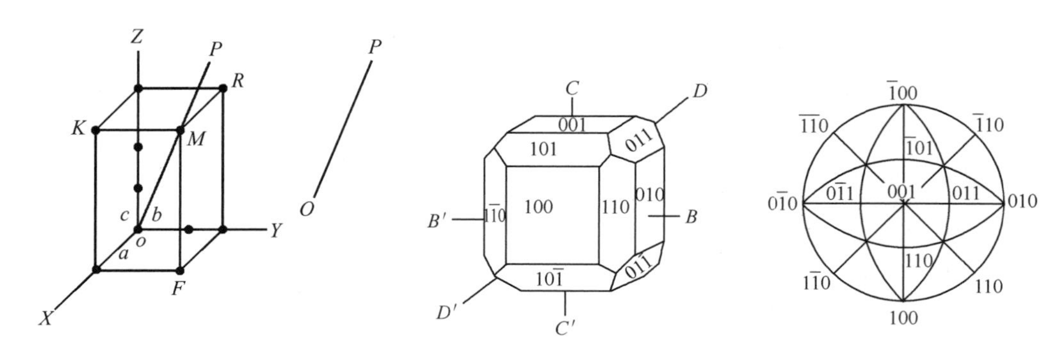

图6-20　晶棱符号的表示方法

图6-21　晶带及其赤道平面投影

三、晶带定律及其应用

1. 晶带定律

所有晶体均是有限的封闭几何多面体，所有晶面均与其它晶面相交，因此，每个晶面必有 2 个或 2 个以上方向的互不平行的晶棱，至少属于 2 个晶带，而每个晶带至少包含 2 个互不平行的晶面。

晶带定律：晶体上任一晶面至少属于 2 个晶带。它也可以这样表述：任意两晶带（晶棱）相交必决定一个可能晶面，而任意两晶面相交必决定一个可能晶带。

根据这一规律，可以由若干已知晶面或晶带推导出晶体上所有可能晶面。在晶体定向、投影和运算中，晶带定律得到了广泛应用。

2. 晶带定律的应用

设晶面（hkl）位于晶带[rst]上，即直线[rst]位于平面（hkl）之中，则根据平面方程式可以知道：

$$hr+ks+lt=0 \qquad ①$$

根据上述基本公式和晶带定律，可以做如下的推导和运算。

（1）求两个相交的晶面所决定的晶带。根据晶带定律，任意两晶面相交必决定一个可能晶带。如果晶面（$h_1k_1l_1$）和（$h_2k_2l_2$ ）相交，[rst]是两晶面的交棱，也是两晶面所决定的晶带。[rst]与晶面（$h_1k_1l_1$）和（$h_2k_2l_2$）之间的关系符合平面方程：

$$h_1r+k_1s+l_1t=0 \qquad ②$$

$$h_2r+k_2s+l_2t=0 \qquad ③$$

$$r:s:t = (k_1 l_2-k_2l_1):(l_1 h_2-l_2h_1):(h_1 k_2-h_2k_1) \qquad ④$$

上式右方可用行列式表示：

$$\begin{vmatrix} k_1 & l_1 \\ k_2 & l_2 \end{vmatrix} : \begin{vmatrix} l_1 & h_1 \\ l_2 & h_2 \end{vmatrix} : \begin{vmatrix} h_1 & k_1 \\ h_2 & k_2 \end{vmatrix}$$

或写作

$$\begin{matrix} h_1 \\ h_2 \end{matrix}\left|\begin{matrix} k_1 \\ k_2 \end{matrix} \times \begin{matrix} l_1 \\ l_2 \end{matrix} \times \begin{matrix} h_1 \\ h_2 \end{matrix} \times \begin{matrix} k_1 \\ k_2 \end{matrix}\right|\begin{matrix} l_1 \\ l_2 \end{matrix}$$

此式较易记忆，即将每一晶面的晶面指数依次重复写两次，将两晶面的指数对应写成上、下两行，两端用竖线删去最左和最右各一列，然后交叉相乘，依次取其乘积之差，就是所求晶带的晶带指数，与用上面式④的计算结果相同。

例如，求晶面（100）和晶面（010）所决定的晶带，按照上面的方法：

$$\begin{array}{c|ccccccc|c} 1 & 0 & & 0 & & 1 & & 0 & 0 \\ & & \times & & \times & & \times & & \\ 0 & 1 & & 0 & & 0 & & 1 & 0 \end{array}$$

$r = 0\times0-1\times0 =0$，$s = 0\times0-1\times0 =0$，$t = 1\times1-0\times0 =1$，即此晶带为[001]。

（2）求两个相交的晶带所决定的晶面。根据晶带定律，任意两晶带相交必决定一个可能晶面。如果晶带$[r_1s_1t_1]$和$[r_2s_2t_2]$ 相交，位于两晶带交点处的晶面为（hkl），则（hkl）与$[r_1s_1t_1]$和$[r_2s_2t_2]$之间的关系符合平面方程：

$$hr_1+ks_1+lt_1=0 \quad ⑤$$

$$hr_2+ks_2+lt_2 =0 \quad ⑥$$

$$h:k:l = (s_1 t_2-s_2t_1):(t_1 r_2-t_2r_1):(r_1 s_2-r_2s_1) \quad ⑦$$

同理，可用下面的行列式计算晶面指数 $h:k:l$，计算结果与式⑦相同。

$$\begin{array}{c|ccccccc|c} r_1 & s_1 & & t_1 & & r_1 & & s_1 & t_1 \\ & & \times & & \times & & \times & & \\ r_2 & s_2 & & t_2 & & r_2 & & s_2 & t_2 \end{array}$$

例如，由[010]和[001]两晶带所决定的晶面（hkl），按照上面的方法：

$$\begin{array}{c|ccccccc|c} 0 & 1 & & 0 & & 0 & & 1 & 0 \\ & & \times & & \times & & \times & & \\ 0 & 0 & & 1 & & 0 & & 0 & 1 \end{array}$$

$$h = 1\times1-0\times0 =1,\ k = 0\times0-1\times0 =0,\ l = 0\times0-0\times1 =0$$

由此可知，由[010]和[001]两晶带所决定的的晶面为（100）。

（3）已知晶面（$h_1k_1l_1$）和（$h_2k_2l_2$）属于同一晶带。求在此晶带上介于这两晶面之间的晶面（hkl）。

因为：

$$h_1r +k_1s +l_1t = 0$$

$$h_2r +k_2s +l_2t = 0$$

所以：

$$(h_1+ h_2)\ r + (k_1 + k_2)\ s + (l_1+ +l_2)\ t = 0$$

此晶带上介于（$h_1k_1l_1$）和（$h_2k_2l_2$ ）晶面之间的晶面（hkl）的晶面指数为

$$h=(h_1+ h_2),\ k=(k_1 + k_2),\ l=(l_1+ l_2)$$

例如，晶面（100）和（010）位于同一晶带上，在此晶带上介于这两个晶面之间的另一晶面的指数应为：h=（1+0）=1，k=（0+1）=1，和 l=（0+0）=0。即介于（100）和（010）晶面之间的晶面为（110）。

对于任何一个晶体，根据晶带定律，可以从几个已知的晶面或晶棱，推导出该晶体上一切可能的晶面和晶棱。

第五节　对称型符号

一、对称型的圣弗利斯符号

对称型的圣弗利斯符号是法国学者 A. M.圣弗利斯根据对称要素组合规律拟就的一种表示对称型的符号。

（1）C_n：表示对称轴，C 表示旋转（Cyclisch　Group），下标 n 表示轴次，有 C_1、C_2、C_3、C_4、C_6 分别代表 L^1、L^2、L^3、L^4、L^6。

（2）C_{nh}：表示直立对称轴 L^n 与水平对称面组合，下标 h 为 horizontal 的字头，有 C_{1h}、C_{2h}、C_{3h}、C_{4h}、C_{6h} 五种，分别表示 P、L^2PC、L^3P（L_i^6）、L^4PC、L^6PC 五种对称型。

（3）C_{nv}：表示直立 L^n 与直立对称面组合，即 $L^n+P_n=L^nnP$ 组合，下标 v 为 vertical（直立的）的字头，有 C_{2v}，C_{3v}，C_{4v}，C_{6v} 四种，表示 L^22P、L^33P、L^44P、L^66P。

（4）D_n：表示 L^n 与二次轴组合，即 $L^n+L^2=L^n nL^2$，有 D_2、D_3、D_4、D_6 四种，表示 $L^22L^2=3L^2$、L^33L^2、L^44L^2、L^44L^2、L^66L^2 五种对称型。

（5）D_{nh}：表示在 D_n 基础上再加一个水平对称面组合，即 $L^n+L^2+P=L^nnL^2$（$n+1$）P（C）组合，有 D_{1h}、D_{3h}、D_{4h}、D_{6h} 四种，表示 $3L^23PC$、$L^33L^24P=L_i^63L^23P$、L^44L^25PC、L^66L^27PC。

（6）D_{nd}：d 为对角线的意思，为 diagonal 的字头，有两种：D_{2d}、D_{3d}，表示 $L_i^42L^22P$、$L_i^33L^23P=L^33L^23PC$。

（7）C_{ni}：i 表示反伸；C_i 表示 L_i^1；C_{3i} 表示 $L_i^3=L^3C$。

（8）T：代表 $3L^24L^3$；T_n 代表在 $3L^24L^3$ 中加入水平对称面获得 $3L^24L^33PC$，T_d 代表 $3L_i^44L^36P$。

（9）O：代表 $3L^44L^36L^2$，O_h 代表 $3L^44L^36L^2$ 中加上水平对称面获得 $3L^44L^36L^29PC$。

二、对称型的国际符号

对称型的国际符号是一种比较简单明确的符号，它既表示了晶体中对称要素的组合，又表示了对称要素的空间方位。例如 $3L^44L^36L^29PC$ 的国际符号是 $m3m$。

1. 国际符号中对称要素的表示方法

对称面：m

对称轴：1、2、3、4、6

旋转反伸轴：$\bar{1}$、$\bar{2}$、$\bar{3}$、$\bar{4}$、$\bar{6}$

2. 国际符号的构成

国际符号由 1~3 个序位构成，如 2、422 等。每个序位表示晶体特定方向上的对称要素，即与该方向平行的对称轴或旋转反伸轴，以及与该方向垂直的对称面。如果某方向有对称轴与对称面垂直，则两者以直线或斜线隔开，如 L^2PC 写成 $2/m$。

不同的晶系，对称型的对称特点不同，国际符号的位数及每个序位所代表的方向也不同，现分别叙述如下。

1）三斜晶系（L^1、C）

国际符号只有一个序位，没有取向问题。L^1 的国际符号为 1；C 的国际符号为 $\bar{1}$。

2）单斜晶系（L^2、P、L^2PC）

国际符号只有一个序位，表示与 Y 轴平行的 L^2 或与 Y 垂直的 P。

例如：L^2 为 2；P 为 m；L^2PC 为 $2/m$。

3）斜方晶系（$3L^2$、L^22P、$3L^23PC$）

国际符号由 3 个序位构成，按 X、Y、Z 顺序，依次写出这 3 个方向存在的对称要素，即 $3L^2$ 写成 222；L^22P 写成 $mm2$；$3L^23PC$ 写成 $2/m\ 2/m\ 2/m$。

4）四方晶系

第一序位：Z 轴方向的 4 次轴，如存在与四次轴垂直的 P，两者用斜线分开；第二序位：X、Y 轴方向的 2 次轴或垂直的对称面；第三序位：X、Y 轴之间的 2 次轴或垂直的对称面。

例如：L^44P 写成 $4mm$，L^44L^25PC 写成 $4/m2/m2/m$。

5）三方晶系和六方晶系

第一序位：Z 轴方向的 3 次轴或 6 次轴，如存在垂直的对称面两者用斜线分开；第二序位：X、Y、U 方向的 L^2 或垂直的 P；第三序位：X、Y、U 轴之间的 2 次轴或垂直的对称面。

例如：L^66P 写成 $6mm$；L^66L^2 写成 622；L^66L^27PC 写成 $6/m2/m2/m$。

6）等轴晶系：X、Y、Z 与 3 个 4 次轴或 3 个 2 次轴重合

第一序位：X、Y、Z 方向的 4 次轴或 2 次轴及与之垂直的对称面；第二序位：X、Y、Z 之间的对称要素（即 4 个 3 次轴）；第三序位：X、Y 轴之间的对称要素，位于两坐标轴夹角的分角线上。

例如：$3L^24L^3$ 写成 23，$3L^24L^33PC$ 写成 $2/m3$，$3L^44L^36L^2$ 写成 432。

各晶系对称型的国际符号中的每个位所代表的方向见表 6-2。

表6-2　国际符号中的每个位所代表的方向

晶　系	国际符号序位	代表的方向
等 轴	1	平行立方体的棱，即 X、Y、Z 轴方向（a）
	2	平行立方体的对角线，即 3 次轴方向（$a+b+c$）
	3	平行立方体面的对角线，即 X、Y 或 X、Z 或 Y、Z 轴之间（$a+b$）
三 方 六 方	1	6 次或 3 次轴，Z 轴方向（c）
	2	与 6 次轴垂直，在 X、Y、U 轴方向（a）
	3	与 6 次轴垂直，并与位 2 的方向成 30°夹角（$2a+b$）
四 方	1	4 次轴，Z 轴方向（c）
	2	与 4 次轴垂直，在 X、Y 轴方向（a）
	3	与 4 次轴垂直，并与位 2 的方向成 45°角（$a+b$）
斜 方	1	X 轴方向（a）
	2	Y 轴方向（b）
	3	Z 轴方向（c）
单 斜	1	Y 轴方向（b）
三 斜	1	任意方向

3. 国际符号的简化原则

在表 4-5 中，对称型的国际符号是其简化符号，简化国际符号有两条原则。

（1）如果某方向有垂直对称轴的对称面时，可将对称轴 n 省去。因为 n 可以根据对称要素组合定理和对称面的空间方位推导出来。

例如：$3L^2 3PC$ 中，$3P$ 互相垂直，任意两互相垂直的对称面的交线一定是个 2 次轴。国际符号 $2/m2/m2/m$ 中的 2 可以省略，写成 mmm。又如 $3L^4 4L^3 6L^2 9PC$（$4/m\bar{3}2/m$），简化符号 $m3m$，4 和 2 可以省略。

注意：晶体分类的特征对称轴不能省去。

例如：$L^4 4L^2 5PC$，繁写符号为 $4/m2/m2/m$，简化符号为 $4/mmm$，如果将 4 也省去，则成 mmm，原对称型的晶族晶系都发生变化。

（2）某种对称要素，其存在已经隐含在其它要素中了，则这种对称要素可以简化省略。

例如，$L^2 2P$，繁写符号为 $mm2$，简化符号为 mm，因为两个互相垂直的 m 交线为 L^2，L^2 隐含在 mm 之中了。

第七章　实际晶体的形态和规则连生

前面各章对晶体形态几何规律的讨论都是以理想晶体为对象的。所谓理想晶体，其外形应为面平棱直的凸几何多面体，同时，一个晶体上属于同一单形的各个晶面应该是同形等大的。但是实际晶体的生长条件往往是复杂变化的，致使晶体不能完全按理想形态发育。此外晶体在形成以后，还会继续受到外界各种因素的作用，从而加深了晶体非理想发育的程度。可以说，一切实际晶体都是非理想状态的，不同的只是它们偏离理想状态的程度大小而已。

在实际晶体中，最常见的是歪晶。在某种特定环境下长成的晶体，以及在长成后又遭受某种变化的晶体，都会形成一定的特殊形态，并在晶面上留下一些细微的、形状规则的花纹，即晶面花纹。另外，同种晶体的不同个体或者不同种的晶体还会连生在一起，构成晶体的规则连生和不规则连生。在研究了晶体的理想形态以后，还需要对实际晶体的形态及连生规律进行讨论。

第一节　实际晶体的形态

一、歪晶

就晶体而言，它有自发地长成规则几何多面体外形的性质。然而在大多数条件下，由于受空间的限制以及其它诸多复杂条件的影响，结果便形成了不规则、不理想的结晶多面体，使一个晶体上同一种单形的各个晶面不再保持相同形状和大小，形成歪晶。

所以歪晶是指偏离本身理想形态的晶体。歪晶通常表现为同一单形的各个晶面不是同形等大，有时部分晶面甚至可能缺失，它们都是由非理想生长造成的（图 7-1）。

晶体的理想形态与实际形态尽管有明显差异，但是对于同种晶体而言，同一单形的所有晶面必然具有相同的花纹和物理性质，而且对应晶面间的夹角不变，体现晶体自身固有的对称性。可以通过晶体的测量和投影，恢复其理想形态和对称特征。

二、骸晶

晶体沿晶棱和角顶方向特别发育，晶面中心相对凹陷，晶体不呈凸多面体形态，而是成为某种形式的骨架，称为骸晶。骸晶主要呈漏斗状、树枝状、羽毛状等形态（图 7-2）。雪花及玻璃窗上的冰花都是冰的骸晶。骸晶是晶体一种常见的特殊形态，在熔体的快速冷却或者是黏度过大的条件下，会导致溶质的供应不均匀，由于晶体的角顶和晶棱部位接受质点堆积的机会远比晶面中心大，使晶体沿角顶和晶棱生长速度特别快，结果便形成了骸晶。

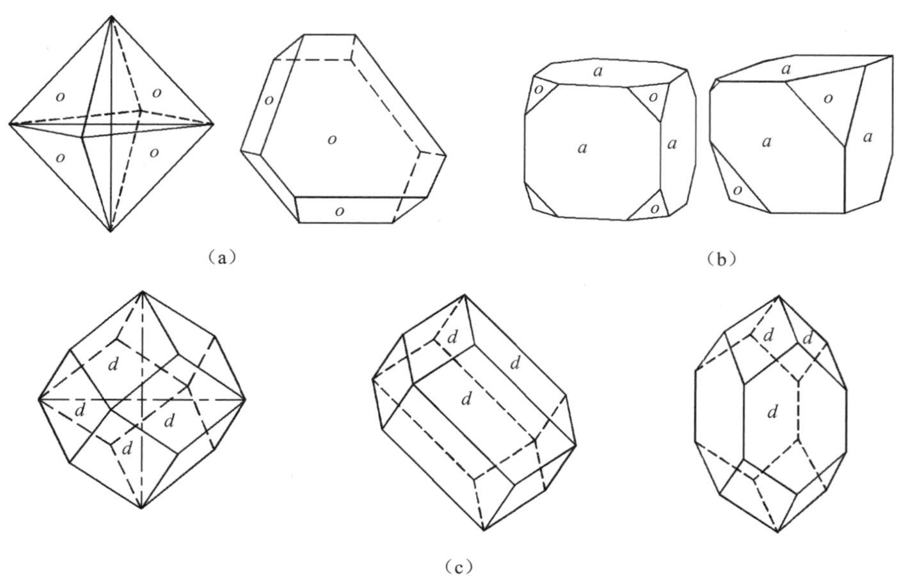

图7-1　理想晶体形态及其歪晶

（a）八面体与八面体歪晶；（b）立方体和八面体聚形及其歪晶；

（c）菱形十二面体及其歪晶。

三、凸晶

各晶面中心均相对凸起成曲面，晶棱则弯曲呈弧线的晶体称为凸晶（图 7-3）。凸晶是晶体形成后又遭受溶蚀的结果。由于角顶及晶棱部位的质点的表面能比晶面中心大，接触溶剂的机会也比晶面中心多，所以溶解较快形成凸晶。

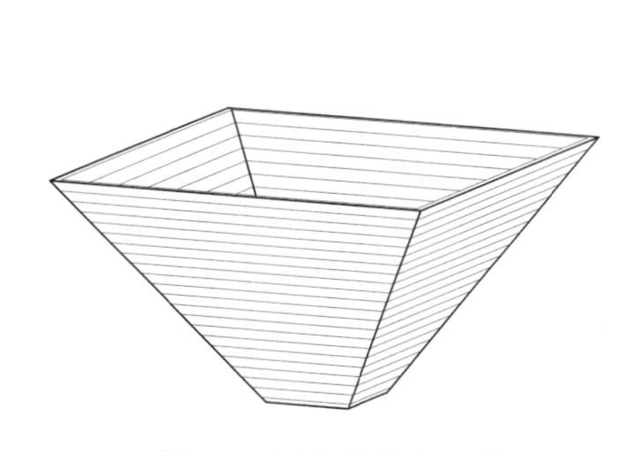

图7-2　漏斗状的食盐骸晶

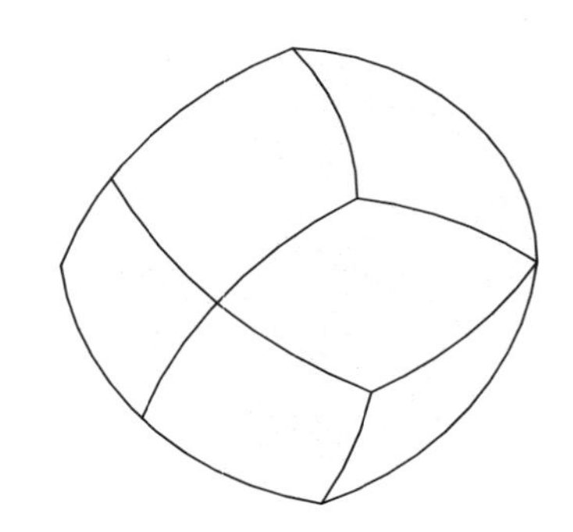

图7-3　金刚石的菱形十二面体凸晶

四、弯晶

弯晶指整体呈弯曲形态的晶体。弯晶有时可带有一定程度的扭曲。弯晶的成因有两种：一种是原生的，即晶体在生长的过程中，由于某种还不十分清楚的原因，晶体不断伴随着有规律的破裂或者是内部结构中镶嵌块的偏斜堆积，结果造成晶体外形上的某种规则偏斜，形成弯晶。最常见的是白云石、菱铁矿的马鞍状弯曲晶体（图 7-4）。另一种是次生成因的弯晶，即晶体形成后因受应力的作用而变形的结果。

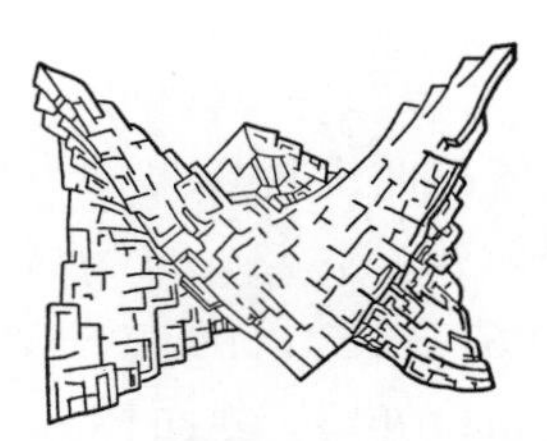

图7-4　白云石菱面体的马鞍状弯曲晶体

第二节　晶 面 花 纹

实际晶体在生长或溶蚀过程中，会在晶面上留下各种花纹。有的花纹用肉眼或低倍放大镜就能看到，有些极精细的晶面花纹为肉眼所不能看到。因此长期以来，人们认为大多数的晶体具有光滑的晶面。然而，20 世纪 40 年代以来，随着高分辨力的电子显微镜、相衬显微镜、微分干涉显微镜和多光束干涉仪等先进光学仪器的出现，使晶体表面微观现象的观察达到了纳米级范围。特别是 80 年代初研制成功的扫描隧道显微镜，它具有原子级的分辨力，能见到晶体表面的原子台阶，展示出晶体表面的缺陷，可以获得非常精细的表面微形貌图像（图 7-5）。

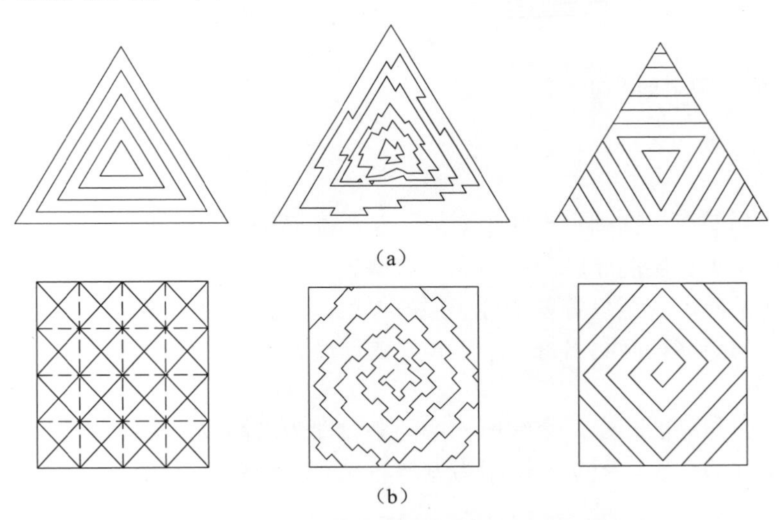

图7-5　金刚石在不同形成条件下的表面微形貌

（a）{111}；（b）{100}。

晶面花纹主要包括晶面条纹、生长层、螺旋纹、生长丘和蚀像等。

一、晶面条纹

在许多晶体的晶面上可以见到一系列平行或交叉的条纹，称为晶面条纹。根据成因不同，晶面条纹又可以分为聚形纹、生长纹、双晶纹和解理纹等。

1. 聚形纹

聚形纹是两种单形交替生长留下的痕迹。由于聚合在同一晶体上的不同单形交替重复出现，其交界线所构成的条纹称为聚形纹。例如黄铁矿（FeS_2）晶体，属于 *m*3

对称型，常结晶成立方体 $a\{100\}$、八面体 $o\{111\}$、五角十二面体 $e\{hk0\}$ 单形或它们的聚形。在立方体及五角十二面体晶面上可以见到三组互相垂直的条纹，用肉眼或放大镜仔细观察，可以发现它们呈阶梯状，这是立方体 $a\{100\}$ 和五角十二面体 $e\{hk0\}$ 两种晶面交替出现的结果（图 7-6）。又如石英（三方晶系，对称型 32）晶体的六方柱面上常有横纹，它是由六方柱 $m\{10\bar{1}0\}$、菱面体 $r\{10\bar{1}1\}$、$z\{01\bar{1}1\}$ 相互交替生长的结果（图 7-7（a））。电气石（三方晶系，对称型 $3m$）晶体的柱面常有细窄的纵纹，这是由两个取向稍有不同的三方柱晶面交替出现的结果（图 7-7（b）），由于从一种晶面过渡到另一种晶面只有微小倾斜，使电气石垂直 C 轴的横切面呈球面三角形。

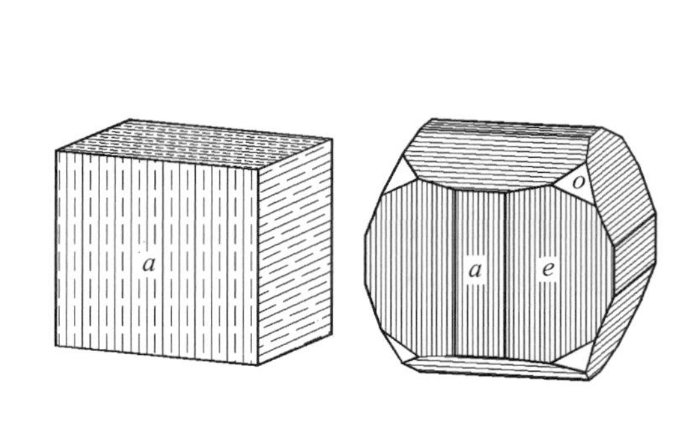

图7-6　黄铁矿的晶面条纹

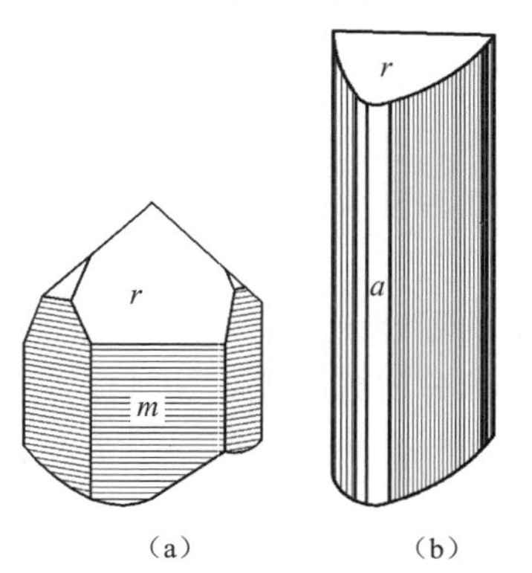

图7-7　石英和电气石的晶面条纹

（a）石英；（b）电气石。

2. 生长纹

生长纹指晶面上一系列平行的堆叠层，是由晶面平行向外推移所形成的如地形等高线一样的花纹。生长层的厚度差别很大，有些较厚，肉眼就可以看见生长层所构成的阶梯；有些则非常薄，甚至只有单个分子层的厚度，用扫描电子显微镜才能观察到，如果用相衬显微镜则能够精确测出每一个生长层的厚度。

3. 双晶纹

双晶结合面与晶面相交，交线所构成的条纹即为双晶纹。常见的为聚片双晶纹，它表现为一组平行的条纹。图 7-8 所示为方解石晶体的聚片双晶纹。

4. 解理纹

解理面与晶面相交，交界处即形成解理纹，见于具有极完全解理的晶体如白云母柱面上。

二、晶面螺旋纹

螺旋纹是由于晶体的螺旋状生长而在晶面上留下的螺旋状线纹。不同的晶体，螺旋生长层的形状、大小、螺纹间距及厚度都有所不同，常见的有圆形螺旋纹、多角形螺旋纹及偏心螺旋纹等，如图 7-9 所示。

三、生长丘

在晶面上常可见具有规则外形、微微高出晶面的小丘，由于它们是在晶体生长过程

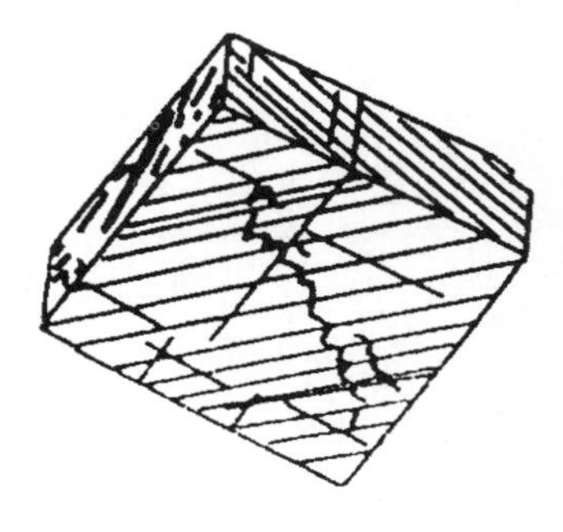

图7-8　方解石的聚片双晶纹

图7-9　SiC晶体（0001）晶面上的显微螺纹

中形成的，所以称为生长丘。

生长丘在同一晶面上具有相同的外形，这可能是原子或离子沿晶面局部的晶格缺陷堆积生长而成（图 7-10）。

四、蚀像

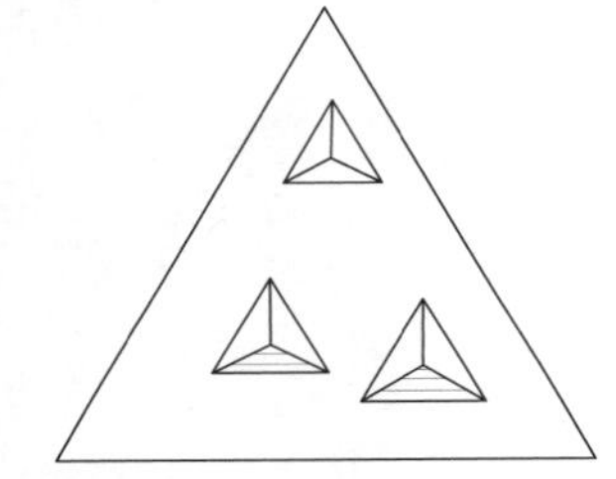

图7-10　石英晶面上的生长丘

晶体形成以后，如果遭受溶蚀，除了角顶、晶棱处溶蚀较快之外，往往还会在晶面上沿面网内的某些薄弱部位首先溶解成一些带有斜坡的凹坑，这些受到溶蚀而在晶面上形成的凹坑（溶蚀坑）称为蚀像。它受晶面内质点排列方式的控制，故具有一定的形状和取向。同一晶体不同单形的晶面上，蚀像的形状和方向不同，而同一单形的各个晶面上的蚀像的形状和取向相同。

第三节　晶体的规则连生

无论是天然矿物晶体还是人工制备的晶体，以单个晶体存在的情况是不多的，一般总是许多晶体连生在一起。连生基本上可分为规则连生和不规则连生两大类，在规则连生中又包括同种晶体的规则连生——平行连晶和双晶，以及异种晶体间的规则连生——定向附生。晶体的规则连生有其内部结构的根源，并在外形上有一定的几何关系。尤其是双晶，对于某些晶体的鉴定及利用都具有重要的实际意义。至于晶体的不规则连生，就构成一般矿物集合体。本节将介绍晶体的规则连生。

一、平行连晶

若干个同种晶体连生在一起，每一个晶体对应的晶面和晶棱都互相平行，这种连生体称为平行连晶。如图 7-11、图 7-12 所示。

平行连晶可以是晶芽或正在生长中的晶体，相互之间按完全平行的方位结合后，继续长大而成；或者是晶芽以完全平行的方位落在晶体上长大而成。

在有些情况下，平行连晶是在同一单晶体的基础上，由于各个部位的不均衡生长而形成的。如果这种不均衡生长是沿着特定方向快速进行的话，就形成了骸晶（图 7-13）。

图7-11　明矾八面体晶体的平行连晶

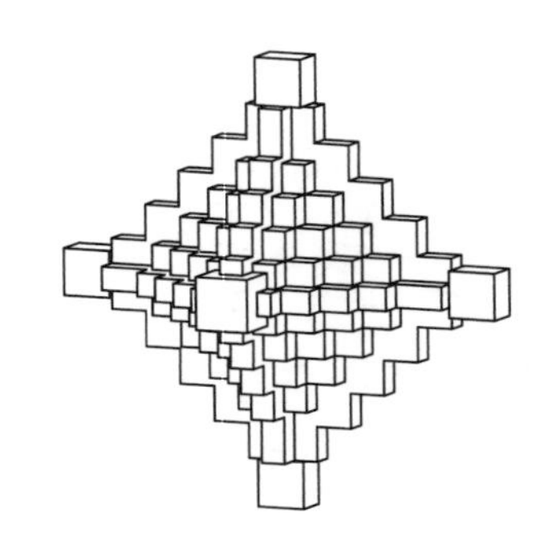

图7-12　萤石立方体晶体的平行连晶

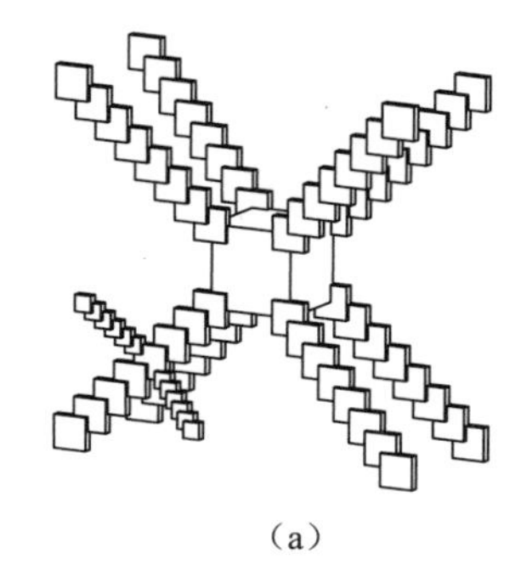

（a）

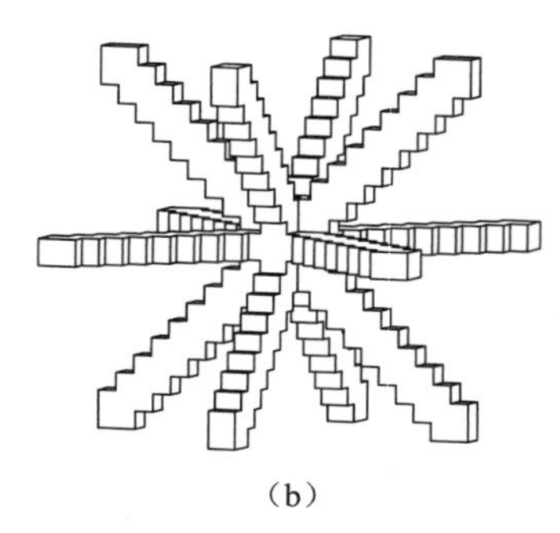

（b）

图7-13　自然铜的立方体晶体的树枝状平行连晶

（a）沿立方体角顶（L^3）延伸；（b）沿立方体晶棱（L^2）延伸。

平行连晶从外形上看是多个晶体的连生体，但是从内部结构上看，各个单体之间的格子构造都是平行而连续的，实际无法划分各单体的界线（图 7-14）。所以，仍可将它归属于单晶体的范畴。

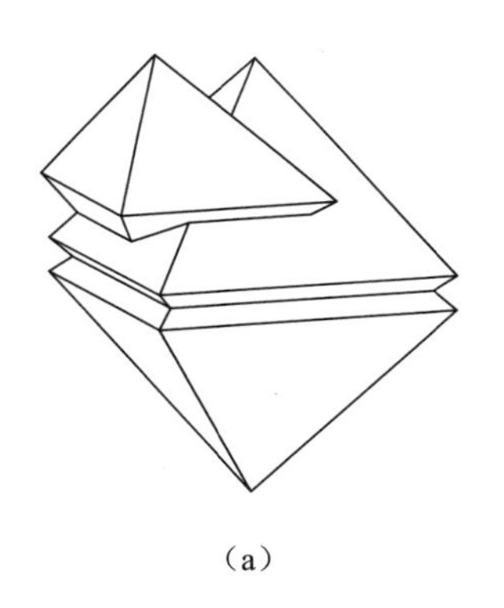

（a）

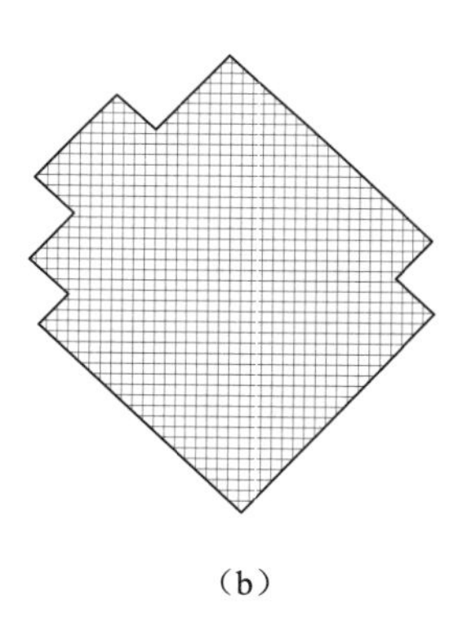

（b）

图7-14　磁铁矿八面体的平行连晶

（a）外形；（b）内部格子构造的示意图。

二、双晶

1. 双晶的概念

双晶是两个或两个以上的同种晶体按一定的对称规律形成的规则连生体，相邻的两个个体对应的面、棱、角并非完全平行，但是可以借助于对称操作——反映、旋转或反伸，使相邻的两个个体彼此重合或平行。

2. 双晶要素和双晶结合面

要使双晶相邻的两个个体重合或平行，需要进行一定的操作，操作时所凭借的几何要素——点、线、面等，称为双晶要素。

（1）双晶面：为一假想平面，通过它的反映，可以使双晶的两个相邻个体重合或平行。例如石膏由两个个体组成燕尾状双晶，这两个个体通过一个平面（平行单晶体的（100）面）的反映可以重合，如图 7-15 所示。尖晶石双晶的两个个体，通过平行于（111）的平面的反映可以重合（图 7-16）。

双晶面一般平行于单晶体的实际晶面或可能晶面，或者垂直于单晶体的实际晶棱或可能晶棱。它可以用平行于某晶面或者垂直于某结晶轴来表示。例如，石膏燕尾双晶的双晶面平行于（100），尖晶石双晶的双晶面平行于（111）。

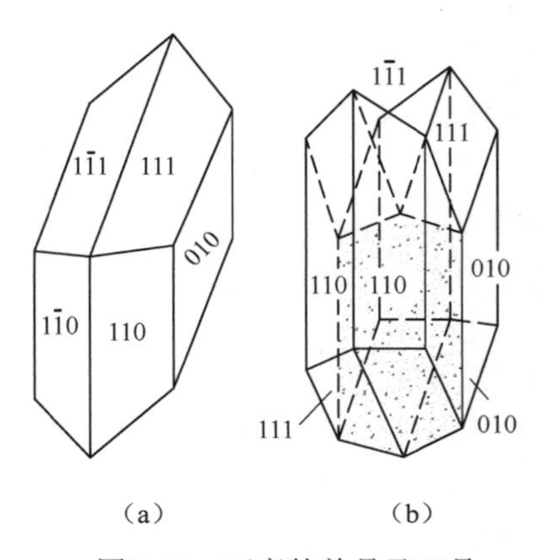

图7-15　石膏的单晶及双晶

（a）单晶；（b）双晶。

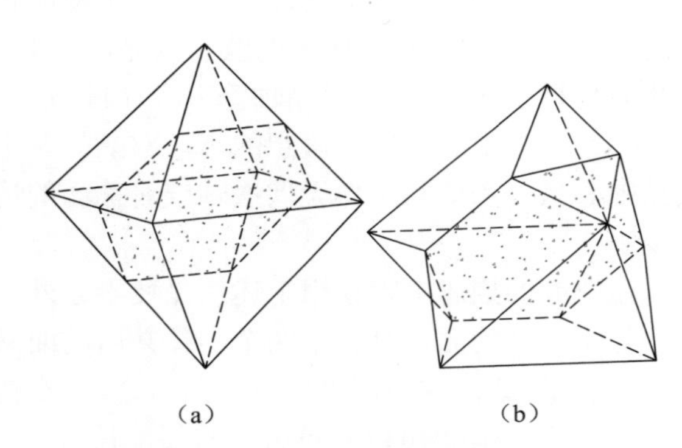

图7-16　尖晶石的单晶及双晶

（带阴影的面为双晶面）

（a）单晶；（b）双晶。

双晶面不可能平行于单晶体的对称面，否则就会使两个个体处于平行位置而成为平行连晶。

（2）双晶轴：为一假想直线，设想双晶中的一个个体不动，另一个体绕此直线旋转一定的角度（一般为 180°）后可使两个个体重合、平行或连成一个完整的单晶体。例如，石膏双晶的一个个体绕垂直（100）的直线旋转 180°可以成为一个单晶体；尖晶石双晶的一个个体绕垂直（111）的直线旋转 90°可以形成一个单晶体（图 7-15、图 7-16）。

正长石双晶的一个个体绕 Z 轴旋转 180°后可以与另一个单体平行（图 7-17）；萤石双晶的一个个体绕垂直（111）的直线旋转 180°后可以与另一个个体重合（图 7-18）。

双晶轴平行于单晶体的实际晶棱或可能晶棱，或垂直于实际晶面或可能晶面，因此双晶轴可以用平行于某晶棱或垂直于某晶面表示。例如石膏的双晶轴垂直于（100），正长石的双晶轴平行于 Z 轴等。

基转角为 180°的双晶轴不能平行于单晶体的偶次轴，否则，也会使两个个体处于平行的位置，形成平行连晶。

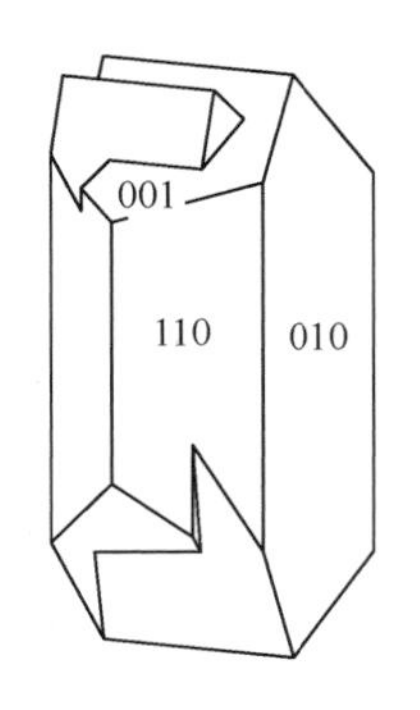

图7-17　正长石的卡斯巴双晶

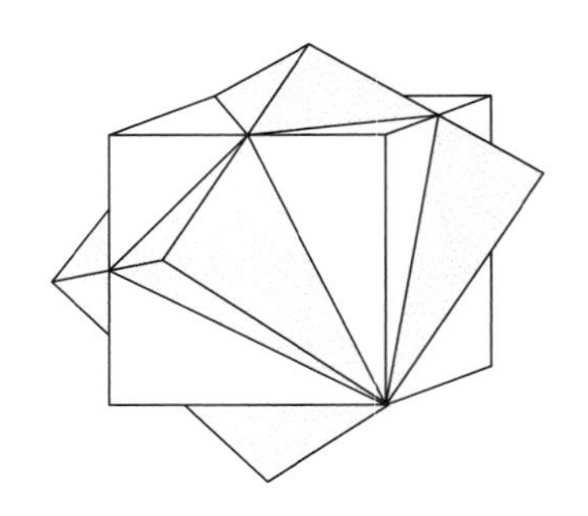

图7-18　萤石的双晶

如果构成双晶的单晶体有对称中心，则双晶轴和双晶面同时存在，并且互相垂直；如果单晶体没有对称中心，则双晶轴和双晶面常单独存在，即使有时两者同时出现，也必定互不垂直。

有时，一种双晶可以同时具有若干个双晶轴和双晶面，但在一般的描述中只采取其中的一种。例如图 7-18 所示的萤石双晶，有 4 四个双晶面和 4 个双晶轴，但习惯上仅以双晶面平行于（111）和双晶轴垂直于（111）表示。

（3）双晶中心：为一假想的点，双晶的一个个体通过它的反伸可与另一个体重合。双晶中心只有在单晶个体无偶次轴或对称面的情况下才有独立意义。故一般双晶描述中很少用它。

在双晶的描述中除使用上述双晶要素之外，还会提到双晶结合面，它是双晶相邻两个个体相接触的面，是属于两个个体共用的面网。双晶结合面也可以用平行于它的晶面符号来表示。结接合面可以与双晶面重合，如石膏的双晶，双晶面和结合面均平行于（100）（图 7-15）；两者也可以不重合，例如正长石，双晶面垂直于 Z 轴，结合面平行于（010）（图 7-17）。

3. 双晶律

双晶结合的规律称为双晶律，双晶律用双晶要素和双晶结合面表示。

有时，双晶律也被赋予各种特殊的名称，有的以该双晶的特征矿物命名，如尖晶石律、钠长石律等；有的以该双晶初次发现的地点命名，如石英的道芬律、巴西律等；有的以双晶面和结合面命名，如方解石的负菱面体双晶（双晶面及结合面平行于负菱面体晶面）等。

4. 双晶类型

根据双晶个体的连生方式，可将双晶分为两种类型。

（1）接触双晶：双晶个体以简单平面接触连生，称为接触双晶。它又可以分为由两个个体组成的简单接触双晶，如石膏双晶；由多个个体按同一双晶律结合且结合面互相平行的聚片双晶，如钠长石双晶（图 7-19）；由多个双晶个体以同一双晶律结合，但结合面互不平行，而是依次以等角度相交的环状双晶，如锡石的环状双晶（图 7-20）。

（2）穿插双晶：由两个或多个个体相互穿插而形成的双晶。如萤石的双晶，由两个个体穿插而成；文石的三连晶及十字石的双晶，由多个个体穿插而成（图 7-21、图 7-22）。

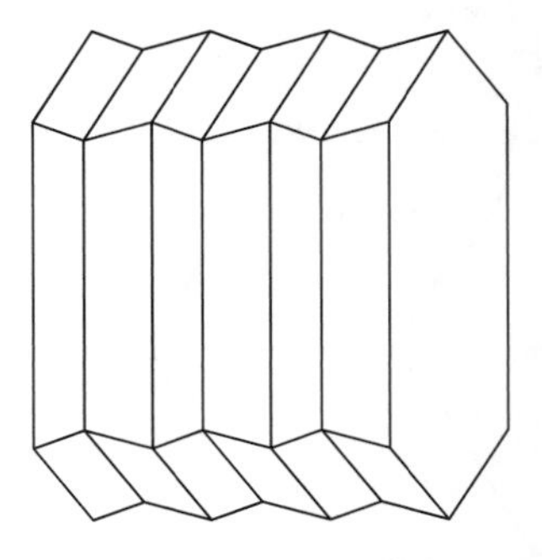

图7-19　钠长石的聚片双晶

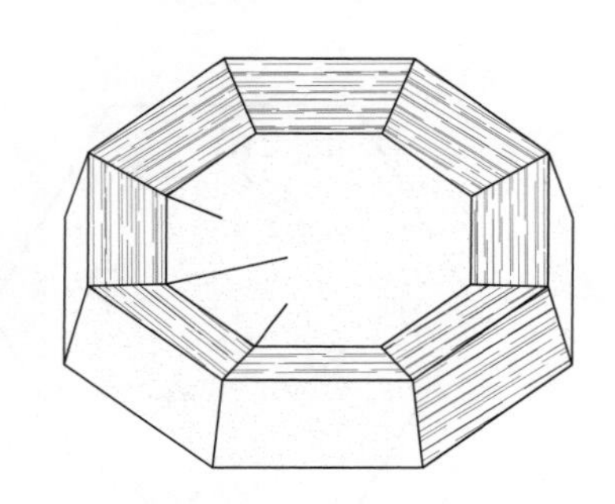

图7-20　锡石的环状双晶

5. 研究双晶的意义

双晶是晶体中一种较为常见的规则连生，对于有些矿物来说是很重要的一种性质，它在有些矿物的鉴定研究中具有重要的意义。此外，双晶的研究还具有重要的实际意义，因为双晶的存在往往会影响某些晶体的工业应用。例如石英，如具有双晶就不能做压电材料，方解石晶体中若存在双晶就不能用于光学仪器等。

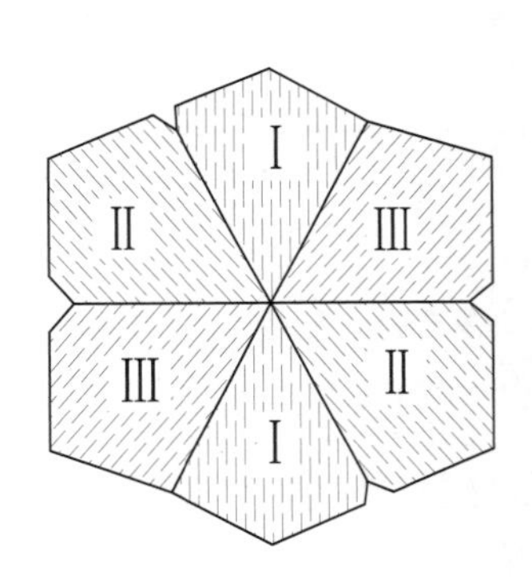

图7-21　文石的三连晶

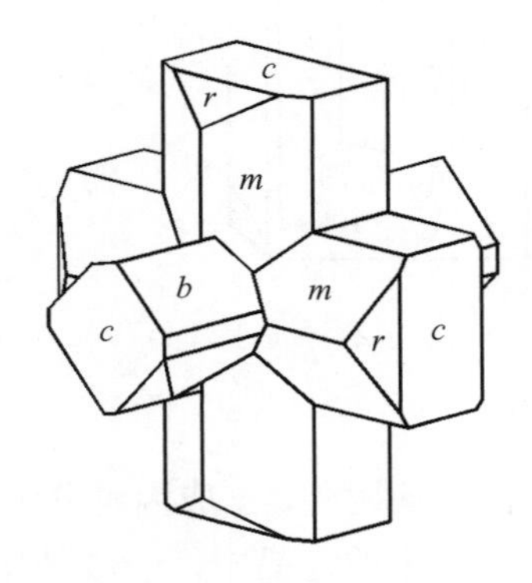

图7-22　十字石按两种双晶律形成的穿插双晶

三、晶体的定向附生

不同物质的晶体沿一定方向的规则连生，或者，同种物质的晶体间以不同单形的晶面相结合而构成的规则连生（既不是平行连晶又不成双晶关系的规则连生），称为定向附生，或称浮生。

晶体定向附生的规律性表现在：一种晶体以一定的面网和确定的取向关系，附生于另一晶体之上或之中。浮生的形成，主要取决于连生的晶体具有结构相似的面网。

例如碘化钾和白云母。碘化钾晶体的（111）面网上 K^+成等边三角形网分布，间距为 0.499nm；白云母（单斜晶系）的（001）面网上，K^+也按等边三角形网分布，间距为 0.519nm。由于这两种面网的相似性，使碘化钾晶体以（111）面定向附生于白云母的（001）面上（图 7-23）。

定向附生在天然矿物晶体中是比较常见的。例如，十字石晶体以（010）面附生于蓝晶石的（100）面上（图 7-24）；一个锡石晶体以（100）面附生于另一锡石晶体的（010）面上，形成同种晶体以不同面网相结合的浮生（图 7-25）。

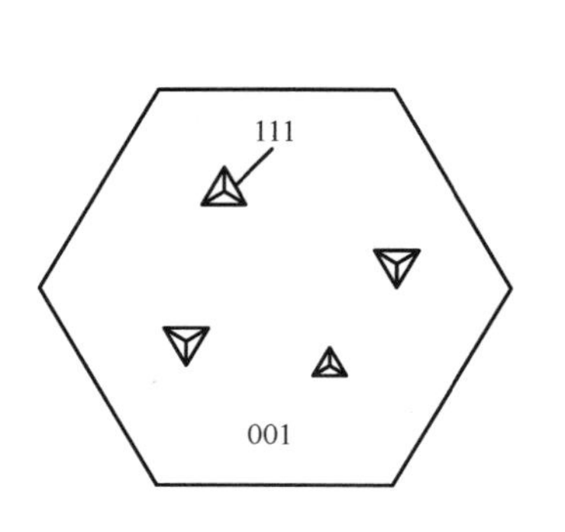

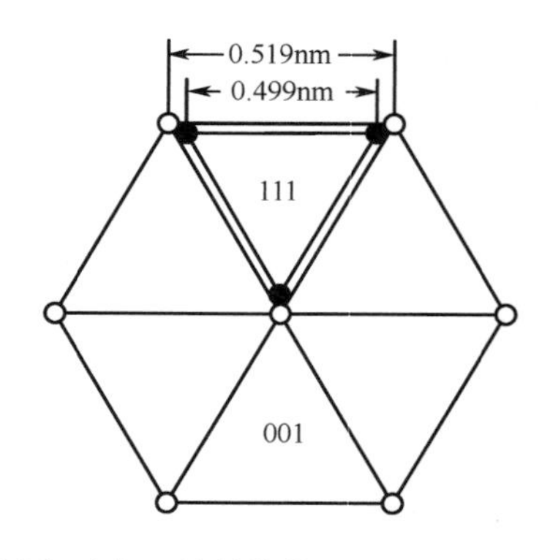

图7-23　碘化钾晶体以（111）面浮生于白云母晶体的（001）面上

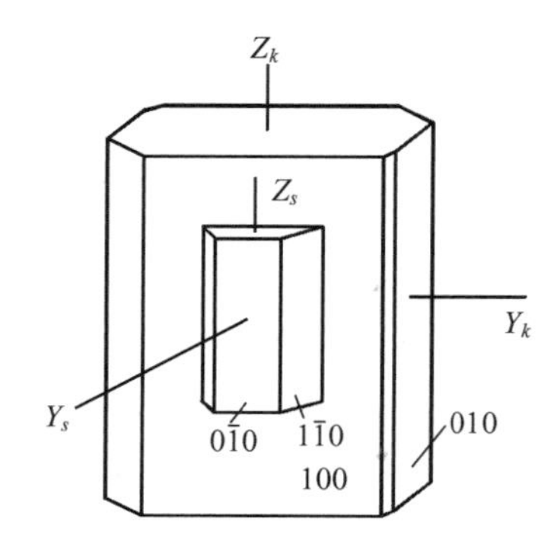

图7-24　十字石浮生于蓝晶石

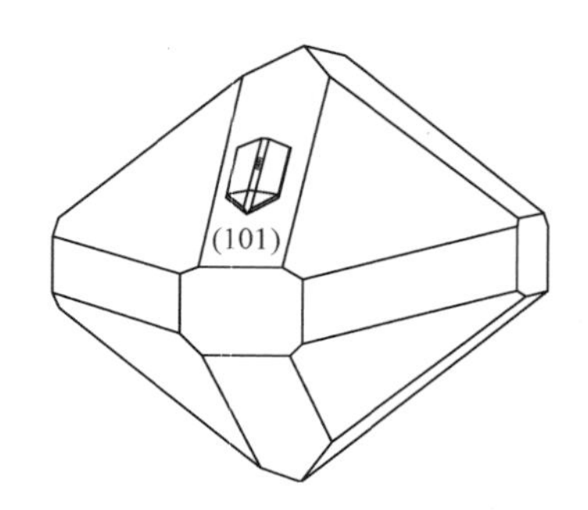

图7-25　锡石的一个晶体以（100）面浮生于另一个晶体（101）面上的示意图

晶体的定向附生，据成因可分为生长定向附生、离溶定向附生和交代定向附生 3 种。在生长定向附生的连晶中，一般是作为基底的晶体生长较早，附生于其上的晶体形成稍晚，但两者都是在同一生长阶段形成的。离溶定向附生是由高温下形成的固溶体在较低的温度下发生离溶，分别结晶成两种不同物质的晶体，彼此按一定的结晶方位嵌生而成。有些条纹长石，就是离溶定向附生的例子。在此种条纹长石中，钠长石条带通常以平行于（$\bar{8}$01）的方位嵌生于一个大的钾长石晶体中，两者 C 轴和（010）面网均互相平行，形成定向附生。交代定向附生则是指：一种物质的晶体部分地交代另一物质的晶体而构成的定向附生。白云母与黑云母以底面（001）相结合的定向附生，就是黑云母部分地被白云母交代形成的。

第八章　晶体结构的几何理论

在第一章中已经介绍，晶体是具有格子构造的固体，其内部质点在三维空间都是呈周期性规则排列的，每种晶体都有一定形式的内部结构。晶体结构及其化学组成，是决定晶体一切性质和现象的根本因素。

与晶体外形上的晶面、晶棱之间一样，晶体结构内部的质点，相互间也都有一定的几何关系。不过，晶体结构是一种微观的无限图形，而晶体的几何外形则是属于宏观范畴的有限图形，两者之间存在着一个根本的差异，这就是：在晶体结构中必定有平移出现。实际上，晶体结构中质点的周期性重复排列，就是平移的一种表现；而空间格子的形式则体现了平移的组合关系。在本章中，我们首先将讨论如何来确定空间格子的形式，即空间格子的划分问题。不过，空间格子讨论的对象，只是纯粹几何意义上的一系列等同点，而在具体的晶体结构中，都是实在的质点。由此，相应地我们将引出晶胞的概念。至于质点间排列的对称关系，由于平移的出现，将导致产生新的对称要素，它们的组合构成了空间群。由空间群中的对称要素联系起来的一组相等的质点，则组成了等效点系。一个具体的晶体结构，即其中质点的具体排列形式，就可以由以上诸方面的几何特征予以表征。

晶体结构的具体形式，通常是在对晶体外部性质研究的基础上，根据晶体对 X 射线的衍射效应来测定的。其基本原理是：当 X 射线通过晶体时，由于结构中质点排列的方式和间距不同，产生的衍射线的方向就不同；质点的种类不同，所产生的衍射线的强度也不同。据此就有可能测定各个原子或离子的位置，从而也就确定了晶体的具体结构。但这一工作的过程，一般是较为繁复的，它属于 X 射线晶体学的范畴。从 1929 年使 X 射线通过晶体产生衍射效应的实验第一次获得成功以来，所有已知晶体结构的测定，基本上都是应用上述方法做出的。不过，由于近代科学技术的发展，现在已有可能利用高分辨力透射电子显微镜，来直接观察晶体的内部结构了。

第一节　14 种空间格子

一、单位平行六面体的选择

从第一章中我们已经知道，对应于每一个晶体结构，都可以抽象出一个相应的空间点阵，点阵中各个结点在空间分布的重复规律，便体现了具体晶体结构中质点排列的重复规律。这种重复规律，可以由一系列不同方向的行列和面网来予以表征，这些不同方向的行列和面网把整个空间点阵连接成格子状，构成空间格子。根据空间格子规律已知，由3组不共面的行列就可以决定一个空间格子。此时，整个空间格子将被划分成无数相互平行叠置的平行六面体，而上述3组相交行列便是这些平行六面体的棱。空间格子的组成要素包括：结点、行列、面网和单位平行六面体。单位平行六面体是空间格子的最小重复单位，整个晶体结构可以看成是单位平行六面体的堆砌。

不难想象，在一个平面点阵中可以划分出无数不同形状和大小的平行四边形，在一种格子构造中，也可划分出无数不同形状和大小的平行六面体。因此，必须根据晶体结构的对称性特征，划分出一种能够反映格子构造基本特征的平行六面体作为代表，这就是单位平行六面体。

单位平行六面体的划分原则：

（1）所选取的单位平行六面体应能反映格子构造中结点分布的固有对称性。

（2）在满足（1）的前提下，棱与棱之间的直角最多。

（3）在满足（1）、（2）的前提下，体积最小。

图 8-1（a）所示为一垂直于 L^4 的面网上单位平行六面体一个面的选取。图中示出单位格子的 6 种不同选法。4、5、6 三种选法中，在图形上没有 L^4，违反原则（1），1、2、3 三种选法中均有 L^4 而且各棱相互垂直，符合（1）、（2）两条原则，但以 1 的体积最小，符合单位平行六面体选取的所有 3 条原则，可选作为单位平行六面体的一个面。图 8-1（b）所示为一垂直于 L^2 的面网上单位平行六面体一个面的选取，图中示出的 7 种选法也只有 1 所选取的图形才全部满足 3 个选取原则。2、5、6、7 选取的图形虽然体积更小，但违反选取原则（2），即棱与棱之间不垂直；4 所选取的图形虽然满足（1）、（2）两条原则，但体积不是最小的，都不能作为单位平行六面体的一个面。对 a 和 b 另外两个面的选取亦做类似处理，即可得到其空间格子的单位平行六面体。

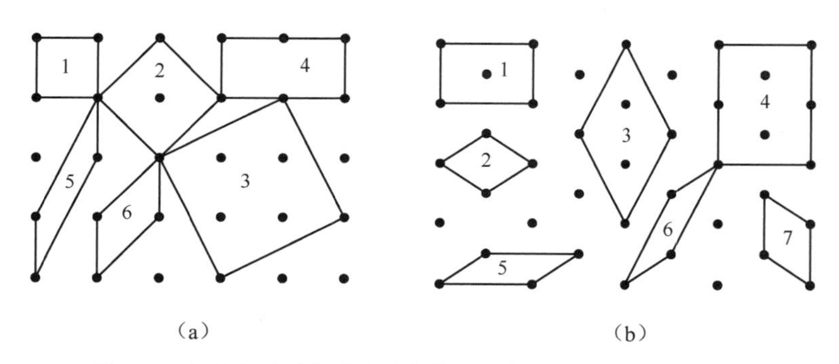

图8-1　在垂直于L^4和L^2面网上单位平行六面体一个面的选取

（a）垂直于 L^4；（b）垂直于 L^2。

在空间格子中，按选择原则选择出来的平行六面体，即为单位平行六面体。它的 3 条棱的长度 a、b、c 以及棱之间的交角 α、β、γ，是表征其本身形状、大小的一组参数，称为单位平行六面体参数。不同晶系的对称特点不同，单位平行六面体的形状也不同。对单位平行六面体的描述包括其形状、大小和结点的分布情况。

选定了单位平行六面体，实际上也就选定了空间格子的坐标系。单位平行六面体的 3 根交棱便是 3 个坐标轴的方向。棱的交角 α、β、γ 也就是坐标轴之间的交角，棱长 a、b、c 是坐标系的轴单位。所以单位平行六面体参数也是表征空间格子中坐标系性质的一组参数。

实际上，如果从晶体外形上进行正确的晶体定向，则晶体外形上的 3 个结晶轴方向应当与单位平行六面体 3 组棱的方向对应一致；晶体几何常数 a、b、c、α、β、γ 则应与单位平行六面体参数 a、b、c、α、β、γ 一致。区别在于：对于晶体几何常数，重要的是轴率 $a:b:c$；对于单位平行六面体参数，重要的是单位平行六面体的 3 根棱长 a、b、c。前者是相对大小，后者是绝对长度。

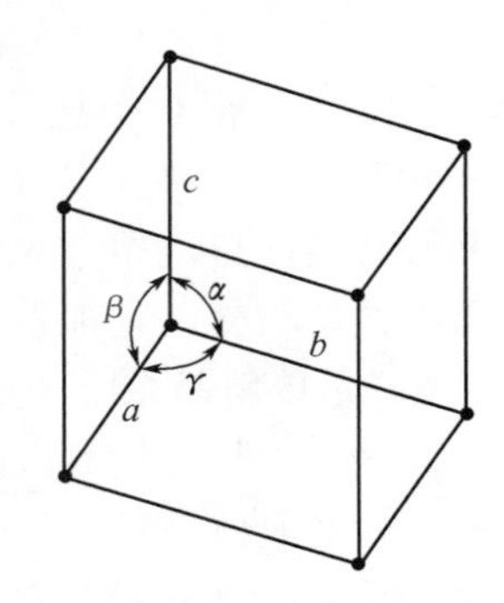

图8-2　单位平行六面体参数的图解

二、各晶系单位平行六面体的形状和大小

单位平行六面体的形状和大小，取决于 3 条棱的长度 a、b、c 和棱之间的夹角 α、β、γ，如图 8-2 所示。由于单位平行六面体的对称性必须符合整个空间格子的对称性，因此它必然与相应晶体结构及外形上的对称性相一致。对应于 7 个晶系，单位平行六面体的形状也有 7 种不同类型（图 8-3）。

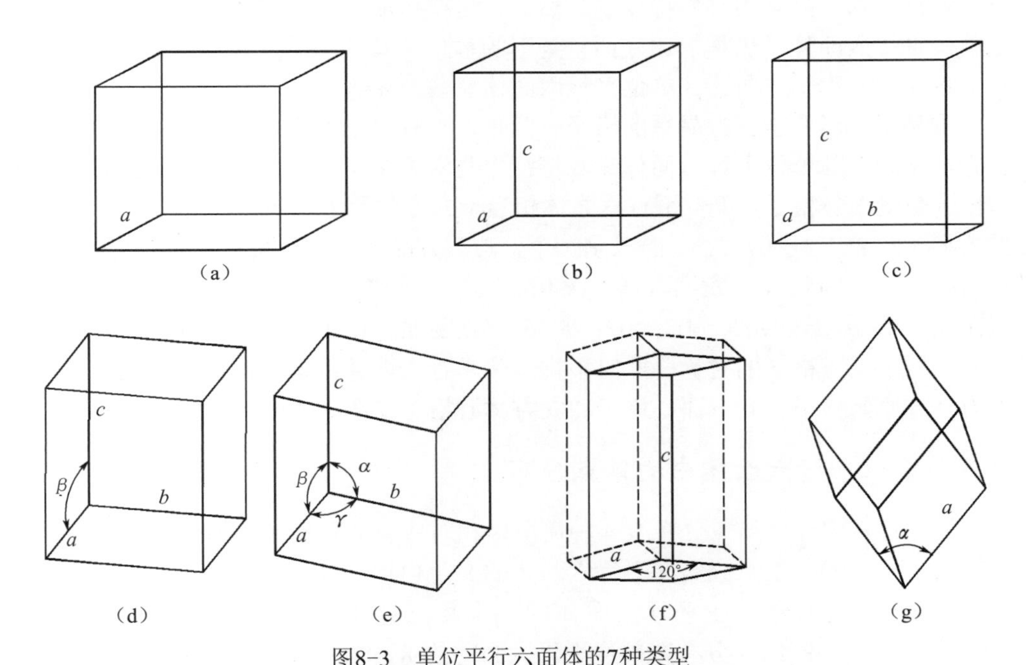

图8-3　单位平行六面体的7种类型

（a）立方格子；（b）四方格子；（c）斜方格子；（d）单斜格子；（e）三斜格子；（f）六方和三方格子；（g）菱面体格子。

等轴晶系：与之相对应的是立方格子，其单位平行六面体为立方体（图 8-3（a））。它的 4 条体对角线方向，就是等轴晶系所固有的 4 个 L^3 的方向，立方体的 3 条交棱可以通过 L^3 的作用相互重合。所以立方格子的单位平行六面体参数为 $a=b=c$，$\alpha=\beta=\gamma=90°$。

四方晶系：与之相对应的是四方格子，单位平行六面体是一个横切面为正方形的四方柱体（图 8-3（b）），柱面的交棱为 c，它是四方晶系唯一的 4 次轴所在的方向，通过此 4 次轴的作用，必使 a、b 相互对称重复，但它们与 c 之间则无对称联系，所以其单位平行六面体参数为 $a=b\neq c$；$\alpha=\beta=\gamma=90°$。

斜方晶系：与之相对应的为斜方格子，又称正交格子，其单位平行六面体的形状如同一个火柴盒，3 根互相垂直的交棱均不等长（图 8-3（c）），单位平行六面体参数为 $a\neq b\neq c$，$\alpha=\beta=\gamma=90°$。

单斜晶系：与之相对应的是单斜格子，在单位平行六面体的 3 对面中，2 对矩形平面之间成 β 角相交，且都垂直于另一对非矩形的面（图 8-3（d））。2 对矩形平面的交棱规定为 b，是单斜晶系唯一的 2 次轴方向，于是有 $a\neq b\neq c$，$\alpha=\gamma=90°$，$\beta>90°$。

三斜晶系：与之相对应的是三斜格子，其单位平行六面体是由 3 对不等边四边形构成的斜平行六面体（8-3（e）），因此有 $a\neq b\neq c$，$\alpha\neq\beta\neq\gamma\neq 90°$。

六方晶系：对应的是六方格子，其单位平行六面体是一个底面呈菱形的柱体，底面上交棱间的夹角为 60°和 120°（图 8-3（f））。显然，在一个这样的平行六面体中不可能有 6 次轴存在，但是，如果把 3 个这样的平行六面体拼在一起，其底面便合成一个正六边形，就符合六方晶系的对称特点了。然而，这样拼成的六方柱体不再是平行六面体。作为单位平行六面体，仍是上述底面呈菱形的柱体，其柱面的交棱规定为 c，它是六方晶系中唯一的 6 次轴方向。其单位平行六面体参数为 $a=b\neq c$，$\alpha=\beta=90°$，$\gamma=120°$。

三方晶系：对应于三方晶系的格子有两种，一种是三方格子，但形式上与上述六方格子完全相同，其单位平行六面体参数特征也与六方格子完全相同。三方晶系中的另外一种格子是菱面体格子，单位平行六面体相当于立方体沿 L^3 压扁或拉长所得，每一个面都呈菱形（图 8-3（g）），此时 L^3 只剩一个，与三方晶系的对称特点一致。3 根交棱围绕 L^3 成对称分布，因此有 $a=b=c$，$\alpha=\beta=\gamma\neq 90°$、60°、109°28′16″。

在此，若 $\alpha=\beta=\gamma=90°$、60°、109°28′16″，则菱面体格子实际的对称性就要高于三方晶系，是属于立方格子的对称。此时根据单位平行六面体的选择原则，它们应当分别被改化为立方原始格子、立方面心格子和立方体心格子（图 8-4）。

三、单位平行六面体中的结点分布

单位平行六面体中结点分布有 4 种情况，相对应有 4 种格子类型（图 8-5）。

原始格子（P）：结点分布在平行六面体的 8 个角顶。

底心格子：结点分布在平行六面体的 8 个角顶和 1 对平面的中心，又可细分为：

C 心格子（C）：结点分布在单位平行六面体的 8 个角顶和平行于（001）的 1 对平面的中心。

A 心格子（A）：结点分布在单位平行六面体的 8 个角顶和平行于（100）的 1 对平面的中心。

B 心格子（B）：结点分布在单位平行六面体的 8 个角顶和平行于（010）的 1 对面的中心。

一般情况下，底心格子即 C 心格子。对 A 心或 B 心格子，可以转换为 C 心格子时，应尽可能予以转换。仅在特殊情况下可直接使用 A 心或 B 心格子而无需转换。

体心格子（I）：结点分布在平行六面体的 8 个角顶和体心。

面心格子（F）：结点分布在单位平行六面体的 8 个角顶和每一个面的中心。

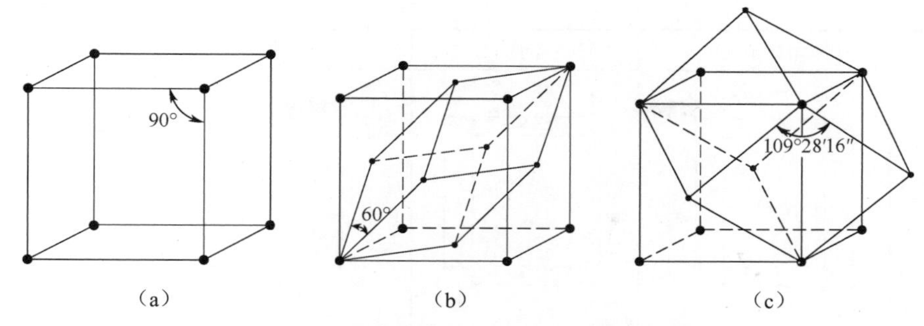

图8-4　菱面体格子中α=90°、60°、109°28′16″时的划分

（a）立方原始格子；（b）立方面心格子；（c）立方体心格子。

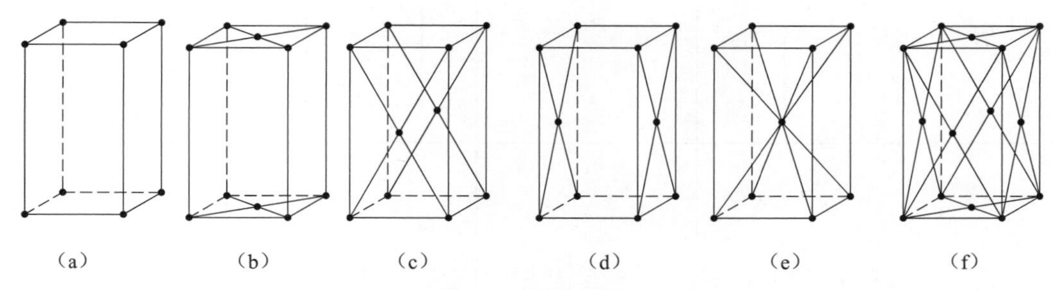

图8-5　四种格子类型

（a）原始格子；（b）、（c）、（d）底心格子（（b）C心格子，（c）A心格子，（d）B心格子）；

（e）体心格子；（f）面心格子。

四、14种布拉维空间格子

综合考虑平行六面体的形状和结点分布，空间格子共有14种。它最初是由布拉维推导出来的，故又称为14种布拉维空间格子（表8-1）。

表8-1　十四种布拉维格子

	原始格子（P）	底心格子（C）	体心格子（I）	面心格子（F）
三斜晶系		C=P	I=P	F=P
单斜晶系			I=C	F=C

（续）

	原始格子（P）	底心格子（C）	体心格子（I）	面心格子（F）
斜方晶系	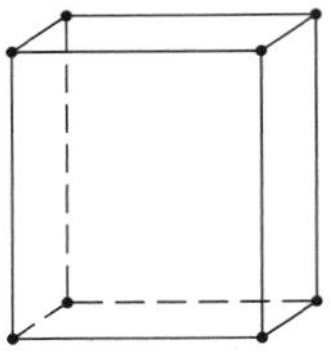	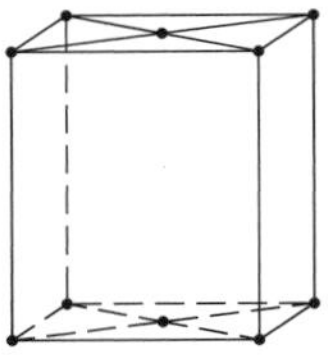	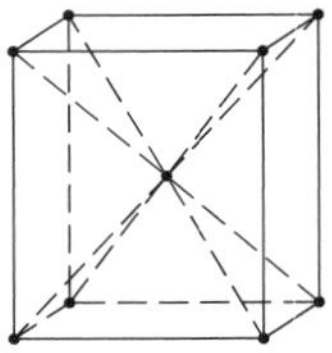	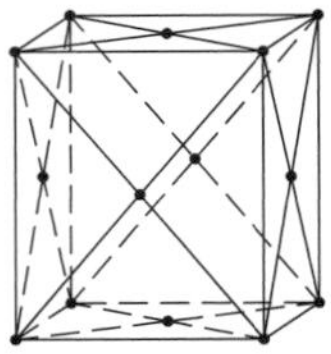
四方晶系	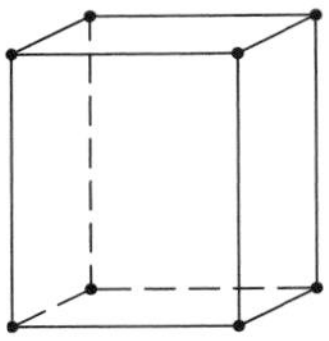	C=P	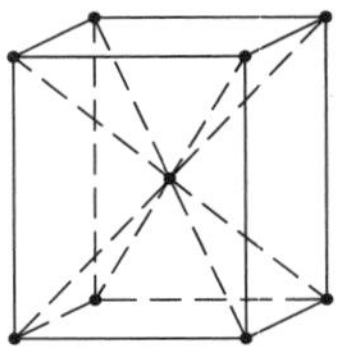	F=I
三方晶系	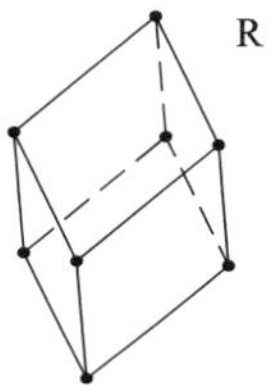 R	与本晶系对称不符	I=R	F=R
六方晶系	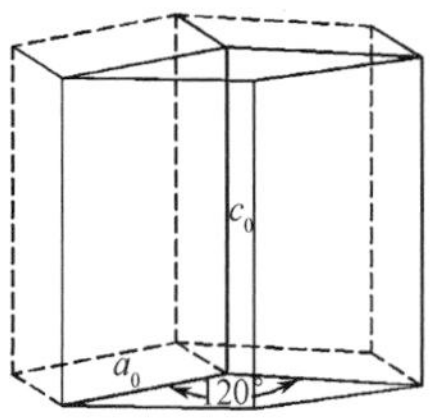	不符合六方对称	与空间格子的条件不符	与空间格子的条件不符
等轴晶系	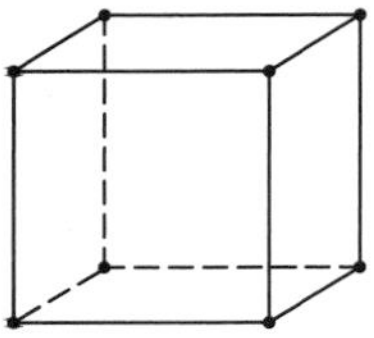	与本晶系对称不符	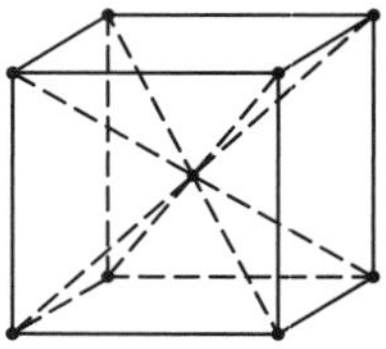	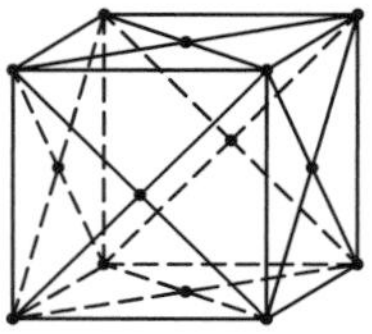

既然平行六面体有 7 种形状和 4 种结点分布方式，那么，空间格子为什么不是 28 种而是 14 种呢？这是因为某些格子类型是重复的，还有些格子类型与所在晶系的对称不符，因而不能出现在该晶系中。

例如，三斜面心格子可以重新划分为三斜原始格子（图8–6）；四方底心格子可以转变为四方原始格子（图8–7）；单斜体心格子可以转变为单斜底心格子（图8–8）等。在等轴晶系中，不存在立方底心格子，因为与本晶系对称不符。

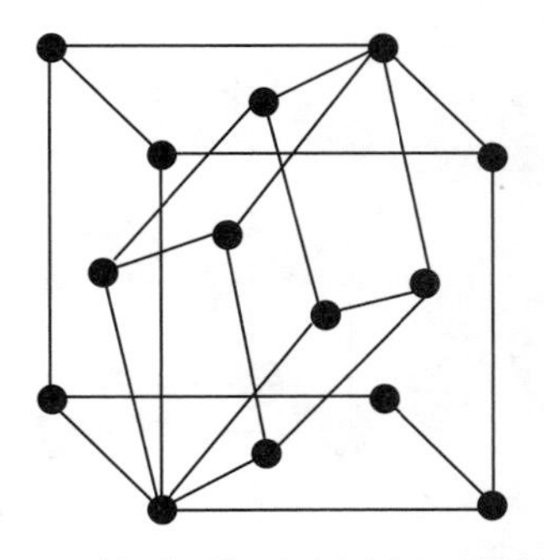

图8-6　三斜面心格子改划为三斜原始格子

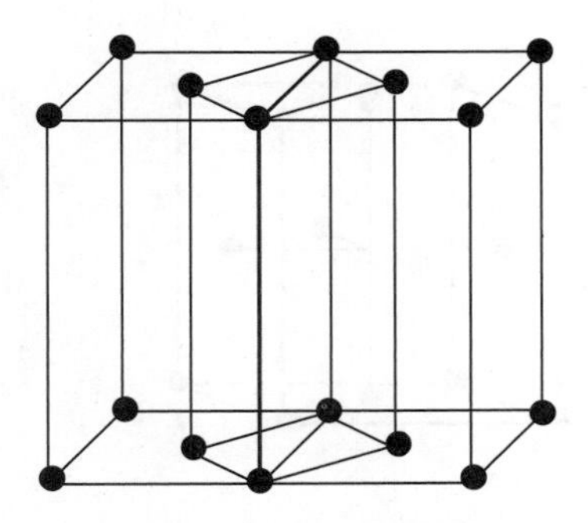

图8-7　四方底心格子改划为四方原始格子

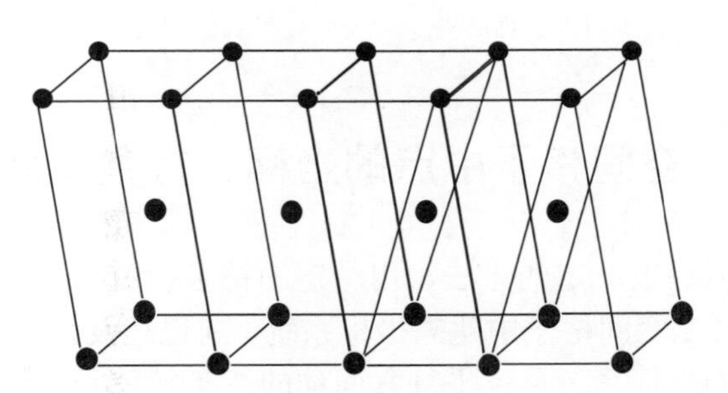

图 8-8　单斜体心格子改划为单斜底心格子

第二节　晶　胞

从第一章中已经知道，空间格子可由具体的晶体结构导出。空间格子是由不具任何物理、化学特性的几何点构成的，而晶体结构则由实在的具体质点组成。但晶体结构中质点在空间排列的重复规律，则与相应空间格子中结点在空间分布重复规律完全一致。所以，这两者间既是相互区别，又是相互统一的。如果在晶体结构中引入相应于单位平行六面体的划分单位时，这样的划分单位称为单位晶胞，一般就简称为晶胞。

所以单位晶胞是指：**能够充分反映整个晶体结构特征的最小构造单位**。晶胞的形状大小由晶胞参数 a、b、c、α、β、γ 来表征，其数据与对应的单位平行六面体参数完全一致。

图 8-9（a）所示是从氯化钠晶体结构中抽象出来的空间格子的一小部分，即一个单位平行六面体。它表现为立方面心格子，其棱长等于 0.5628nm；图 8-9（b）是从氯化钠晶体结构中，按照上述立方面心格子的范围划分出来的一个单位晶胞，其棱长相当于相邻角顶上两个 Cl^-离子中心的间距，虽然同样也等于 0.5628nm，但晶胞的内部包含有实在的内容，它由 4 个 Na^+和 4 个 Cl^-各自均按立方面心格子的形式分布而组成。

显然，晶胞应是晶体结构的基本组成单位，由一个晶胞出发，就能借助于平移群而重复出整个晶体结构。因此，以后在描述某个矿物的晶体结构时，通常只需阐明它的晶胞特征就可以了。不过，为了便于透视位于后面的质点起见，在绘制晶胞图时，通常都把质点半径缩小，使得实际上相互接触的质点彼此分开，如图 8-9（c）所示。

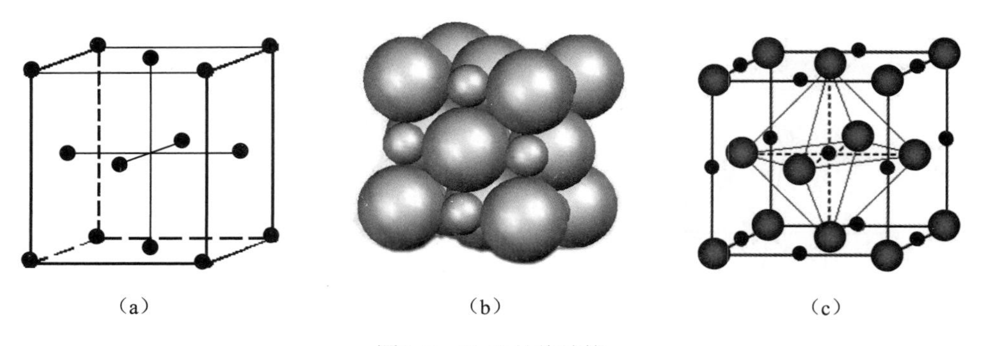

图8-9　NaCl晶体结构

(a) 立方面心格子；(b)、(c) NaCl 晶胞。

第三节　空间格子中点的坐标、行列及面网符号

空间格子中，可以通过一定的方法，用一定的符号把空间格子中的结点、行列和面网表示出来，这就需要在空间格子中建立坐标系统。前已述及，选定了单位平行六面体，就选定了空间格子中的坐标系。单位平行六面体的 3 条棱就是坐标轴 X、Y、Z，坐标原点通常置于单位平行六面体左侧后下方的角顶，坐标轴的度量单位就是单位平行六面体棱长 a、b、c（图 8-10）。

一、空间格子中点的坐标

空间格子中任意一点在 X、Y、Z 轴上的坐标用 x、y、z 表示。x，y，z 是用单位平行六面体棱长 a、b、c 作为坐标轴度量单位时的坐标系数。当在单位平行六面体内确定某个点的坐标时，一般采用分数坐标。如图 8-10（a）所示。

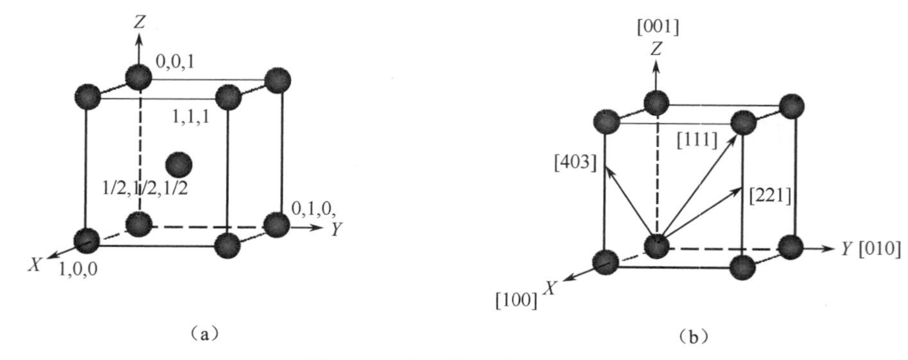

图8-10　空间格子中的坐标系

(a) 点的坐标；(b) 行列符号。

二、行列符号

行列符号在表示方法及形式上与晶棱符号完全相同。如果行列经过坐标原点，则把该行列上距离原点最近的结点坐标 x、y、z 放在“[ ]”内，[xyz]即为行列符号。或者在

行列上任取一点，把该点的坐标用 a、b、c 度量，取坐标系数；把坐标系数进行连比，划成无公约数的整数，将比值 x、y、z 放在“[ ]”中，$[xyz]$即为行列符号。如图 8-10（b）所示。行列符号表示一组互相平行的行列。

三、面网符号

面网符号与晶面符号基本相同，用（hkl）表示面网与各结晶轴的关系，$h:k:l$ 为面网在各晶轴上截距系数的倒数比（图 8-11）。不同的是，晶面符号表示的是晶体外形上某一晶面的方位，面网符号代表一组互相平行且面网间距相等的面网。

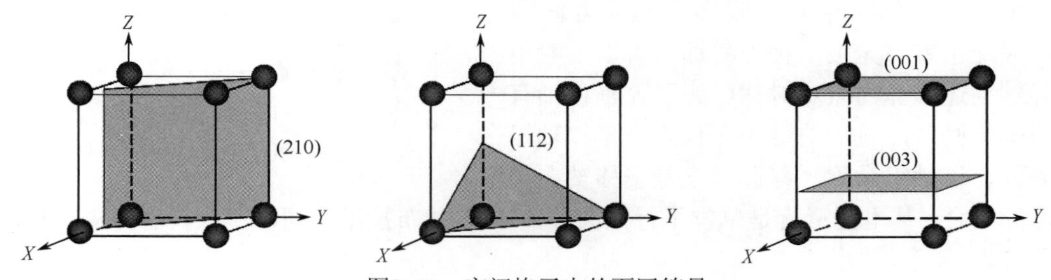

图8-11　空间格子中的面网符号

在一组互相平行的面网中，相邻的面网间距用 d_{hkl} 表示。例如某组面网的面网间距为 d_{010}，则 d_{020} 表示面网间距为 d_{010} 的 1/2 的一组面网；d_{030} 的表示面网间距为 d_{010} 的 1/3 的一组面网，如图 8-12 所示。

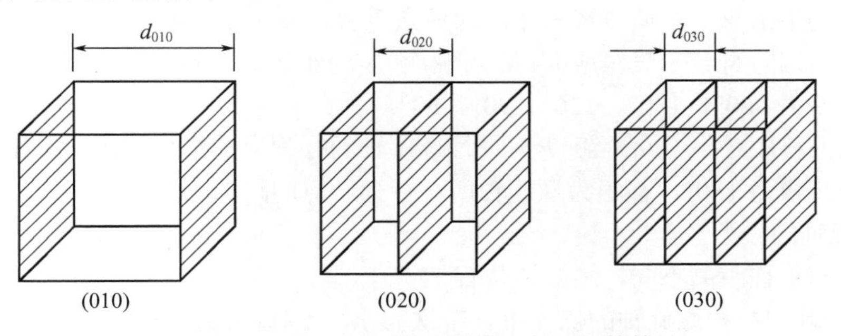

图8-12　平行于（010）晶面的几组面网的符号

第四节　晶体内部结构的对称要素

晶体结构中可能出现的对称要素包括两部分：一是在晶体外形上也能出现的宏观对称要素，即对称轴、对称面、旋转反伸轴等；二是仅在格子构造中出现的微观对称要素。后者的特点在于它们的对称变换中都包含了平移操作，而平移操作在有限的图形中不能实现，故微观对称要素不能在晶体外形上出现。晶体结构中任一对称要素，均有无穷多与之平行的对称要素存在。

一、平移轴

平移轴为晶体结构中一直线方向，沿此直线平移一定的距离以后，结构中的每一个质点都与相同的质点重合，整个结构亦自相重合。

图 8-13 所示为氯化钠晶体结构中平行（001）的一层面网，当沿 *X* 轴方向平行移动一个结点间距时，所有质点均与相同质点重合，故 *X* 轴方向就是一平移轴；同样，沿 *Y* 方向、*X*+*Y* 方向或其它任意行列方向，每平行移动一个或数个结点间距，均可使每一个质点与相同质点重合。可见在晶体结构的空间格子中，任一行列的方向都是一个平移轴。平移轴移距为行列上结点间距或其整数倍。

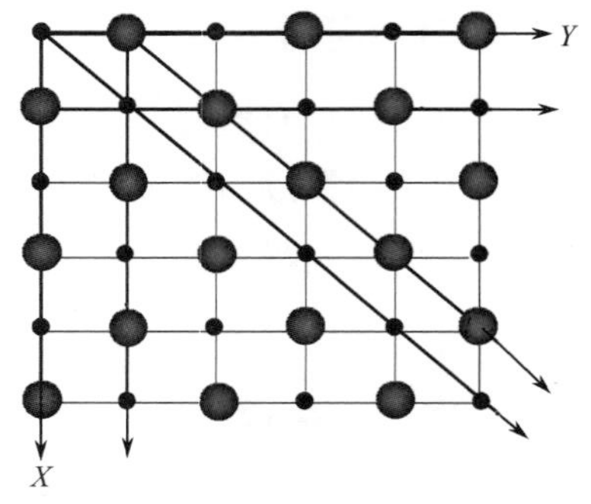

图 8–13　氯化钠晶格中的平移轴

由于空间格子中有无限多个不同方向的行列，因此也就有无限多种平移轴，所以一般不用平移轴描述晶体的微观对称。为了使平移轴有一个明确的概念，通常采用 3 个代表性平移轴组合来表征，这种组合称平移群。它是平移轴在三维空间的组合，基本图形就是单位平行六面体。用 14 种布拉维空间格子来代表微观对称的平移群。

二、螺旋轴

1. 螺旋轴的概念

螺旋轴是晶体结构中一假想直线，绕此直线旋转一定角度并平行此直线平移一定距离之后，结构中的每一个质点皆与相同的质点重合，整个结构亦自相重合。

螺旋轴的国际符号一般写成 n_s。n 为轴次，s 为小于 n 的自然数，n=1，2，3，4，6；对应的基转角为 360°、180°、120°、90°、60°。

螺旋轴的移距：t=（s/n）T。T 为平行螺旋轴的行列上的结点间距。例如，2_1 为二次螺旋轴，基转角为 180°，移距为螺旋轴所在行列结点间距的 1/2。

2. 螺旋轴的类型

按轴次和平移距离不同，螺旋轴共有 11 种，即 2_1、3_1、3_2、4_1、4_2、4_3、6_1、6_2、6_3、6_4、6_5。在以上 11 种螺旋轴的操作中，轴次为 n，平移距离为（s/n）T，这个平移距离是以右旋为标准给出的。右旋是指，把右手的大拇指伸直，其余四指并拢弯曲，则四指方向为旋转方向，大拇指为平移方向，如图 8-14（a）所示。

如果以左旋为标准，即旋转和平移按左手四指和拇指方向进行，如图 8-14（b），那么，对于螺旋轴 n_s，当一个质点绕其转动 α 后，平移距离应变为（$n-s$）$/nT$。

例如，螺旋轴 3_2，如以右旋为标准转 120° 之后，沿轴平移距离为 $2/3T$，质点与相同质点重合；如果左旋 120° ，沿轴平移（$n-s$）$/nT=1/3T$，质点与相同质点重合（图 8-15）。

因此，一般规定：

$0< s< n/2$ 时为右旋螺旋轴，包括 3_1，4_1，6_1，6_2。

$n/2<s<n$ 时为左旋螺旋轴，包括 3_2，4_3，6_4，6_5。

$s= n/2$ 时为中性螺旋轴，包括 2_1，4_2，6_3。

当移距为零时，螺旋轴就蜕变为简单的对称轴，所以对称轴可以看成是移距为零的螺旋轴。螺旋轴亦遵循晶体的对称定律，即晶体中不可能出现 5 次和高于 6 次的螺旋轴。

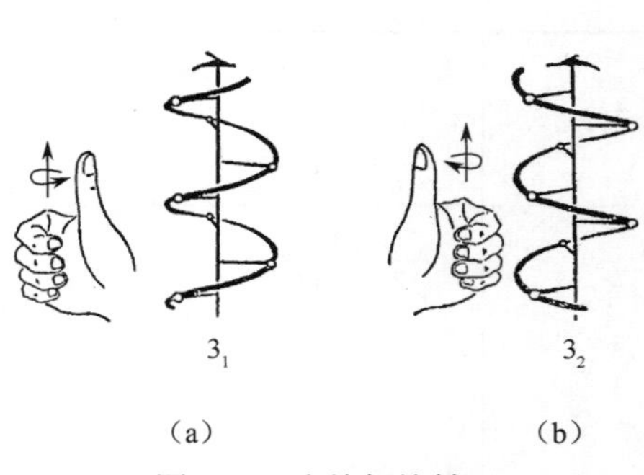

图8-14　右旋螺旋轴3_1和左旋螺旋轴 3_2

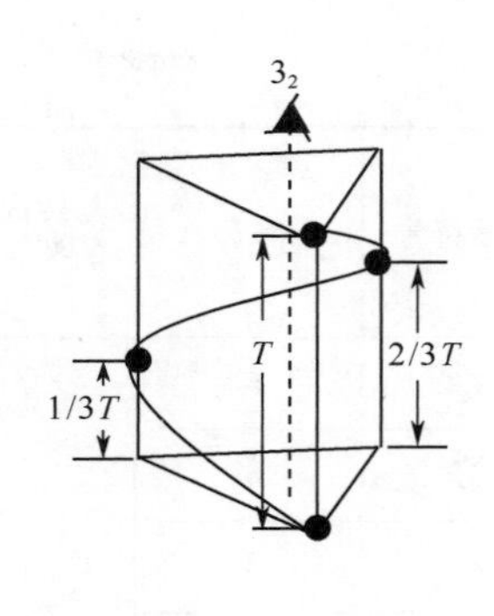

图8-15　螺旋轴3_2以右旋和左旋两种方式平移距离图解

现将晶体结构中可能出现的螺旋轴类型、螺旋轴周围点的分布特征和操作叙述如下（其图示符号见表 8-2）。

表8-2　各种对称轴螺旋轴及部分对称要素组合的图示符号

与图面的关系	图示符号	国际符号	与图面的关系	图示符号	国际符号	备　注
与图面垂直		2	与图面平行		2	① $\bar{1}$ 等效于对称中心；② $\bar{2}$ 等效于对称面；③ 与图面斜交的对称轴、螺旋轴的图示符号仅在等轴晶系晶体结构投影图中出现
		2_1				
		3			2_1	
		3_1				
		3_2				
		4			4	
		4_1				
		4_2			4_1	
		4_3				
		6			4_2	
		6_1			4_3	
		6_2				
		6_3			$\bar{4}$	

（续）

与图面的关系	图示符号	国际符号	与图面的关系	图示符号	国际符号	备　注
与图面垂直		6_4	与图面斜交		2	
		6_5				
		$\bar{1}$			2_1	
		$\bar{3}$				
		$\bar{4}$			3	
		$\bar{6}$				
		$2/m$			3_1	
		$2_1/m$				
		$4/m$			3_2	
		$4_2/m$				
		$6/m$			$\bar{3}$	
		$6_3/m$				

1 次螺旋轴：旋转 360°后平移，其效果与不旋转直接平移相同，即只进行平移操作就可使结构自相重合，所以 1 次螺旋轴就等于平移格子。

2 次螺旋轴：基转角为 180°，只有一种 2_1，移距为 $1/2T$。当移距为 0 时即为 2 次对称轴 2。如图 8–16 所示。

3 次螺旋轴：基转角为 120°，有 3_1、3_2 两种。移距为 0 时即为 3 次对称轴 3，如图 8–17 所示。

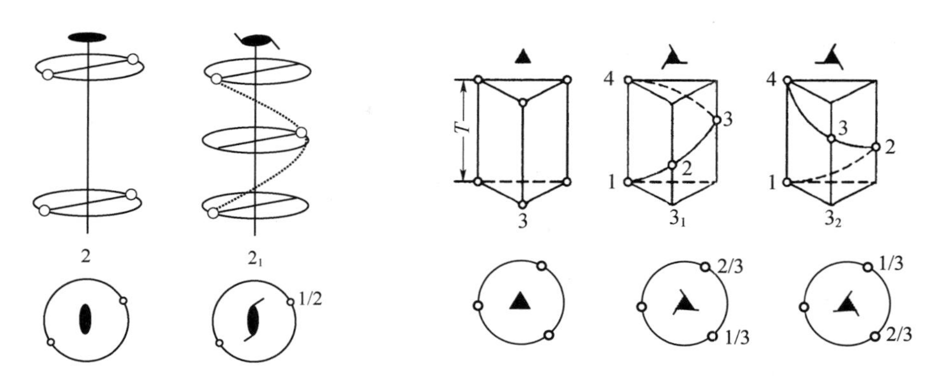

图8–16　2次对称轴（2）和2次螺旋轴（2_1）　　图8–17　3次对称轴（3）和3次螺旋轴（3_1，3_2）

4 次螺旋轴：基转角为 90°，有 4_1、4_2、4_3 三种。如图 8–18 所示。由图可以看出，4_2 在旋转和平移时有 2 个在垂直螺旋轴平面内的同时动作，4_2 被称为双轨螺旋轴，质点绕着它旋转 360°恢复原位时必须平移 2 个晶胞的距离。移距为 0 时即为 4 次对称轴 4。

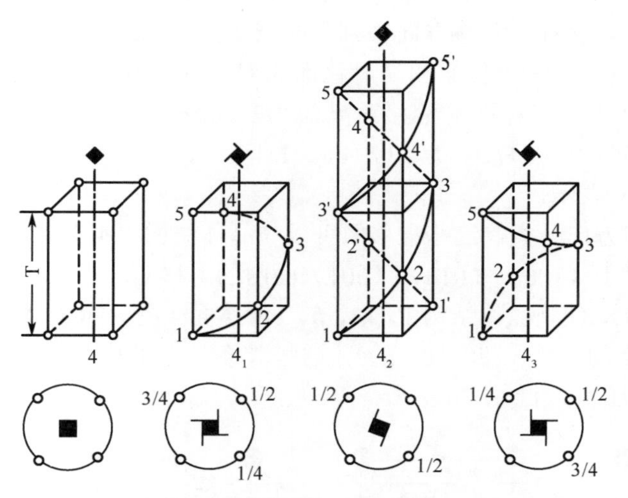

图8-18　4次对称轴（4）和4次螺旋轴（4_1，4_2，4_3）

6 次螺旋轴：基转角为 60°，共有 6_1、6_2、6_3、6_4、6_5 五种，如图 8-19 所示。由图可以看出，6_2 和 6_4 均为双轨螺旋轴；6_3 为三轨螺旋轴，即在垂直螺旋轴的同层面网内有 3 个相同质点同时绕 6_3 旋转平移，旋转 360°与相同质点重合时，需要平移 3 个晶胞的距离。当移距为 0 时即为 6 次对称轴。

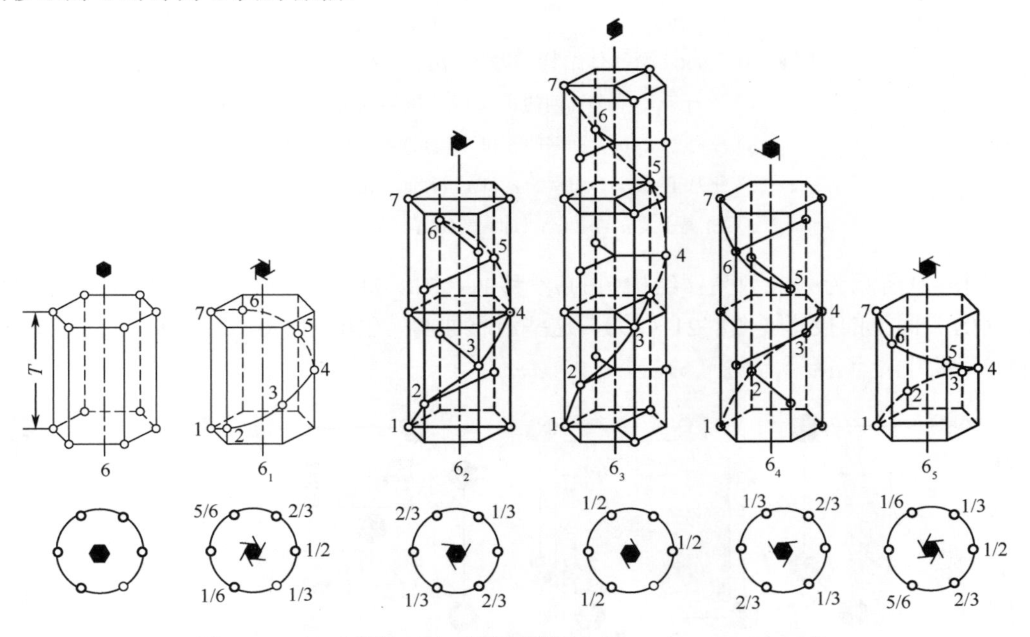

图8-19　6次对称轴（6）和6次螺旋轴（6_1，6_2，6_3，6_4，6_5）

三、滑移面

滑移面为晶体结构中的假想平面，当结构对此平面反映，并沿此平面滑移一定距离之后，结构中的每一个质点皆与相同质点重合，整个结构亦相重合。滑移面按滑移方向和滑移距离不同可分为 5 种，用国际符号 *a*、*b*、*c*、*n*、*d* 表示。

a、*b*、*c* 为轴向滑移，滑移方向分别平行 *X*、*Y*、*Z* 轴，滑移距离为轴单位的 1/2，即 1/2 *a*，1/2 *b*，1/2 *c*。*n* 滑移面和 *d* 滑移面为对角线滑移，滑移方向主要为（*a*+*b*）、（*b*+*c*）、（*a*+*c*），其中 *n* 滑移面的滑移距离为 1/2（*a*+*b*）、1/2（*b*+*c*）、1/2（*a*+*c*），*d* 滑移面的滑移距离为 1/4（*a*+*b*）、1/4（*b*+*c*）、1/4（*a*+*c*）。当移距为 0 时，滑移面就转化为对称面，以 *m* 表示。

滑移面按滑移方向分类，这些滑移面可以与晶体结构中不同方向的面网平行，其中比较重要的是平行于（100）、（010）、（001）面网的滑移面。

图8-20所示为NaCl型晶体结构中的*a*、*b*、*c*滑移面（图8-20（a）、（b）、（c））以及滑移面在（001）面上的投影（图8-20（d）），这些滑移面分别平行于（100）、（010）、（001）面网，滑移距离为1/2*a*，1/2*b*，1/2*c*。

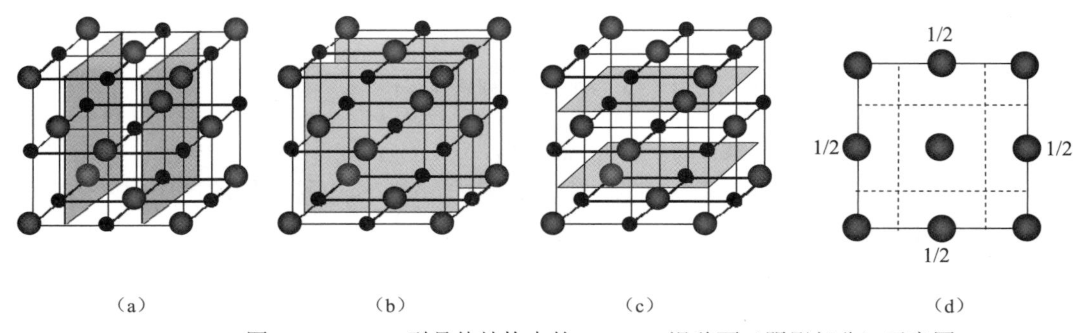

图 8-20 NaCl 型晶体结构中的 *a*、*b*、*c* 滑移面（阴影部分）示意图

（a）平行于（010）面网的 *c* 和 *a* 滑移面；滑移距离 1/2*c* 和 1/2*a*；

（b）平行于（100）面网的 *b* 和 *c* 滑移面；滑移距离 1/2*c* 和 1/2*b*；

（c）平行于（001）面网的 *a* 和 *b* 滑移面；滑移距离 1/2*a* 和 1/2*b*；

（d）Cl^-离子及 *a*、*b*、*c* 滑移面在（001）面上的投影。

图8-21所示为α-Fe型晶体结构中的*n*滑移面（图8-21（a）、（b）、（c）），以及滑移面在（001）面上的投影（图8-21（d）），这些滑移面与 （100）、（010）、（001）面网平行，滑移距离为1/2（*a*+*b*），1/2（*b*+*c*），1/2（*a*+*c*）。

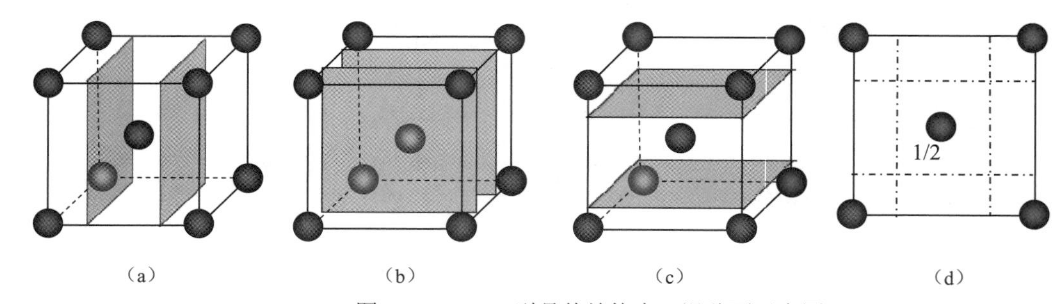

图 8-21 α-Fe 型晶体结构中 *n* 滑移面示意图

（a）滑移面平行于（010）；滑移距离 1/2（*a*+*c*）；（b）滑移面平行于（100）；滑移距离 1/2（*b*+*c*）；

（c）滑移面平行于（001）；滑移距离 1/2（*a*+*c*）；（d）Fe 原子及 *n* 滑移面在（001）面上的投影。

图8-22所示为金刚石型晶体结构（图8-22（a））以及结构中部分d滑移面在（001）面上的投影（图8-22（b）），这些滑移面分别平行于（100）、（010）、（001）面网，滑移距离为1/4（a+b），1/4（b+c），1/4（a+c）。

平行于（100）、（010）、（001）面网可能的滑移面的种类、滑移方向和滑移距离如图8-23所示。

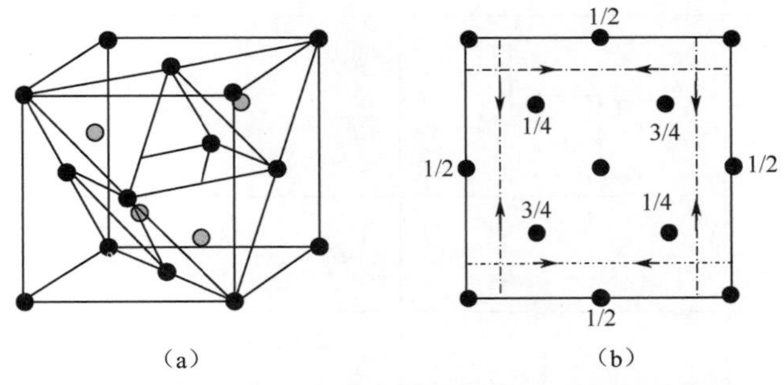

图 8-22　金刚石的晶体结和 d 滑移面示意图

（a）晶体结构图；（b）C 原子和部分 d 滑移面在（001）面上的投影。

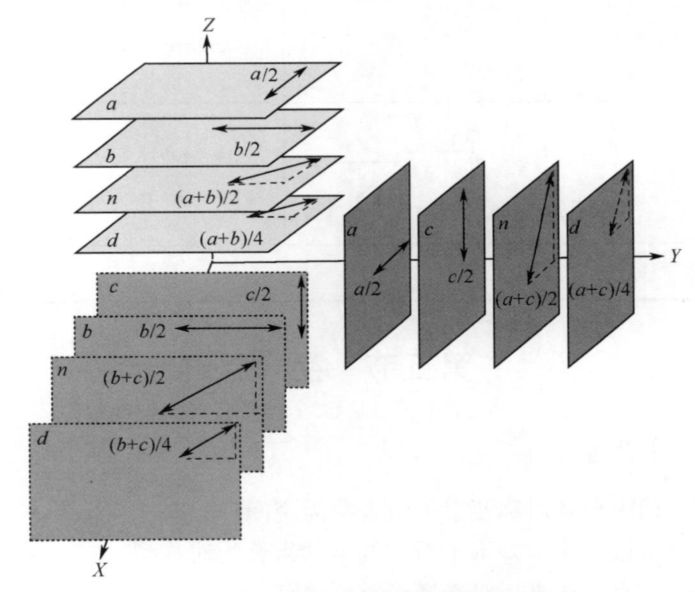

图8-23　平行于（100）、（010）、（001）面网的滑移面（a、b、c、n、d）

除了上述平行于（100）、（010）、（001）面网的滑移面之外，还存在有其它方向的滑移面。对于平行于其它面网方向的n滑移面和d滑移面，滑移方向应为相应面网的对角线方向。n滑移面的滑移距离为相应对角线长度的1/2，d滑移面的滑移距离为相应对角线长度的1/4。

晶体构造的微观对称中，面对称要素共有 6 种，即一种对称面（m）、5 种滑移面（a、b、c、n、d），晶体结构中各种对称平面的图示符号见表 8-3。

综上所述，在晶体的微观对称中，共存在 14 种平移格子、4 种对称轴、2 种旋转反伸轴、11 种螺旋轴、1 种对称面和 5 种滑移面。

表8-3　晶体结构中的各种对称面

国际符号	图示符号①		滑移的方向及距离
	垂直于图面	平行于图面	
m			无
a *b*			*a*/2 *b*/2
c			*c*/2
n			1/2（*a*+*b*）；1/2（*b*+*c*）；1/2（*a*+*c*） 1/2（*a*+*b*+*c*）；1/2（−*a*+*b*+*c*）；1/2（*a*−*b*+*c*）；1/2（*a*+*b*−*c*）；在六格子中可为 1/2（2*a*+*b*）；1/2（2*a*+*b*+*c*）等；在立方面心格子中还可为：1/4（*a*+2*b*+*c*）；1/4（2*a*+*b*+*c*）；1/4（*a*+*b*+*c*）；1/4（*a*+*b*+2*c*）
d		3/8　1/8	1/4（*a*±*b*）；1/4（*b*±*c*）；1/4（±*a*+*c*）； 1/4（±*a*±*b*±*c*）

注：① 箭头代表滑移方向

第五节　空 间 群

一、空间群概念

晶体内部结构中全部对称要素的组合称为空间群。

在前面已经讲过，晶体外形上对称要素的组合为对称型。在一个对称型中，所有的对称要素均交于一点，在进行对称操作时至少有一个点不动，因此对称型又称点群。

晶体内部结构中的对称要素的组合，是在三维空间按格子构造规律平行排列，每种对称要素皆有无穷多，而且不交于一点。部分对称要素相交，其交点亦在三维空间按格子构造规律平行排列，交点亦有无穷多。故晶体内部结构中对称要素的组合称为空间群。

晶体的微观对称是本质，宏观对称是微观对称的外部表现。微观对称要素的移距为0时，空间群就变成点群。同样，点群中的对称要素有不同移距时，即可分裂成不同的空间群。例如，晶体的点群为 4，晶体外形上仅有一个 4 次轴。从内部构造看，存在两种格子：四方原始格子和四方体心格子，而外形上的 4，在内部结构中可以为 4_1、4_2、4_3，因此，对于对称型同为 4 的晶体，内部可以有 $P4$、$P4_1$、$P4_2$、$P4_3$、$I4$、$I4_1$ 共 6 种空间群（$I4_2$=$I4$、$I4_3$=$I4_1$）。

每一种点群（对称型）都存在若干种空间群与之相对应，即外形上属于同一点群的晶体，内部结构可以分别属于不同的空间群，因此空间群的数目远超过点群数目，共有230种（表8-4）。

表8-4　230种空间群

晶系	点群		空间群								
	国际符号	圣佛利斯符号									
三斜晶系	1	C_1	$P1$								
	$\bar{1}$	C_i	$P\bar{1}$								
单斜晶系	2	$C_1^{(1\text{-}3)}$	$P2$	$P2_1$	$C2$						
	m	$C_3^{(1\text{-}4)}$	Pm	Pc	Cm	Cc					
	$2/m$	$C_{2h}^{(1\text{-}6)}$	$P2/m$	$P2_1/m$	$C2/m$	$P2/c$	$P2_1/C$	$C2/c$			
斜方晶系	222	$D_2^{(1\text{-}9)}$	$P222$	$P222_1$	$P2_12_12$	$P2_12_12_1$	$C222_1$	$C222$	$F222$	$I222$	$I2_12_12_1$
	$mm2$	$C_{2v}^{(1\text{-}22)}$	$Pmm2$	$Pmc2_1$	$Pcc2$	$Pma2$	$Pca2_1$	$Pnc2$	$Pmn2_1$	$Pba2$	$Pna2_1$
			$Pnn2$	$Cmm2$	$Cmc2_1$	$Ccc2$	$Amm2$	$Abm2$	$Ama2$	$Aba2$	$Fmm2$
			$Fdd2$	$Imm2$	$Iba2$	$Ima2$					
	mmm	$D_{2h}^{(1\text{-}28)}$	$Pmmm$	$Pnnn$	$Pccm$	$Pban$	$Pmma$	$Pnna$	$Pmna$	$Pcca$	$Pbam$
			$Pccn$	$Pbcm$	$Pnnm$	$Pmmn$	$Pbcn$	$Pbca$	$Pnma$	$Cmcm$	$Cmca$
			$Cmmm$	$Cccm$	$Cmma$	$Ccca$	$Fmmm$	$Fddd$	$Immm$	$Ibam$	$Ibca$
			$Imma$								
四方晶系	4	$C_4^{(1\text{-}6)}$	$P4$	$P4_1$	$P4_2$	$P4_3$	$I4$	$I4_1$			
	$\bar{4}$	$S_4^{(1\text{-}2)}$	$P\bar{4}$	$I\bar{4}$							
	$4/m$	$C_{4h}^{(1\text{-}6)}$	$P4/m$	$P4_2/m$	$P4/n$	$P4_2/n$	$I4/m$	$I4_1/a$			
	422	$D_4^{(1\text{-}10)}$	$P422$	$P42_12$	$P4_122$	$P4_12_12$	$P4_222$	$P4_22_12$	$P4_322$	$P4_32_12$	$I422$
			$I4_122$								
	$4mm$	$C_{4v}^{(1\text{-}12)}$	$P4mm$	$P4bm$	$P4_2cm$	$P4_2nm$	$P4cc$	$P4nc$	$P4_2mc$	$P4_2bc$	$I4mm$
			$I4cm$	$I4_1md$	$I4_1cd$						
	$\bar{4}2m$	$D_{2d}^{(1\text{-}12)}$	$P\bar{4}2m$	$P\bar{4}2c$	$P\bar{4}2_1m$	$P\bar{4}2_1c$	$P\bar{4}m2$	$P\bar{4}c2$	$P\bar{4}b2$	$P\bar{4}n2$	$I\bar{4}m2$
			$I\bar{4}c2$	$I\bar{4}2m$	$I\bar{4}2d$						
	$4/mmm$	$D_{4h}^{(1\text{-}20)}$	$P4/mmm$	$P4/mcc$	$P4/nbm$	$P4/nnc$	$P4/mbm$	$P4/mnc$	$P4/nmm$	$P4/ncc$	$P4_2/mmc$
			$P4_2/mcm$	$P4_2/nbc$	$P4_2/nnm$	$P4_2/mbc$	$P4_2/mnm$	$P4_2/nmc$	$P4_2/ncm$	$I4/mmm$	$I4/mcm$
			$I4_1/amd$	$I4_1/acd$							
三方晶系	3	$C_3^{(1\text{-}4)}$	$P3$	$P3_1$	$P3_2$	$R3$					
	$\bar{3}$	$C_{3i}^{(1\text{-}2)}$	$P\bar{3}$	$R\bar{3}$							
	32	$D_3^{(1\text{-}7)}$	$P312$	$P321$	$P3_112$	$P3_121$	$P3_212$	$P3_221$	$R32$		
	$3m$	$C_{3v}^{(1\text{-}6)}$	$P3m1$	$P31m$	$P3c1$	$P31c$	$R3m$	$R3c$			
	$\bar{3}m$	$D_{3d}^{(1\text{-}6)}$	$P\bar{3}1m$	$P\bar{3}1c$	$P\bar{3}m1$	$P\bar{3}c1$	$R\bar{3}m$	$R\bar{3}c$			

（续）

晶系	点群		空间群								
	国际符号	圣佛利斯符号									
六方晶系	6	C_6（1-6）	$P6$	$P6_1$	$P6_5$	$P6_2$	$P6_4$	$P6_3$			
	$\bar{6}$	C_{3h}（1）	$P\bar{6}$								
	$6/m$	D_{6h}（1-2）	$P6/m$	$P6_3/m$							
	622	D_6（1-6）	$P622$	$P6_122$	$P6_522$	$P6_222$	$P6_422$	$P6_322$			
	$6mm$	C_{6v}（1-4）	$P6mm$	$P6cc$	$P6_3cm$	$P6_3mc$					
	$\bar{6}m2$	D_{3h}（1-4）	$P\bar{6}m2$	$P\bar{6}c2$	$P\bar{6}2m$	$P\bar{6}2c$					
	$6/mmm$	D_{6h}（1-4）	$P6/mmm$	$P6/mcc$	$P6_3/mcm$	$P6_3/mmc$					
等轴晶系	23	T（1-5）	$P23$	$F23$	$I23$	$P2_13$	$I2_13$				
	$m\bar{3}$	T_h（1-7）	$Pm3$	$Pn3$	$Fm3$	$Fd3$	$Im3$	$Pa3$	$Ia3$		
	432	O（1-8）	$P432$	$P4_232$	$F432$	$F4_132$	$I432$	$P4_332$	$P4_132$	$I4_132$	
	$\bar{4}3m$	T_d（1-6）	$P\bar{4}3m$	$F\bar{4}3m$	$I\bar{4}3m$	$P\bar{4}3n$	$F\bar{4}3c$	$I\bar{4}3d$			
	$m\bar{3}m$	O_h（1-10）	$Pm\bar{3}m$	$Pn\bar{3}n$	$Pm\bar{3}n$	$Pn\bar{3}m$	$Fm\bar{3}m$	$Fm\bar{3}$	$Fd\bar{3}m$	$Fd\bar{3}c$	$Im\bar{3}m$
			$Ia\bar{3}d$								

二、空间群符号

1. 空间群的圣弗利斯符号

在其对称型符号的右上角加上序号即可。例如，对称型 L^4，圣弗利斯符号 C_4，对应的 6 个空间群的圣弗利斯符号为 C_4^1、C_4^2、C_4^3、C_4^4、C_4^5、C_4^6。

2. 空间群的国际符号

空间群的国际符号有两个组成部分。前一部分为格子类型，用 P、C、I、F 表示。后一部分与所属对称型的国际符号基本相同，只是将其中某些宏观对称要素换成内部结构中的微观对称要素。例如，与上述对称型 4 相对应的 6 个空间群的国际符号分别是 $P4$、$P4_1$、$P4_2$、$P4_3$、$I4$、$I4_1$。

表示空间群时，一般将两种符号并用。例如金红石，对称型 L^44L^25PC，国际符号是 $4/mmm$；空间群国际符号为 $P4_2/mnm$，圣弗利斯符号 D_{4h}^{14}，所以金红石的空间群在一般结晶学教科书中写成 D_{4h}^{14}—$P4_2/mnm$。

在上面的空间群国际符号中，P 表示格子类型为四方原始格子，$4_2/mnm$ 表示属于 $4/mmm$ 对称型，Z 轴方向存在 4 次中性螺旋轴 4_2；垂直于 X、Y 轴方向存在滑移面 n。空间群国际符号后半部分的每一个位所代表的方向，与所属对称型国际符号的每个位所代表的方向完全相同。

由于晶体内部结构的对称要素比较多而且复杂，在同一个方向上可以有不同类型的对称要素甚至不同轴次的对称轴平行排列。各方向代表性对称要素的选择一般按下列原则和顺序进行：

首先，根据有无高次轴及高次轴的方向数，无高次轴时根据 2 次轴及面对称要素的方向数确定晶系及空间格子类型；对于面对称要素，先选对称面 m；无对称面时，则依次选用滑移面 d、n 或 a、b、c，既有后者又有前者的尽量选前者。对于轴对称要素，如果某方向存在不同轴次的轴对称要素时，选最高轴次；如果最高轴次有不同类型，则按对称轴螺旋轴、旋转反伸轴的顺序选其一。

空间群除用不同书写符号表示以外，还可以用图示方法表示空间群中对称要素在三维空间的分布，称为空间群的投影图示。它是把晶体结构中一个晶胞范围内的各种等质点和微观对称要素投影到（001）面上（图 8-24）。

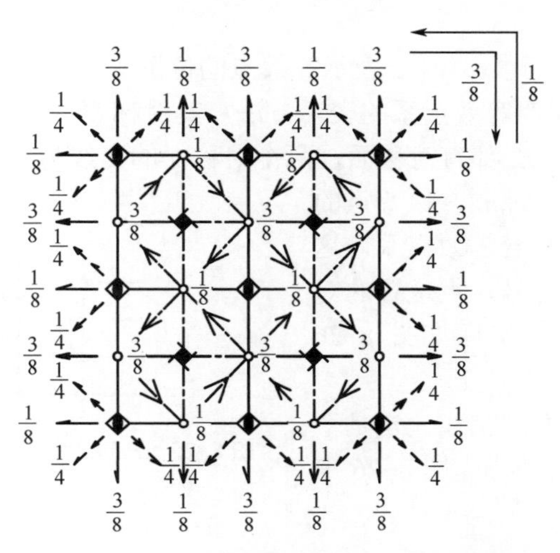

图 8-24　$I4_1/amd$ 空间群在（001）面上的投影

第六节　等 效 点 系

一、等效点系的概念

由空间群中对称要素联系起来的一组几何点的总和称为等效点系。由任一几何点起始，通过空间群中所有对称要素的作用所得的一组几何点就是一套等效点系。同一等效点系的几何点称为等效点；等效点所占据的空间位置称等效位置；同一套等效点系中的等效位置，为一组等效位置。等效点系在一个晶胞中等效点的数目为该等效点系的重复点数。

同一种对称型，由于原始晶面与对称要素的相对位置关系不同，可以推导出不同的单形，且根据原始晶面与对称要素有无特殊关系把单形分为特殊形和一般形。同理，对同一种空间群，由于原始点与对称要素的关系不同，亦可导出若干套不同等效点系，而且也有一般等效点系和特殊点系之分：特殊等效点系中的点，都位于空间群的某个或某些对称要素的位置上；一般等效点系中的点全部在对称要素之外。

二、等效点系的表示方法

对等效点系的描述包括以下几个方面：

1. 等效点系的韦考夫（Wyckoff）符号

在一个晶胞范围内，用 a、b、c、d、e、f、g …对不同的等效点系进行编号，即为等效点系的韦考夫符号。

2. 等效位置

等效位置指等效点在晶胞中所占据的位置以及点位置的对称性。

3. 等效点系的重复点数

等效点系的重复点数指一套等效点系在一个晶胞范围内等效点的数目。

晶胞角顶的点与相邻 8 个晶胞共有，按 1/8 计数；晶胞棱上的点与相邻 4 个晶胞共有，按 1/4 计数；晶胞面上的点与相邻 2 个晶胞共有，按 1/2 计数。

4. 等效点的坐标

在一个晶胞范围内，用 x、y、z 表示等效点的位置。

现以 *Pmm*2 为例说明等效点系的表示方法，其对称要素在（001）面上的分布如图 8-25 所示。每隔 $a/2$ 和 $b/2$ 都有对称面，两个对称面的交线为 2 次轴。图中阴影部分为一个晶胞的范围。对于 *Pmm*2，原始点的可能位置有 9 种，构成 9 套等效点系，这 9 套等效点系的韦考夫符号、点位置的对称性、重复点数和等效点坐标见图 8-26 和　　表 8-5。

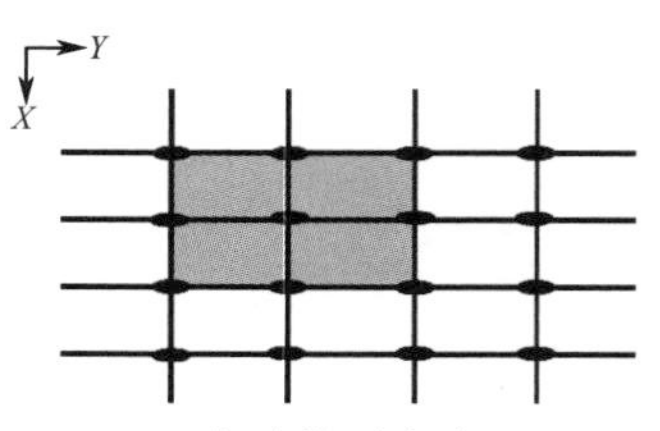

图 8-25　*Pmm*2 中对称要素在（001）面上的

由于两个垂直对称面的交线一定是个 2 次轴，为了使点位置更清晰，图 8-26 中略去了 2 次轴。

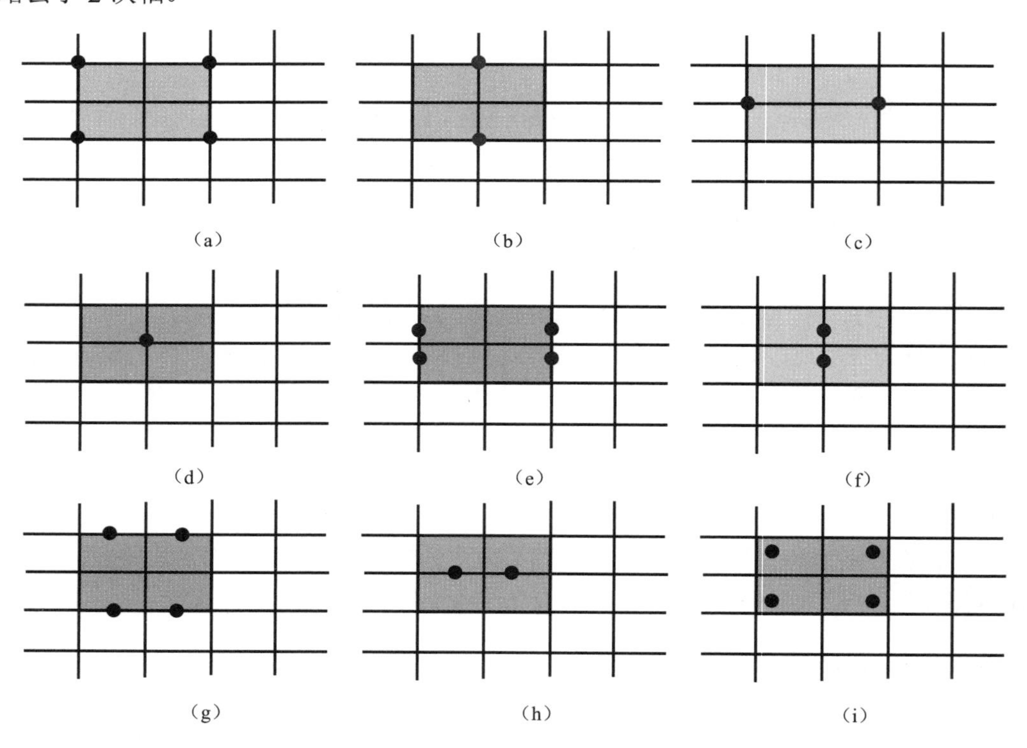

图 8-26　空间群 *Pmm*2 及其等效点系在（001）面上的投影

位置 1，韦考夫符号 a：在 $mm2$ 上，通过 m 或 L^2 的作用产生位于晶胞棱上的 4 个点。重复点数 4×1/4=1。点的坐标（0, 0, z）（图 8–26（a））。

位置 2，韦考夫符号 b：在离开 a 位置 b/2 处，也在 $mm2$ 上，通过 m 的作用产生位于晶胞面上的 2 个点，重复点数 2×1/2=1，点的坐标（0, 1/2, z）（图 8–26（b））。

位置 3，韦考夫符号 c：在离开 a 位置 a/2 处，也在 $mm2$ 位置。m 的作用产生位于晶胞面的 2 个点，重复点数为 2×1/2=1，点的坐标为（1/2, 0, z）（图 8–26 （c））。

位置 4，韦考夫符号 d：在离 a 位置（a+b）/2 处，也是 $mm2$ 位置。m 和 2 均不对其产生作用，重复点数为 1，点的坐标为（1/2, 1/2, z）（图 8–26（d））。

位置 5，韦考夫符号 e：在 m 上，通过 m 或 2 产生位于晶胞面上的 4 个点，重复点数 4×1/2=2，点的坐标为 x, 0, z；$\overline{x}$, 0, z（图 8–26（e））。

位置 6，韦考夫符号 f：在 m 上，通过 m 或 2 的作用产生 2 个点，重复点数为 2，点的坐标为（x, 1/2, z）；（$\overline{x}$, 1/2, z）（图 8–26（f））。

位置 7，韦考夫符号 g：在 m 上，通过 m 或 2 的作用产生 2 个点，重复点数为 2，点的坐标为（0, y, z）；（0, $\overline{y}$, z）（图 8–26（g））。

位置 8，韦考夫符号 h：在 m 上，通过 m 或 2 的作用产生 2 个点，重复点数为 2，点的坐标为（1/2, y, z）；（1/2, $\overline{y}$, z）（图 8–26（h））。

位置 9，韦考夫符号 i：在一般位置，m 和 2 均可对其产生作用，重复点数为 4，点的坐标为（x, y, z）；（$\overline{x}$, $\overline{y}$, z）；（x, $\overline{y}$, z）；（$\overline{x}$, y, z）（图 8–26（i））。

不同的空间群对称要素的种类和数目不同，等效点系的数目也有多有少，230 种空间群的等效点系可以在 X 射线结晶学国际表上查到。

表8–5　空间群C_{2v}^1—$Pmm2$及其等效点系

重复点数	韦考夫符号	点位置上的对称性	等效点的坐标
4	i	1	x, y, z；$\overline{x}, \overline{y}, z$；$x, \overline{y}, z$　$\overline{x}, y, z$
2	h	m	1/2, y, z；1/2, $\overline{y}, z$
2	g	m	0, y, z；0, $\overline{y}, z$
2	f	m	x, 1/2, z；$\overline{x}$, 1/2, z
2	e	m	x, 0, z；$\overline{x}$, 0, z
1	d	mm	1/2, 1/2,　z
1	c	mm	1/2, 0, z
1	b	mm	0, 1/2, z
1	a	mm	0, 0, z

三、等效点系与晶体结构

实际晶体结构中各种化学质点（原子、离子）的分布必须遵守等效点系规律，也就是说，相同的质点，可以占据一组或几组等效位置，不同的质点，不能占据同一组等效位置。

例如金红石，化学式 TiO_2，对称型 D_{4h}–4/*mmm* 空间群 D_{4h}^{14}–$P4_2/mnm$。晶体结构如图 8–27 所示。单位晶胞内有 4 个 O^{2-}，2 个 Ti^{4+}。根据等效点系理论，O^{2-}应该占据 $P4_2/mnm$ 空间群中重复点数为 4 的某套等效点位置，Ti^{4+}应该占据重复点数为 2 的某套等效位置。

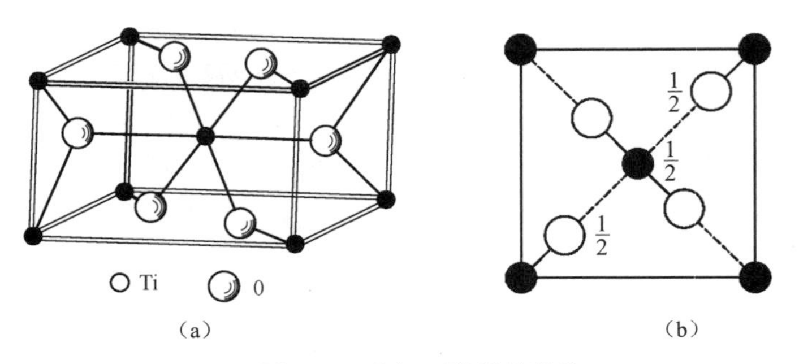

图8–27　金红石的晶体结构

（a）晶胞；（b）晶胞在（001）面上的投影。

经进一步的晶体化学分析和实验表明，Ti^4 占据的是 D_{4h}^{14}–$P4_2/mnm$ 空间群中韦考夫符号为 *a* 的一套等效点位置，其坐标为（0, 0, 0）；（1/2, 1/2, 1/2）。O^{2-}占据韦考夫符号为 *f* 的一套等效点位置，其坐标为（$x, x, 0$）；（$\bar{x}, \bar{x}, 0$）；（$\bar{x}+1/2, x+1/2, 1/2$）；（$x+1/2, \bar{x}+1/2, 1/2$）。$P4_2/mnm$ 空间群的 11 套等效点系见表 8–6，从中可以查到上述两套等效点系的等效点坐标，与晶体化学分析的结果一致。

表8–6　空间群D_{4h}^{14}—$P4_2/mnm$的等效点系

重复点数	韦考夫符号	点位置对称性	等效点坐标
16	*k*	1	x, y, z,　$\bar{x}, \bar{y}, z$　$\bar{y}+1/2, x+1/2, z+1/2$ $y+1/2, \bar{x}+1/2, z+1/2$　$\bar{x}+1/2, y+1/2, \bar{z}+1/2$　$x+1/2, \bar{y}+1/2, \bar{z}+1/2$ $y, x, \bar{z}$　$\bar{y}, \bar{x}, \bar{z}$　$\bar{x}, \bar{y}, \bar{z}$　$x, y, \bar{z}$ $y+1/2, \bar{x}+1/2, \bar{z}+1/2$　$\bar{y}+1/2, x+1/2, \bar{z}+1/2$　$x+1/2, \bar{y}+1/2, z+1/2$ $\bar{x}+1/2, y+1/2, z+1/2$　$\bar{y}, \bar{x}, z$　y, x, z
8	*j*	*m*	x, y, z,　$\bar{x}, \bar{y}, z$　$\bar{x}+1/2, x+1/2, z+1/2$ $x+1/2, \bar{x}+1/2, z+1/2$　$\bar{x}+1/2, x+1/2, \bar{z}+1/2$　$\bar{x}+1/2, x+1/2, \bar{z}+1/2$
8	*i*	*m*	$x, y, 0$　$\bar{x}, \bar{y}, 0$　$\bar{x}+1/2, x+1/2, 1/2$ $y+1/2, \bar{x}+1/2, 1/2$　$\bar{x}+1/2, y+1/2, 1/2$　$x+1/2, \bar{y}+1/2, 1/2$ $y, x, 0$　$\bar{y}, \bar{x}, 0$
8	*h*	2	$0, 1/2, z$　$0, 1/2, z+1/2$　$1/2, 0, \bar{z}+1/2$　$1/2, 0, \bar{z}$ $0, 1/2, \bar{z}$　$0, 1/2, \bar{z}$　$1/2, 0, z+1/2$　$1/2, 0, z$
4	*g*	*m2m*	$x, \bar{x}, 0$　$\bar{x}, x, 0$　$x+1/2, x+1/2, 1/2$　$\bar{x}+1/2, \bar{x}+1/2, 1/2$
4	*f*	*m2m*	$x, x, 0$　$\bar{x}, \bar{x}, 0$　$\bar{x}+1/2, x+1/2, 1/2$　$x+1/2, \bar{x}+1/2, 1/2$

（续）

重复点	韦考夫符号	点位置对称性	等效点坐标
4	e	$2mm$	0, 0, z　1/2, 1/2, z+1/2　1/2, 1/2, $\bar{z}$+1/2
4	d	$\bar{4}$	0, 1/2, 1/4，　0, 1/2, 3/4　1/2, 0, 1/4　1/2, 0, 3/4
4	c	$2/m$	0, 1/2, 0　0, 1/2, 1/2　1/2, 0, 1/2　1/2, 0, 0
2	b	mmm	0, 0, 1/2　1/2, 1/2, 0
2	a	mmm	0, 0, 0　1/2, 1/2, 1/2

第七节　晶 格 缺 陷

理想晶体的内部结构严格遵守空间格子规律。但是，实际晶体的生长环境和条件不会绝对理想和稳定，结晶母相中也总是存在着杂质组分。因此，实际晶体结构中会存在局部偏离空间格子的现象，这种现象被称为晶格缺陷。

按晶格缺陷的几何特征，可将其分为点缺陷、线缺陷、面缺陷和体缺陷 4 种。

一、点缺陷

点缺陷是指一个或几个质点范围的缺陷。有以下几种：

（1）空位：晶格中应有质点缺失就形成空位（图 8-28 中的 V_m 和 $2V_m$）。

（2）填隙：额外质点存在于正常排列的质点之间就形成填隙（图 8-28 中的 M_i）。

（3）替位：异类质点代替晶格中的固有质点，并且占据固有质点的晶格位置（图 8-28 中的M）。由于异类质点与固有质点的半径、电价不同，因此可造成不同形式和程度的晶格畸变（图 8-29）。

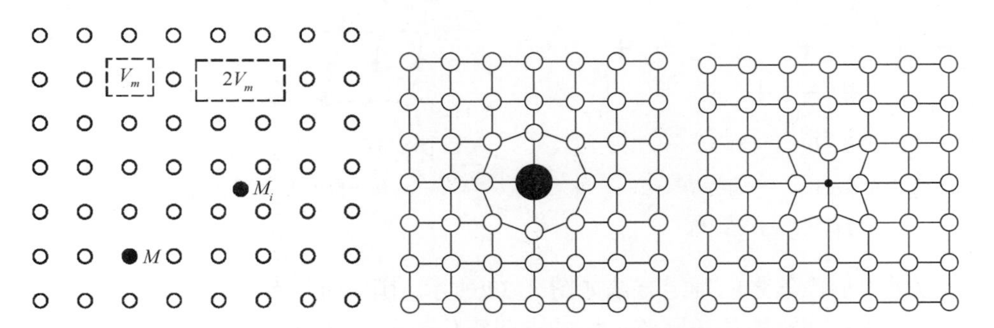

图8-28　点缺陷的主要表现形式

V_m—空位；$2V_m$—双空位；M_i—填隙；M—替位。

图8-29　替位所造成的晶格畸变

点缺陷有两种常见的形式，即弗伦克尔缺陷和肖特基缺陷。

弗伦克尔缺陷（Frenkel defect）：填隙和空位同时产生而且数目相等。当晶格中某质点脱离原有位置成为填隙质点时，为了保持电价平衡，就在原位置上形成空位，两者同时产生而且数目相等（图 8-30（a））。这种类型的缺陷最早是由弗伦克尔于 1926 年提出，故称之为弗伦克尔缺陷，常见于 AX 型离子晶体。

肖特基缺陷（Schottky defect）：晶体结构中，阴阳离子的空位同时成对出现，以保持晶格内部电价平衡（图 8-30（b））。

弗伦克尔缺陷、肖特基缺陷是由于晶格中质点的热运动引起的。一些原子或离子的动能大大超过给定温度下质点的平均动能就会离开原来位置，造成空位和填隙。

二、线缺陷

晶体结构中出现沿行列方向局部范围内的缺陷称为线缺陷。线缺陷的表现形式主要为位错。位错可以看成是在应力作用下，晶格中的一部分沿某面网相对于另一部分滑动的结果。位错有3种。

1. 刃位错

图 8-31 所示为一具有刃位错的晶体结构示意图。晶格的上半部相对于下半部产生了局部滑动，滑动距离为 1 个结点间距，滑动终止在晶格内部，结果在晶格的上半部多挤出了半层面网 *ABCD*，它像一片刀刃插入晶格直达滑动面 *ABEF*。在刃的周围邻近，质点的排列偏离了格子构造规律；而在稍远处，质点依然按格子构造规律排列。*ABCD* 面与滑动面 *ABEF* 面的交线 *AB* 即为位错线，从滑动角度看，位错线代表着滑动面上已滑动部分和未滑动部分的交线。1939 年伯格斯提出用晶格滑动矢量表示位错的特征，此矢量称伯氏矢量，以字母 ***b*** 或符号“⊥”表示。

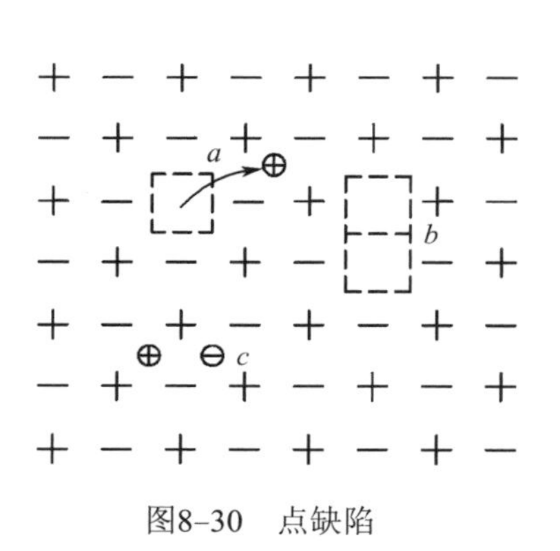

图8-30　点缺陷

a—弗伦克尔缺陷；*b*—肖特基缺陷；
c—肖特基缺陷的反型体。

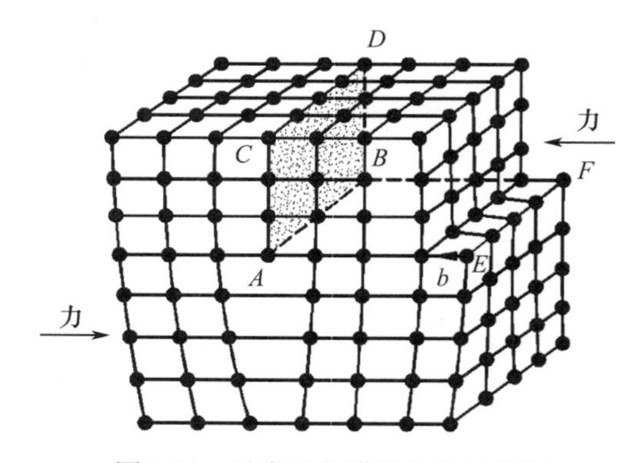

图8-31　具有刃位错的晶格示意图

AB—位错线；*b*—伯氏矢量。

刃位错中伯氏矢量的确定方法如图 8-32 所示：围绕位错线，避开位错畸变区，作一适当大小的闭合回路即伯氏回路；以结点间距作为量步单位，顺序记录每一方向的步数（图 8-28（a））。然后在同种无位错晶格中作相同回路（图 8-28（b））。即使两者之间在各个方向的步数完全相同，但后一回路不能闭合。使线路不能闭合的 *QM* 段就是伯氏矢量，其方向是由终点 *Q* 指向始点 *M*，刃位错的位错线与伯氏矢量垂直。

2. 螺旋位错

图 8-33 为一具有螺旋位错的晶格示意图。晶格前半部的上、下两部分相对滑动，滑动面为 *ABCD*，滑动面的终止线 *AB* 即为错位线。在位错线周围，质点偏离了空间格子

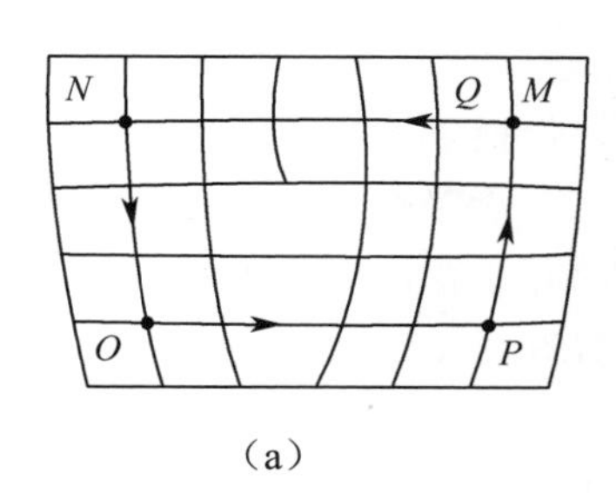

（a）

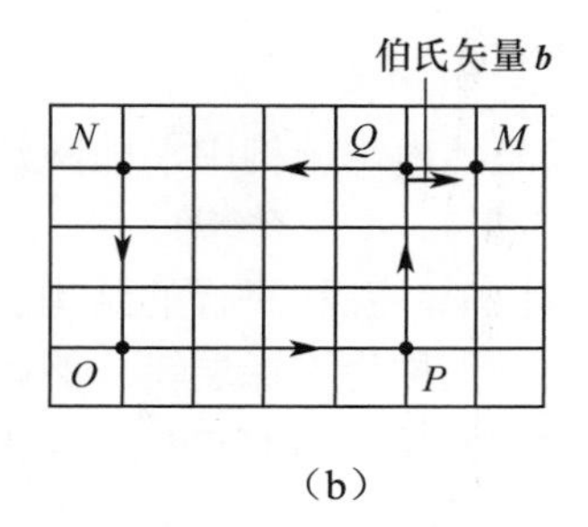

（b）

图8-32　刃位错伯氏矢量的确定

规律，在其它区域内仍正常排列。若以位错线 AB 为轴线，绕此轴在晶格的右侧表面绕行一周（$E \to F \to G \to H \to I \to C$），则面网上的结点增高一个结点间距（$EC$）。这正是一螺旋面的特征，螺旋位错的名称即由此而来。螺旋位错伯氏矢量的确定方法、步骤与刃位错相同，如图 8-34 所示。螺旋位错的伯氏矢量与位错线平行。

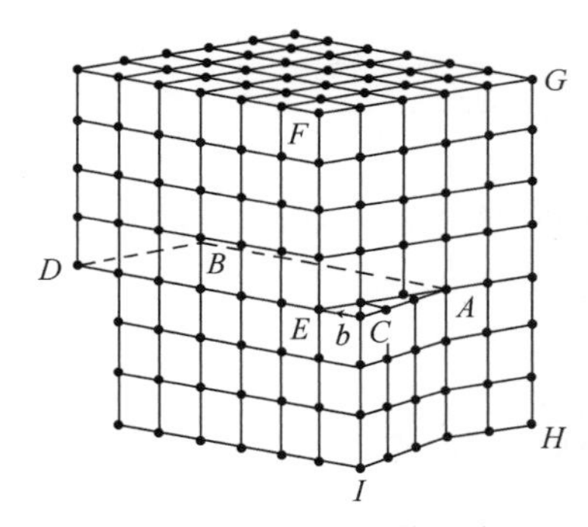

图8-33　螺旋位错晶格示意图

AB—位错线；$\boldsymbol{b}$—伯氏矢量。

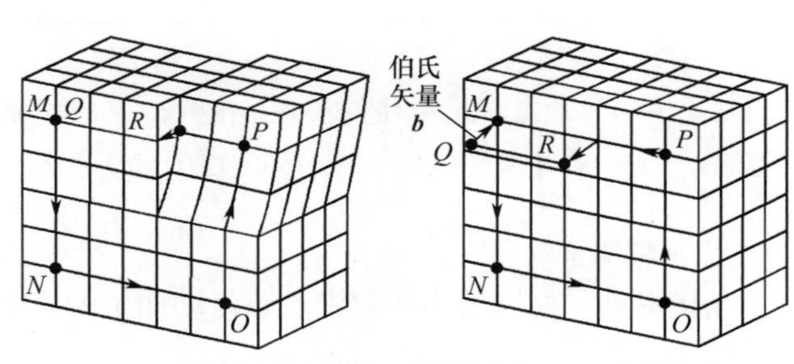

图8-34　螺旋位错伯氏矢量确定C、D之图解

3. 混合位错

混合位错的伯氏矢量与位错线既不平行也不垂直，位错线为一曲线。混合位错是由刃位错和螺旋位错混合而成。如图 8-35 所示。

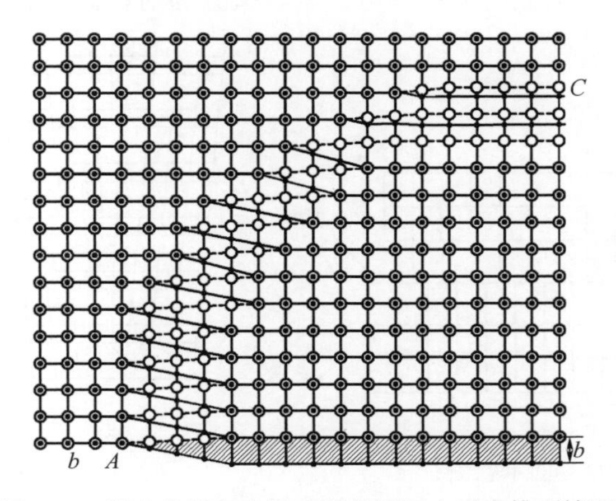

图8-35　混合位错包含滑动面的面网上质点排列情况

o 表示滑动面上部晶格底层质点排列位置；⊙表示滑动面下部晶格顶层质点排列位置。

三、面缺陷

面缺陷指晶体内部结构中沿面网延伸的缺陷。包括以下几种。

1. 堆垛层错

在晶体结构中，互相平行的结构层有固定的重复规律，如果堆积层局部偏离了原固有的重复规律，则称为堆垛层错。例如，在 *ABCABCABC*…堆积中，如果中间缺失一层 *C*，堆积层就变为 *ABCABABC*…；如果多出一层 *A*，堆积层则变为 *ABCABACABC*…。上述 *A* 和 *C* 称为层错面（图 8-36）。

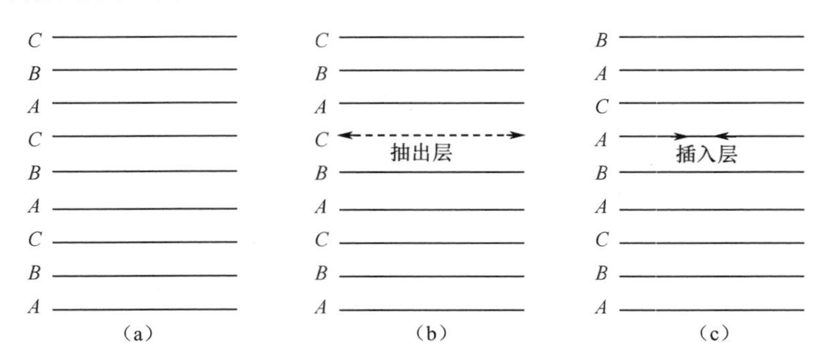

图8-36　堆垛层错产生的示意图，图中*A*、*B*、*C*分别表示不同的垂直于纸面的堆积层

（a）正常堆积层序；（b）抽出一层（*C* 层）层序；（c）插入一层（*A* 层）层序。

2. 平移界面

晶格沿某一面网发生相对滑动，滑动面上的格子构造规律被破坏（图 8-37）。

3. 晶界

存在于同种晶体内部结晶方位不同的晶格界面称为晶界。晶界处相邻两颗粒内部构造的取向不同（图 8-38）。晶界按结晶方位差异的大小不同可分为小角晶界和大角晶界。

（1）小角晶界：两晶格之间的结晶方位差小于 15°。常见的小角晶界有倾斜晶界和扭转晶界。

① 倾斜晶界：界面两侧的晶格相对倾斜。又分为对称倾斜和不对称倾斜两种。

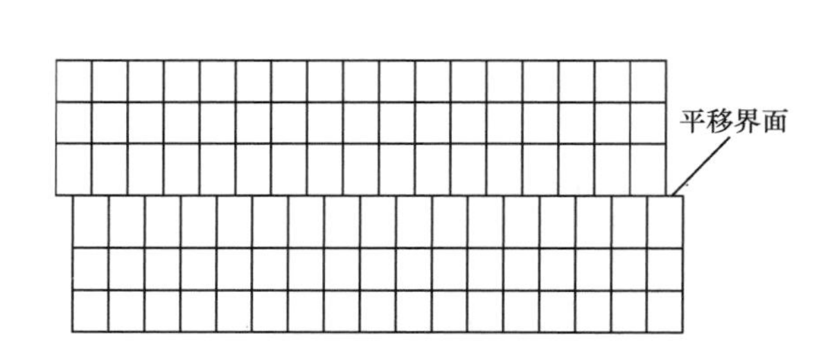

图8-37　平移界面示意图

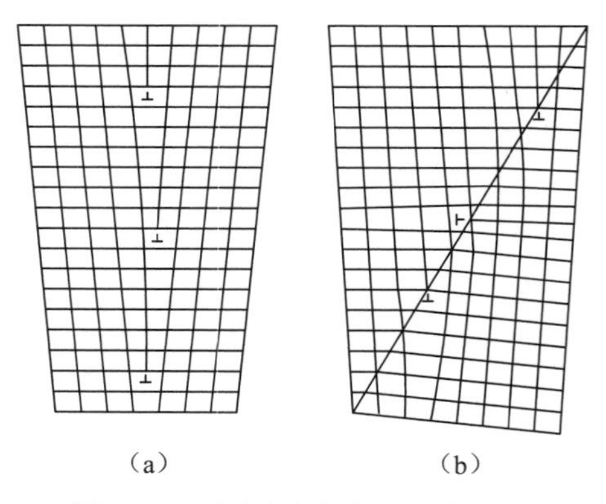

图8-38　两种小角倾斜晶示意图

（a）对称倾斜晶界；（b）不对称倾斜。

（图中“⊥”表示刃位错）

② 扭转晶界：界面两侧晶格发生相对扭转（图 8–39）。

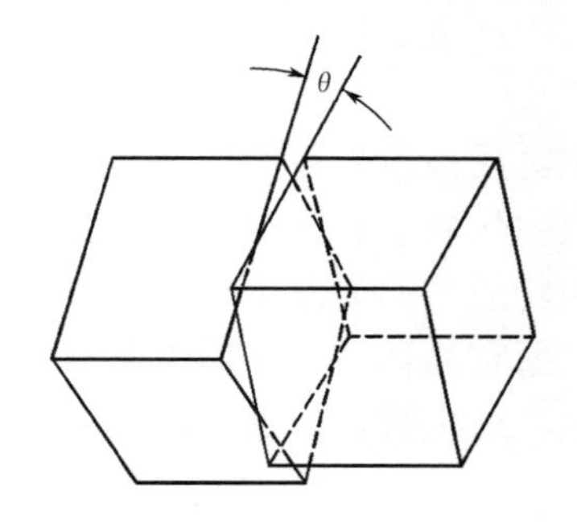

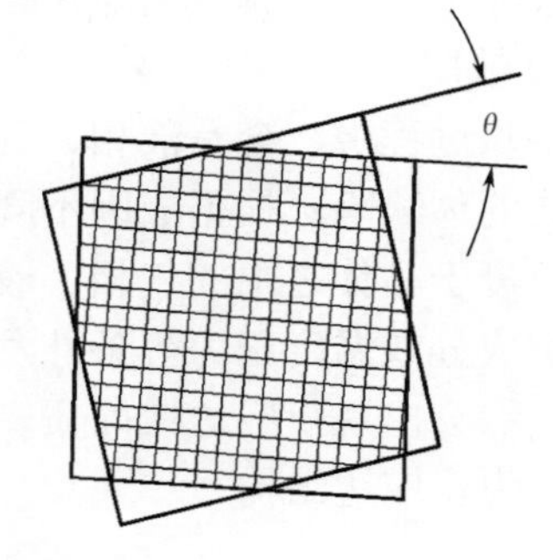

图8–39　扭转晶界形成过程

（2）大角晶界：两晶格之间的结晶方位差大于 15°，包括矿物集合体中不同单体之间的界面和双晶结合面（图 8–40）。

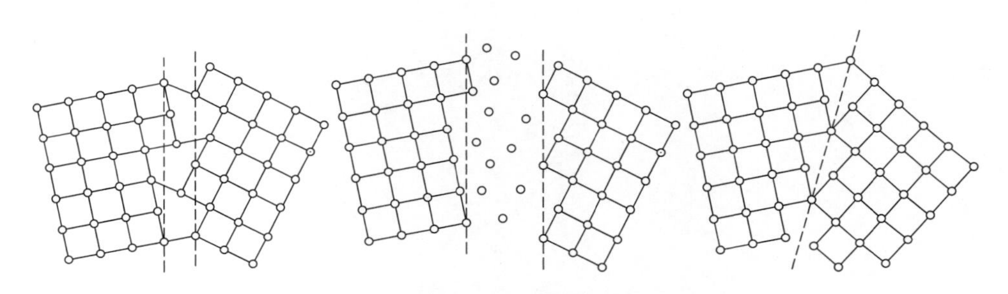

图8–40　大角度晶界的结构示意图

4. 镶嵌构造

在大的单晶体内镶嵌着多个方位差极小（0.5°～2°）的小晶粒，称为镶嵌块。由于各镶嵌块之间的方位差极小，故镶嵌块称亚晶，块与块之间的界面称亚晶界（图 8–41）。

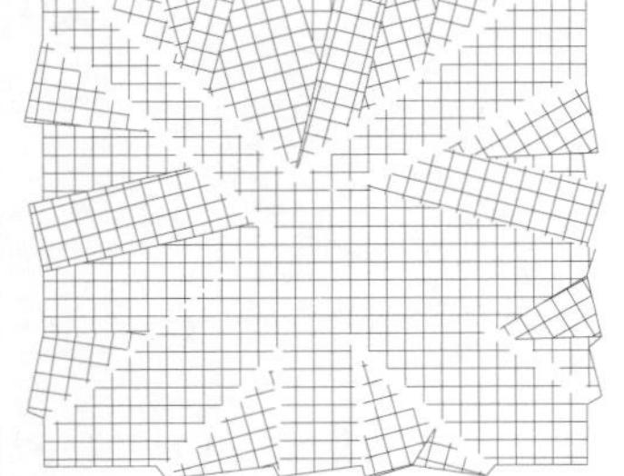

图8–41　镶嵌构造示意图

四、体缺陷

晶体结构中三维空间存在的缺陷，称为体缺陷。主要有固溶体缺陷、包裹体缺陷等。

1. 固溶体缺陷

在不破坏原有晶格的前提下，当构成点缺陷的杂质质点较多时，可将原质点看作溶剂，杂质质点看成是溶质，由此构成固态溶液称为固溶体。有置换型和填隙型两种。

（1）置换型固溶体：由杂质质点取代晶格中原质点的等效位置构成的固溶体。如果两种质点之间能够以任意比例相互取代，则称为完全固溶体或无限固溶体；如果两种质点之间只能部分互溶，则称为有限固溶体。

（2）填隙型固溶体：半径较小的杂质质点充填在晶格空隙中所形成的固溶体。这类固溶体在各类材料中是常见的，如：在无机材料中较小的 Be^{+}、Li^{+}、Na^{+}等离子，均可进入晶格中空隙位置；金属材料中填隙固溶体相当普遍，碳钢就是较小的碳原子充填在铁原子堆积的空隙中形成的典型填隙式固溶体；有些合金也是填隙式固溶体。

2. 包裹体缺陷

在晶体生长过程中，会有液相、气相或固相物质被包裹在晶体内，形成包裹体，这也是一种形式的体缺陷。根据成因不同可分为原生包裹体和次生包裹体两类。在晶体生长过程中被包裹于晶体之中的气相、液相或固相物质，称为原生包裹体；晶体形成后，由于介质化学成分或温度压力等条件发生变化，原有晶体会与介质组分发生反应，结果在晶体外部边缘会出现反应边或同质多像转变边，这也被认为是一种包裹体，称为次生包裹体，又称为反应边结构。

第九章　晶体化学基础

以上几章中已经讨论了晶体的许多外部现象和特性，以及与之有关的晶体内部结构上的某些共同规律和几何特征。但是，晶体是由化学质点在三维空间堆砌而成的，化学组成不同的晶体具有不同性质。晶体的化学组成和它的内部结构，是决定晶体各项性质的基本因素。这两者之间又是相互制约、紧密联系的，有它们自己内在的规律。这就是晶体化学所要研究的内容。

本章将分别阐述组成晶体的质点本身的某些特性以及它们相互作用时的现象和规律，包括离子类型、原子和离子半径、离子的极化、原子和离子结合时的堆积方式和配位方式、化学键和晶格类型、晶体场理论、类质同像、同质多像、多型性以及结构的有序—无序现象等。

第一节　离 子 类 型

一切晶体都是由原子、离子或分子构成的；分子也都是由原子或离子构成的。因此，原子和离子是组成晶体结构的基本单位。

一个晶体结构的具体形式，主要是由构成它的原子或离子各方面的性质所决定的。而原子和离子的化学行为，首先取决于它们外电子层的构型。

对于矿物晶体而言，大多数都属于离子化合物。组成矿物的阴离子的种类很少，阴阳离子间的结合，在很大程度上取决于金属阳离子的性质。因此，通常都是根据外电子层的构型而将金属阳离子划分为以下 3 种不同的类型。

一、惰性气体型离子

惰性气体型离子指最外层具有 8 个电子（ns^2np^6）或 2 个电子（$1s^2$）的离子，也就是具有与惰性气体原子相同的电子构型的离子。主要包括 I A、II A 主族以及与它们邻近的某些元素的离子。这些元素的电离势都比较小，明显地趋向于形成离子键。

惰性气体型离子在自然界主要形成卤化物、氧化物和含氧盐矿物。对于含氧盐矿物而言，无论是从矿物的种数，还是从分布的广泛性来看，在造岩矿物中都占了绝对优势。

二、铜型离子

铜型离子指最外层具有 18 个电子（$ns^2np^6nd^{10}$）的离子，即具有与 Cu^+ 相同的外层电子构型的离子。主要包括 I B、II B 副族以及它们右邻的某些元素的离子。这些元素的电离势较大，相当于同周期碱金属或碱土金属元素的电离势的 1.5～2 倍，因而它们有趋向于形成共价键的较强倾向。

铜型离子在自然界主要形成硫化物、含硫盐或类似的化合物。这些矿物是构成金属硫化矿床的主要矿石矿物。

三、过渡型离子

过渡型离子指最外层电子数介于 8～18 的离子。主要包括各副族元素以及它们右邻的某些元素的离子。它们的性质，视外层电子数接近于哪一端而分别接近于惰性气体型离子或铜型离子的性质。其中的 Fe^{2+}具有 14 个外层电子（$3s^23p^63d^6$），是典型的、明显具有双重倾向的过渡型离子。

在此应注意，对于某些电价可变的元素而言，其不同价态的离子，可以分别属于不同的离子类型。例如铜，Cu^+属于铜型离子；Cu^{2+}则属于过渡型离子，但其性质很接近于铜型离子。此外，注意不要把过渡型离子与过渡元素离子两个概念混淆起来。过渡元素离子包括所有副族元素的离子，其中虽然大部分也是过渡型离子，但并不完全都是。例如过渡元素离子中的 Cu^+、Zn^{2+}等，就属于铜型离子。

由于惰性气体型离子与铜型离子两者在外层电子构型上很不相同，因而两者所表现的一系列化学行为也有很大的差异。在晶体结构中，它们各自占有独特的地位，彼此间难以相互取代，由它们所组成的矿物，相互间在物理性质、形成条件等方面，也都有很大的差异。至于过渡型离子，其性质则介于上述两者之间，居于过渡的地位。

第二节　原子半径和离子半径

在晶体结构中，原子、离子的大小，尤其是相对大小，具有十分重要的意义。

原子和离子是由原子核和绕核运动的电子组成，电子绕核做球形对称运动，因此，每种原子或离子均可占据一定范围的球形空间，球的半径就是原子或离子半径。

一、绝对半径

按原子或离子的电子层构型从理论上计算得出的半径称为该原子或离子的绝对半径。

二、有效半径

在晶体结构中，一个原子或离子与周围的原子或离子相互作用达到平衡位置时所占据的空间范围为有效空间，其半径为原子或离子的有效半径。通常所说的原子或离子半径，就是指其有效半径。

原子或离子的有效半径，受两方面因素的影响：一是原子或离子本身的电子层构型，二是化学键。同种元素的不同质点与其它元素的质点以不同键力结合时，所占据的空间范围大小不同，因此有效半径又有共价半径、金属原子半径和离子半径之分。

1. 共价半径

共价单质晶体中，相邻两原子中心间距的 1/2，就是该原子的共价半径。例如，金刚石为典型的共价单质晶体，每个 C 原子皆与周围的 4 个 C 原子以共价键相连，两相邻 C 原子中心间的距离均是 0.154nm，C 原子的原子半径即为 0.077nm。

2. 金属原子半径

金属单质晶体中，相邻两原子中心间距的1/2，就是该原子的金属原子半径。例如，自然金中，两个相互接触的 Au 原子中心，相距为 0.2884nm。Au 原子的原子半径为0.1442nm。

3. 离子半径

在离子化合物晶体中，一对相互接触的阴、阳离子中心间距，就是这两个离子的半径之和，各自的半径值，可以根据密堆原理及有关晶胞参数用比较法求出。

可见，不同的半径具有不同的含义，同种元素的离子半径、共价半径及金属原子半径是不同的。

三、原子半径和离子半径的变化规律

表 9–1 和表 9–2 按周期表形式分别列出了各种元素的共价半径和金属原子半径，以及各种元素与氧或氟结合时，在不同氧化态和不同配位数情况下的离子半径。从表中所列的数据，可以看出原子半径和离子半径的如下一些规律：

对于同种元素的原子半径来说，共价半径总是小于金属原子半径。这是因为原子成共价键结合时，形成共用电子对而电子云发生相互重叠，从而缩小了原子间的距离。

对于同种元素的离子半径来说，阳离子半径总是小于原子半径，而且正电价越高，半径就越小；相反，阴离子半径总是大于原子半径，而且负电价越高，半径就越大。这是因为阳离子是丢失了价电子的原子，其正电价越高，意味着丢失的电子数越多，半径自然就越小；而阴离子是获得外层电子，负电价越高，表明得到的电子数越多，电子间相互的斥力也随之而增大，从而导致了半径的相应增大。

同种元素当氧化态相同时，离子半径随配位数的降低而减小。

同一族元素的离子半径，随着周期数的增加而增大，其中 A 亚族比 B 亚族更为明显。显然，这是由于核外电子层的层数随周期数依次递增的结果。

在同一周期的元素中，随着族次的增加，阳离子所可能具有的最高电价也相应增加，离子半径则随之而减小。这是因为在此种情况下，电子数保持不变而核正电荷相应增加，从而加大了对核外电子的吸引力，使半径减小。由上两项规律性综合导致的一个结果是，在周期表上沿着从左上到右下的对角线方向，各元素的阳离子半径彼此近于相等。

在镧系和锕系中，同价元素的阳离子半径随原子序数的增加而略有减小。这一现象称为镧系收缩和锕系收缩。这是因为，当原子序数增加时，所增加的电子不是充填最外层而是充填次外层，结果使有效核电荷略有增加，增大了原子核对核外电子的吸引力，从而导致半径的收缩。由于镧系收缩的结果，不仅使镧系元素本身之间的离子半径保持比较接近，并使镧系以后元素的离子半径，均与同一族中上一个元素的半径相等或近于相等。

过渡元素离子半径的变化趋势较为复杂，但有它自己的规律性。可用晶体场理论来予以解释。

总的来看，阳离子半径除氢几乎为 0 以外，可从 0.01nm 变化到 0.2nm，但多数介于0.05～0.12nm；阴离子半径大致在 0.12～0.22nm。一般情况下，阴离子半径都大于阳离子半径。

表 9－1 元素的共价半径和金属原子半径

原子序数	13 A1 1.25 1.43	元素符号 共价半径(Å) 金属原子半径(Å)

H 0.37																	2 He
3 Li 1.22 1.51	4 Bc 0.89 1.18											5 B 0.88	6 C 0.77	7 N 0.74	8 O 0.74	9 F 0.72	10 Ne
11 Na 1.57 1.85	12 Mg 1.37 1.60											13 A1 1.25 1.43	14 Si 1.17	15 P 1.10	16 S 1.04	17 Cl 0.99	18 Ar
19 K 2.02 2.25	20 Ca 1.74 1.96	21 Sc 1.44 1.63	22 Ti 1.32 1.45	23 V 1.22 1.31	24 Cr 1.17 立方 1.25 六方 1.35	25 Mn 1.17 1.20－1.50	26 Fe 1.16 1.24	27 Co 1.16 1.25	28 Ni 1.15 立方 1.24 六方 1.32	29 Cu 1.17 1.27	30 Zn 1.25 1.32－1.47	31 Ga 1.25 1.22－1.38	32 Ge 1.22	33 As 1.21	34 Se 1.17	35 Br 1.14	36 Kr
37 Rb 2.16 2.44	38 Sr 1.91 2.13	39 Y 1.61 1.81	40 Zr 1.45 1.60	41 Nb 1.34 1.42	42 Mo 1.29 1.36	43 Tc 1.34	44 Ru 1.24 1.33	45 Rh 1.25 1.34	46 Pd 1.28 1.37	47 Ag 1.34 1.44	48 Cd 1.41 1.48－1.65	49 In 1.50 1.62－1.68	50 Sn 1.41	51 Sb 1.41	52 Te 1.31	53 I 1.33	54 Xe
55 Cs 2.35 2.62	56 Ba 1.98 2.17	57－71 La－Lu	72 Hf 1.44 1.66	73 Ta 1.34 1.43	74 W 1.30 1.38	75 Re 1.28 1.37	76 Os 1.25 1.35	77 Ir 1.26 1.35	78 Pt 1.29 1.38	79 Au 1.34 1.44	80 Hg 1.44 1.50－1.73	81 Tl 1.55 1.67－1.70	82 Pb 1.54 1.74	83 Bi 1.52 1.55	84 Po 1.53	85 At	86 Rn
87 Fr	88 Ra	89－103 Ac－Lw															

镧系	57 La 1.69 1.87	58 Ce 1.65 1.82	59 Pr 1.65 1.82	60 Nd 1.64 1.82	61 Pm 1.80	62 Sm 1.66 1.80	63 Eu 1.85 2.04	64 Gd 1.61 1.79	65 Tb 1.59 1.77	66 Dy 1.59 1.77	67 Ho 1.58 1.75	68 Er 1.57 1.75	69 Tm 1.56 1.74	70 Yb 1.70 1.93	71 Lu 1.56 1.74
锕系	89 Ac	90 Th 1.65 1.80	91 Pa	92 U 1.42 1.53	93 Np	94 Pu	95 Am	96 Cm	97 Bk	98 Cf	99 Es	100 Fm	101 Md	102 No	103 Lw

注：1Å＝0.1nm。

表 9－2　元素的离子半径

注：本数据（单位 Å）是基于阴、阳离子半径比的准则得出的，只对于阳离子同氟和氧结合的情况是精确适用的。元素符号左边的数字为原子序数，下面的阿拉伯数字表示氧化态，罗马数字表示配位数，L 和 H 分别表示低自旋和高自旋状态。

4 Li 1 IV 0.68 VI 0.82	5 Be 2 III 0.25 IV 0.35											6 B 3 III 0.10 IV 0.20	6 C —	7 N —	10 O -2 II 1.27 III 1.28 IV 1.30 VI 1.32 VIII 1.34	11 F -1 II 1.21 III 1.22 IV 1.23 VI 1.25
11 Na 1 IV 1.07 V 1.08 VI 1.10 VII 1.21 VIII 1.24 IX 1.40	12 Mg 2 IV 0.66 V 0.75 VI 0.80 VIII 0.97											13 Al 3 IV 0.47 V 0.56 VI 0.61	14 Si 4 IV 0.34 VI 0.48	19 P 5 IV 0.25	20 S -2 IV 1.56 VI 1.72 VIII 1.78 VI 0.20	21 Cl -1 IV 1.67 VI 1.72 VIII 1.65 III 0.20 IV 0.28
20 K 1 VI 1.46 VII 1.54 VIII 1.59 IX 1.63 X 1.67 XII 1.68	20 Ca 2 VI 1.08 VII 1.15 VIII 1.20 IX 1.26 X 1.36 XII 1.43	21 Sc 3 VI 0.83 VIII 0.95	25 Ti 2 VI 0.94 3 VI 0.75 4 V 0.61 VI 0.69	26 V 2 VI 0.87 3 VI 0.72 4 VI 0.67 5 IV 0.44 V 0.54 VI 0.62	27 Cr 2 VI 0.81L 0.90H 3 VI 0.70 4 IV 0.52 VI 0.63 5 IV 0.43 6 VI 0.38	25 Mn 2 VI 0.75L 0.90H VIII 1.01 3 V 0.66 VI 0.66L 0.73H 4 VI 0.62 6 IV 0.35 7 IV 0.34	28 Fe 2 IV 0.71H VI 0.69L 0.86H 3 IV 0.57H VI 0.63L 0.73H	29 Co 2 IV 0.65H VI 0.73L 0.83H IV 0.61L 0.69H	28 Ni 2 VI 0.77 3 VI 0.64L 0.68H	29 Cu 1 II 0.54 2 IV 0.70 V 0.73 VI 0.81	31 Zn 2 IV 0.68 V 0.76 VI 0.83 VIII 0.98	31 Ga 3 IV 0.55 V 0.63 VI 0.70	32 Ge 4 IV 0.48 VI 0.62	33 As 5 IV 0.42 VI 0.58	34 Se -2 VI 1.88 VIII 1.90 6 IV 0.37	35 Br -1 VI 1.88 VIII 1.84 7 IV 0.34
37 Rb 1 VI 1.57 VII 1.64 VIII 1.68 X 1.74 XII 1.81	38 Sr 2 VI 1.21 VII 1.29 VIII 1.33 X 1.40 XII 1.48	39 Y 3 VI 0.98 VIII 1.10 IX 1.18	40 Zr 4 VI 0.80 VII 0.86 VIII 0.92	41 Nb 2 VI 0.79 3 VI 0.78 4 VI 0.77 5 IV 0.40 VI 0.72 VII 0.74	42 Mo 3 VI 0.75 4 VI 0.73 5 VI 0.71 6 IV 0.50 V 0.58 VI 0.68 VII 0.79	43 Tc 4 VI 0.72	44 Ru 3 VI 0.76 4 VI 0.70	45 Rh 3 VI 0.75 4 VI 0.71	46 Pd 1 II 0.67 2 IV 0.72 VI 0.94 3 VI 0.84 4 VI 0.70	47 Ag 1 II 0.75 IV 1.10 V 1.20 VI 1.23 VII 1.32 VIII 1.38 3 IV 0.73	48 Cd 2 IV 0.88 V 0.95 VI 1.03 VII 1.08 VIII 1.15 XII 1.39	49 In 3 VI 0.88 VIII 1.10	50 Sn 2 VIII 1.30 4 VI 0.77	51 Sb 3 IV 0.85 V 0.88 5 VI 0.69	52 Te 4 III 0.60	53 I -1 VI 2.13 VIII 1.97 VI 1.03
55 Cs 1 VI 1.78 VIII 1.82 IX 1.86 X 1.89 XII 1.96	56 Ba 2 VI 1.44 VII 1.47 VIII 1.50 IX 1.55 X 1.60 XII 1.68	57－71 La－Lu	72 Hf 4 VI 0.79 VIII 0.91	73 Ta 3 VI 0.75 4 VI 0.74 5 IV 0.72 VIII 0.77	74 W 4 VI 0.73 6 IV 0.50 VI 0.68	75 Re 4 VI 0.71 5 VI 0.60 6 VI 0.60 7 IV 0.48 VI 0.65	76 Os 4 VI 0.71	77 Ir 3 VI 0.81 4 VI 0.71	78 Pt 2 VI 0.68 4 VI 0.71	79 Au 3 IV 0.78	80 Hg 1 III 1.05 2 II 0.77 IV 1.04 VI 1.10 VIII 1.22	81 Tl 1 VI 1.58 VIII 1.68 VII 1.84 3 VI 0.97 VIII 1.08	82 Pb 2 IV 1.02 VI 1.26 VIII 1.37 IX 1.41 XI 1.47 XII 1.57 4 VI 0.86 VIII 1.02	83 Bi 3 V 1.07 VI 1.10 VIII 1.19	84 Po 4 VIII 1.16	85 At
87 Fr	88 Ra 2 VIII 1.56 XII 1.72	89－103 Ac－Lw														

镧系	58 La 3 VI 1.13 VII 1.18 VIII 1.26 IX 1.28 X 1.36 XII 1.40	58 Ce 3 VI 1.09 VIII 1.22 IX 1.23 XII 1.37 4 VI 0.88 VIII 1.05	59 Pr 3 VI 1.08 VIII 1.22 4 VI 0.86 VIII 1.07	60 Nd 3 VI 1.06 VIII 1.20 IX 1.17	61 Pm 3 VI 1.04	62 Sm 3 VI 1.04 VIII 1.17	63 Eu 2 VI 1.25 VIII 1.33 3 VI 1.03 VII 1.11 VIII 1.15	64 Gd 3 VI 1.02 VII 1.12 VIII 1.14	65 Tb 3 VI 1.00 VII 1.10 VIII 1.12 4 VI 0.84 VIII 0.96	66 Dy 3 VI 0.99 VIII 1.11	67 Ho 3 VI 0.98 VIII 1.10	68 Er 3 VI 0.97 VIII 1.08	69 Tm 3 VI 0.96 VIII 1.07	70 Yb 3 VI 0.95 VIII 1.06	71 Lu 3 VI 0.94 VIII 1.05
锕系	89 Ac	90 Th 4 VI 1.08 VIII 1.12 IX 1.17	91 Pa 4 VIII 1.09 5 VIII 0.99 IX 1.03	92 U 3 VI 1.44 4 VII 1.47 VIII 1.50 IX 1.55 5 VI 1.44 VII 1.47 6 II 0.67 IV 0.72 VI 1.44 VII 1.47	93 Np 2 VI 1.18 3 VI 1.10 4 VIII 1.06	94 Pu 3 VI 1.09 4 VI 0.88 VIII 1.04	95 Am 3 VI 1.08 4 VIII 1.03	96 Cm 3 VI 1.06 4 VIII 1.03	97 Bk 3 VI 1.44 4 VIII 1.50	98 Cf 3 VI 1.03	99 Es	100 Fm	101 Md	102 No	103 Lw

第三节　离 子 极 化

在上一节的讨论中，是把离子看成为一个具有确定半径的圆球，而晶体结构便是这些圆球按一定方式相互配置的产物。与此同时，在一般情况下，我们还把离子作为一个点电荷来对待，即认为离子中的正负电荷重心都位于离子的中心相互重合。但实际上，离子是一个具有电磁场作用范围的带电体，当处在外电场作用下时，其正、负电荷的重心便可以不再重合，结果就产生了偶极现象，即发生了极化。此时，整个离子的形状将不再呈球形，大小亦有所改变。所以，离子极化就是指离子在外电场的作用下改变其形状和大小的现象。

在离子化合物晶体中，对阴离子来说，它将受到相邻阳离子电场的作用，结果使得它本身的电子云向阳离子方向靠近，正电荷则偏向相反方向，即发生了极化；但同时，阳离子也将受到其相邻阴离子电场的作用，使阳离子本身的电子云移向背离阴离子的方向，正电荷则向阴离子方向靠近，同样也发生了极化。最终，阴、阳离子间的电子云便发生相互穿插，从而缩短了离子之间的距离，同时电子云本身相应地也发生了变形（图 9-1）。

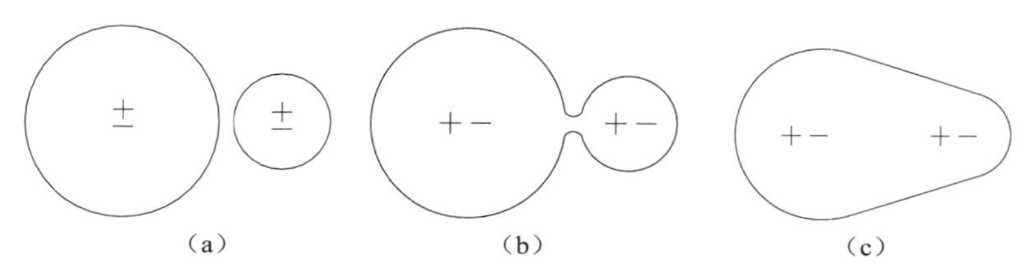

图9-1　离子极化示意图

（a）未极化；（b）有极化；（c）强烈极化。

显然，离子的极化现象包含着两个相辅相成的方面，一方面是离子受到由周围其它离子所产生的外电场的作用，导致本身发生极化，即被极化；另一方面是离子以其本身的电场作用于周围的其它离子，使后者发生极化，即主极化。离子的被极化程度，可以由极化率 α 来定量表示：

$$\alpha = \bar{\mu} / F$$

式中，F 为离子所在位置的有效电场强度；$\bar{\mu}$ 为诱导偶极矩。

$$\bar{\mu} = e \times s$$

式中，e 为电荷；s 为极化后正负电荷中心之间的距离。

至于主极化能力的大小，则可用极化力 β 来衡量：

$$\beta = W/r^2$$

式中，W 为离子电价；r 为离子半径。

不同的离子，由于它们的电子构型、离子半径和电价的高低等因素不同，因而它们的极化情况也有所不同，存在着如下的规律：

离子半径越大，极化率也越大，极化力则越小。阳离子电价越高，极化率就越小，极化力则越大。阴离子电价越高，极化率和极化力都趋于增大。最外层具有 d^n 电子（即 d 轨道具有 n 个电子）的阳离子，极化率和极化力都较大，且随电子数的增加而增大；

外层具有 18、18+2、8+2 或 2 个电子的阳离子，极化力更大；最外层具有 8 个电子的阳离子，极化力最弱。

基于以上规律，总的来看，阴离子主要因为半径大，因而易于变形，即易于被极化，且电荷越多，变形性就越大，但主极化能力则较低。阳离子一般由于电荷较多，即本身的电场强度较强，同时，半径又较小，电荷集中，因此，阳离子主要表现为对周围阴离子的主极化作用，而本身被极化的程度较弱。不过，铜型离子由于其外层电子多，因此它既易于被极化，又具有大的主极化能力。因此，在离子化合物晶体中，离子间的极化效应主要是阳离子使阴离子极化，使后者发生某种程度的变形，相应地在键性上便使离子键有了少部分的共价键成分。但对于诸如 Cu^{+}、Ag^{+}、Zn^{2+}、Hg^{2+}等铜型离子，与大半径的阴离子如 S^{2-}、I^{-}等相结合的情况而言，此时阴阳离子都很易于被极化，结果使电子云发生相当大的变形，导致离子键向共价键转变，配位数则相应减小。

第四节　紧密堆积原理

从上两节中我们可以知道，一方面，原子和离子都有一定的有效半径，其中对离子来说尽管有极化现象存在，但在离子化合物晶体中，它们的极化变形都是不大的；金属晶体中的原子则不存在极化问题。因此，我们仍可以把金属原子和离子看成是具有一定大小的球体。另一方面，离子键和金属键无方向性和饱和性，一个金属原子或离子，与其它金属原子或异号离子相结合的能力，并不受方向和数量的限制。因而从几何角度来看，金属原子或离子间的相互结合，便可以看成是球体的相互堆积。原子和离子相互结合时，要求彼此间的引力和斥力达到平衡，使晶体具有最小的内能，这在球体堆积中，就要求球体相互间做最紧密堆积。

一、等大球的最紧密堆积

1. 堆积方式

第一层：等大球在一个平面内的最紧密堆积方式只有一种，即每个球周围有 6 个球围绕，并形成两套数目相等、指向相反的弧面三角形空隙，记为 *B* 和 *C*（图 9-2）。

第二层：球只有落在第一层的空隙上才是最紧密的，即落在 *B* 或 *C* 上（两者的结果相同）。因此，两层球的最紧密堆积方式也只有一种。第二层球堆积以后，有两种形式的空隙产生：与第一层球的球心相对的空隙和贯穿两层的空隙（图 9-3）。

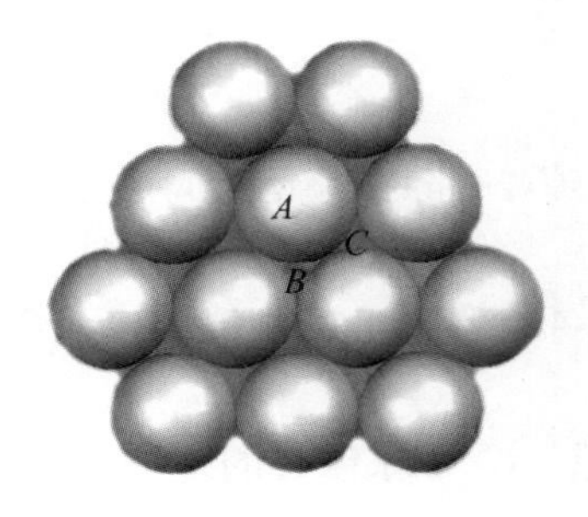

图9-2　一层球的最紧密堆积

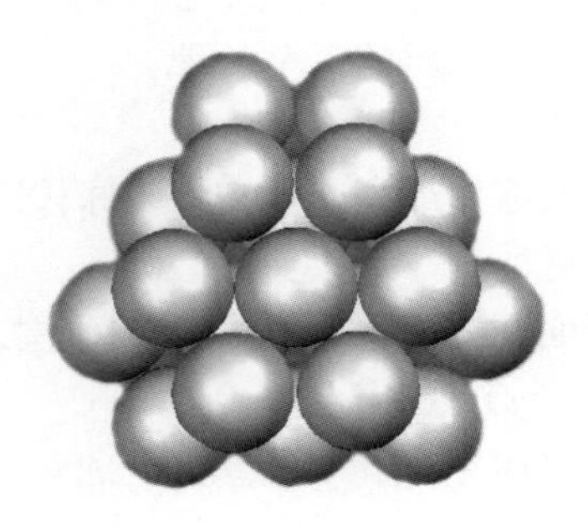
图9-3　两层球的最紧密堆积

第三层球：球要落在第二层球的空隙上才是最紧密的。有两种不同的堆积方式：

第三层球与第一层球的球心（*A* 位置）相对，即第三层球重复第一层球的位置，然后第四层球重复第二层球的位置，并按 *ABAB*…两层重复一次的规律堆积。此时球的分布恰与空间格子的六方格子一致，故称六方最紧密堆积（图 9-4）。

第三层球不与第一层球重复，而是落在贯穿一、二层球的空隙上，然后第四层与第一层球的球心重复，并按 *ABCABC*…三层重复一次的规律堆积（图 9-5）。

此时，球的分布恰与空间格子中的立方面心格子一致，故称立方最紧密堆积。其堆积方向垂直于（111），堆积层平行于（111），从中可以划分出立方面心格子（图 9-6）。

图9-4　六方最紧密堆积

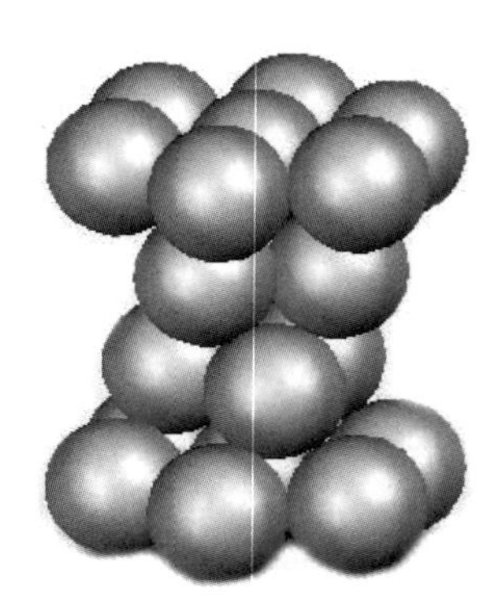

图9-5　立方最紧密堆积

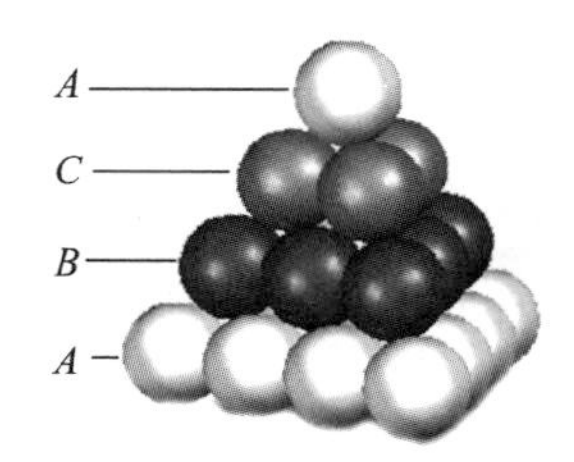

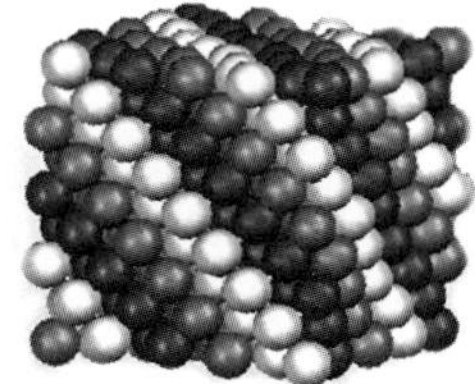

图9-6　立方最紧密堆积球体堆积的重复规律

以上两种方式是最基本最常见的重复方式。此外，还可以有其它的重复方式，如 *ABACABAC*…四层重复一次，*ABABCABABC*…五层重复一次等。在等大球的最紧密堆积中，球只可能落在 *A*、*B*、*C* 三种位置上，因此用 *A B C* 三个字母的组合，就可以表示任何最紧密堆积层的重复规律。

2. 空隙

等大球体最紧密堆积中，球体之间仍存在空隙，空隙占整体空间的 25.95%，空隙的类型有两种。

四面体空隙：处在 4 个球包围之中的空隙，4 个球球心的连线构成一个四面体形状（图 9-7（a）、（b））。

八面体空隙：处在 6 个球包围之中的空隙，6 个球球心的连线构成八面体形状（图 9-7（c）、（d））。

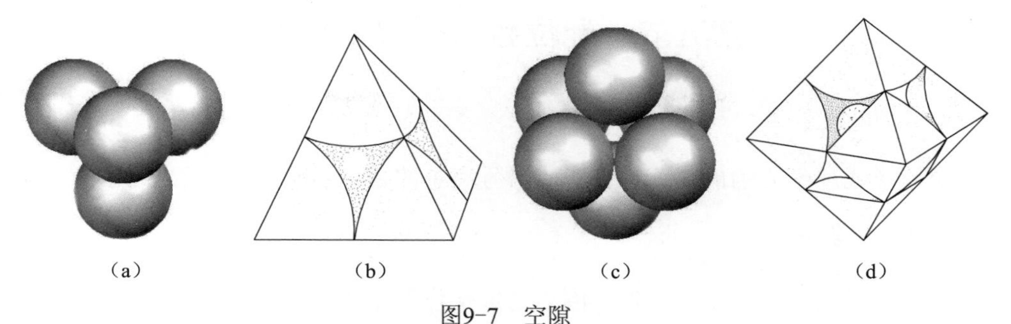

图9-7　空隙

（a）、（b）四面体空隙；（c）、（d）八面体空隙。

由图 9-3 和图 9-8 可以看出：在两层球作最紧密堆积时，每个球下部周围有 3 个八面体空隙和 4 个四面体空隙；当在其上堆积第三层球时，该球上部周围同理将有 3 个八面体空隙和 4 个四面体空隙。故无论何种堆积方式，每个球周围共有 6 个八面体空隙和 8 个四面体空隙。

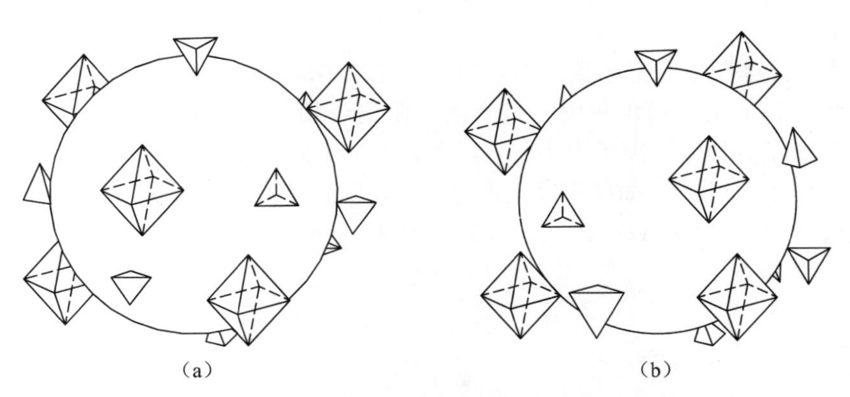

图9-8　最紧密堆积中任意球周围的四面体空隙和八面体空隙

（a）六方；（b）立方。

由于八面体空隙是由 6 个球围成，每个球所占有的空隙数只有 1/6 个。一个球周围有 6 个八面体空隙，属于这个球八面体的空隙数只有 6×1/6 个，即 1 个。

四面体空隙由 4 个球围成，每个球所占有的空隙数只有 1/4 个，一个球周围有 8 个四面体空隙，属于这个球的四面体空隙，只有 8×1/4=2 个。

结论：*n* 个球做最紧密堆积时，一定会产生 *n* 个八面体空隙和 2*n* 个四面体空隙。

二、不等大球体的最紧密堆积

在不等大球体的堆积中，是较大的球做最紧密堆积，较小的球视半径大小不同充填在四面体或八面体空隙中，形成不等大球体的最紧密堆积。

在金属的晶体结构中，金属原子的结合可视为等大球体的最紧密堆积。在离子化合物晶体中，一般是阴离子做最紧密堆积，阳离子充填在四面体或八面体空隙中，从而形成不等大球体的最紧密堆积。例如，在氯化钠的晶体结构中，Cl^-做立方最紧密堆积，Na^+充填了全部的八面体空隙，Na^+:Cl^-个数为 1:1。

第五节　配位数与配位多面体

一、配位数

每个原子或离子周围最邻近的原子或异号离子的数目，称为该原子或离子的配位数。

二、配位多面体

以一个原子或离子为中心，将周围与之成配位关系的原子或异号离子的中心连接起来构成的几何多面体，称为配位多面体。

在金属晶体结构中，金属原子呈最紧密堆积，配位数较高，为 8、12。若每个原子周围有 12 个原子，则配位数为 12，配位多面体形态为立方八面体。

离子化合物晶体中，在大多数情况下是阴离子做最紧密堆积，阳离子充填在四面体或八面体空隙中，离子晶体中阳离子的配位数普遍是 4 和 6 就验证了这一点。但是在实际上，离子化合物晶体中还存在 3、8、12 等配位数，却很少有 5、7、9 等配位数。

决定离子晶体阳离子配位数的因素很多，在很多场合半径比 r^+/r^- 起着重要作用。因为在非等大球体的最紧密堆积中，只有阴、阳离子相互接触时，结构才是稳定的，如图 9-9（a）所示。如果阳离子再小一点，那么当减小到阴离子相互接触时，结构就开始不稳定了（图 9-9（b））。如果阳离子再小一点，阴、阳离子脱离了接触（图 9-9（c）），这时结构很容易变化而导致配位数的改变（图 9-9（d）、（e））。

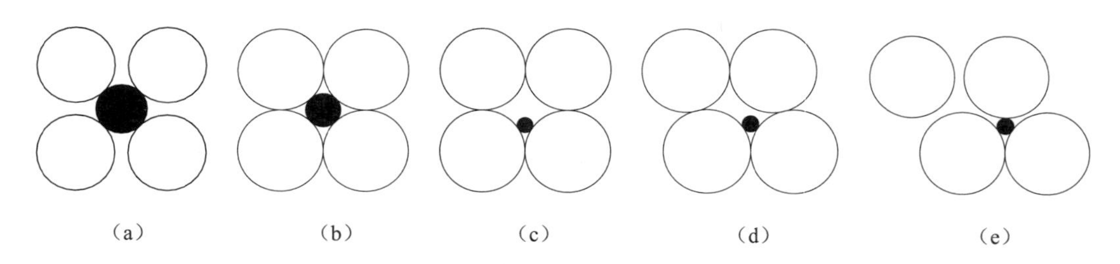

图9-9　离子配位稳定性图解

阴、阳离子相互接触而阴离子也相互接触时，结构开始不稳定，这时的半径比 r_c/r_a（r_c 为阳离子半径，r_a 为阴离子半径）为该配位数的半径比下限。

对于四面体配位，用立方体辅助图形来计算其半径比下限，如图 9-10 所示，立方体 6 个面对角线构成一个正四面体，立方体中心就是四面体中心。如果立方体边长为 a，则从四面体中心到顶点的距离为 $\sqrt{3}/2a$，r_a 应是正四面体边长的 1/2，即 $\sqrt{2}/2a$，这样阴离子构成的空隙内能够容纳的阳离子的半径为

$$r_c = (\sqrt{3}/2)a - (\sqrt{2}/2)a$$

$$r_c/r_a = \left[(\sqrt{3}/2)a - (\sqrt{2}/2)\right]a/(\sqrt{2}/2)a$$

$$= (\sqrt{3} - \sqrt{2})/\sqrt{2} = 0.225$$

式中，0.225 就是配位数为 4 时（四面体配位），晶体结构保持稳定的阳离子和阴离子的半径比下限。

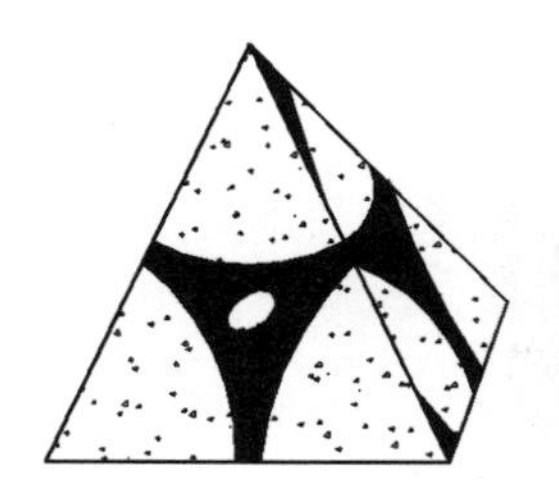

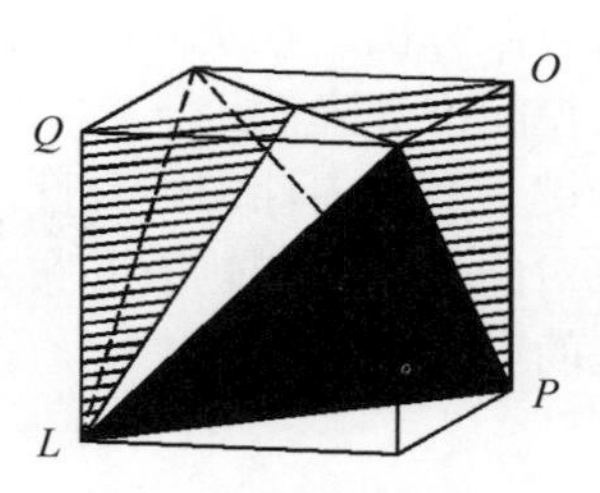

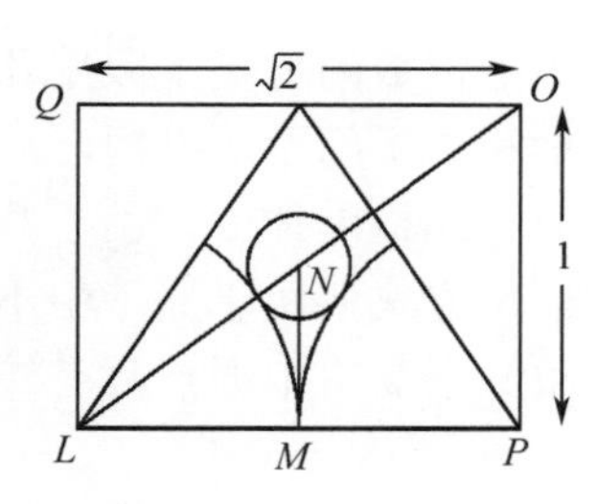

图9-10 四面体配位时阳、阴离子半径比下限求解

对于八面体配位，从八面体空隙的剖面（图 9-11）可知，正方形的对角线为

$$2r_a+2r_c=2\sqrt{2}\,r_a$$

$$r_a+r_c=\sqrt{2}\,r_a$$

$$r_c/r_a=\sqrt{2}-1=0.414$$

0.414 就是配位数为 6 时（八面体配位）结构稳定的半径比下限。各种配位数的半径比下限列在表 9–3 中。阴离子多面体形状见图 9–12。

图9-11 八面体配位时r_c/r_a值图解

表9–3 阴阳离子半径比值与配位数的关系

r_c/r_a	阳离子配位数	阴离子多面体形状	实例
1	12	立方八面体	Cu
1～0.732	8	立方体	萤石、氯化铯
0.732～0.414	6	八面体	石盐、方镁石
0.414～0.225	4	四面体	氧化硅、氧化铈
0.225～0.155	3	三角形	氧化硼
0.155～0.000	2	哑铃状	干冰

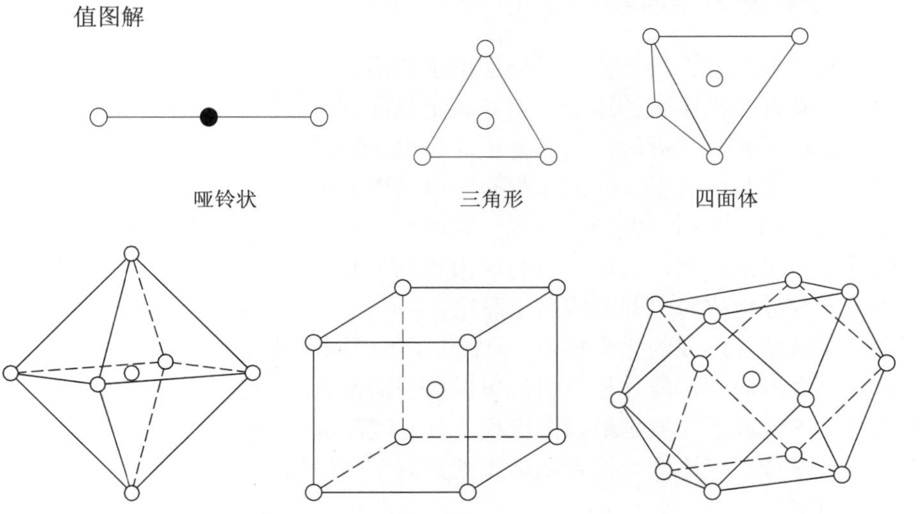

图9–12 配位阴离子多面体的形状

上述配位数的稳定下限用几何方法算出。在实际晶体结构中，由于离子极化将导致离子变形和离子间距的缩短，从而使配位数降低。

在原子晶格晶体中，由于共价键具有方向性和饱和性，原子之间不是紧密堆积，配位数和配位方式取决于原子中不成对的电子数和轨道展布方向，与原子大小及半径比值无关。故原子晶格中质点具有较低的配位数。

第六节　化学键与晶格类型

在上两节中，我们从几何的角度出发，讨论了决定晶体结构的某些因素，这些因素在实际中都是起作用的。但是，在一个具体的晶体结构中，各种因素最终将综合而集中地表现在化学键的问题上。

我们知道，晶体都是具有一定化学组成的化合物或单质。在晶体结构中，原子、离子及分子相互间以一定的作用力相维系而处于平衡位置，从而形成格子构造。从化学中我们已经知道，晶体中各个直接相连接的原子（或离子）之间强烈吸引的相互结合力，称为化学键。化学键的生成，主要是由于相互作用的原子，它们的价电子在核间进行重新分配，以便达到稳定的电子构型的结果。不同的原子，由于它们倾向于丢失电子或接受电子的能力不同，因而在相互结合时，便可以形成不同的化学键，主要包括离子键、共价健和金属键 3 种基本的化学键型。加上存在于分子之间的、较弱的相互吸引力分子键，共有 4 种基本键型。此外，在某些化合物中，氢原子还能与分子内或其它分子中的某些原子形成氢键，是介于化学键与分子键之间的一种中间键型。

不同的晶体，当内部的键性相同时，常在物理性质上表现出共同点；键性不同时，物理性质特点亦有显著不同。因此，根据晶体结构中占主导地位的化学键的类型，将晶体结构分为离子晶格、原子晶格、金属晶格、分子晶格等几种类型。

一、离子键与离子晶格

以离子键结合的质点，是丢失了外层电子的阳离子与获得外层电子的阴离子。这是由于当两种电负性相差很大的原子，例如碱金属或碱土金属元素的金属原子，与卤素或氧族的非金属原子相互接近时，前者易于失去电子而成为阳离子，后者则捕获电子，使外电子层充满而成为阴离子。阳离子带有正电荷而阴离子带有负电荷，阴、阳离子之间便由静电引力而相互吸引，但当接近到一定距离以后，阴、阳离子中带负电荷的电子云相互间的斥力将迅速增加，最后引力与斥力达到平衡，便形成稳定的离子键。当晶体结构中离子键占主导地位时，即构成离子晶格。

在以离子键结合形成的化合物中，一个离子可以同时和几个电荷相反的离子相结合，而且无论在哪个方向上都能互相吸引，所以离子键是无方向性和饱和性的。

离子晶格中，离子一般呈最紧密堆积，具有较高配位数。为了保持电性中和，异性离子之间必须保持一定比例。符合鲍林规则是离子晶格的最基本特征。

1. 鲍林规则

鲍林用配位多面体描述晶体结构，他把整个晶体结构看成是由配位多面体连接而成。这样的结构描述可归纳为两条：

（1）配位多面体的形状。

（2）配位多面体的连接方式。

这两点就抓住了晶体结构的要害，既方便又能反映晶体结构的本质。现将鲍林规则简述如下：

第一规则——阴离子多面体规则。在阳离子周围形成一个阴离子的配位多面体，阴阳离子的距离是离子半径之和，阳离子的配位数取决于阳离子和阴离子半径之比。

第二规则——静电价规则。在一个稳定的离子晶体中，每一个阴离子的电价，等于或近乎等于相邻各阳离子分配给这个阴离子的静电键强度的总和。

$$Z^-=\sum S$$

式中，Z^-为负离子电价；

S为阳离子分配给配位多面体角顶上每个阴离子的静电键强度。

$$S=Z^+/C.N.$$

式中，Z^+为阳离子电价；

$C.N.$为阳离子配位数。

通常Z^-与$\sum S$之间是相等的，偏差发生在稳定性较差的结构中，一般不超过1/6。

静电价规则说明了一个阴离子应该与几个阳离子相连，可以帮助确定结构中和一个阴离子连接的配位多面体的数目。

例如，在NaCl的晶体结构中，Cl^-做立方最紧密堆积，Na^+的电价为+1，配位数为6，Na^+分配给八面体角顶上的每个Cl^-的静电键强度$S=1/6$。而Cl^-的负电价为1，为使电价平衡，每个Cl^-应与6个Na^+相连，使$Z^-=\sum S=1/6\times6=1$。因此Cl^-的配位数也是6，即每个Cl^-应该成为6个$[NaCl_6]$八面体的公共角顶，所连接的八面体数目为6。

再如，在TiO_2的晶体结构中，Ti^{4+}的配位数是6，Ti^{4+}分配给每个O^{2-}的静电键强度$S=4/6=2/3$。而氧离子的电价为2，因此，每个O^{2-}必须与3个Ti^{4+}相连，即成为3个$[TiO_6]$八面体的公共角顶，使$Z^-=3\times2/3=2$。

第三规则——同种多面体共棱共顶规则。晶体结构中两个同种阳离子的配位多面体共棱尤其是共面时，会降低结构的稳定性，对高电价、低配位数的阳离子来说这个效应更加明显。

这是因为相邻两个配位多面体，从共角顶到共棱、共面，中心阳离子之间距越来越小，相互之间的斥力迅速增加，使结构的稳定性降低。

假定两个配位四面体共顶时中心阳离子之间距为1，则共棱时间距为0.58，共面时间距为0.33；如果两个配位八面体共顶时中心阳离子之间的间距为1，则共棱时间距是0.71，共面时为0.58。

可见，相邻两个配位多面体共用的阴离子数目越多（共顶时为1，共棱时为2，共面时为3），中心阳离子就越靠近，结构就越不稳定，且八面体共面的晶体结构要比四面体共面时稳定得多。故在实际离子晶体中，配位八面体共面相连的情况较少见到，配位四面体共面相连尚未发现，足见这类结构十分不稳定。

第四规则——多种多面体相连规则。在晶体化学式中有几种阳离子，结构中就会存在几种配位多面体。其中高电价、低配位数的阳离子的配位多面体，倾向于互不共用几何要素。

例如，在镁橄榄石$Mg_2[SiO_4]$中，存在Si^{4+}和Mg^{2+}两种阳离子，有两种配位多面体：

$[SiO_4]$四面体和$[MgO_6]$八面体。$[SiO_4]$四面体彼此不相连接，但$[SiO_4]$四面体和$[MgO_6]$八面体共顶或共棱相连。

第五规则——节约规则。在同一晶体结构中，本质不同的结构组元的数目趋向于最少，即同一晶体中，参加晶体结构的离子的种类应尽量地少，而且所有相同的离子应该在结构中占据相同的位置。

例如在上例中，参加晶体结构的离子只有 3 种，Si^{4+}全部充填在四面体空隙中，Mg^{2+}全部充填在八面体空隙中，且$[SiO_4]$四面体全部是孤立岛状由$[MgO_6]$八面体相连，没有其它充填及连接方式。否则，多种多样的配位多面体很难形成统一有规则的结构骨架，也很难使所有相同的阴离子具有相同环境。

上述五项规则的第一项，戈尔施密特的结晶化学定律已经总结过，鲍林实际上只把戈尔施密特定律稍加发展。在分析较复杂的晶体结构时，将结构看成是以一定方式连接起来的阴离子配位多面体，其结晶化学特征就更加明显。第二、第三规则是鲍林规则的核心。第四规则是第三规则的延续，第五规则的应用较少。鲍林规则适用于离子晶体。对具有共价键成分的离子晶体也适用。

2. 离子晶体的物理性质

（1）折射率、反射率低，透明或半透明，非金属光泽。

（2）膨胀系数小。

（3）硬度、熔点有较大的变化范围。

离子晶体的物理性质，与离子键的特征密切相关。因为离子晶体中电子属于一定的离子，离子之间的电子密度小，光线易于穿透且很少吸收，所以，离子晶体的折射率、反射率低，基本上都呈透明半透明，具有非金属光泽；其次，离子键的键力较强，晶体不易膨胀，故膨胀系数小；同时，由于离子键强度与离子电价的乘积呈正比，与离子半径之和成反比，而不同晶体的离子半径及电价有较大变化范围，使不同离子晶体的硬度和熔点也有较大的变化范围。

二、共价键和原子晶格

以共价键结合的质点不是离子而是原子。当原子以共价键结合时，每个原子都以共用电子对的方式达到稳定电子构型。当两种电负性相差很小或相等（即同种元素）的非金属原子相互接近时，由于双方都有夺取对方电子的倾向，而两者夺取电子的能力又很接近或完全相等，结果，通常是由双方各自提供若干电子，组成共用电子对，由共用电子对把带正电荷的原子相互联系起来，从而便形成了共价键。

原子晶格中占主导地位的化学键为共价键。由于共价键具有方向性和饱和性，故原子晶格中的原子一般不是紧密堆积，具有较低的配位数。

原子晶体的物理性质：

（1）原子晶体中，既无自由电子，又无离子，故典型的原子晶体应表现为一种绝缘体。

（2）原子晶体对光有较大的折射系数和较大的吸收系数。

（3）由于键的强度大，因此原子晶体很坚固，硬度和熔点比较高。

（4）当原子晶体中仅含有成双的电子时，这些晶体便不具有磁力矩，是抗磁性的，它们不被磁场所吸引，却为磁场所排斥。

三、金属键和金属晶格

由金属键结合的质点，是丢失了外层电子的金属阳离子，和一部分中性的金属原子。金属元素的原子一般都倾向于丢失电子，从而形成阳离子，而从金属原子中释放出来的这些价电子，它们作为自由电子而弥散在整个晶体结构中，金属阳离子相互间就依靠这种自由电子而结合。金属键与离子键的不同之处在于，由阳离子所丢失的价电子，并不为某一个原子所获得以形成阴离子，而是弥散在阳离子之间，只是在一瞬间电子可以围绕某个阳离子运动而使后者呈原子状态。但金属键又不同于共价键，其自由电子一瞬间围绕这一阳离子运动，另一瞬间又围绕另一阳离子运动，变化不已，它们是为所有原子共用的，而不像共价键中那样，价电子是为固定的原子所占有的。显然，金属键也没有饱和性和方向性。

金属晶格中的化学键主要为金属键。金属键不具方向性和饱和性，质点呈最紧密堆积，具有高配位数。

金属晶体的物理性质：

（1）高反射率，不透明，金属光泽。

（2）硬度低，有延展性。

（3）是电、热的良导体。

四、分子键和分子晶格

分子键（范德华键）与上述 3 种化学键不同，分子键不是原子或离子之间的结合，而是呈电中性的分子之间的结合。分子间的这种结合力远较前 3 种键力为弱，它主要来源于因分子中正、负电荷中心不相重合，而在分子间产生的相互吸引力。其中一种情况是极性分子间的结合。由于极性分子本身存在偶极矩，因而产生了分子之间的相互吸引力。第二种情况是极性分子与非极性分子之间的结合。当非极性分子与极性分子接近时，前者由于受到后者的偶极矩之诱导，将产生诱导偶极矩，从而产生了彼此间的引力。第三种情况是非极性分子之间的结合。由于分子内部原子中的电子是在不断地运动着的，因而在每一瞬间，都生成一个极小的、方向不断改变的瞬时偶极矩，依靠后者，非极性分子也能相互吸引而结合在一起。

分子晶格中的结构单元是分子。分子内部由离子键或其价键紧密结合，分子之间靠微弱的分子键结合。

分子键无方向性和饱和性，分子间可以是最紧密堆积，但由于分子不呈球形，堆积方式较复杂。分子晶格晶体具有以下的物理性质：

（1）熔点低，硬度小。

（2）热膨胀率大，热导率小。

（3）大多数分子晶体透明而不导电。

五、氢键型晶格

在有些化合物中，氢原子可以同时和两个电负性很大、半径较小的原子（N，O，F 等）以共价键及另外一种特殊的键力——氢键结合。结合形式是 X—H⋯Y，其中 X—H

为共价键，H…Y 即为氢键。

氢键可以看成是一种强有力的分子键，但有两点与分子键不同，即氢键具有方向性和饱和性。由于氢原子非常小，而与之结合的 X 及 Y 原子相对于氢原子又相当大，以致不能允许有第三个原子挤入。所以 X—H 只能与一个 Y 原子结合。此外，X—H 之间的偶极距与 Y 的相互作用，只有当 X—H…Y 三者在同一条直线上才最强。所以，在可能的情况下，X—H…Y 总是力求保持在同一直线上且具有定向性。氢键又可分为两种。

分子内氢键：X—H 与 Y 属于同一分子，例如 HNO_3 中存在分子内氢键：

```
H…O
|   |
O—N—O
```

分子间氢键：X—H 与 Y 不属于同一分子。例如冰就是水分子之间靠氢键连接起来，使整个结构呈三维架状，有较大空隙。氢键型晶格主要见于有机化合物晶体中，矿物晶体中只有冰和草酸铵石（$(NH_4)C_2O_4 \cdot H_2O$）等极少数矿物属氢键型晶格。但是晶格中含有氢键的矿物却很多，例如在有些氢氧化物矿物、层状结构硅酸盐矿物中有氢键存在。

六、过渡键型晶格

有些矿物的结构中，化学键介于典型的离子键与典型的共价键之间，或介于共价键与金属键之间，形成过渡键型晶格。

元素的电负性，常用来帮助判别化学键中离子键和共价键所占的百分比。两个相互作用的质点电负性差值 ΔX，决定了电子的移动情况，也决定了化学键的性质。当两种元素的 $\Delta X=0$，形成典型的共价键；$\Delta X=4$，形成典型的离子键；$\Delta X=0\sim4$ 则形成过渡型键。

在绝大多数晶体中，都不存在纯粹单一的键型，键型不同程度的过渡是一种普遍现象。

七、单键型晶格与多键型晶格

晶体结构中仅有一种键型的晶格，称为单键型晶格，如金刚石结构中仅有共价键存在，故金刚石属于单键型晶格；刚玉（α-Al_2O_3）的 Al—O 之间的键性介于典型的共价键与离子键之间，系过渡键型晶格。刚玉结构中只有此一种键型，故也属于单键型晶格。

晶体结构中存在两种或两种以上能够明确划分的化学键，则形成多键型晶格。例如方解石 $Ca[CO_3]$，C—O 之间以共价键结合，CO_3^{2-} 与 Ca^{2+} 之间以离子键结合，故方解石系多键型晶格。

对于多键型晶格，可按主要化学键将其划分到单键型晶体中去。晶体的物理性质，可作为重要的参考依据。上述方解石，占主导地位的化学键是 Ca^{2+} 与 CO_3^{2-} 之间的离子键，其物理性质特点也与离子晶体相同，故方解石属于离子晶格。

第七节　晶体场理论

以上几节主要讨论了影响晶体结构的某些因素。在那里，我们基本把离子看成是一个带电荷的球体，它具有一定的半径，但又是可极化的。对于离子晶格，我们把它们看作是阴阳离子的堆积，其堆积方式则取决于离子间的静电相互作用。阳离子的配位情况主要决定于阴阳离子半径的比值。实践证明，大部分离子晶格的晶体化学特性，是可以依据这种简单的静电理论来予以说明的。但是，在一系列过渡元素化合物的晶格中却出现了不少重大的例外，无法用同样的理论做出解释。这种情况的出现，主要是由过渡元素离子的晶体场效应引起的。

晶体场理论是化学成键的一种模式，是从 *d* 电子轨道与阴离子多面体之间的相互静电作用来考虑能级分裂与晶体结构的一种理论。它可以成功地用来解释过渡元素，尤其是第一系列过渡元素的晶体化学性质，因此，晶体场理论又称为过渡元素晶体化学。

一、晶体场的概念

在晶体结构中，带负电荷的配位体对中心阳离子所产生的静电场称为晶体场。

二、晶体场理论的基本要点

（1）在晶体结构中，中心阳离子处于带负电荷的配位体（阴离子或极性分子）所产生的静电场中，中心阳离子与配位体之间完全靠静电作用结合在一起。

（2）配位体形成的晶体场对中心阳离子的电子，尤其是价电子层中的 *d* 轨道电子产生排斥作用，使中心阳离子的外层 *d* 轨道产生能级分裂，有些 *d* 轨道能量升高，有些则降低。

（3）空间构型不同的晶体场，对中心阳离子的 *d* 轨道的影响不同。

三、晶体场理论简述

1. 亚层电子轨道的形态（图 9-13）

原子的核外电子是成层分布的，自内向外有 *K*、*L*、*M*、*N*、*O*、*P* 等层；每层又可分为 *s*、*p*、*d*、*f* 亚层；亚层又包括若干轨道，每个道可以容纳自旋相反的两个电子。

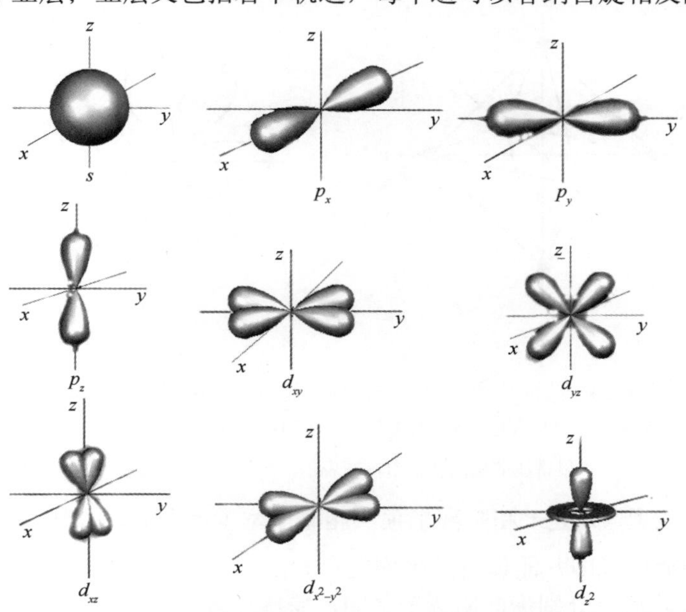

图9-13　原子的电子壳的*s*轨道、*p*轨道和*d*轨道的形状

（1）s 亚层：只有一个轨道，呈球形对称。

（2）p 亚层：有 3 个轨道，呈哑铃状分别沿直角坐标的 X、Y、Z 轴方向伸展，用 p_x、p_y、p_z 表示。

（3）d 亚层：有 5 个轨道，每个轨道有相互垂直的 4 个轨道瓣（d_{z^2}除外），又分为两组：

d_ε（t_{2g}）轨道组：包括 d_{xy}、d_{xz}、d_{yz} 轨道，轨道瓣沿坐标轴之间伸展。

d_γ（e_g）轨道组：包括 $d_{x^2-y^2}$、d_{z^2} 轨道，轨道瓣沿坐标轴伸展。

2. 过渡元素离子的电子排布

惰性气体型离子的最外层的电子排布是 ns^2 或 ns^2np^6；铜型离子最外层电子排布为 $ns^2np^6nd^{10}$，它们均具有全满的 s 或 p 或 d 轨道。

第一系列过渡元素离子的电子排布的一般形式为 $1s^22s^22p^63s^23p^63d^{10-n}4s^{1-2}$,具有未满的 d 轨道。

对一个孤立的过渡元素离子，5 个 d 轨道的能量相同，电子处于任何一个 d 轨道的机会均等，并按照洪特规则分配，即电子尽可能地占据空轨道且自旋方向相同。然而如果一个过渡元素离子进入晶体场，受配位体静电场的影响，原本能量相同的 d 轨道将发生能级变化。

3. 晶体场分裂和晶体场稳定能

（1）球形场：设想把阴离子均匀地分放在一个空心球的球面上，形成一个球形对称场，然后把一个过渡元素离子放在球心，则其原来 5 个能量相同的 d 轨道都会受到球形场的排斥而能量升高。由于受排斥的程度相同，故不会出现能级分裂。

（2）八面体场：6 个阴离子分布在八面体的六个角顶，如图 9-14 所示。当一个过渡元素离子处于八面体中心时，它的 5 个 d 轨道都将受到阴离子的排斥而能量升高，但受排斥程度不同。

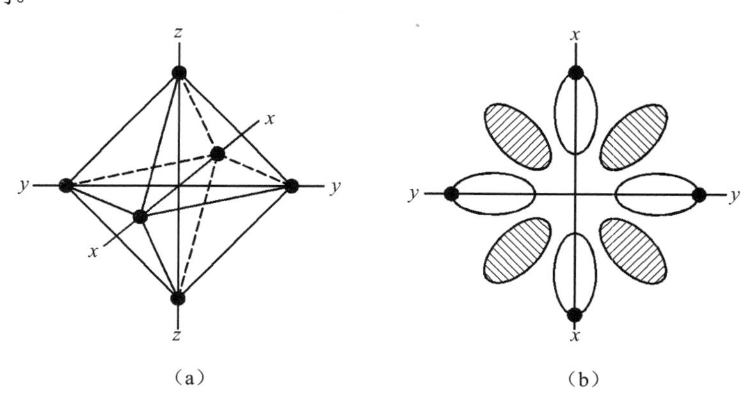

图9-14 八面体配位中，配位体和过渡金属离子d轨道的方位

（a）配位体方位；（b）八面体配位体场的 x-y 平面，过渡金属离子的 d_{xy} 和 $d_{x^2-y^2}$ 轨道分别以带线的椭圆和空白椭圆表示，配位体以黑点表示。

$d_{x^2-y^2}$ 和 d_{z^2} 轨道，因处于和阴离子顶头相碰的位置而受到较大排斥，处于高能状态，其能量比球形场能量（即八面体场的平均能量）高。

d_{xy}、d_{xz}、d_{yz} 轨道，分别指向阴离子之间，受排斥较小，处于低能状态，其能量比八面体场的平均能量低。

这样，原来 5 个能量相等的 d 轨道，在八面体场中分裂为两组：$d\gamma$ 轨道组（$d_{x^2-y^2}$ 和 d_{z^2}）能量相对升高；$d\varepsilon$ 轨道组（d_{xy}、d_{xz}、d_{yz}）能量相对降低，如图 9-15 所示。

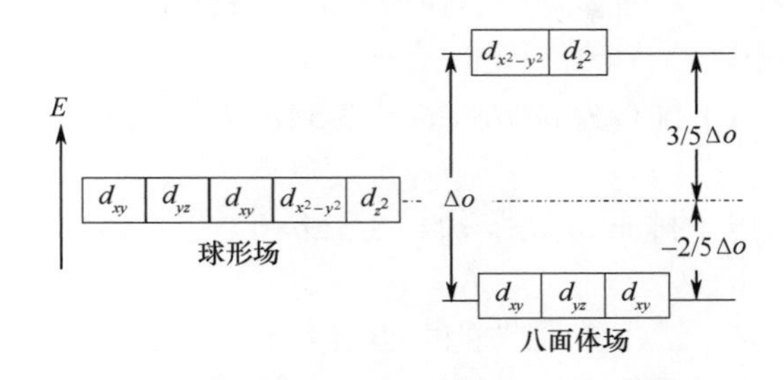

图9-15 八面体场中过渡金属离子d轨道的能级分裂

晶体场分裂能 Δo：处于 $d\gamma$ 轨道的每个电子所具有的能量与处于 $d\varepsilon$ 轨道的每个电子所具有的能量差值，又称晶体场分裂参数。

$$\Delta o = E_{d\gamma} - E_{d\varepsilon} \quad ①$$

如果以未分裂的 d 轨道能量为 0，分裂之后总的能量不变仍为 0，则有

$$4E_{d\gamma} + 6E_{d\varepsilon} = 0 \quad ②$$

将式①、②联立求解，则有

$$E_{d\gamma} = 3/5\Delta o$$

$$E_{d\varepsilon} = -2/5\Delta o$$

上式表明，d 轨道分裂之后，在 $d\gamma$ 轨道中的每一个电子，能量相对升高 $3/5\Delta o$；在 $d\varepsilon$ 轨道中的每一个电子，能量相对降低 $2/5\Delta o$，系统的总能量变化为

$$\varepsilon_0 = 3/5\Delta o \cdot N_{d\gamma} - 2/5\Delta o \cdot N_{d\varepsilon}$$

式中，N 为 $d\gamma$ 或 $d\varepsilon$ 轨道中的电子数目。ε_0 取决于 $d\gamma$ 和 $d\varepsilon$ 轨道中的电子数目 N，与电子的排布方式有关，且不会出现正值。d 轨道分裂导致过渡元素离子总能量降低，稳定性增加。这一能量的降低值称为晶体场稳定能 CFSE（Crystal Field Stabilization Energy），$\mathrm{CFSE} = |\varepsilon_0|$。

d 电子排布：d 电子在各轨道中的排布，受两方面的因素影响。按能量最低原理，电子将优先占据能量较低的 $d\varepsilon$ 轨道；按照洪特规则，电子将分别占据空轨道。对 d 电子数为 d^1、d^2、d^3 和 d^8、d^9、d^{10} 的过渡元素离子来说，无论按照哪种原理，电子排布的形式相同。对电子数为 d^4、d^5、d^6、d^7 的过渡元素离子，则在不同情况下电子的排布形式不同。

$\Delta o < P$（P 为同一轨道中成对电子相互排斥的能量）时，为弱场条件。电子将优先占据空轨道之后，才在能量较低的 $d\varepsilon$ 轨道形成成对充填。这种情况下，中心阳离子将具有尽可能多的不成对电子，是一种高自旋状态。

$\Delta o > P$ 时，为强场条件，电子首先在低能 $d\varepsilon$ 轨道成对充满，然后再占据 $d\gamma$ 轨道。这种情况下不成对的电子较少，是一种低自旋状态。

对于常见的第一系列过渡元素的离子而言，在硫化物中一般都是低自旋的；在氧化物和硅酸盐中，除了 Co^{3+}以外都是高自旋的。

现以 Fe^{2+}为例，说明在八面体场中的强场和弱场条件下，晶体场的稳定能计算方法。Fe^{2+}的 d 电子为 $3d^6$ 构型。

$\Delta o<P$，高自旋时，电子排布为 $d\varepsilon^4 d\gamma^2$，ε_o=（$3/5\Delta o\times2$）—（$2/5\Delta o\times4$）= $-2/5\Delta o$，CFSE= $2/5\Delta o$。

$\Delta o>P$，低自旋时，电子排布 $d\varepsilon^6 d\gamma^0$，ε_o=（$3/5\Delta o\times0$）—（$2/5\Delta o\times6$）= $-12/5\Delta o$，CFSE= $12/5\Delta o$。

电子数为 d^1、d^2、d^3、d^8、d^9、d^{10} 的中心阳离子在八面体强场弱场中的电子排布方式相同，晶体场稳定能也是强场弱场中相同；d^4、d^5、d^6、d^7 在强场弱场中的电子排布方式不同，在强场和弱场中的晶体场稳定能不同（表 9-4）。

表9-4　第一过渡系列离子在八面体场和四面体场中的晶体场稳定能（CFSE）

离子	d电子数	八面体场						四面体场					
		弱场（高自旋）			强场（低自旋）			弱场（高自旋）			强场（低自旋）		
		d电子排布		CFSE	d电子排布		CFSE	d电子排布		CFSE	d电子排布		CFSE
		$d\varepsilon$	$d\gamma$		$d\varepsilon$	$d\gamma$		$d\gamma$	$d\varepsilon$		$d\gamma$	$d\varepsilon$	
Sc^{3+}	d^0	0	0	0	0	0	0	0	0	0	0	0	0
Ti^{3+}	d^1	1	0	$2/5\Delta o$	1	0	$2/5\Delta o$	1	0	$3/5\Delta t$	1	0	$3/5\Delta t$
V^{3+}	d^2	2	0	$4/5\Delta o$	2	0	$4/5\Delta o$	2	0	$6/5\Delta t$	2	0	$6/5\Delta t$
V^{2+},Cr^{3+}	d^3	3	0	$6/5\Delta o$	3	0	$6/5\Delta o$	2	1	$4/5\Delta t$	3	0	$9/5\Delta t$
Cr^{2+},Mn^{3+}	d^4	3	1	$3/5\Delta o$	4	0	$8/5\Delta o$	2	2	$2/5\Delta t$	4	0	$12/5\Delta t$
Mn^{2+},Fe^{3+}	d^5	3	2	0	5	0	$10/5\Delta o$	2	3	0	4	1	$10/5\Delta t$
Fe^{2+},Co^{3+}	d^6	4	2	$2/5\Delta o$	6	0	$12/5\Delta o$	3	3	$3/5\Delta t$	4	2	$8/5\Delta t$
Co^{2+}	d^7	5	2	$4/5\Delta o$	6	1	$9/5\Delta o$	4	3	$6/5\Delta t$	4	3	$6/5\Delta t$
Ni^{2+}	d^8	6	2	$6/5\Delta o$	6	2	$6/5\Delta o$	4	4	$4/5\Delta t$	4	4	$4/5\Delta t$
Cu^{2+}	d^9	6	3	$3/5\Delta o$	6	3	$3/5\Delta o$	4	5	$2/5\Delta t$	4	5	$2/5\Delta t$
Zn^{2+}	d^{10}	6	4	$0\Delta o$	6	4	0	4	6	0	4	6	0

（3）四面体场：四个阴离子分布在立方体相间的 4 个角顶，4 个角顶的连线构成一个四面体（图 9-16）。

当一个过渡元素离子处在四面体中心时，它的 d_{xy}、d_{yz}、d_{xz} 轨道与 4 个阴离子相距较近，受排斥程度大，能量相对升高；$d_{x^2-y^2}$、d_{z^2} 与阴离子相距较远，受排斥程度小，能量相对降低。$d\gamma$ 和 $d\varepsilon$ 轨道的能级变化与八面体场相反（图 9-17）。处于 $d\gamma$ 轨道的每个电子与处于 $d\varepsilon$ 轨道每个电子的能量差距用 Δt 表示，Δt 比八面体中的 Δo 小。经过精确计算得出，$\Delta t=4/9\Delta o$。由于 Δt 很小，不可能大于 P，

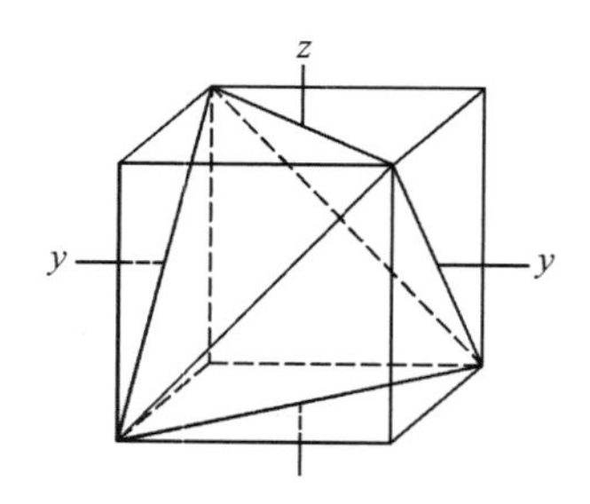

图9-16　四面体配位中配位体的分布在立方体的相同的角顶上

所以四面体场中的过渡元素离子的 d 电子很少有低自旋的。四面体场的晶体场稳定能见表 9-5。

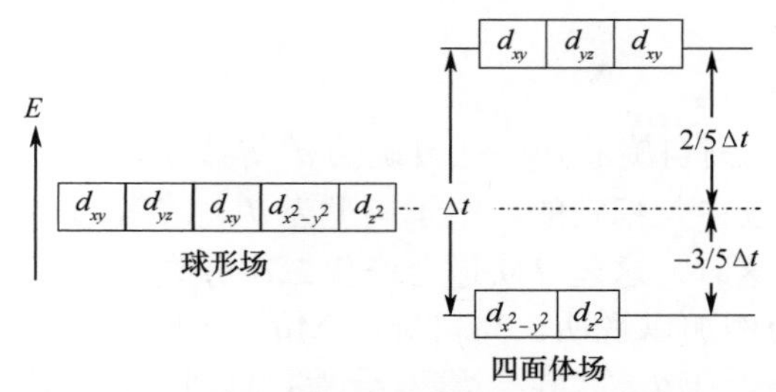

图9-17 四面体场中过渡金属离子d轨道的能级分裂

表9-5 氧化物中过渡金属离子在配位八面体和配位四面体位置中的晶体场稳定能（CFSE）和八面体择位优先能（OSPE）

离 子	d 电子数	CFSE/（kJ/mol）		OSPE/（kJ/mol）
		八面体场	四面体场	
Sc^{3+}	0	0	0	0
Ti^{3+}	1	87.50	58.62	28.89
V^{3+}	2	160.35	106.76	53.59
V^{2+},Cr^{3+}	3	224.83	66.99	157.42
Cr^{2+}	4	100.48	29.31	71.18
Mn^{3+}	4	135.65	40.19	95.46
Mn^{2+},Fe^{3+}	5	0	0	0
Fe^{2+}	6	49.82	33.08	16.75
Co^{3+}	6	188.41	108.86	79.55
Co^{2+}	7	92.95	61.96	30.98
Ni^{2+}	8	122.25	36.01	86.25
Cu^{2+}	9	90.43	26.80	63.64
Zn^{2+}	10	0	0	…

（4）立方体场：阳离子位于立方体的 8 个角顶。中心阳离子 d 轨道的分裂情况与四面体场相同（图 9-18）。但晶体场分裂能 Δc 比四面体场的 Δt 大，$\Delta c=8/9\Delta o$。

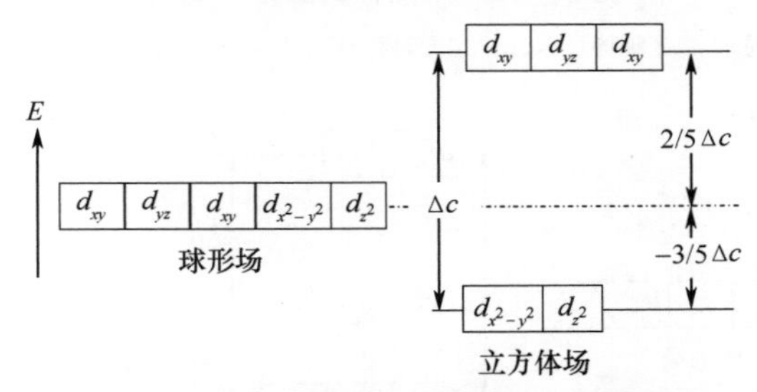

图9-18 立方体场中过渡金属离子d轨道的能级分裂

4. 八面体择位优先能

对于过渡金属离子而言，它们在八面体场中的晶体场稳定能（CFSE）总是大于在四面体场中的晶体场稳定能，两者之间的差值称为八面体择位优先能 OSPE（Octahedral Site Preference Energy）。它表示位于八面体场中的一个离子与它处于四面体场中时相比，在能量上的降低，或者说稳定程度的增加。显然，这一能量差将促使离子优先进入八面体配位位置，故又称为八面体位置优先能。常见的第一过渡金属离子的八面体择位优先能的数值利于表 9-5 中。

5. 八面体场畸变效应

电子构型为 d^3、d^8、高自旋的 d^5、低自旋的 d^6 等离子，在能量相同的 d 轨道具有相等的电子数，在八面体场中是稳定的。电子构型为 d^4、d^9 等的离子，在能量相等的 d 轨道中的电子数目不等，这时，这些 d 轨道会产生二次分裂，并不再保持八面体对称。

现以 Mn^{3+}（d^4）为例加以说明。高自旋时 Mn^{3+}的电子构型为 $d\varepsilon^3 d\gamma^1$，$d\gamma$ 轨道只有一个电子。如果这个电子在 d_{z^2} 轨道，$d_{x^2-y^2}$ 空着，xy 平面上的四个阴离子受中心阳离子的有效正电荷的吸引就大些，会向中心靠近，使原来的正八面体畸变为沿 Z 轴伸长的畸变八面体（图 9-19（a））。此时，Z 轴方向的阴离子相对外移。结果，中心阳离子 d_{z^2} 轨道能量降低，而 $d_{x^2-y^2}$ 轨道的能量相对升高，使原来能量相同的 $d\gamma$ 轨道产生能级分裂（图 9-20），分裂参数用 α 表示：

$$\alpha=E(d_{x^2-y^2})-E(d_{z^2})$$

$$2E(d_{x^2-y^2})+2E(d_{z^2})=0$$

$$E(d_{x^2-y^2})=1/2\alpha$$

$$E(d_{z^2})=-1/2\alpha$$

与未分裂的 $d\gamma$ 轨道相比，二次分裂使 d_{z^2} 轨道每个电子的能量下降了 $1/2\alpha$。

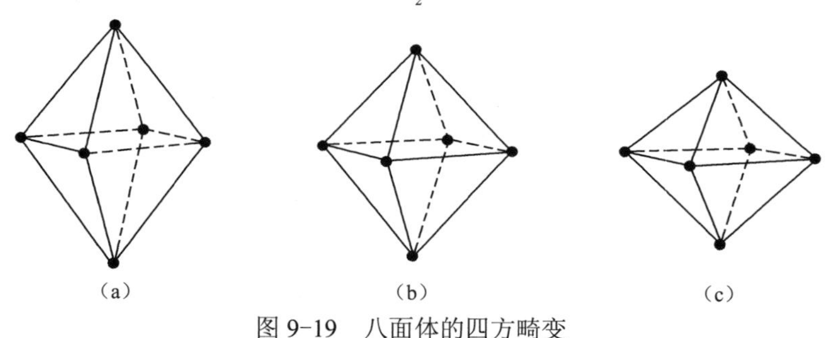

图 9-19　八面体的四方畸变

（a）八面体沿 Z 轴伸长；（b）立方对称八面体；（c）八面体沿 Z 轴缩短。

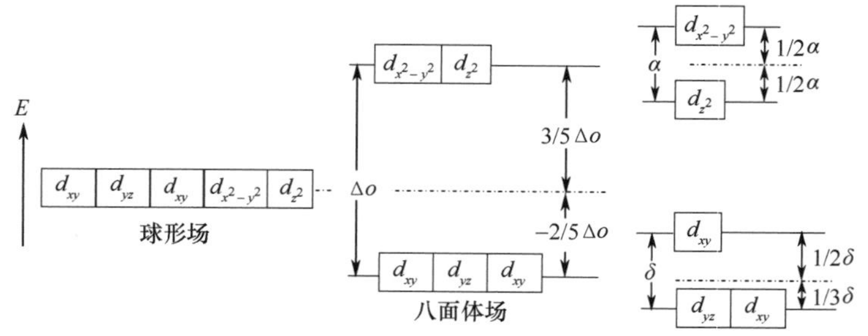

图9-20　四方畸变八面体d轨道的能级变化（八面体沿Z轴伸长时）

如果这个电子在 $d_{x^2-y^2}$ 轨道，d_{z^2} 轨道空着，则在 Z 轴方向的两个阴离子受中心阳离子的吸引就会大些，会向中心移动，使正八面体畸变成沿 Z 轴方向压缩的八面体

（图 9-19（c））。中心阳离子 d_{z^2} 轨道的能量相对升高，$d_{x^2-y^2}$ 轨道的能量相对降低，原来能量相同的 $d\gamma$ 轨道也产生能级分裂（图 9-21），能量变化为

$$E(d_{z^2})=1/2\alpha$$

$$E(d_{x^2-y^2})=-1/2\alpha$$

处于 $d_{x^2-y^2}$ 轨道中这个电子，由于二次分裂，能量也下降 $1/2\alpha$。因此，Mn^{3+}在上述两种畸变效应中，均会获得一个附加的稳定能 $1/2\alpha$，表明畸变效应会使中心阳离子的稳定性有所增加。

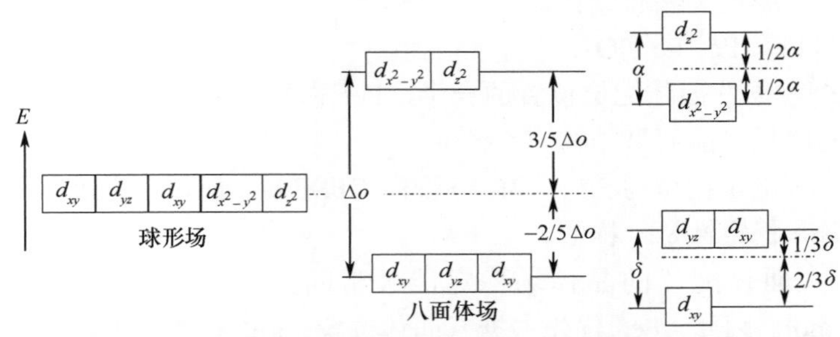

图9-21　四方畸变八面体d轨道的能级变化（八面体沿Z轴缩短时）

四、晶体场稳定能与尖石族矿物的阳离子占位

尖晶石族矿物属 AB_2O_4 型化合物，A 和 B 的电价之比为 2:3。

1. 尖晶石（$MgAl_2O_4$）

结构中 O^{2-} 呈立方最紧密堆积，Al^{3+} 占据八面体空隙，Mg^{2+} 占据四面体空隙，结构为标准尖晶石型或正尖晶石型。

2. 铬铁矿（$FeCr_2O_4$）

Cr^{3+}充填八面体空隙，Fe^{2+}充填四面体空隙，结构为正尖晶石型，阳离子占位情况可用晶体场稳定能解释。

Cr^{3+}的电子构型为 $3d^3$，在八面体场中时，

$$\varepsilon_o=(3/5\Delta o\times0)-(2/5\Delta o\times3)=-6/5\Delta o$$

$$\text{CFSE}=6/5\Delta o=54/45\Delta o$$

在四面体场中时，

$$\varepsilon_t=(-3/5\Delta t\times2)+(2/5\Delta t\times1)=-4/5\Delta t=-4/5\times4/9\Delta o=-16/45\Delta o$$

$$\text{CFSE}=16/45\Delta o$$

对于 Cr^{3+}离子，八面体配位时的晶体场稳定能将近四面体配位时的 4 倍。理论计算值与光谱实验测试的数据很吻合。

光谱实验测试：Cr^{3+}的 CFSE 值在八面体配位时为 224.83kJ/mol，四面体配位 66.99kJ/mol，八面体择位优先能 OSPE 为 157.42kJ/mol。过渡元素离子在八面体场中的晶体场稳定能与四面体场中晶体场稳定能的差值，称为八面体择位优先能，用 OSPE 表示。

Fe^{2+}的电子构型为 $3d^6$，在八面体场中时，

$$\varepsilon_o=(3/5\Delta o\times2)-(2/5\Delta o\times4)=-2/5\Delta o$$

$$\text{CFSE}=2/5\Delta o=18/45\Delta o$$

在四面体场中时，

$$\varepsilon_t = (-3/5\Delta t \times 3) + (2/5\Delta t \times 3) = -3/5\Delta t = -12/45\Delta o$$

$$\text{CFSE} = 12/45\Delta o$$

$$Fe^{2+}\text{的 OSPE} = 6/45\Delta o$$

光谱分析结表明，二价铁离子在八面体配位时的 CFSE=49.82kJ/mol，四面体配位的 CFSE=33.08kJ/mol，OSPE=16.74kJ/mol。

可见，Cr^{3+}的 OSPE 远大于 Fe^{2+}。因此，Cr^{3+}强烈要求占据八面体位置，Fe^{2+}只能占据四面体位置，形成正尖晶石结构。

3. 磁铁矿（$Fe^{3+}(Fe^{3+}Fe^{2+})O_4$）

结构中 Fe^{2+}占据八面体配位位置的一半，Fe^{3+}占据八面体配位位值的另一半和四面体配位位置，构成反尖晶石型结构。

对于 Fe^{3+}，其电子构型为 $3d^5$，为半充满，CFSE=0。所以，它进入四面体位置和八面体位置的能量和稳定性是一样的。

对 Fe^{2+}，八面体配位的晶体场稳定能大于四面体配位。其八面体择位优先能 OSPE=16.74kJ/mol。因此，Fe^{2+}优先占据八面体位置。Fe^{3+}只能占据四面体位置和另一半八面体位置，形成反尖晶石型结构。

五、配位场理论的概念

以上概述了晶体场理论的基本原理并列举了晶体场理论在结晶学中应用的一个实例。应用晶体场理论，还可以解释过渡元素离子化合物的许多特性。然而，过渡元素化学是很复杂的，在解决这方面的问题上，晶体场理论虽然向前进了一大步，但仍然有不足之处。因为晶体场理论把配位体作为点电荷来对待，没有考虑中心阳离子与配位体之间的轨道重叠。这种假设的前提在过渡元素的一系列共价化合物中，例如硫化物及类似化合物中，显然是不适用的。所以，晶体场理论的应用迄今为止仅限于第一系列过渡元素的氧化物及硅酸盐中。

为了克服上述缺陷，在晶体场理论的基础上，又发展了配位场理论。后者除了考虑到由配位体所引起的纯静电效应之外，还适当考虑了共价成键效应，引入了分子轨道理论，来考虑中心过渡金属原子与配位体原子之间的轨道重叠对化合物能级的影响，但是仍采用晶体场理论的计算方式。所以，配位场理论实际上就是分子轨道理论与晶体场理论两者之间的结合，因此比晶体场理论有着更广泛的适应性。

第八节　类 质 同 像

一、类质同像的概念

晶体结构中的某种质点（原子、离子或分子）被它种类似的质点所代替，仅使晶格常数发生不大的变化，而结构形式并不改变，这种现象称为类质同像或异质同构。

例如在橄榄石族矿物中，有一种称为镁橄榄石，化学成分 $Mg_2[SiO_4]$；还有一种为铁橄榄石，化学成分为 $Fe_2[SiO_4]$；而在基性火山岩中有一种最常见的橄榄石——贵橄榄石，

它相当于 Fe^{2+}替代了镁橄榄石晶体结构中部分 Mg^{2+}的位置而成，即它既含有 $Mg_2[SiO_4]$的成分，又含有 $Fe_2[SiO_4]$的成分，就好像在固态条件下 $Fe_2[SiO_4]$均匀地“溶解”于 $Mg_2[SiO_4]$中而成。

显然，能够形成类质同像的几种晶体，例如上述的镁橄榄石、铁橄榄石和贵橄榄石，由于它们具有极为相似的晶体结构，因此表现在外形上，相互间必然也会有相同或极为相似的晶形和面角关系。类质同像的原意，就是同形性。所以类质同像早期的概念是：化学成分相似的晶体，具有相同晶形的现象。

但是，晶体外形上相同并不意味着内部结构中的某些原子或离子之间必定可以相互取代。例如石盐（NaCl）和方铅矿（PbS），两者具有完全相同的晶形和晶体结构形式，但这两种组分在晶格中根本不能互相替代。

因此类质同像确切意义是：物质结晶时，其晶体结构中本应由某种原子或离子占有的配位位置，一部分被介质中性质相似的它种原子或离子所占据，共同结晶成均匀的、呈单一相的混合晶体（简称混晶），但不引起键性和晶体结构形式发生质变的现象。类质同像替代的组分，必须能够在整个或某局部范围内，形成一系列成分上连续变化的混晶，从而形成类质同像系列。同一类质同像系列中的一系列混晶，它们的晶胞参数和物理性质参数（如颜色、密度、折射率等），均随组分含量的连续变化而做线性变化。上述的 $Mg_2[SiO_4]$和 $Fe_2[SiO_4]$便构成一个类质同像系列。

至于像石盐和方铅矿那样，化学成分完全不同，但是具有完全相同的晶体结构形式（指空间群相同，对应的质点占据相同的等效位置，轴率相同或相似）的现象，称为等结构。如果即是等结构，又具有相似的化学组成者，则称为等型，例如方解石 $Ca[CO_3]$和菱镁矿 $Mg[CO_3]$大部分具有类质同像关系的晶体都是等型的。但是，一方面，等型的晶体并非都能形成类质同像；另一方面，也并不排斥非等型的晶体形成类质同像。

二、类质同像的类型

对于类质同像，从不同的角度，又可以把它们划分为不同的类型。

（1）按两种组分在晶格中相互替代的程度，可将类质同像分为完全和不完全两种。凡两种组分能以任意比例组成混晶者，称为完全类质同像。例如上述镁橄榄石 $Mg_2[SiO_4]$—铁橄榄石 $Fe_2[SiO_4]$系列中，两种组分能以任意比例相互混溶，即 Fe^{2+}和 Mg^{2+}之间，可以以任意比例在晶格中相互替代，形成一系列混晶，此系列就是一个完全类质同像系列，镁橄榄石和铁橄榄石是此系列中的端员矿物，其它由两种组分以不同比例相互替代构成的矿物称为中间成员。所谓端员矿物，是指在完全类质同像系列两端，基本由一种组分（即端员组分）组成的矿物。反之，如果两种组分只能在有限范围内以不同比例组成混晶者，则称为不完全类质同像。例如在闪锌矿（ZnS）中，Zn^{2+}只能部分地被 Fe^{2+}替代，Fe^{2+}替代 Zn^{2+}不超过 26%，如果超过这一限度，就不能形成稳定的闪锌矿晶格。

（2）根据晶格中相互替代的离子电价是否相等，可将类质同像分为等价类质同像和异价类质同像。前者如 Mg^{2+}与 Fe^{2+}之间的代替；后者如在钠长石 $Na[AlSi_3O_8]$ — 钙长石 $Ca[Al_2Si_2O_8]$系列中，Na^+与 Ca^{2+}之间的替代以及 Si^{4+}与 Al^{3+}之间的替代都是异价的，但是由于这两种替代同时进行，替代前后的总电价是平衡的。

三、形成类质同像的条件

类质同像的发生不是任意的，它需要有一定的条件。类质同像的形成取决于替代质点本身的性质，如原子或离子的大小、电价、离子类型、化学键性等；同时，外部条件如温度、压力、组分浓度等也对类质同像的形成有一定的影响。

1. 原子或离子半径

要使类质同像替代不导致晶格发生根本变化，从几何角度看，就要求相互替代的原子或离子的大小必须尽可能接近。据经验，若以 r_1 和 r_2 分别表示较大和较小的原子或离子半径，则总的来说，当 $(r_1-r_2)/r_2<15\%$ 时易于形成完全类质同像替代；当此值在 15%～30%时，只能形成不完全类质同像；如大于 30%时一般就难于形成类质同像。

在元素周期表中，从左上方到右下方的对角线方向，不同元素的阳离子半径近于相等。这就导致了在类质同像替代中，存在着所谓对角线规则，一般是右下方的高价阳离子代替左上方的低价阳离子（表 9-6）。

表9-6　异价类质同像替代的对角线规则

I	II	III	IV	V	VI	VII
Li 0.076（6） 0.092（8）						
Na 0.102（6） 0.118（8）	Mg 0.072（6） 0.089（8）	Al 0.039（6） 0.054（8）				
K 0.138（6） 0.151（8）	Ca 0.100（6） 0.122（8）	Sc 0.075（6） 0.087（8）	Ti 0.061（6） 0.074（8）			
Ru 0.152（6） 0.161（8）	Sr 0.188（6） 0.126（8）	Y 0.090（6） 0,102（8）	Zr 0.072（6） 0.084（8）	Nb 0.064（6） 0.074（8）	Mo 0.059（6） 0.073（8）	
Cs 0.167（6） 0.174（8）	Ba 0.135（6） 0.142（8）	TR 0.094（6） 0.113（8）	Hf 0.071（6） 0.083（8）	Ta 0.064（6） 0.074（8）	W 0.060（6）	Re 0.053（6）
注：表中数据为离子的有效半径，单位为 nm；括号中的数字为配位数						

2. 离子电价

在类质同像替代中，必须保持总电价的平衡。在异价类质同像替代中，电价平衡起主导作用，此时，相互替代的离子之间半径差允许有所扩大。保持总电价平衡可以有不同方式，可以是简单替代，如 Mg^{2+}和 Fe^{2+}之间的替代；可以是异价阳离子之间的成对替代，如在斜长石 $Na[AlSi_3O_8]-Ca[Al_2Si_2O_8]$系列中 $Na^{+}+Si^{4+}-Ca^{2+}+Al^{3+}$之间的替代；也可以是不等量替代，即较少的高价阳离子与较多的低价阳离子之间的替代，如在云母中 Mg^{2+}与 Al^{3+}之间以 $2Al^{3+}-3Mg^{2+}$或 $3Mg^{2+}-2Al^{3+}$的方式代替、绿柱石 $Be_3Al_2[Si_6O_{18}]$中有

Li^{+}+Cs^{+}－Be^{2+}的替代方式等；或者是带有附加阴离子的替代，如在萤石（CaF_2）中可以出现 Ca^{2+}－Y^{3+}+F^{-}的替代方式等。

3. 离子类型和化学键

惰性气体型离子在化合物中，基本都以离子键结合，而铜型离子则以共价键为主。显然，在这两种类型的离子之间，就难以发生类质同像替代。例如 Ca^{2+}和 Hg^{2+}，它们 6 次配位时的离子半径分别为 0.108nm 和 0.110nm，两者非常接近，但是因为两者的离子类型不同，所成键的性质不同，所以这两者之间从不形成类质同像。相反，Al^{3+}和 Si^{4+}均为惰性气体型离子，r_{Si}=0.034nm，r_{Al}=0.047nm，（$r_{Al}-r_{Si}$）/r_{Si}=38%，半径相差甚大，但是在斜长石中，硅和铝分别呈 $Si^{\downarrow\downarrow++}Al^{\downarrow\downarrow+}$状态，它们与氧之间以半离子键半共价键结合，且 Si—O 间距和 Al—O 间距分别为 0.161nm 和 0.176nm，两者较为接近，所以铝和硅在长石等矿物中，实际上形成类质同像替代。

4. 温度

温度是对类质同像影响最显著的一个外界因素。温度升高有利于类质同像的形成，温度降低将限制类质同像的范围并使其离溶。某些在常温下不能形成类质同像的组分，在高温下可以形成；原来只能形成不完全类质同像的，高温下可以形成完全类质同像。但是，随着温度的降低，固溶体的溶解度将相应减小，甚至变得完全不能混溶。于是就发生了固溶体的分离，称为离溶或出溶。即原来呈单一相的均匀固体，分离成为两种不同的结晶相。但是整个系统的总成分不发生变化，即这两部分晶体的化学成分的总和，相当于原来固溶体的成分。例如，$K[AlSi_3O_8]$和 $Na[AlSi_3O_8]$在高温下可以完全混溶，形成类质同像混晶；但是温度降低时，两种组分即发生离溶，分别结晶成钾长石和钠长石，两者平行嵌生组成条纹长石。又如黄铜矿和黝锡矿，它们在 500℃以上形成类质同像混合晶体，低于 500℃时则发生离溶。赤铁矿与钛铁矿的固溶体在 675℃时发生离溶。

5. 组分浓度

一种矿物晶体，各组成部分之间有一定的量比。当它从熔体或溶液中结晶时，如果介质中的组分不能满足所需量比，即某种组分出现短缺时，则短缺的组分可以由介质中性质相近的其它组分代替，形成所谓补偿式类质同像。例如磷灰石 $Ca_5[PO_4]_3$（F,Cl），如果形成过程中 Ca 含量不足，其不足部分可由性质相近的 Sr、Ce 等元素进入晶格进行补偿；相反，如果介质中 Ca 的含量过剩时，所形成的磷灰石一般就不含有 Sr、Ce 等类质同像混入物。

影响类质同像替代的还有压力等因素。压力的作用与温度相反，即压力升高不利于类质同像形成。不过，包括压力在内的其它因素的影响程度，一般都是很小的。

第九节　型 变（晶 变）

类质同像的替代，只引起晶格常数不大的变化，而晶体结构并不破坏。但类质同像只能在一定条件下产生，超越这些条件的范围将引起晶体结构的改变（型变），从而形成具有另一种结构型式的物质。在一个完全类质同像系列中，随着成分逐渐变化，晶体结构也逐渐变化，并可由渐变（量变）转为突变（质变）。

化学式属同一类型的化合物中，化学成分的规律变化引起晶体结构型式的明显而有规律的变化的现象称为型变。

晶体结构单位（类质同像替代的原子或离子）的半径和极化性质的巨大差别是引起型变的主要原因。

以二价金属的无水碳酸盐矿物为例。离子半径小于1的二价阳离子 Mg^{2+}、Co^{2+}、Zn^{2+}、Fe^{2+}和 Mn^{2+}分别形成方解石族的菱镁矿、菱钴矿、菱锌矿、菱铁矿和菱锰矿，它们都具有用于三方晶系的方解石（$CaCO_3$）型（配位数为 6）结构，随着阳离子半径的改变，它们所形成的晶体的菱面体（$10\bar{1}0$）的面角稍有变化。但离子半径大于 1 的二价阳离子 Sr^{2+}、Ba^{2+}、Pb^{2+}则分别形成属于斜方晶系系的文石（$CaCO_3$）型结构（配位数为 9），随着离子半径的改变，它们所形成的晶体的斜方柱面角也稍有变化。而离子半径近于 1 的二价阳离子 Ca^{2+}则在不同的条件下，分别可以形成三方晶系的方解石和斜方晶系的文石。

再以钙钛矿（$CaTiO_3$ ）和锶钛矿（$SrTiO_3$）为例。两者结构中的 Ca^{2+}和 Sr^{2+}可以相互以任意比例取代，构成一个完全类质同像系列。

$CaTiO_3$ —— （Ca_{1-x}, Sr_x）TiO_3 —— $SrTiO_3$

端元组分　　中间组分 $0<x<1$　　端元组分

其中，Ca^{2+}的半径为 0.100nm，Sr^{2+}的半径为 0.118nm，两者半径差 18%。

随着 Sr^{2+}代替 Ca^{2+}量的增加，化合物的结构也经历了从量变到质变的过程，即发生了型变，变化过程见表 9-7。

表9-7　（Ca_{1-x}, Sr_x）TiO_3的型变过程

X 值	晶系	空间群
≤0.08	斜方晶系	*Pcmm*
$0.08 \leq x \leq 0.45$	斜方晶系	*Pbnm*
$0.45 \leq x \leq 0.65$	斜方晶系	*Cmcm*
$0.65 \leq x \leq 0.92$	四方晶系	*I4/mcm*
≥0.92	等轴晶系	*Pm3m*

类质同像和型变现象体现了事物由量变到质变的规律。型变现象的研究有助于我们阐明许多晶体结构型之间的关系，并把它们系统化起来。

第十节　同 质 多 像

一、同质多像的概念

在以上各节我们所涉及的都是化学成分与晶体结构之间关系的问题。但是，外因也是决定晶体结构的重要因素，在一定条件下，它可以起主要作用。例如，金刚石和石墨，成分都是碳，但是前者属于等轴晶系 *Fd*3*m* 空间群，后者属于六方晶系 $P6_3/mmc$（一部分属于三方晶系 *R*3*m*）空间群，它们各自有着自己的热力学稳定范围，这就是同质多像

现象。这种现象的出现，是由于结晶时的热力学条件不同所造成的。金刚石与石墨的形成条件不同，它是在较高的温度和极大的压力下结晶的。

同质多像也称同质异像或同质异构，是指同种化学成分的物质，在不同的物理化学条件（温度、压力、介质）下，形成不同结构晶体的现象。这些不同结构的晶体，称为该成分的同质多像变体。

同质多像的每一种变体，都有其稳定的热力学范围，都有各自特有的形态和物理性质。因此，在矿物学中它们都是独立的矿物种。同质多像各变体之间，尽管它们的化学组成相同，但是因为晶体结构总有程度不同的明显差异，因而表现在晶体习性、物理性质等方面，也都有一定的差别，而且晶体结构上的差异越大，反映在晶形和物理性质等方面的差别就越大。金刚石和石墨就是其中最为典型的一个例子，它们的一些特点列于表 9-8。

表9-8　金刚石和石墨的某些性质和参数

性质与参数	金 刚 石	石　墨
晶　系	等轴晶系	六方晶系
空间群	*Fd*3*m*	$P6_3/mmc$ 或 *R*3*m*
配位数	4	3
原子间距	0.154nm	层内 0.142nm,层间 0.340nm
键　性	共价键	层内共价键，层间分子键
形　态	八面体、菱形十二面体等	六方片状
颜　色	无色或浅色	黑色
透明度	透明	不透明
光　泽	金刚光泽	金属光泽
解　理	‖{111}中等	‖{0001}完全
硬　度	10	1
相对密度	3.55	2.33
导电性	不良导体	良导体

二、同质多像转变

由于同种物质的各种同质多像变体，是在不同的热力学条件下形成的，因此，当外界条件改变到一定程度时，各变体之间就可能发生结构上的转变，以便在新的条件下达到新的平衡。这就是同质多像转变。

例如，SiO_2 是已知同质多像变体最多（达 10 种以上）的一种物质，它在自然界较常出现的几种变体，在常压下它们与温度间有如下的关系：

α-石英（573℃）↔ β-石英（870℃）→ β_2-鳞石英（1470℃）→ β 方英石（200℃～275℃）→ α-方英石。

β_2-鳞石英（163℃）→ β_1-鳞石英（117℃）→ α-鳞石英。

箭头指示转变的方向，括号内的数字是发生转变的温度，称为转换点。α-石英与 β-

石英之间箭头是双向的，表示结构上的转变朝相反的两个方向都可以迅速进行，是可逆的；单向箭头表示转变基本只能朝一个方向进行，是不可逆的。

同质多像变体之间的可逆转变和不可逆转变，主要取决于不同变体之间晶体结构差异的大小。结构间的差异小，只要稍做改造就可以从一种变体转变成另外一种变体，转变就是可逆的，而且转变过程很短。如果两种变体的晶体结构差异大，则要在相当大的程度上破坏原有变体的结构后，才能重建新变体的晶体结构，因此往往需要外界提供活化能，才能促进转变的发生，转变过程也要长得多，而且这种转变是不可逆的。

在热力学条件中，对同质多像变体影响最大的因素是温度和压力。它们的一般规律是：温度升高，使同质多像向着配位数减少、密度下降的方向转变；压力的作用则正好相反，同时，压力升高还将使转换点上升。例如，α-石英与β-石英间的转换点，在1000Pa时为599℃，3000Pa时则为644℃。此外，高温变体一般都具有较高的对称性。

第十一节　多　型

20世纪40年代以来，对碳化硅（SiC）等一些晶体结构的研究结果表明，在许多晶体中，特别是在层状结构的晶体中，广泛存在一种特殊类型的同质多像，即多型。

多型是一种元素或化合物以两种或两种以上的层状结构存在的现象。这些晶体结构的结构单元层基本是相同的，只是它们的叠置顺序有所不同。

从多型的定义，可以得到的一个必然结果是，对于同一物质的各个多型变体，由于它们晶体内部的结构单元层都是相同的，仅是层的堆积顺序有所不同，因此，各变体在平行于层内的两个方向上，晶胞参数必然全部相等或有一定的对应关系。而在垂直于层的第三个方向上，各变体的晶胞参数均应为某一数值的整数倍，此时，此公因子的值取决于单独一层结构单元层的厚度，而整数即为单位晶胞中结构单元层的数目。但另一方面，由于各变体层的堆积顺序不同，则可能导致它们结构的对称性——空间群甚至晶系也不相同。

例如ZnS有两种同质多像变体，一种是六方晶系的纤锌矿，一种是等轴晶系的闪锌矿。在纤锌矿的晶体结构中，S^{2-}成六方最紧密堆积，在闪锌矿中S^{2-}则成立方最紧密堆积；两种情况下Zn^{2+}均相间地充填1/2的四面体空隙。但是，在纤锌矿中至少存在154种不同的多型，其中部分列于表9-9中。其结构单元层的厚度为0.382nm，这也是各变体的公因数。

由表9-9可以看出：

（1）各种多型在平行于结构单元层的方向上晶胞参数相等，垂直于结构单元层的方向上晶胞参数是结构单元层厚度的整数倍。

（2）不同的多型，其空间群可以是相同的，也可能是不同的。

（3）多型符号由一个数字和一个字母组成。数字表示一个重复周期内结构单元层的层数，后面的字母表示晶系。如C（立方）、H（六方）、R（三方菱面体格子）等。如果有两个或两个以上的变体属于同一晶系并且有着相同的重复层数时，则在最后再加下标，以资区别，如$2M_1$、$2M_2$等。

表9-9 ZnS的同质多像和几种简单多型

同质多像变体	多型[①]	堆积层的重复周期	空间群	晶胞参数（均按六方晶胞）	
				a_o/nm	c_o/nm
闪锌矿[②]	3C	*ABC*	$F\bar{4}3m$	0.381	0.936
纤锌矿	2H	*AB*	$P6_3mc$	0.381	0.624
	4H	*ABCB*	$P6_3mc$	0.382	1.248
	6H	*ABCACB*	$P6_3mc$	0.381	1.872
	8H	*ABCABABC*	$P6_3mc$	0.382	2.496
	10H	*ABCABCBACB*	$P6_3mc$	0.382	3.120
	9R	*ABCBCACAB*	$R3m$	0.382	2.808
	12R	*ABACBCBACACB*	$R3m$	0.382	3.744
	15R	*ABCACBCABAACABCB*	$R3m$	0.382	4.680
	21R	*ABCACACBCABABACABCBCB*	$R3m$	0.382	6.552

注：① 符号中的数字表示重复周期，字母表示晶系；
② 正规立方晶胞 a_o=0.540nm，最紧密堆积层平行于立方晶胞的（111）

第十二节 晶体结构的有序和无序

一、有序—无序的概念和类型

在类质同像替代中，实际上还存在着如下一个问题：在结晶过程中，当A离子（或原子）进入某个晶格中占据了B离子（或原子）的位置而形成类质同像时，A离子到底占据了哪一些B离子的具体位置？这里存在两种可能的情况：一种是任意的，即A离子随机地分布在B离子的构造位置上，占据任意B离子位置的几率均相等，两种离子间的分布没有一定的秩序，这样的晶体结构称为无序结构。第二种情况是有选择的，即A离子只占据特定的某些B离子的位置，相互间的分布有一定的秩序，这样的晶体结构称为有序结构，也称为超结构。

最简单的典型例子是金铜合金。Au-Cu固溶体是一个完全类质同像系列。在无序的情况下，其晶格成立方面心格子，两种原子无序地分布在结点位置上（图 9-22（a））。但是，对于成分为 $AuCu_3$ 和 AuCu 的固溶体而言，如果在适当的温度下进行较长时间的退火，即可形成完全有序结构。表现为在 $AuCu_3$ 晶格中，所有的Au原子均占据立方格子的角顶位置，Cu原子均占据立方格子的面心位置（图 9-22（b）），晶格相应变为立方原始格子；在AuCu的晶格中，在平行于（001）方向上，Au原子和Cu原子成层相间分布（图 9-22（c））并因此破坏了原有晶格的对称性，*c*/*a*=0.93，变成了四方格子。

有序—无序的现象在矿物中也同样存在。例如在镁-铁橄榄石 $Mg_2[SiO_4]$-$Mg_2Fe_2[SiO_4]$完全类质同像系列中，Mg^{2+} 和 Fe^{2+}的分布就可以是部分有序的。

再者，有序—无序的现象不仅仅存在于类质同像替代中，在化学成分固定的某些晶体中，也同样存在这种现象。例如，黄铜矿 $CuFeS_2$ 晶体，在温度高于550℃时为无序结

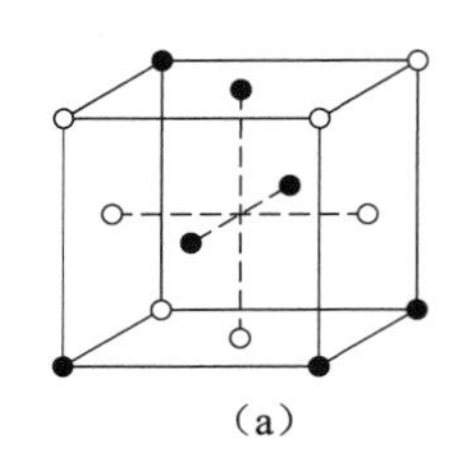
(a)

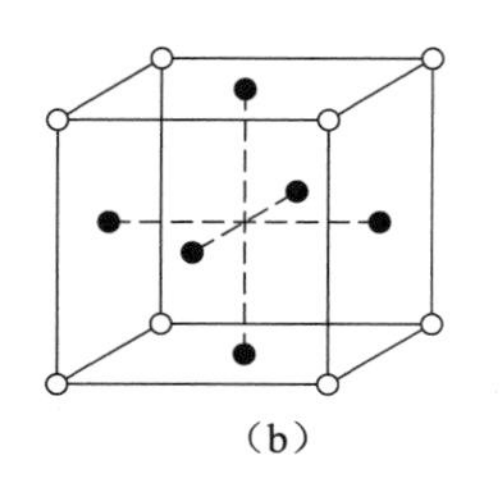
(b)

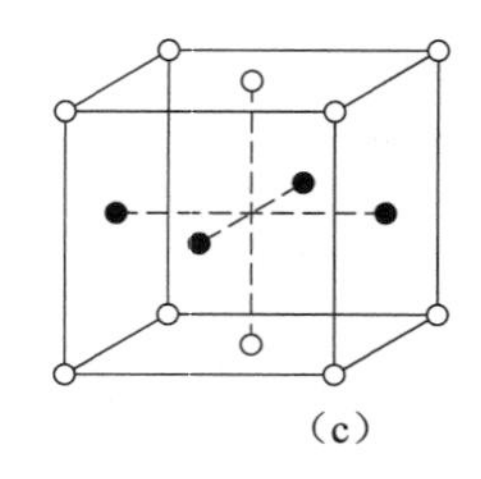
(c)

图9-22　金铜合金结构

(a) 无序结构；(b) $AuCu_3$ 的有序结构；(c) AuCu 的有序结构。

构，S^{2-}呈真正的立方最紧密堆积，阳离子占据半数正四面体配位位置，Cu^{2+}、Fe^{2+}在其中随机分布形成无序结构，晶格属立方面心格子，a=0.529nm，晶体结构属闪锌矿型。但是，在低于 550℃下形成的黄铜矿晶体中，Cu^{2+}和 Fe^{2+}有规地的相间分布，形成完全有序结构，从而破坏了晶格的立方对称，并导致晶胞收缩，使 a=0.524nm，c=1.032nm，相当于原来两个立方格子叠在一起形成的四方体心格子（图 9-23），晶体结构属黄铜矿型。

所以，能够占据晶格中同种构造位置的两种原子或离子或离子团甚至空穴 *A* 和 *B*，如果相互间的分布是有规则的，即 *A* 只能占据其中的某些特定位置，*B* 占据另外一些特定位置，那么，这样的晶体结构就是有序的，称为有序结构，又称超结构或超点阵；反之，如果 *A* 和 *B* 相互间是无规则的随机分布，其结构就是无序的，称为无序结构。

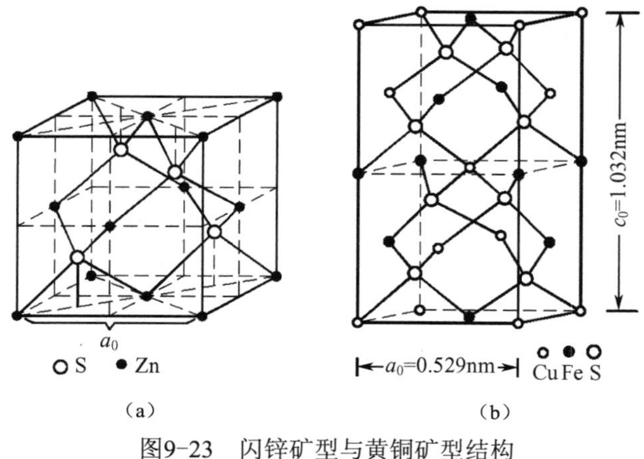

(a)　　(b)

图9-23　闪锌矿型与黄铜矿型结构

(a) 闪锌矿型；(b) 黄铜矿型。

在完全的有序和无序之间，还存在着过渡状态，即部分有序。在部分有序的结构中，只有部分质点有选择地占据特定位置，另外一部分质点则无规则地占据任意位置(图 9-24(a))。

通常所说的有序都是指长程有序，它是指整体性的有序现象。即在一个单晶体的范围内，质点的有序分布延伸到整个晶格的全部，从整个晶体范围看，质点的分布都是有序的。

与长程有序相对的是短程有序，它是指局部有序的现象。即在一个单晶体的范围中，在其晶格的一个个局部区域内，质点均呈有序分布，形成许多局限于一个个小区域内的有序结构（图 9-24（b）），这样的小区域称为晶畴；但是在晶畴与晶畴之间，即从整个晶体范围来看，质点的分布是无序的或只是部分有序的。如果把质点在完全有序结构中所占有的位置称为是正确位置，那么在部分有序结构中，只有一部分质点占据正确位置，其余质点均占据不正确位置。占据正确位置的原子比率减去占据错误位置的原子比率即为有序度，以 S 表示。S 的数值可以从 0（完全无序）变化到 1（完全有序）。有序度可以用下式计算：

$$S=(p-r)/(1-r)$$

式中，p 为某种质点在正确位置上的百分数；r 为该质点在整个体系中所占的百分数。例如，在 $AuCu_3$ 中，Cu 原子在整个体系中所占的百分数 $r=3/4=75/100$。

（1）若铜原子都在正确位置上，即其在正确位置上的百分数为 $p=100/100$，此时，有序度

$$S=(100/100-75/100)/(1-75/100)=1$$

为完全有序。

（2）若铜原子有 75/100 占据正确位置，即 $p=r$，则有序度

$$S=(75/100-75/100)/(1-75/100)=0$$

为完全无序。

（3）若 75 个 Cu 原子有 72 个在正确位置上，则有序度

$$S=(72/75-75/100)/(1-75/100)=0.84$$

为部分有序。

对于同一种晶体而言，有序和无序是两种不同的结构状态，反映在物理性质上也会有所差异。随着有序度的不同，晶体的物理性质也会产生连续的变化。晶体有序度的研究需要借助于 X 射线衍射、红外光谱分析、电子衍射或透射电子显微镜等进行。

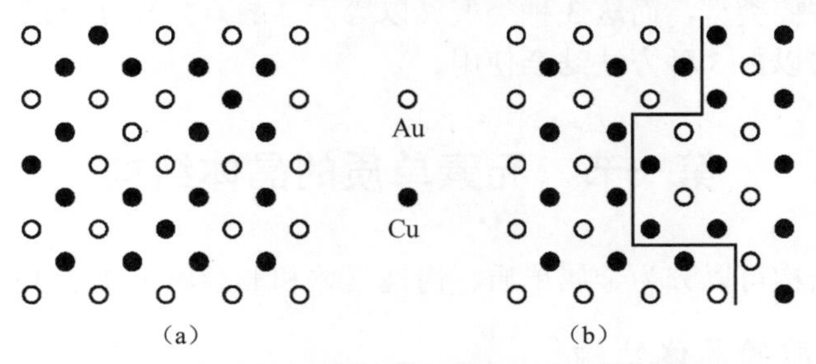

图9-24　金铜合金结构中原子在（100）面上的排列

（a）部分有序结构；（b）短程有序结构。

二、有序—无序的转化和意义

一个晶体结构的有序度，在一定的条件下是可以改变的,即有序—无序之间是可以转化的。有序结构在处于某临界温度之上时，会转变为无序结构；反之，当处于临界温度之下时，无序结构又会向有序结构转变。由无序向有序的转变称为有序化。有序化需要在一定的临界温度以下才能发生。从无序向有序转变的临界温度，在金属学中称为居里点，$AuCu_3$ 和黄铜矿的居里点分别为 395℃和 550℃。在居里点上，晶体的对称性和物理性质都会有所突变。一般来说，有序结构的对称性低于无序结构。

在有序和无序的转变中，有序化的过程可能很短，也可能很长。自然界矿物晶体的有序化经历了漫长的地质年代。有序和无序现象有助于确定晶体形成时的温度和形成历史。

第十章　晶体结构

晶体结构的分类方法有很多种，常用的分类方法有：

（1）按照化学组成中原子的种类及数目分类。如单质晶体、二元化合物晶体、多元化合物晶体等。这种分类方法的缺点是：

① 一些形式上相同，但对称性和其它性质都截然不同的化合物常被归为一类。例如NaCl、NiAs的晶体结构是不同的。

② 一些同型结构的晶体又会被归为不同的类型，如 $LiFeO_2$ 和NaCl（晶体结构基元排列方式相同，且具有相同的空间群，为同型结构）。

（2）根据晶体结构中化学键的类型分类，如离子键型、共价键型、金属键型等。这种分类的不足在于：

① 许多晶体是多键型的，归类存在困难。如石墨层内为共价键，层间为分子键。

② 不同化学键的晶体可以是同一结构型，NaCl、TaC均为AX型晶体，但是前者为离子键，后者为金属键。

（3）根据晶胞的形状、大小和晶体生长习性间的相互关系，将晶体结构分为等向型、层型和链型3种主要类型，而这3种类型又以等大球的六方和立方最紧密堆积为基础。

下面的介绍将以上3种方法结合使用。

第一节　元素单质的晶体结构

单质的晶体结构可以分为金属单质、惰性气体和非金属单质3类。

一、金属单质的晶体结构

元素周期表中，共有70多种金属元素。典型的金属单质晶体，其原子与原子之间的结合力为金属键，由于金属键没有方向性和饱和性，其配位数高，密度也大，故可把典型的金属单质晶体结构看成是由等大球紧密堆积而成。按堆积方式可分为3种类型：

A_1 型：原子为立方最紧密堆积。

A_2 型：原子为立方体心紧密堆积。

A_3 型：原子为六方最紧密堆积。

它们的典型实例如下。

1. 铜的晶体结构

属 A_1 型，铜原子成立方最紧密堆积，格子类型为立方面心格子。空间群为 $O_h^5\text{-}Fm\bar{3}m$，晶胞参数 a_0=0.3608nm，原子配位数 CN=12，单位晶胞中原子的数目 Z=4，结构如图10-1

所示。

具有铜型结构的有 Au、Ag、Pb、Ni、Co、Pt、Fe、Al、Sc、Ca、Sr 等单质晶体。

2. α−Fe 的晶体结构

属 A_2 型，铁原子成立方体心紧密堆积，格子类型为立方体心格子。铁原子位于立方体的角顶和中心。空间群为 O_h^9−$Im\bar{3}m$，a_0=0.2860nm，CN=8，Z=2，结构如图 10−2 所示。

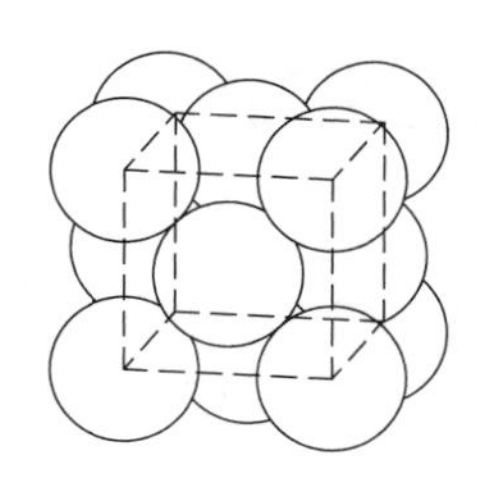

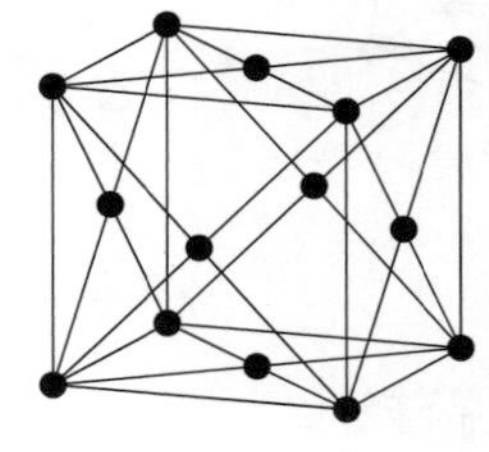

图10−1　铜（Cu）晶体结构模型

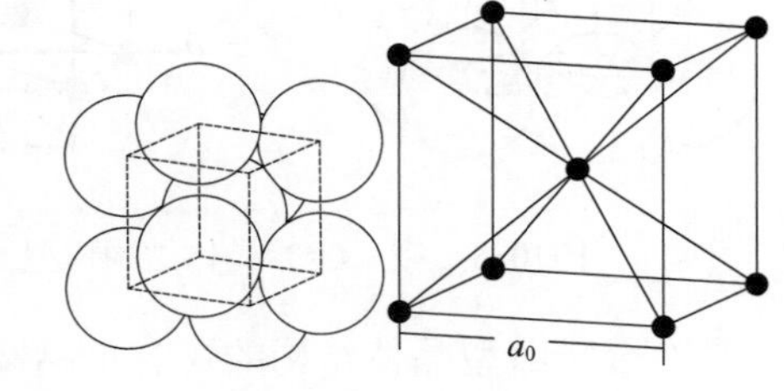

图10−2　α −Fe晶体结构模型

属 α−Fe 型结构的有 W、Mo、Li、Na、K、Rb、Cs、Ba 等。

3. Os 的晶体结构

属 A_3 型，Os 原子成六方最紧密堆积，格子类型为六方原始格子。空间群为 D_{6h}^4−$P6_3/mmc$，a_0=0.2712nm，c_0=0.4314nm，CN=12，Z=2。结构如图 10−3 所示。

属 Os 型结构的有 Mg、Zn、Rh、Sc、Gd、Y、Cd 等。

过渡金属由于 d 电子的原因，其晶体结构有多种变体，如 Fe 有 4 种变体，分别为 α−Fe、β−Fe、γ−Fe、δ−Fe。稀土金属最外层为 s 电子，均属于等大球最紧密堆积结构。

二、惰性气体的晶体结构

惰性气体以单原子存在。惰性气体原子有全充满的电子层，在低温下原子与原子之间通过微弱的范德华力凝聚成晶体。原子做等大球紧密堆积。He 属 A_3 型结构，其余惰性气体氖（Ne）、氩（Ar）、氪（Kr）、氙（Xe）等均属于 A_1 型。

三、非金属单质的晶体结构

非金属单质的晶体结构中，原子之间多为共价键结合。共价键具有饱和性，其数目受原子自身电子组态的限制，一般符合 $CN = 8-N$ 的规则，N 为非金属原子在元素周期表中所处的族数。非金属单质晶体主要有金刚石、石墨、硅、锗、硫、硒、碲、磷、砷及硼等。下面仅介绍金刚石、石墨、单晶硅的晶体结构。

1. 金刚石的晶体结构

化学成分是 C，C 原子之间以典型的共价键结合。碳原子的电子构型为 $2s^22p^2$，在 $2p^2$ 能级中有 2 个不成对电子，它们在成键时放出的能量，足以把 $2s$ 轨道上的一个电子激发到 $2p$ 轨道上去，形成 sp^3 杂化轨道，出现 4 个不成对电子。每一个碳原子皆与相邻的 4 个碳原子各共用一对电子，形成稳定的 8 电子层结构。每一个碳原子周围有 4 个等距分布的碳原子，这 4 个碳原子的中心连接起来构成一个正四面体（图 10−4）。碳原子的配位数为 4，共价键的键角为 109°28′。等轴晶系，空间群为 O_h^7–$Fd3m$，a_0=0.3570nm，Z=8。

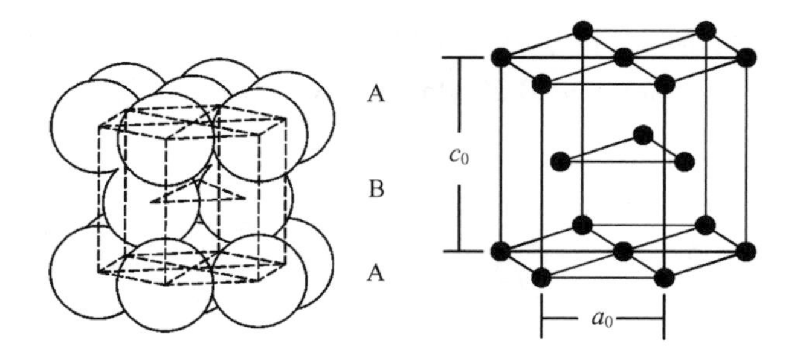

图10-3　锇（Os）晶体结构模型　　　　图10-4　金刚石的晶体结构

具有金刚石型晶体结构的还有单晶锗、单晶硅等。

2. 石墨的晶体结构

石墨的化学成分也是碳，是金刚石的同质多像变体。六方晶系，空间群 D_{6h}^4–$P6_3/mmc$，a_0=0.246nm，c_0=0.680nm，Z=4。

石墨具有典型的层状结构，层内每一个碳原子都与 3 个碳原子相连，形成六方环状网，上层六方网环的碳原子有一半对着下层碳原子的中心（图 10-5）。层内为带有金属键成分的共价键，层间为分子键。因为每一个碳原子的 4 个电子中，有 3 个用于形成层内共价键，另一个可以在层内移动，类似金属中的自由电子。层内碳原子的间距是 0.1427nm，层间碳原子的间距为 0.3355nm，是层内碳原子间距的 2 倍多（图 10-6），因此石墨层间键的强度比层内的弱。

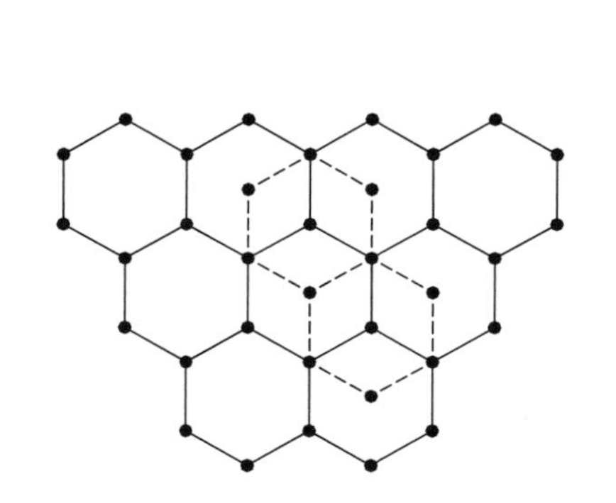

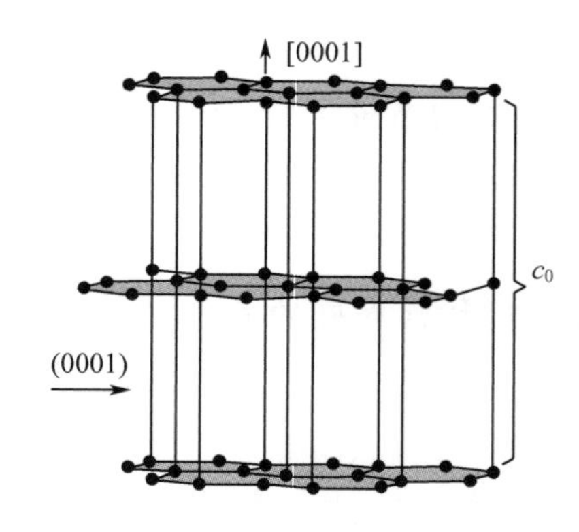

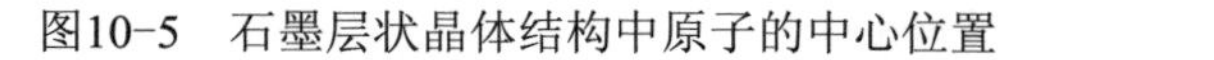

图10-5　石墨层状晶体结构中原子的中心位置　　　　图10-6　石墨-2H的晶体结构

由于层的叠置重复顺序不同，石墨可以有不同的多型变体，目前已知有 40 余种。常见的除上述六方晶系的 2H 型外，还有三方晶系的 3R 型。2H 型和 3R 型石墨的晶体结构对比见图 10-7。由图可以看出，2H 型的石墨，其层状结构的特点是第三层与第一层完全重复；而 3R 型的石墨，第四层才与第一层重复。3R 型石墨的对称型是 $3m$，空间群 C_{3v}^5–$R3m$，a_0=0.246nm，c_0=1.004nm。

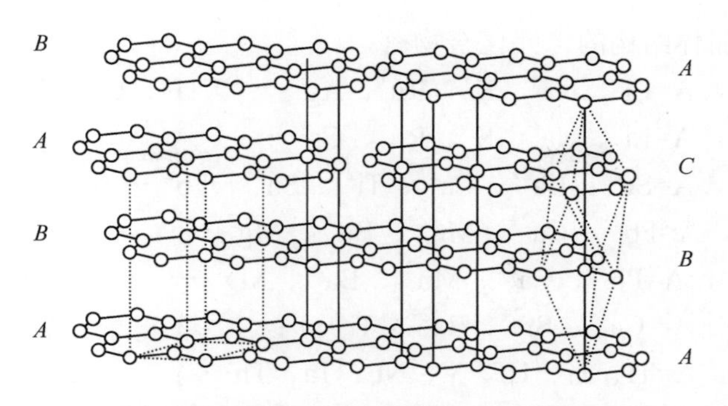

图10-7　2H和3R型石墨的晶体结构对比

第二节　无机化合物的晶体结构

以下将无机化合物晶体中具有代表性的结构类型按所含原子种类的多少，分为两大类介绍，一类为二元化合物（AX、AX_2、…、 A_nX_m），另一类为多元化合物（如 ABX_3、ABX_4…等）。因硅酸盐较为特殊复杂，专门作为一类加以介绍。

一、二元无机化合物晶体

1. AX 型晶体结构

是由等价的两种阴阳离子按 1∶1 的比例构成。主要有氯化钠型、氯化铯型、闪锌矿型和纤锌矿型等四种。

1）氯化钠（NaCl）型

等轴晶系，空间群 O_h^5–$Fm3m$，a_0=0.5628nm。结构可以看成是 Cl^-做立方最紧密堆积，Na^+充填在全部的八面体空隙中，Cl^-和 Na^+的配位数 CN 均为 6，空间格子类型为立方面心格子。等效点的坐标为：4Cl^-是 0, 0, 0；1/2, 1/2, 0；1/2, 0, 1/2；0, 1/2, 1/2；4Na^+为 0, 0, 1/2；1/2, 0, 0；0, 1/2, 0；1/2, 1/2, 1/2。图 10–8 所示为一个晶胞，单位晶胞中有 4 个 Cl^-和 4 个 Na^+，Z=4。NaCl 型结构稳定于 r^+/r^-=0.414～0.732 范围，$r^+>r^-$时，阳离子做立方最紧密堆积，阴离子充填在其中的八面体空隙。

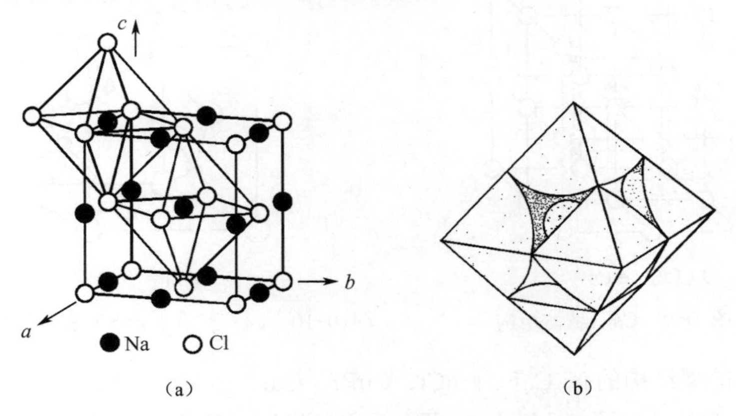

（a）　　　　（b）

图10–8　NaCl结构

（a）NaCl 结构；（b）八面体空隙中阳离子的填充情况。

属于 NaCl 型晶体结构的二元化合物有：

卤化物（AX），A=Li^+、Na^+、K^+、Ru^+、Ag^+…；X=F^-、Cl^-、Br^-；

氢化物（AH），A=Li^+、Na^+、K^+、Ru^+、Cs^+…；

氧化物（AO），A=Sr^{2+}、Ba^{2+}、Ca^{2+}、Ti^{2+}、Sn^{2+}、Pb^{2+}…；

硫化物（AS），A=Pb^{2+}、Ca^{2+}、Mn^{2+}、Ba^{2+}、Mg^{2+}…；

硒化物（ASe），A=Pb^{2+}、Ca^{2+}、Mn^{2+}、Ba^{2+}、Mg^{2+}…；

碲化物（Ate），A= Ca^{2+}、Sr^{2+}、Ba^{2+}、Ti^{2}…；

碳化物（AC），A=Ti、Zr、Hf、V、Nb、Ta、Th…；

氮化物（AN），A=Sc、Y、Ti、Zr、V、Nb、Cr、Np、Pu、Th、U…；

过渡金属元素的氧化物。

2）氯化铯（CsCl）型

等轴晶系，空间群 O_h^1–$Pm3m$，a_0=0.4110nm，Z=1。结构如图 10–9 所示。CsCl 结构可以看成是由 Cl^-的立方原始点阵和 Cs^+的立方原始点阵套叠而成，一套点阵位于另一套点阵的立方晶胞的中心，两种离子的配位数 CN 均为 8。即如果原始点选在 Cl^-的中心，相当点位于立方晶胞的 8 个角顶，Cs^+位于晶胞体心；如果原始点选在 Cs^+的中心，则相当点也位于立方晶胞的 8 个角顶，Cl^-位于晶胞体心。等效点的坐标为 Cl^-：0, 0, 0；Cs^+：1/2, 1/2, 1/2。当 AX 型化合物中 r^+/r^->0.732 时多为 CsCl 型结构。

属于这种结构型的有 CsBr、CsI、RbCl、ThCl、ThTe、TlCl、TlBr、NH_4Cl、NH_4Br、NH_4I 等。在后 3 种晶体中，NH_4^+可看作是一个简单的阳离子。

3）闪锌矿（α–ZnS）型

等轴晶系，空间群为 T_d^2–$F43m$，a_0=0.540nm，Z=4。图 10–10 所示为它的一个晶胞，S^{2-}位于立方晶胞的 8 个角顶和每一个面的面心，若把单位晶胞分成 8 个小立方体，Zn^{2+}占据其中相间 4 个的中心位置；闪锌矿结构也可以看成是 S^{2-}做立方最紧密堆积，Zn^+充填 1/2 的四面体空隙，结构与金刚石非常相似，将 Zn、S 换成 C 即为金刚石结构。S^{2-}和 Zn^{2+}各占据一组特殊等效位置，等效点的坐标为 $4S^{2-}$：0, 0, 0；1/2, 1/2, 0；1/2, 0, 1/2；0, 1/2, 1/2；$4Zn^{2+}$：1/4, 1/4, 1/4；3/4, 3/4, 1/4；3/4, 1/4, 3/4；1/4, 3/4, 3/4。

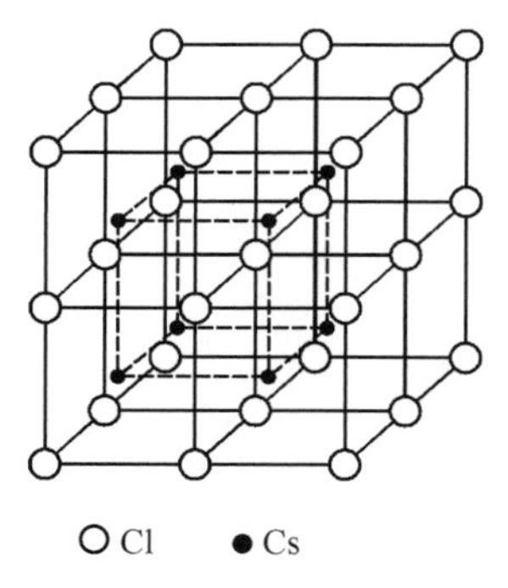

图10–9　CsCl晶体结构

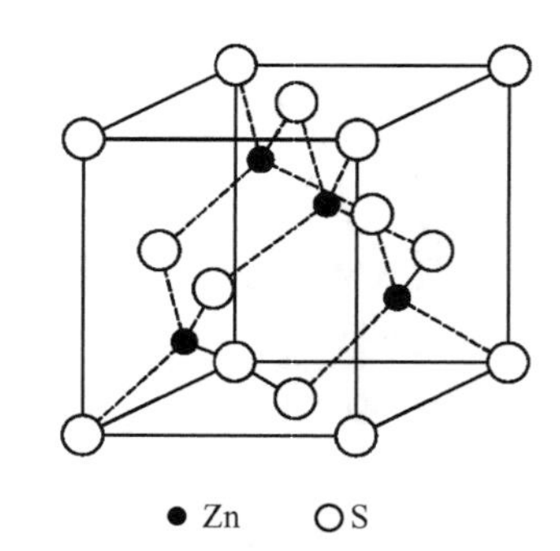

图10–10　闪锌矿（α–ZnS）晶体结构

具有闪锌矿型结构的有 CaF、CuCl、CuBr、CuI、BeV、BeS、CdS、HgS、BeSe、BeTe、ZnSe、ZnTe、CdTe、MgTe、AlP、GaP、AlAs、GaAs、AlSb、InSb、BaS、BN、SiC、BeB 等。

4）纤锌矿（β-ZnS）型

纤锌矿是闪锌矿的同质多像变体。六方晶系，空间群是 C_{6v}^{4}-$P6_3mc$，a_0=0.384nm；c_0=0.518nm，Z=6。如图 10-11 所示，结构中 S^{2-}成六方紧密堆积，Zn^{2+}充填半数的四面体空隙。四面体共顶相连，阴、阳离子的配位数均为 4。若将单位晶胞分成 6 个相等的三方柱，硫离子位于三方柱的每一个角顶和相间的三方柱的中心，锌离子位于中心有硫离子的三方柱的 3 条棱的 5/8 处及中心线的 1/8 处。等效点的坐标：S^{2-}为 0, 0, 0；2/3, 1/3, 1/2；Zn^{2+}为 0, 0, 5/8；2/3, 1/3, 1/8。

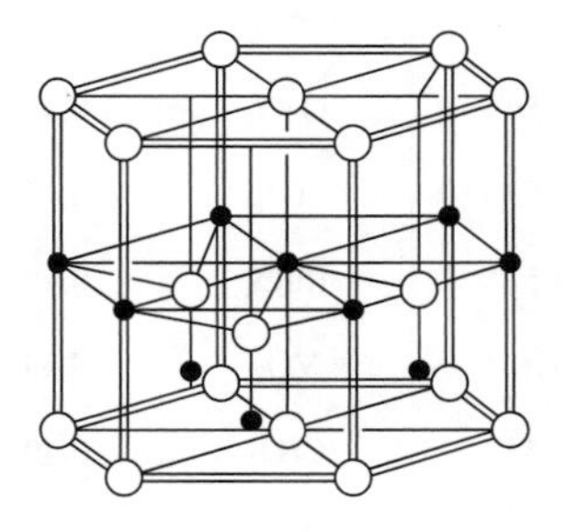

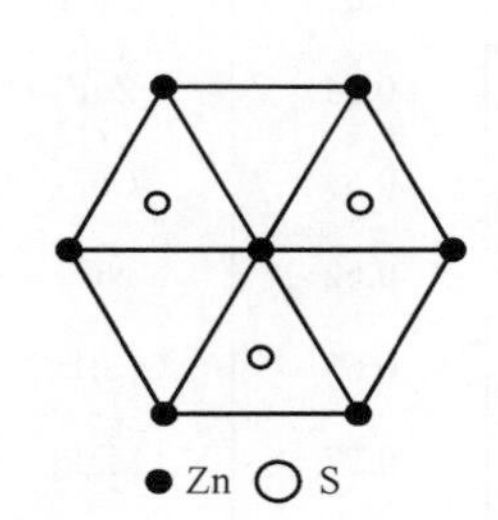

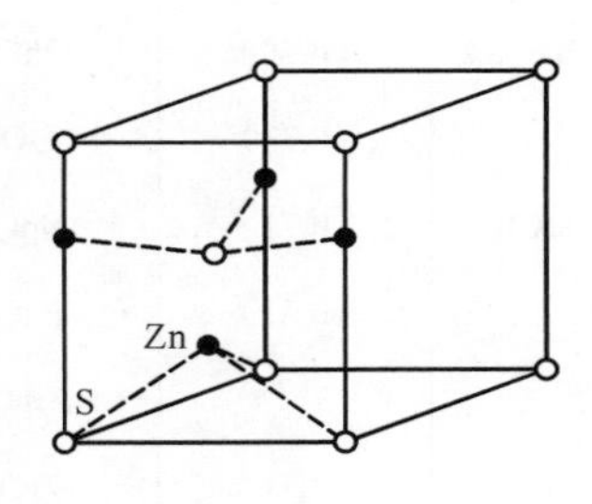

图10-11　纤锌矿（六方ZnS）的晶体结构

2．AX_2 型化合物的晶体结构

AX_2 型化合物主要包括氧化物和氟化物等，典型的结构有两种：萤石（CaF_2）型和金红石型。

1）萤石（CaF_2）型

萤石（又称氟石），等轴晶系，空间群 O_h^5-$Fm3m$，a_0=0.545nm，Z=4。F^-为四面体配位，CN=4；Ca^{2+}为立方体配位，CN=8。或可以看成 Ca^{2+}成立方紧密堆积，氟离子充填所有四面体空隙。图 10-12 所示为一个晶胞，Ca^{2+}离子位于立方面心格子的 8 个角顶和每一个面的中心，F^-位于单位晶胞所等分的 8 个小立方体的中心。等效点的坐标 $4Ca^{2+}$是 0, 0, 0；1/2, 1/2, 0；1/2, 0, 1/2；0, 1/2, 1/2；$8F^-$为 1/4, 1/4, 1/4；3/4, 3/4, 1/4；3/4, 1/4, 3/4；1/4, 3/4, 3/4；3/4, 3/4, 3/4；1/4, 1/4, 3/4；1/4, 3/4, 1/4；3/4, 1/4, 1/4。

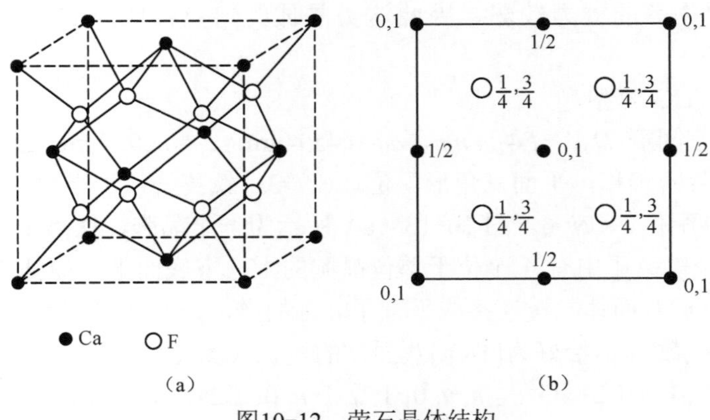

图10-12　萤石晶体结构

（a）CaF_2晶胞；（b）晶胞中质点在（001）面上的投影。

萤石型结构的稳定范围为 r^+/r^->0.732。具有萤石型结构的晶体见表 10-1。

表10-1　具有CaF_2型与TiO_2型结构的AX_2型化合物

CaF_2型 r^+/r^->0.732				TiO_2型 r^+/r^-=0.732~0.38			
BaF_2	0.99	CeO_2	0.72	MnF_2	0.59	PbO_2	0.60
PbF_2	0.88	ThO_2	0.68	FeF_2	0.59	SnO_2	0.51
SrF_2	0.83	PrO_2	0.66	PdF_2	0.59	TiO_2	0.49
（$BaCl_2$）	（0.75）	PbO_2	0.65	（$CaCl_2$）	（0.55）	WO_2	0.47
CaF_2	（0.73）	UO_2	0.64	ZnF_2	0.54	OsO_2	0.46
（$SrCl_2$）	0.71	NpO_2	0.63	CoF_2	0.53	IrO_2	0.46
	（0.63）	PuO_2	0.62	NiF_2	0.51	RuO_2	0.45
		AmO_2	0.61	（$CaBr_2$）	（0.51）	VO_2	0.43
		ZrO_2	0.57	MgF_2	0.48	CrO_2	0.40
		HrO_2	0.56			MnO_2	0.39
						GeO_2	0.38

在萤石的晶体结构中，{111}面网的面网间距虽非最大，但是在这个方向上存在着互相毗邻的同号负离子层，相互之间存在着静电斥力，致使晶体具有平行于{111}的八面体的完全解理。天然萤石用作生产玻璃的助熔剂、制取氢氟酸和提取氟的原料；人造萤石单晶体可作为红外和激光仪器的光学元件。

将 CaF_2 中的阴阳离子位置颠倒，即得反萤石型结构 A_2X，阴、阳离子的分布与萤石型结构正好相反，即当萤石型晶格中阳离子的位置上分布着阴离子，而原阴离子的位置上分布着阳离子，即构成反萤石型晶格。阳离子的配位数为 4，阴离子的配位数为 8。

具有反萤石型结构的晶体主要是碱金属的氧化物、硫化物、硒化物、碲化物等。由于碱金属氧化物等的键力较弱，因此这类晶体的熔点都比较低，且晶胞越大熔点越低。

2）金红石（TiO_2）型

四方晶系，空间群 D_{4h}^{14}–$P4_2/mnm$，a_0=0.4594nm，c_0=0.2959nm，Z=2。结构中氧离子成扭曲的六方紧密堆积，平面三角形配位，CN=3；钛离子位于半数的八面体空隙中，构成[TiO_6]八面体配位，CN=6。图 10-13（a）所示为一个晶胞，钛离子位于单位晶胞的角顶和体心，6 个氧离子中有 4 个位于单位晶胞的上、下底面上，另外 2 个位于单位晶胞内。结构中[TiO_6]八面体共棱连接成平行于 c 轴的链，链间通过共用[TiO_6]八面体的角顶连接，其晶胞参数 c_0 值恰好为[TiO_6]八面体的棱长（图 10-13（b））。等效点的坐标为 $2Ti^{4+}$是 0, 0, 0; 1/2, 1/2, 1/2; $4O^{2-}$是 u, u, 0; $1-u, 1-u$, 0; $1/2+u, 1/2+u$, 1/2; $1/2-u, 1/2+u$, 1/2。在金红石的晶格中 u=0.31。

金红石形结构的稳定范围是 r^+/r^-=0.732～0.380。

金红石晶体具有很高的折射率和介电常数，常被用来作为陶瓷釉原料，也是无线电

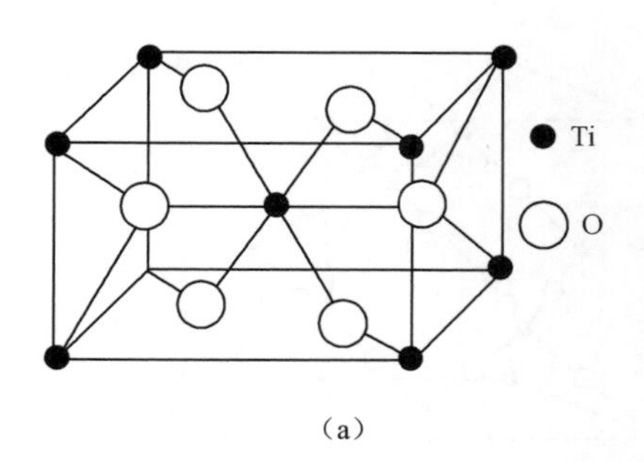

(a)

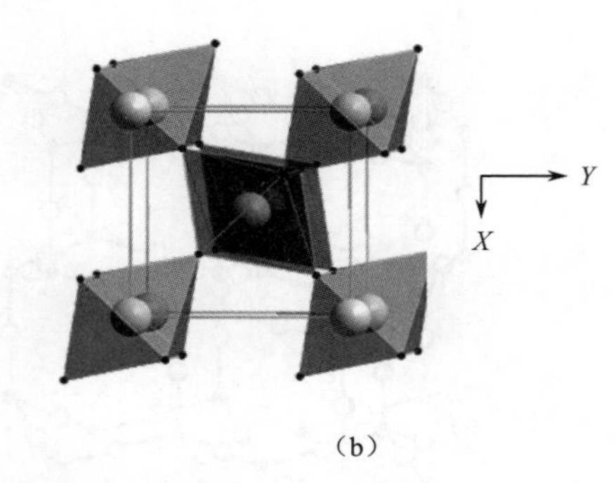

(b)

图10-13　金红石的晶体结构

(a) 晶胞；(b) $[TiO_6]$八面体沿c轴共棱链接。

陶瓷的主要晶相之一。金红石型钛白粉和云母钛珠光颜料具有良好的耐侯性、化学稳定性及光学性能。

属于金红石形结构的晶体见表 10-1。

3）石英（SiO_2）型

SiO_2中 Si 的 4 个 sp^3 杂化轨道分别与 4 个 O 的 p 轨道形成 4 个 σ 键，构成$[SiO_4]$四面体，四面体之间共角顶连接，Si 的配位数 CN=4，O 的配位数 CN=2。$[SiO_4]$四面体的具体连接方式不同，会使晶体结构的对称性发生变化，形成不同的变体。SiO_2有一系列同质多像变体，这些变体的形态和物理性质也有差异。

α-石英为唯一使用的压电晶体，熔点为 1750℃，莫氏硬度为 7。空间群 D_3^4-$P3_121$（左形）或 D_3^6-$P3_221$（右形），a_0=0.4904nm，c_0=0.5397nm。晶体在（0001）面上的投影如图 10-14 所示。

当温度高于 573℃时，α-石英变成 β-石英。β-石英的空间群为 D_6^4-$P6_42$。对称性高于 α-石英。β-石英在（0001）面上的投影见图 10-15。

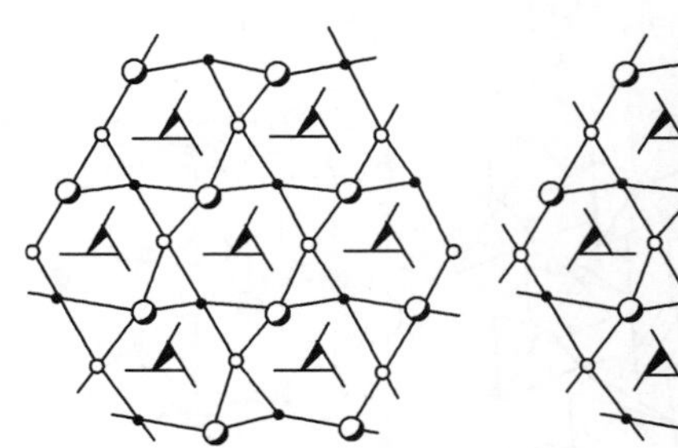

图10-14　α -石英晶体结构在（0001）面上的投影图

○ 代表 Si 原子在 $0c_0$ 高度；

◐ 代表 Si 原子在 $2/3c_0$ 高度；

● 代表 Si 原子在 $1/3c_0$ 高度。

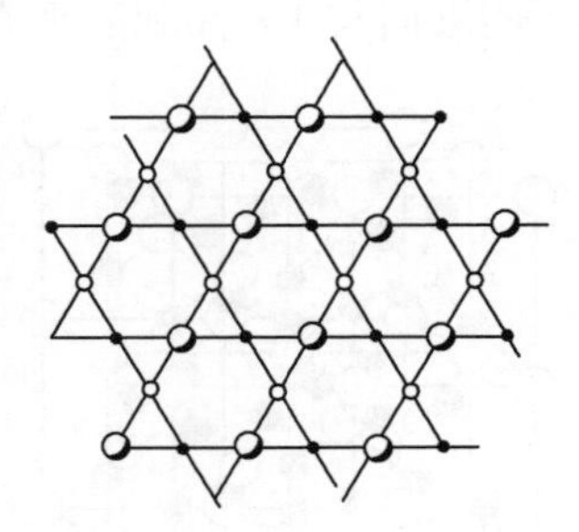

图10-15　β-石英晶体结构在（0001）面上的投影图

○ 代表 Si 原子在 $0c_0$ 高度；

◐ 代表 Si 原子在 $2/3c_0$ 高度；

● 代表 Si 原子在 $1/3c_0$ 高度。

当温度高于 870℃时，β-石英变为鳞石英（图 10-16）。温度继续升高，鳞石英变为方英石。鳞石英与方英石的结构见图 10-16。

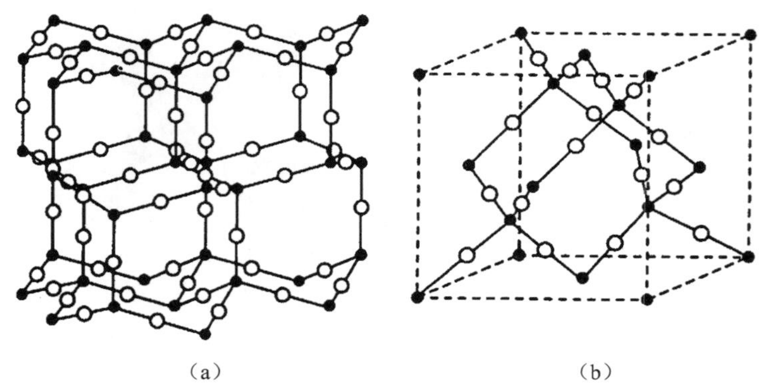

（a）　　　　　　　　　　　　（b）

图10-16　鳞石英和方石英的结构模型

（a）鳞石英；（b）方石英。

●表示 Si；○ 表示 O。

4）赤铜矿（Cu_2O）型

等轴晶系，空间群为 O_h^4–$Pn3m$，a_0=0.426nm，Z=2。O^{2+}作立方体心紧密堆积，氧离子位于单位晶胞的角顶和中心（图 10-17）。若将单位晶胞分成 8 个小立方体，则铜离子位于相间的 4 个小立方体的中心。每个铜离子直线连接着 2 个氧离子，配位数为 2；每个氧离子则与 4 个铜离子相邻，配位数为 4。等效点的坐标为：O^{2-}是 0, 0, 0；1/2, 1/2, 1/2；Cu^+为 1/4, 1/4, 1/4；3/4, 1/4, 3/4；1/4, 3/4, 1/4；3/4, 3/4, 1/4。

5）黄铁矿（FeS_2）型

等轴晶系，空间群 T_h^6–$Pa3$，a_0=0.547nm。黄铁矿可以看成是由氯化钠晶体结构演变而来，即 Fe^{2+}取代 Na^+，S_2^{2-}取代 Cl^-而得（图 10-18）。Fe^{2+}和 S_2^{2-}的配位数均为 6，但是单个 S 的 CN=4（1 个 S 和 3 个 Fe）。Fe–S 键长=0.225nm，S–S 键长=0.217nm。[FeS_6]八面体共面连接，且共面的棱比非共面的棱要长，说明 Fe–S 键以共价键为主。哑铃状对硫 S_2^{2-}的轴向与 1/8 晶胞的小立方体对角线的方向相同，但是彼此不相切割。

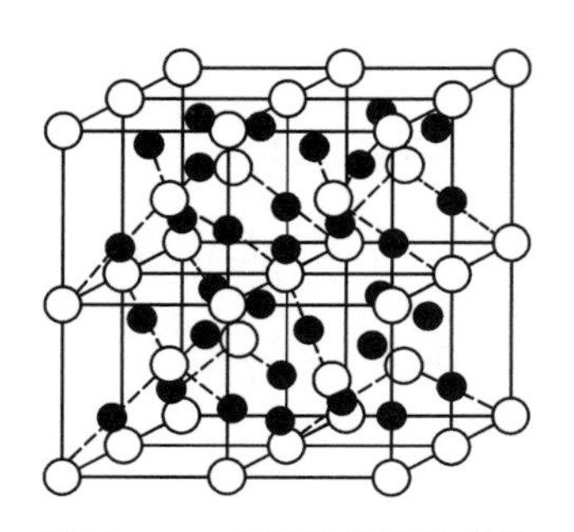

图10-17　赤铜矿的晶体结构

●代表Cu；○表示O。

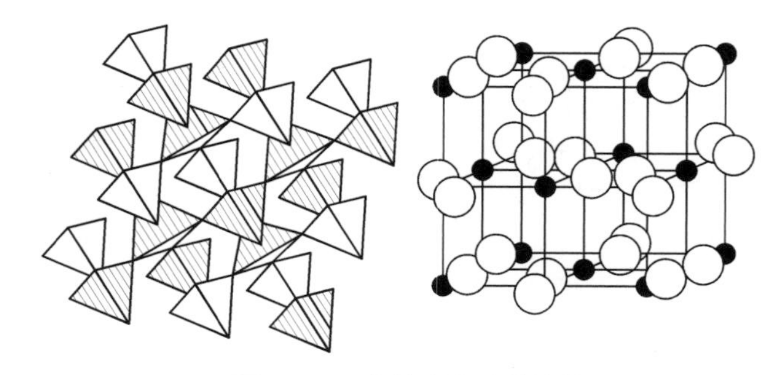

图10-18　黄铁矿的晶体结构

●代表Fe；○代表S。

3．A_2X_3 型晶体结构

常见的是 α–Al_2O_3（刚玉）型。三方晶系，空间群 D_{3d}^6–$R\bar{3}c$，a_0=0.477nm，c_0=1.304nm，Z=6。其结构可以看成是氧离子做近似六方最紧密堆积，堆积层垂直于 3 次轴，铝离子占据 2/3 的八面体空隙。[AlO_6]八面体在平行（0001）方向上共棱成层（图 10-19（a））。

在平行于 c 轴的方向上，每隔两个 Al 充填的实心八面体就有一个空心八面体。实心$[AlO_6]$八面体共面相连，此时，两个较为靠近的 Al 离子之间产生了斥力，使 Al 离子并不处于八面体中心，而是稍有偏离，$[AlO_6]$八面体也稍有变形（图 10-19（b））。氧的配位数为 4。由于 Al-O 键具有从离子键向共价键过渡的性质，使刚玉表现出共价化合物的特征。

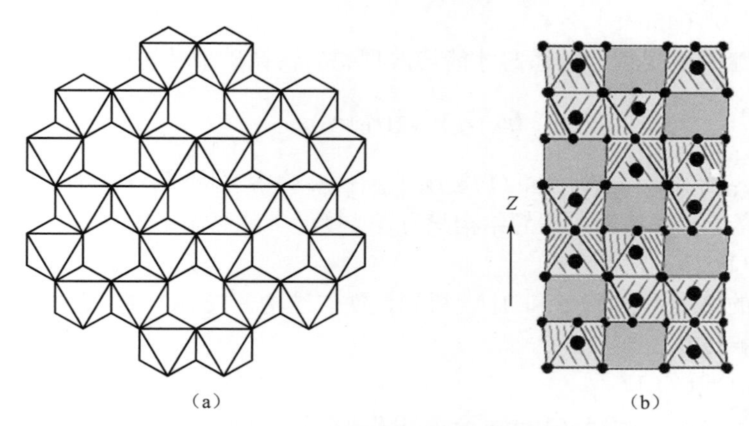

图10-19　刚玉的晶体结构

（a）$[AlO_6]$八面体在平行（0001）方向上共棱成层；（b）$[AlO_6]$八面体在平行Z轴的方向上共面相连。

具有刚玉型晶格的晶体还有 α-Fe_2O_3、Cr_2O_3、Ti_2O_3、Co_2O_3 等。Fe、Ti 逐层交代 Al 可以得到钛铁矿型结构。

二、多元化合物的晶体结构

1．ABX_3 型化合物

ABX_3 型化合物是三元离子化合物晶体，A、B 分别代表两种阳离子。典型的有方解石型、文石型、钙钛矿型和钛铁矿型四种。

主要的 ABX_3 型化合物见表 10-2。

表10-2　主要的ABX_3型化合物

结构型	分子式	结构特性
方解石	$CaCO_3$	高的各向异性
文石（霰石）	$CaCO_3$	高的双折射
钛铁矿	$FeTiO_3$	较方解石堆积紧密
钙钛矿	$CaTiO_3$	共顶八面体
六方结构	$BaMnO_3$	具有共顶的八面体的紧密堆积
辉石及相关的结构	$MgSiO_3$	具有共顶八面体的紧密堆积

1）钙钛矿（$CaTiO_3$）型

高温下（>1580 K）钙钛矿属于等轴晶系。空间群 O_h^1-$Pm3m$，a_0=0.385nm，Z=1。

一般将等轴晶系钙钛矿结构称为理想钙钛矿结构，理想钙钛矿结构可看成是较大的 Ca^{2+}和 O^{2-}做立方最紧密堆积，Ti^{4+}充填在由 6 个氧形成的八面体空隙中。Ca^{2+}位于立方晶胞的中心，配位数为 12；Ti^{4+}位于晶胞的角顶，配位数为 6；O^{2-}位于立方晶胞晶棱的中点，$[TiO_6]$八面体共角顶连接，如图 10-20 所示。

然而 Ca^{2+}和 O^{2-}毕竟不是等大球，因此 $CaTiO_3$ 的结构较同种原子构成的紧密堆积结构的对称程度低，室温下的$CaTiO_3$ 为斜方晶系，空间群为 D_{2h}^{16}–Pbm，a_0=0.538nm，b_0=0.5443nm，c_0=0.7645nm，Z=4。

只有当离子半径满足以下关系时才能形成理想的钙钛矿型结构：

$$(r_A+r_O)=\sqrt{2}(r_B+r_O)t$$

式中，r_A、r_B 和 r_O 分别代表 A、B、O 离子的半径；t 为容差因子，t=1 时形成理想结构，此时 A、B、O 离子相互接触，理想结构只有在 t 接近 1 或高温下出现。

2）钛铁矿（$FeTiO_3$）型

将 Al_2O_3 中的 Al 代之以 Fe 和 Ti 就得到钛铁矿结构，$FeTiO_3$ 的空间群为 C_{3i}^{2}–$R\bar{3}$，a_0=0.5088nm，c_0=1.4073nm，Z=6。

3）方解石（$Ca[CO_3]$）型

空间群 D_{3d}^{6}–$R\bar{3}c$，a_0=0.6361nm，α=46°07′，Z=2。方解石型结构可以看成是沿立方体对角线压缩了的 NaCl 型结构（各棱之间的夹角 101°55′），Ca^{2+}代替 Na^+，CO_3^{2-}代替 Cl^-而得，如图 10-21 所示，Ca^{2+}占据晶胞所有的角顶和面心，CO_3^{2-}则占据晶胞中心和全部棱的中点。每一个 Ca^{2+}与属于不同的 CO_3^{2-}离子团中的 6 个氧离子配位，碳的氧离子配位数为 3，碳与 3 个氧之间以共价键结合，Ca^{2+}与 CO_3^{2-}之间为离子键。

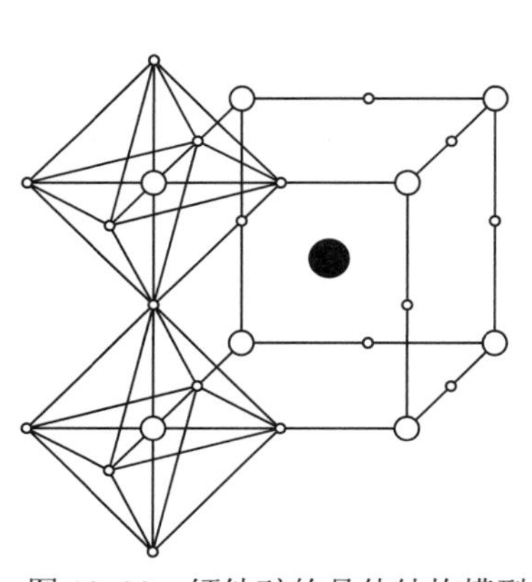

图 10-20　钙钛矿的晶体结构模型

● 代表 Ca；○ 代表 Ti；o 代表 O。

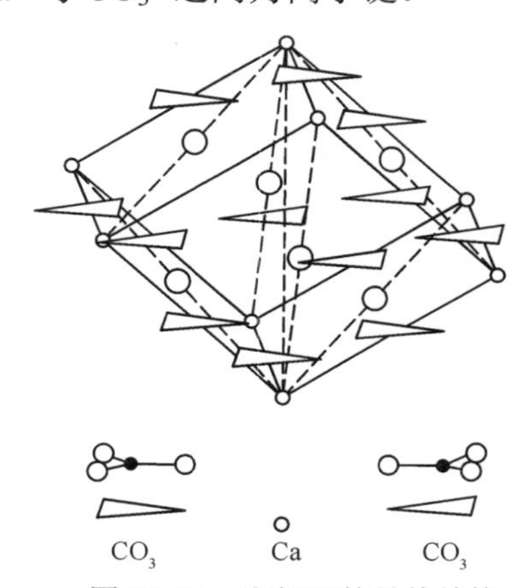

图 10-21　方解石的晶体结构

在方解石结构中，如果 Ca^{2+}全部被 Mg^{2+}取代时，则形成菱镁矿（$Mg[CO_3]$）。如果 Ca^{2+}和 Mg^{2+}各占一半时，则形成白云石（$CaMg[CO_3]_2$）。二价金属阳离子（Mg、Fe、Co、Zn、Mn、Cd、Sr、Ba 等）的碳酸盐，一价碱金属（Li、Na、K、Ru 等）的硝酸盐晶体以及 Sc、La、Y 等的硼酸盐晶体，均具有方解石型结构。

$Ca[CO_3]$的另一变体为文石。文石晶体结构的空间群为 D_{2h}^{6}–Pmc，a_0=0.4959nm，b_0=0.7968nm，c_0=0.5471nm，Z=4。Ca^{2+}成六方紧密堆积，CO_3^{2-}位于八面体空隙中，但是不在空隙中心，而在沿 c 轴的 1/3 或 1/2 处。每一个 Ca^{2+}有 9 个最邻近的氧离子，Ca^{2+}

和 C^{4+}的配位数分别为 9 和 3，而 O^{2-}则位于 3 个 Ca^{2+}之间，如图 10–22 所示。属于文石型结构的有 $LaBO_3$、$CeBO_3$、$PrBO_3$、$NdBO_3$、$PmBO_3$、$EuBO_3$、$AmBO_3$、$SmBO_3$、$PbCO_3$、$SrCO_3$、$SmCO_3$、$EuCO_3$、$YbCO_3$、KNO_3 等。

2．ABX_4 型化合物

1）锆石（$ZrSiO_4$）型

四方晶系，空间群为 D_{4h}^{19}–$I4_1/amd$，a_0=0.6607nm，c_0=0.5982nm，Z=4。

晶体结构如图 10–23 所示。结构可以看成是$[SiO_4]$变形四面体和$[ZrO_8]$三角十二面体沿 c 轴相间排列成链，在 b 轴方向共棱紧密连接而成（图 10–24）。

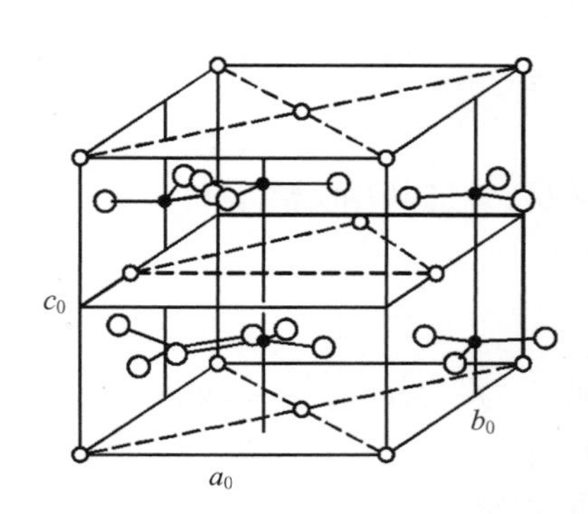

图 10–22　文石的晶体结构
○代表 Ca；○代表 O；●代表 C。

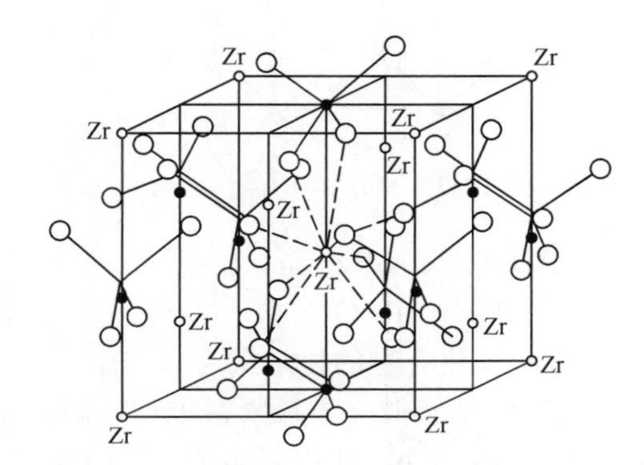

图 10–23　锆石的晶体结构
●代表 Si；○代表 Zr；○代表 O。

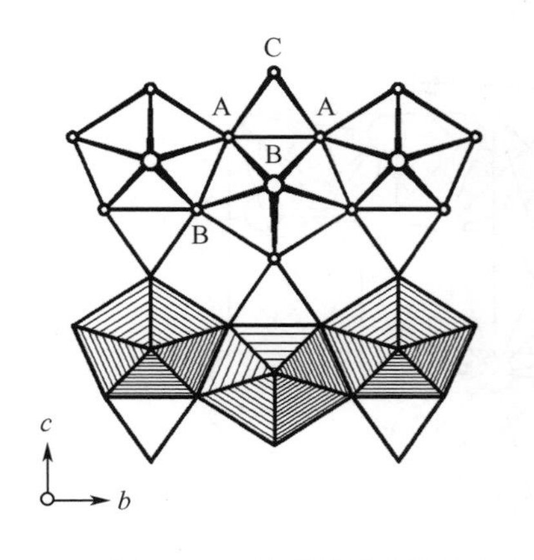

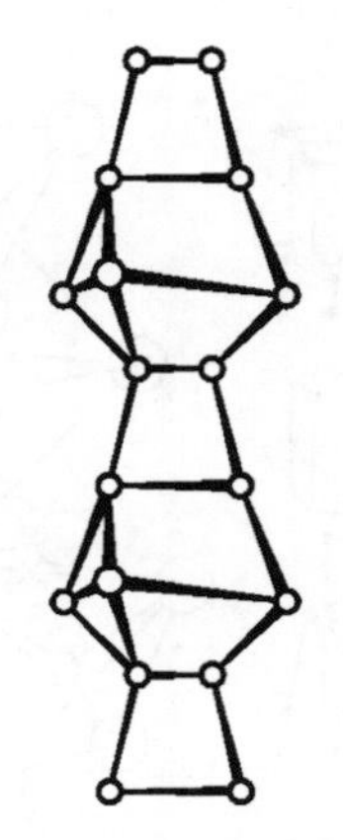

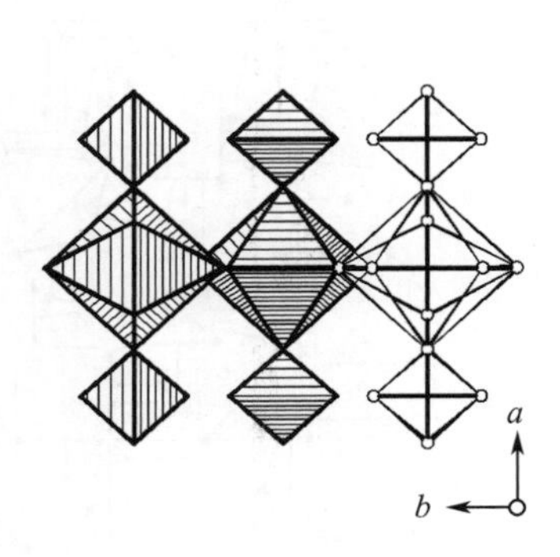

图10–24　锆石的晶体结构中$[SiO_4]$变形四面体和$[ZrO_8]$ 三角十二面体的连接情况

具有锆石型结构的晶体有 $CaCrO_4$、YVO_4、$HfSiO_4$、$TaBO_4$、$CaBe_4$ 等。

2）白钨矿（$CaWO_4$）型

四方晶系，空间群为 C_{4h}^{6}–$I4_1/a$，a_0=0.5243nm，c_0=1.1376nm，Z=4。白钨矿结构可以看成是由扁平的$[WO_4]$四面体和 Ca^{2+}沿 c 轴相间排列而成，如图 10–25 所示。

白钨矿晶体是一种激光基质晶体，掺入 Nd^{3+}（浓度 1%～1.5%）即变为激光工作物质。

3）重晶石（$BaSO_4$）型

斜方晶系，空间群为 D_{2h}^{16}–$Pnma$，a_0=0.8884nm，b_0=0.5458nm，c_0=0.7154nm，Z=4。$[SO_4]^{2-}$为孤立四面体。Ba^{2+}的 CN=12，结构如图 10–26 所示。

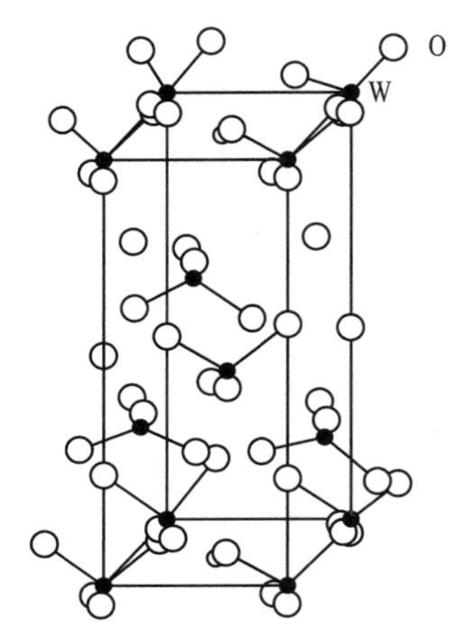

图10-25　白钨矿的晶体结构

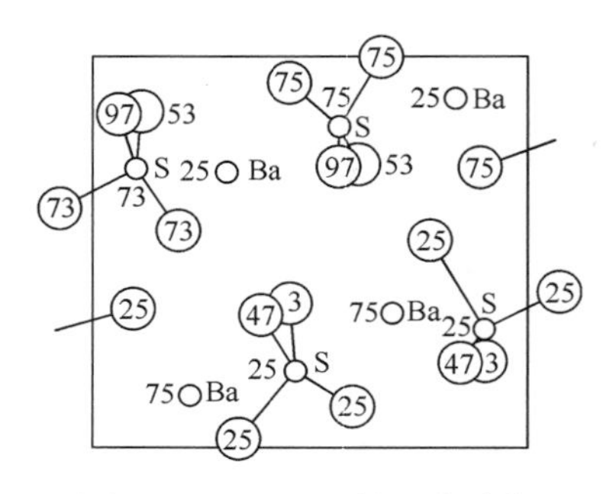

图10-26　重晶石的晶体结构

3．AB_2X_4 或 A_2BX_4 型

1）尖晶石（AB_2O_4）型

尖晶石型化合物的化学式为 $A^{2+}B_2^{3+}O_4$。空间群为 O_h^7–$Fd3m$，a_0=0.808～0.853nm，Z=8。其结构中氧做立方最紧密堆积，阳离子充填四面体和八面体空隙。单位晶胞中有32个 O^{2-} 和 24 个 A、B 组阳离子，共形成 32 个八面体空隙和 64 个四面体空隙。每个晶胞中 8/64 的四面体空隙和 16/32 的八面体空隙被充填，尖晶石型晶体结构如图 10-27 所示。根据阳离子的占位情况不同，结构分为 3 种类型。

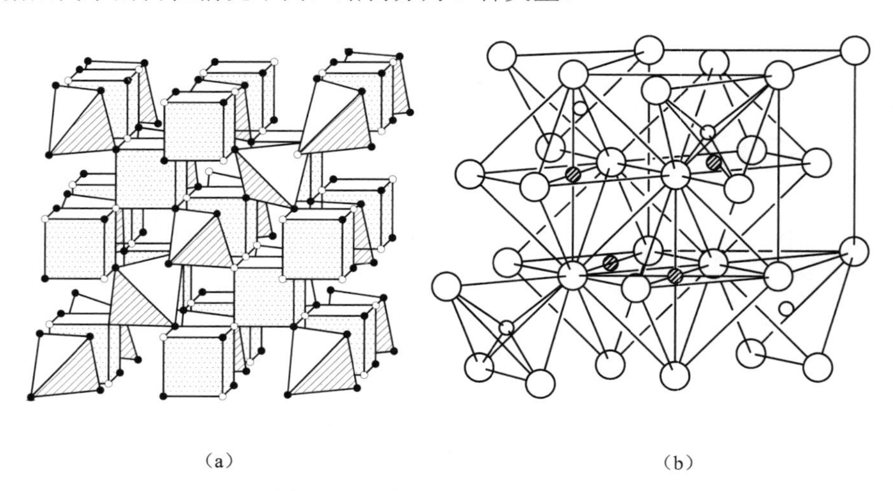

（a）　　　　　　　　　　（b）

图10-27　尖晶石族矿物晶体结构

（a）一般形式：○代表 B 组阳离子，位于立方体相间的四个角顶上，它们是[BO_6]八面体的中心，[BO_6]八面体未绘出；A 组阳离子位于四面体的中心；●代表氧离子；

（b）配位多面体的连接：○代表 A 组阳离子；●代表 B 组阳离子；○代表氧离子。

（1）正尖晶石 $A[B_2]O_4$ 型：单位晶胞中 8 个二价离子 A 充填四面体空隙，16 个三价阳离子充填八面体空隙（[ ]内为八面体位置，下同）。

（2）反尖晶石 $B[AB]O_4$ 型：单位晶胞中一半三价阳离子 B 充填四面体空隙，另一半三价阳离子 B 和二价阳离子 A 充填八面体空隙。

（3）过渡尖晶石 $(A_{1-n}B_n)[A_nB_{2-n}]O_4$ 型：n=0，2/3，1；分别对应正尖晶石型、随机尖晶石型和反尖晶石型。

镁铝尖晶石的化学式为 $MgAl_2O_4$，空间群 O_h^7–$Fd3m$，a_0=0.8083nm，Z=8。

属于尖晶石型结构的矿物有锌尖晶石（$ZnAl_2O_4$）、铁尖晶石（$FeAl_2O_4$）、锰尖晶石（$MnAl_2O_4$）和镁铁尖晶石（$Fe^{3+}(MgFe^{3+})O_4$）等。

2）橄榄石（$(Mg,Fe)_2SiO_4$）型

参见第三节硅酸盐的晶体结构。

第三节　硅酸盐的晶体结构

在硅酸盐结构中，Si 一般为 4 个 O 所包围，构成$[SiO_4]^{4-}$四面体（图 10–28），它是硅酸盐的基本结构单位。由于 Si 的化合价为 4，配位数为 4，Si 赋予每一个氧离子的电价为 1。氧离子的另一半电价用来联系其它阳离子，也可以与另一个 Si 离子相连。因此，在硅酸盐结构中，$[SiO]^{4-}$四面体既可以孤立地被其它阳离子包围起来，也可以彼此以共顶的形式连接，形成不同形式的硅氧骨干。根据硅氧四面体的连接方式，硅酸盐结构可分为岛状、环状、链状、层状和架状等。

在硅酸盐晶体结构中，Al 往往代替了硅氧四面体中的硅，形成$[AlO_4]^{5-}$四面体，硅酸盐晶体中还往往含有 F^-、Cl^-、OH^-、O^{2-}等附加阴离子以平衡电荷，也常含有结晶水分子和$[H_2O^+]$等。硅酸盐晶体种类繁多，本节将介绍几种常见的典型结构。

一、岛状结构

岛状结构中，硅氧骨干为其它阳离子所隔开，彼此分离犹如孤岛。包括孤立的$[SiO_4]^{4-}$单四面体（图 10–28）及$[Si_2O_7]^{6-}$双四面体（图 10–29）。

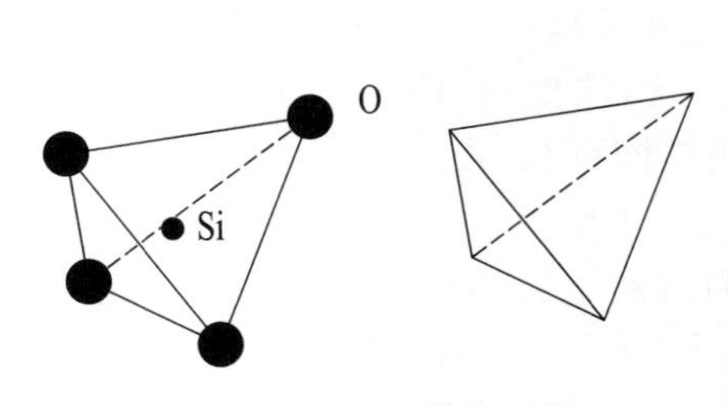

图10–28　$[SiO_4]^{4-}$四面体

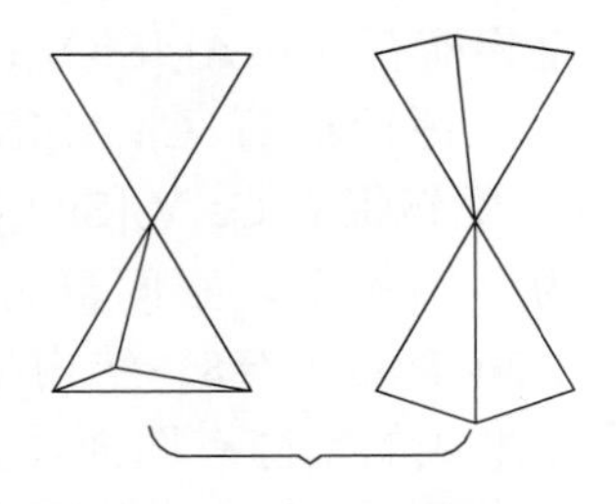

图10–29　$[Si_2O_7]^{6-}$双四面体

1. 橄榄石（$(Mg,Fe)_2SiO_4$）型结构

橄榄石是镁橄榄石 Mg_2SiO_4 和铁橄榄石 Fe_2SiO_4 的完全类质同像系列，以具有特征的橄榄绿色而得名。

橄榄石属斜方晶系，空间群为 D_{2h}^{16}–$Pbnm$，镁橄榄石 Mg_2SiO_4，a_0=0.4820nm，b_0=1.0485nm，c_0=0.6093nm，Z=4。铁橄榄石 Fe_2SiO_4，a_0=0.4756nm，b_0=1.0195nm，c_0=0.5891nm，Z=4。单位晶胞随 Fe 含量的增加而减小。

在镁橄榄石的晶体结构中，孤立的硅氧四面体之间由 Mg^{2+}相连接。结构可近似看成

由 O^{2-}做六方紧密堆积，Si^{4+}充填在 1/8 的四面体空隙，Mg^{2+}充填 1/2 的八面体空隙，硅氧四面体被镁氧八面体隔开成孤岛状，如图 10-30 所示。结构中 Mg^{2+}可以被 Fe^{2+}以任意比例取代形成固溶体。如果 Mg^{2+}被 Ca^{2+}取代则只能形成有限固溶体，称为钙镁橄榄石 $CaMgSiO_4$。

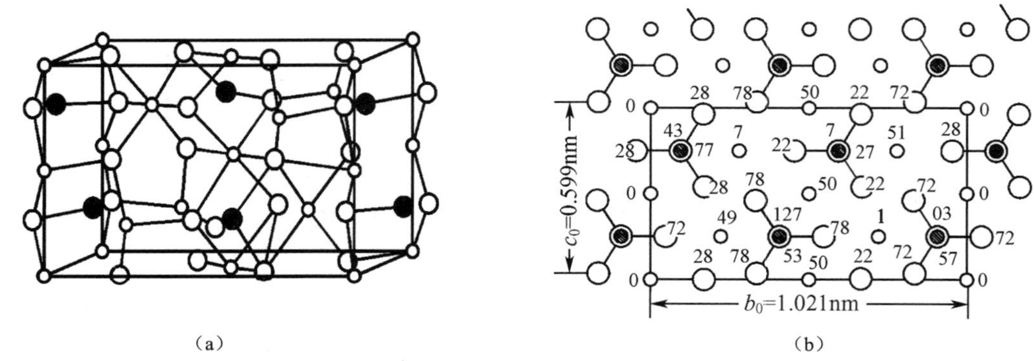

（a）　　　　（b）

图10-30　镁橄榄石晶体结构

（a）晶体结构；（b）质点在（100）面上投影。

○代表 Mg；○代表 O；●代表 Si。

镁橄榄石是镁质耐火材料及镁质电子陶瓷的主要组成晶相，透明的晶体可作为宝石。

2. 石榴石型结构

石榴石包括一系列成分不同的硅酸盐，其化学成分可用通式 $A_3B_2[SiO_4]_3$ 表示。A 为二价阳离子 Mg^{2+}、Fe^{2+}、Mn^{2+}、Ca^{2+}等，B 为三价阳离子 Al^{3+}、Fe^{3+}、Cr^{3+}、Ti^{3+}、V^{3+}、Zr^{3+}等。三价阳离子的半径相近，彼此之间可以发生类质同像替代。二价阳离子中，Mg^{2+}、Fe^{2+}、Mn^{2+}半径相对较小并可以相互置换，而 Ca^{2+}的半径相对较大，不能与其它二价阳离子相互置换。因此天然石榴石存在两个类质同像系列：

铝系石榴石（MgFeMn)$_3Al_2[SiO_4]_3$，包括镁铝榴石 $Mg_3Al_2[SiO_4]_3$、铁铝榴石 $Fe_3Al_2[SiO_4]_3$、锰铝榴石 $Mn_3Al_2[SiO_4]_3$ 等；钙系石榴石 Ca_3（Al^{3+}、Fe^{3+}、Cr^{3+}、Ti^{3+}、V^{3+}）$_2[SiO_4]_3$，包括：钙铝榴石 $Ca_3Al_2[SiO_4]_3$、钙铁榴石 Ca_3（$FeTi_2$）$[SiO_4]_3$、钙铬榴石 $Ca_3Cr_2[SiO_4]_3$、钙钒榴石 $Ca_3V_2[SiO_4]_3$、钙锆榴石 $Ca_3Zr_2[SiO_4]_3$ 等。

石榴石为等轴晶系，空间群为 O_h^{10}-$Ia3d$，不同石榴石的晶胞参数变化较大，a_0=1.1459～1.2048nm，Z=8。结构可视为氧离子做某种堆积，阳离子充填其中的空隙构成。氧离子形成的空隙有四面体、八面体和十二面体 3 种，分别充填 Si^{4+}、B^{3+}和 A^{2+}。孤立的$[SiO_4]$四面体为三价阳离子的八面体所连接，其间形成一些较大的十二面体空隙（畸变的立方体），它的每一个角顶为氧所占据，中心为二价阳离子（图 10-31）。

在实验室中，可以用 Al、Fe、Ga 取代 Si 和 Al，Y^{3+}及稀土离子取代 Ca，得到一系列非硅酸盐类的人造石榴石晶体，这类晶体的通式可写成 $A_3B_5O_{12}$，A=Y^{3+}、Gd^{3+}等，B=Al^{3+}、Fe^{3+}、Ga^{3+}等。其中最重要的是钇铝榴石（$Y_3Al_5O_{12}$）、钇铁榴石（$Y_3Fe_5O_{12}$）和钆镓榴石（$Gd_3Ga_5O_{12}$）等。钇铝榴石为最重要的激光基质晶体，钇铁榴石为重要的铁磁晶体，钆镓榴石是磁泡和集成电路的衬底晶体，也是激光基质、磁光与制冷晶体。

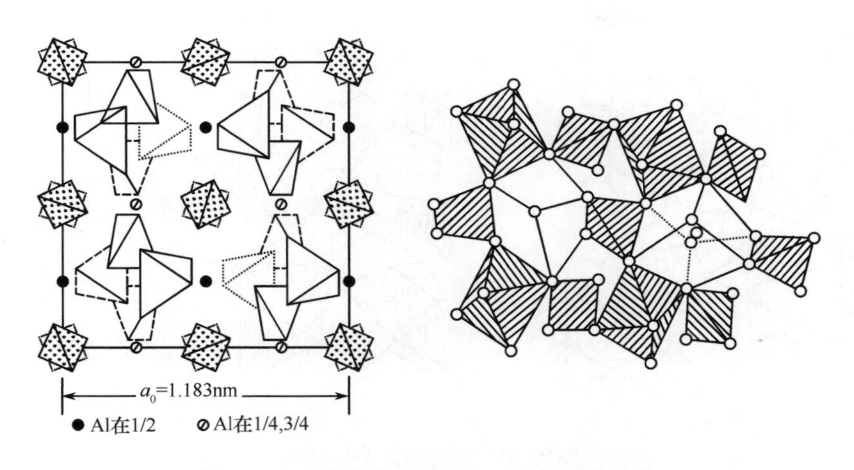

图10-31 钙铝榴石$Ca_3Al_2Si_3O_{12}$的晶体结构

二、环状结构

$[SiO_4]$四面体以共角顶的方式连接成封闭的环。根据$[SiO_4]$四面体的连接方式和环节的数目，可分为三元环、四元环、六元环以及单环和双环等，如图 10-32 所示。环状硅氧骨干的通式为$[Si_nO_{3n}]^{2n-}$，n 为环单元数。

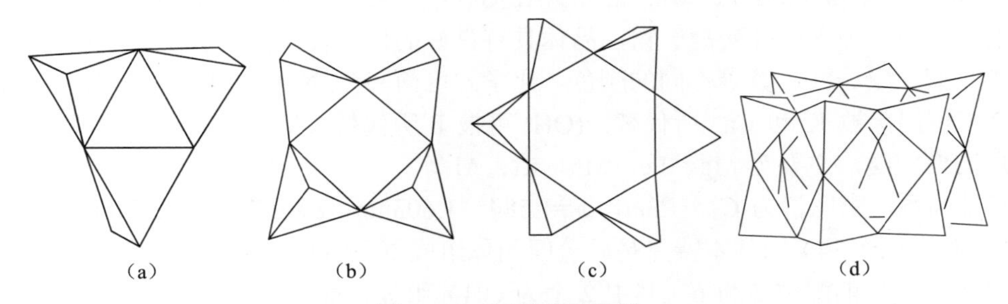

图10-32 环状硅氧骨干

(a) 三环$[Si_3O_9]^{6-}$；(b) 四环$[Si_4O_{12}]^{8-}$；(c) 六环$[Si_6O_{18}]^{12-}$；(d) 六方双环$[Si_{12}O_{30}]^{12-}$。

1. 绿柱石（$Be_3Al_2[S_6O_{18}]$）型结构

六方晶系，空间群为 D_{6h}^{2}-$P6/mcc$，a_0= 0.9188nm，c_0=0.9189nm，Z=2。结构中$[SiO_4]$四面体连成的六方环垂直于 c 轴且平行排列，上、下两个环错动 25°，由 Al^{3+}和 Be^{2+}连接，铝的配位数为 6，铍的配位数为 4，均分布在环的外侧，所以在环的中心平行于 c 轴有宽阔的孔道，可以容纳大半径的 K^+、Na^+、Cs^+、Rb^+以及水分子（图 10-33）。

纯净的绿柱石无色透明，Cr^{3+}致色的绿色、蓝绿色绿柱石为祖母绿，是世界上最名贵的宝石品种之一。Fe^{2+}致色的蓝色绿柱石为海蓝宝石。

2. 堇青石（$Mg_2Al_3[AlSi_5O_{18}]$）型结构

斜方晶系。空间群为 D_{2h}^{20}-$Cccm$，a_0=0.171nm，b_0=0.970nm，c_0=0.940nm，Z=4。结构中$[SiO_4]$四面体连接成六方环状，六方环之间由 Mg^{2+}和 Al^{3+}连接，常含有少量的二价铁离子。

堇青石结构属于绿柱石型，六方环中的 6 个硅氧四面体中有 1 个 Si^{4+}被 Al^{3+}所代替，

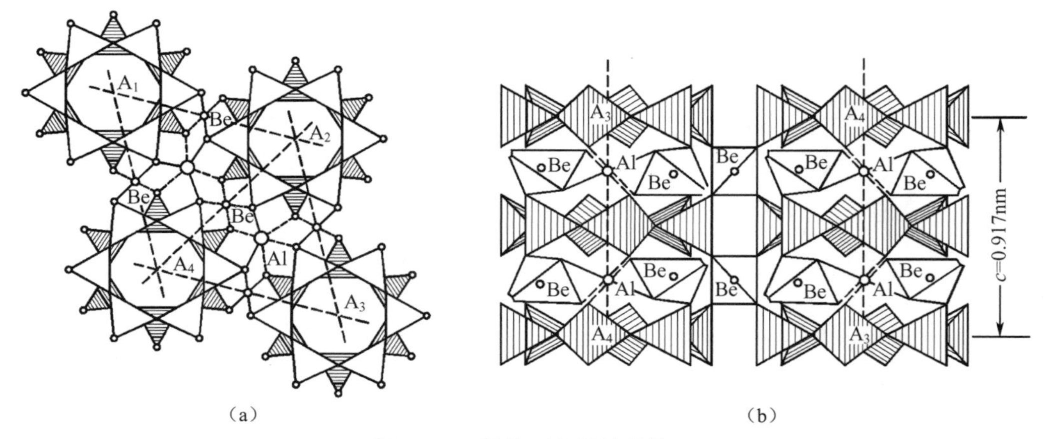

图10-33　绿柱石的晶体结构

（a）绿柱石在（0001）面上的投影；（b）绿柱石平行于 *c* 轴的投影。

环间以 Al^{3+}、Mg^{2+}连接之（相当于绿柱石中的 Be、Al 的位置），为了补偿电价，六方环中出现了 Al^{3+}代替 Si^{4+}的现象，对称也因此降低为斜方晶系。

堇青石的热膨胀系数小，在 20～900℃仅为 1.25×10^{-6}/℃，常用来改善耐火材料和陶瓷制品的热稳定性，以堇青石为主晶相可制造零膨胀材料和电子陶瓷（堇青石瓷）。

3. 电气石（$Na(Mg, Fe, Mn, Li, Al)_3Al_6[Si_6O_{18}][BO_3](OH)_4$）结构

电气石为一种含硼硅酸盐矿物，晶体具有良好的压电性。因含有不同的致色元素而呈现黑、蓝、绿、红、黄等不同的颜色。化学式可简写为 $NaR_3Al_6[Si_6O_{18}][BO_3](OH)_4$。其中 Na^+可局部被 K^+和 Ca^{2+}所代替，$(OH)^-$可被 F^-所代替，但是没有铝代硅现象。R 位置类质同像广泛，主要为 Mg、Fe、Mn、Li、Al 等。

三方晶系，空间群为 C_{3v}^5–$R3m$，a_0=1.584～1.603nm，c_0=0.709～0.722nm，Z=3。电气石结构（图 10-34）的基本特点是硅氧四面体组成复三方环，B^+的配位数为 3，组成平面三角形；Mg^{2+}的配位数为 6（其中 2 个为 OH）组成八面体，与$[BO_3]$共氧相连。在硅氧四面体的复三方环上方的空隙中有配位数为 9 的一价阳离子分布，环间以$[AlO_5(OH)]$八面体相连接。

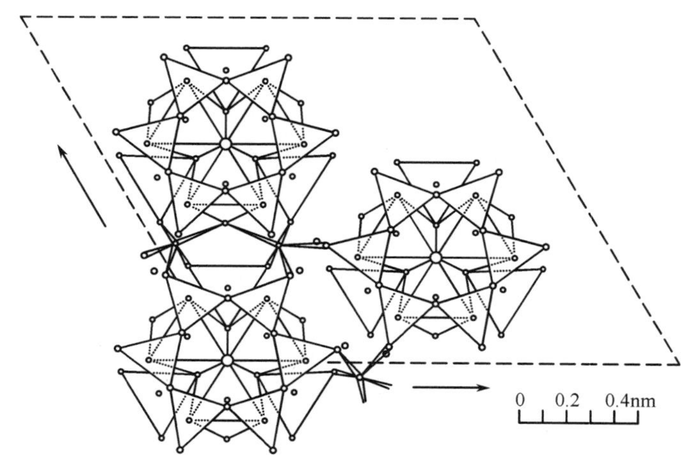

图10-34　电气石的晶体结构

三、链状结构

硅氧四面体以角顶连接成沿一个方向无限延伸的链，常见有单链（图10-35）和双链（图 10-36）。单链硅氧骨干的通式为$[Si_nO_{3n}]^{2n-}$，式中 n 为硅氧四面体数。双链硅氧骨干的通式为$[Si_{2n}O_{6n-1}]^{(4n-2)-}$，1 为一个重复单元中两个单链间的交连数。

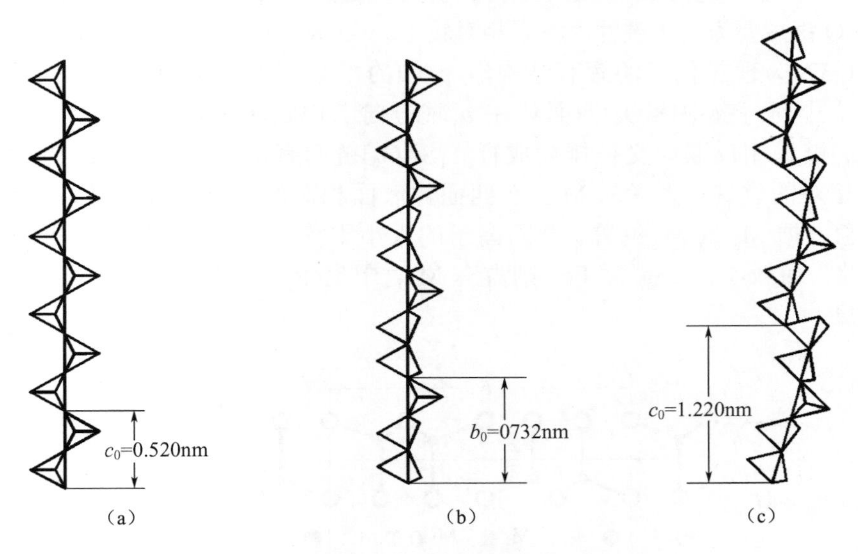

图10-35　单链硅氧骨干

（a）辉石单链$[Si_2O_6]$；（b）硅灰石单链$[Si_3O_9]$；（c）蔷薇辉石单链$[Si_5O_{15}]$。

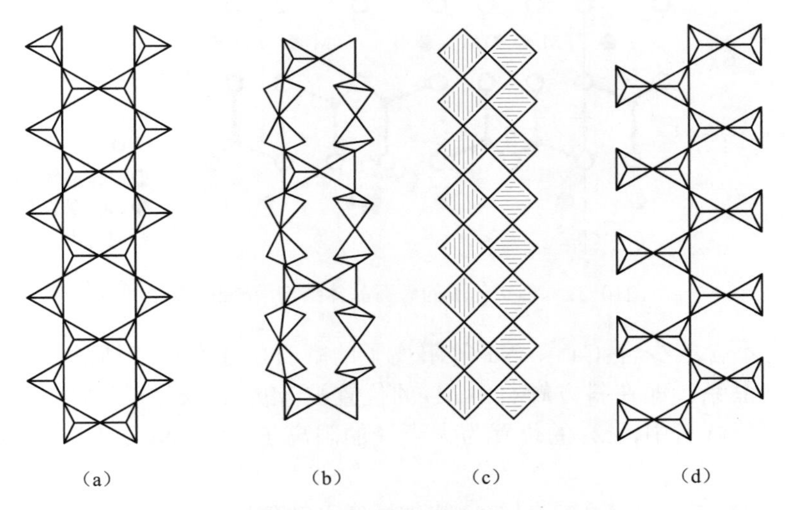

图10-36　双链硅氧骨干

（a）角闪石双莲$[Si_4O_{11}]$；（b）硬硅钙石双链$[Si_6O_{17}]$；（c）夕线石双链$[A1SiO_5]$；（d）星叶石双链$[Si_4O_{12}]$。

链与链之间依靠骨干外的阳离子相互联系。硅氧骨干中的硅常被少量的铝所代替，一般铝代硅的量小于 1/3，最多可达 1/2。链状硅氧骨干一般彼此平行排列，并尽可能地达到最紧密堆积状态。

1. 辉石类

辉石的晶体结构中，每一个硅氧四面体均以两个角顶与相邻的硅氧四面体相连，形成沿 c 轴无限延伸的单链(图 10-35(a))。每两个硅氧四面体为一重复周期(约为 0.52nm，与晶胞参数 c_0 值大致相当)，记为$[Si_2O_6]$。链与链之间借 Mg^{2+}、Fe^{2+}、Ca^{2+}、Al^{3+}、Na^{+}等金属阳离子相连。链内 Si-O 键主要为共价键，键强较大；链外阳离子 M 与氧之间的化学键 M-O 键主要为离子键性，键强相对较小。

图 10-37 为理想化了的辉石结构沿 c 轴的投影。平行（100）阳离子和$[Si_2O_6]$链成似层状排列，链中$[SiO_4]$四面体在 a 轴方向上均底面对底面，顶对顶；在 b 轴方向$[Si_2O_6]$链以相反取向交替排列成行。$[Si_2O_6]$链间有两种空隙，小者为 M_1，在四面体角顶相对的位置，大者为 M_2，在四面体底面相对的位置。如果阳离子的大小相当，则任意占据 M_1 或 M_2 位置；若阳离子的大小不等，则较大的优先占据 M_2，Na^{+}、Ca^{2+}即如此，而较小的 Mg^{2+}、Fe^{2+}则占有 M_1。阳离子大小不同时，会影响晶胞参数和对称程度。

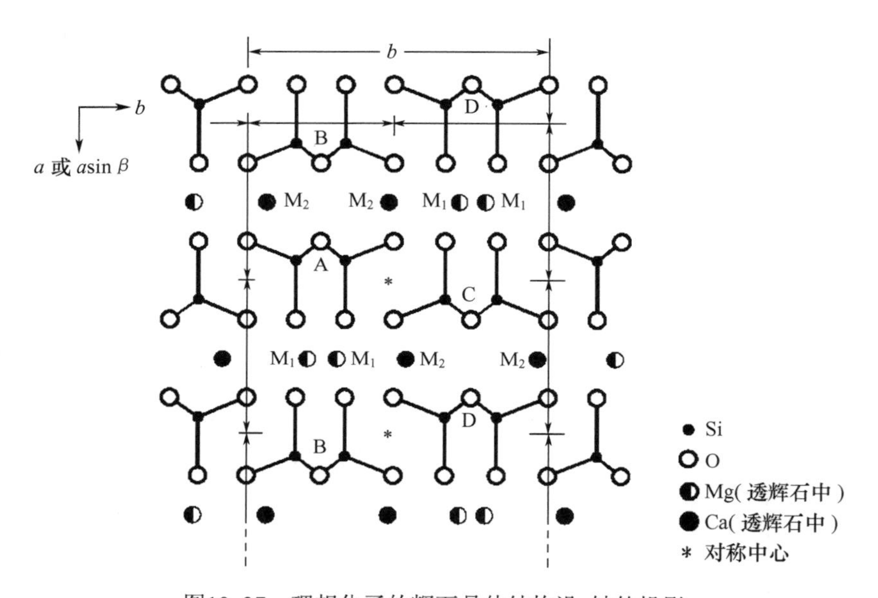

图10-37　理想化了的辉石晶体结构沿c轴的投影

所以只有不含或少含 Ca^{2+}、Na^{+}等阳离子的辉石，才有可能结晶成斜方晶系，否则结晶为单斜晶系。即在斜方辉石中 M_2 的位置被 Mg^{2+}、Fe^{2+}等占据，为畸变的八面体配位。在单斜辉石中，M_2 的位置为大半径的阳离子Ca^{2+}、Na^{+}、Li^{+}等占据，为 8 次配位。

理想的$[Si_2O_6]$链为笔直的，即 3 个相邻桥氧之键角为 180°（称为 E 链），大多数辉石不具有这种链，而是一种不太规则的曲折链。这是由于为了与不同半径的阳离子的配位八面体相匹配，$[Si_2O_6]$链中的硅氧四面体发生压缩、拉伸、旋转和畸变效应所致。因此，辉石$[Si_2O_6]$链中相邻 3 个桥氧之键角一般为 120°～180°。另一方面，为了与$[Si_2O_6]$链相匹配，也会同时伴有阳离子配位多面体的变形，如图 10-38 所示。

按 M_2 位置上的阳离子及形成时的热力学条件不同，辉石可具有不同的空间群。如

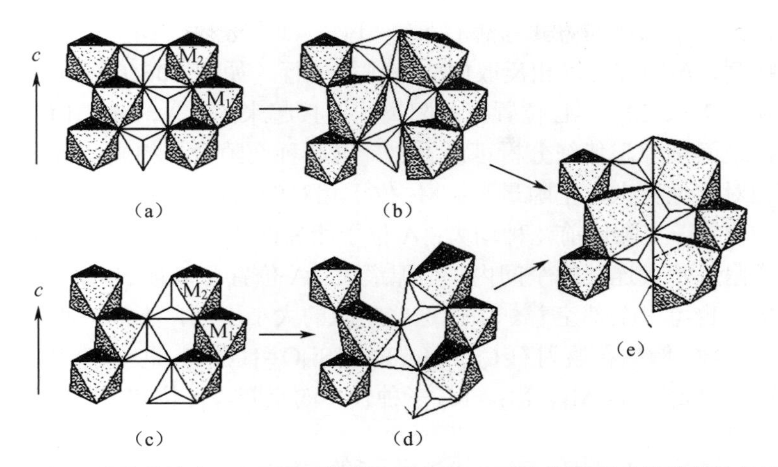

图10-38　辉石晶体结构中$[SiO_4]$四面体的旋转和M_2八面体位置变形的配合效应示意图

（a）、（c）理想模型；（b）、（d）四体旋转 15°的情况；（e）四体旋转 30°时的情况。

当M_2位置上主要为Na^+、Ca^{2+} 时，一般形成 $C2/c$ 型结构；M_2位置上主要为Mg^{2+}、Fe^{2+}和少量的Ca^{2+}时，形成$P2_1/c$、$P2/n$ 型结构；M_2位置上主要为Mg^{2+}、Fe^{2+}时，则形成 *Pbca*、*Pbcn* 型结构。空间群与热力学条件的关系主要表现在同质多像转变上。

由于晶格中质点的堆积较紧密，具有较好的电绝缘性，故辉石类是高频无线电瓷和微晶玻璃的主晶相。其中原顽辉石是电子陶瓷—滑石瓷的主晶相，属于高温稳定相，常温下也可稳定存在，在 1040～850℃转变为介稳态的斜顽辉石。斜顽辉石也是滑石瓷老化产生的组成矿物。

2. 硅灰石

三斜晶系，空间群为 C_i^1-$P1$，a_0=0.794nm，b_0=0.732nm，c_o=0.707nm，α=90.03°，β=95.37°，γ=103.43°，Z=2。硅灰石的结构如图 10-39 所示，硅氧四面体以角顶连接成单链状沿 b 轴延伸，每 3 个硅氧四面体为一重复单位。链与链之间平行排列，链间的空隙由Ca^{2+}充填，构成$[CaO_6]$八面体。$[CaO_6]$八面体共棱连接成平行于 b 轴的链。其中，两个共棱连接的$[CaO_6]$八面体的长度恰好等于四面体链的重复单位（约 0.72nm），亦与 b_0 值大致相当。

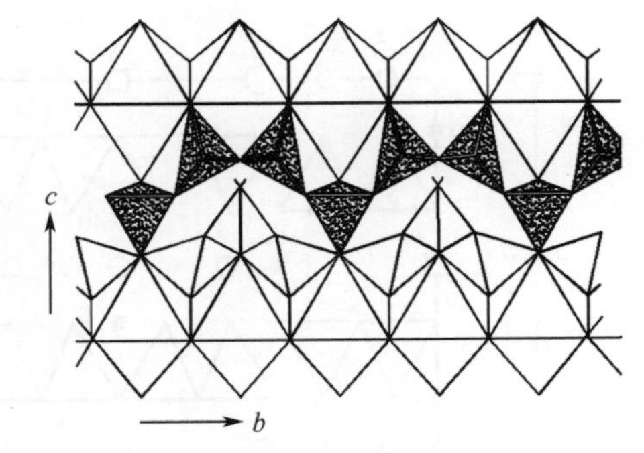

图10-39　硅灰石的晶体结构

硅灰石常呈沿 b 轴延伸的板状或柱状针状晶体，是硅灰石瓷的主晶相。天然硅灰石是低温烧结普通陶瓷的原料及熔剂性添加剂。在硅酸盐玻璃析晶中也常见。

3. 角闪石类

角闪石属于典型的双链结构（图 10-36（a）），角闪石双链可看成是由两个辉石双链连接而成，每 4 个硅氧四面体为一重复单位，记为$[Si_4O_{11}]^{6-}$。$[Si_4O_{11}]^{6-}$均平行于 c 轴排列和无限延伸。双链中 Si 有两种四面体位置，记为 T_1 和 T_2。T_1 位置与之配位的氧有 3 个为桥氧（惰性氧），1 个为端氧（活性氧）；T_2 位置的 4 个氧中 2 个为桥氧，2 个为端氧。

角闪石双链在结构中的排布方式与辉石单链相似，即在 *a* 轴方向上硅氧四面体顶对顶、底面对底面排列，*b* 轴方向以相反取向交替排列成行，如图 10-40 所示，链与链之间是借位于 A、M_1、M_2、M_3、M_4 位置上的阳离子连接起来的。A、M_1、M_2、M_3、M_4 处实际上是链与链之间空隙。仔细分析可以看出，这几种空隙并不相同：M_1 及 M_2 正好位于四面体角顶相对的位置上，空隙最小；M_3 位于相对的角顶之间，空隙略大；M_4 为四面体底面相对的位置，空隙比前几种均大；A 位于相邻两个 M_4 之间，恰好在$[Si_4O_{11}]^{6-}$双链的六方环中心附近宽大连续的空间内，空隙最大；A 位置可以被 Na^+、K^+、H_3O^+所占据，用以平衡电价，也可以全部空着。由于这些空隙的大小不同，不同大小的阳离子就会分别占据不同的空隙。例如在透闪石 $Ca_2(Mg, Fe)_5[Si_8O_{22}](OH)_2$ 里，最大的阳离子是 Ca^{2+}，占据 M_4；Mg^{2+}、Fe^{2+}占据 M_1、M_2、M_3 三种较小的空隙，A 位置上是空缺的。

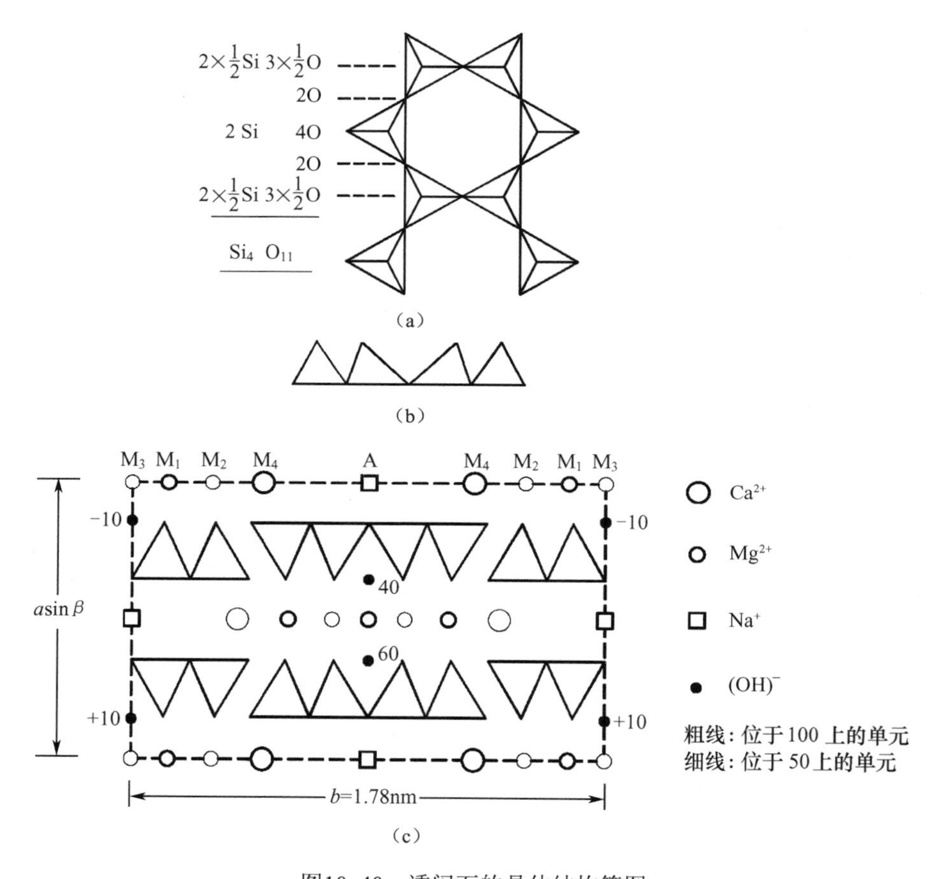

图10-40　透闪石的晶体结构简图

（a）$[(Si_1A1)_4O_{11}]$双链的侧视图和俯视图；（b）垂直于 *c* 平面的结构投影图；（c）解理与结构的关系。

与辉石的晶体结构相似，在角闪石结构中，为使$[Si_4O_{11}]^{6-}$双链与非硅氧骨干的阳离子配位多面体的链相匹配，同样会产生硅氧四面体的畸变、旋转和阳离子配位多面体的变形。

M_4 位置上的阳离子种类对角闪石结构会产生显著影响。当 M_4 位置上主要为 Mg^{2+}、Fe^{2+}等小半径阳离子时，形成斜方晶系的角闪石，空间群为 *Pnma* 和 *Pnmn*；

当 M_4 位置上主要为 Ca^{2+}、Na^{1+} 等大半径的阳离子时，则形成单斜晶系的角闪石，空间群为 C2/c。

四、层状结构

层状结构可以由链状结构交连而成，结构中 $[SiO_4]$ 四面体以 3 个角顶相连，形成二维展布的网层（最常见的是具有六方环状网孔的层），称为四面体片，以字母 T 表示。

在四面体片中，每一个 $[SiO_4]$ 四面体有 3 个氧（底面氧）与相邻硅氧四面体共用，它们的电荷已经达到平衡（有 Al 代 Si 时为例外），为惰性氧；此外还有 1 个活性氧，活性氧常指向同一方向，从而形成一个也按六方网格排列的顶氧平面，在六方网格的中心有羟基 OH^-。在顶氧平面上，有 2/3 是氧，有 1/3 是 OH^-，它们既是四面体片的一部分，也是八面体片中八面体的角顶。

如果两层四面体片以顶氧相对，则两层顶氧（及 OH^-）以最紧密堆积的方式错开叠置，其间的八面体空隙被 Mg^{2+}、Al^{3+}、Fe^{2+}、Fe^{3+} 等充填，形成阳离子的配位八面体，配位八面体共棱连接构成八面体片，以字母 O 表示。如果一层四面体片的顶氧与另一层四面体片的底氧相对，则在顶氧的上方有一层与之成紧密堆积的 OH^-，八面体片由一层四面体片的顶氧（及 OH^-）与一层 OH^- 组成。

常见层状硅酸盐的基本结构是由四面体片与八面体片组合成结构单元层，结构单元层有两种基本形式：一种是由一层四面体片与一层八面体片组成，两者之间借共用氧连接，用 TO 表示（图 10-41（a））；另一种由一层八面体片夹在两层四面体片之间构成，用 TOT 表示（如图 10-41（b））。根据八面体片中阳离子的电价，可进一步对 TO 型和 TOT 型结构进行划分。在四面体片与八面体片相匹配中，对应于四面体片中由 $[SiO_4]$ 四面体所组成的六方环的范围内，在八面体片中有 3 个八面体空隙，当这 3 个八面体空隙全部被二价阳离子（如 Mg^{2+}、Fe^{2+} 等）占据时，称为三八面体型结构；如果八面体片中的阳离子为三价，如 Al^{3+}，则 3 个八面体空隙只有 2 个被占据，有 1 个是空的，称为二八面体型结构。

结构单元层在垂直于 c 轴方向堆垛形成层状结构，使层状结构晶体广泛存在多型现象。在结构单元层之间存在的空隙称为层间域。如果结构单元层内部负电荷已经被平衡，则层间域中无需有其它阳离子存在，也很少吸附水分子及有机分子，如高岭石、叶蜡石等；如果结构单元层内负电荷未被完全平衡（有 Al^{3+} 代 Si^{4+} 时），则会使层间域中存在一定量的阳离子，如 K^+、Na^+、Ca^{2+} 等，还可以吸附一定的水分子和有机分子，云母、蒙脱石等即具有这种结构。

常见的层状硅酸盐晶体结构：

（1）高岭石、蛇纹石：结构单元层为 TO 型，单元层之间由弱的氢键连接，如图 10-41（c）所示。

（2）滑石和叶蜡石：结构单元层为 TOT 型，电中性，结构单元层之间由范德华力连接，如图 10-41（d）所示。

（3）云母类：结构单元层为 TOT+C（C 为层间的阳离子），结构单元层内有 1/4 的四面体空隙由 Al^{3+} 占据，多余的负电荷由 TOT 之间的一价阳离子 K^+ 或 Na^+ 中和，如图 10-41（e）所示。

（4）绿泥石、蛭石：结构单元层为 TOT+O，TOT 单元由另一八面体（O）层连接。蛭石中只是部分形成八面体（O）层，并与水分子相结合。结构如图 10-41（f）所示。

（5）蒙皂石类（蒙脱石、贝得石、皂石等）：结构单元层为 TOT+H_2O+C，TOT 中存在 Al^{3+}代替 Si^{4+}，因此在 TOT 单元间连接松散的阳离子 C 和分子水 H_2O。

白云母和金云母具有较高的绝缘性和耐热性，较强的耐酸性和良好的机械强度，并能解理成有弹性的透明薄片，是电气、无线电和航空等工业的重要材料。高岭石、蒙脱石、滑石等是陶瓷工业及化学工业的重要原料。

五、架状结构硅酸盐

架状结构硅酸盐的特征是：每一个硅氧四面体的 4 个角顶，均与相邻的硅氧四面体的角顶相连。在完全没有其它阳离子代替硅氧四面体中的 Si^{4+}时，Si 和 O 的原子数之比为 1:2，所以整个结构是电性中和的。这种情况只见于石英，石英的结构在氧化物中已经介绍。

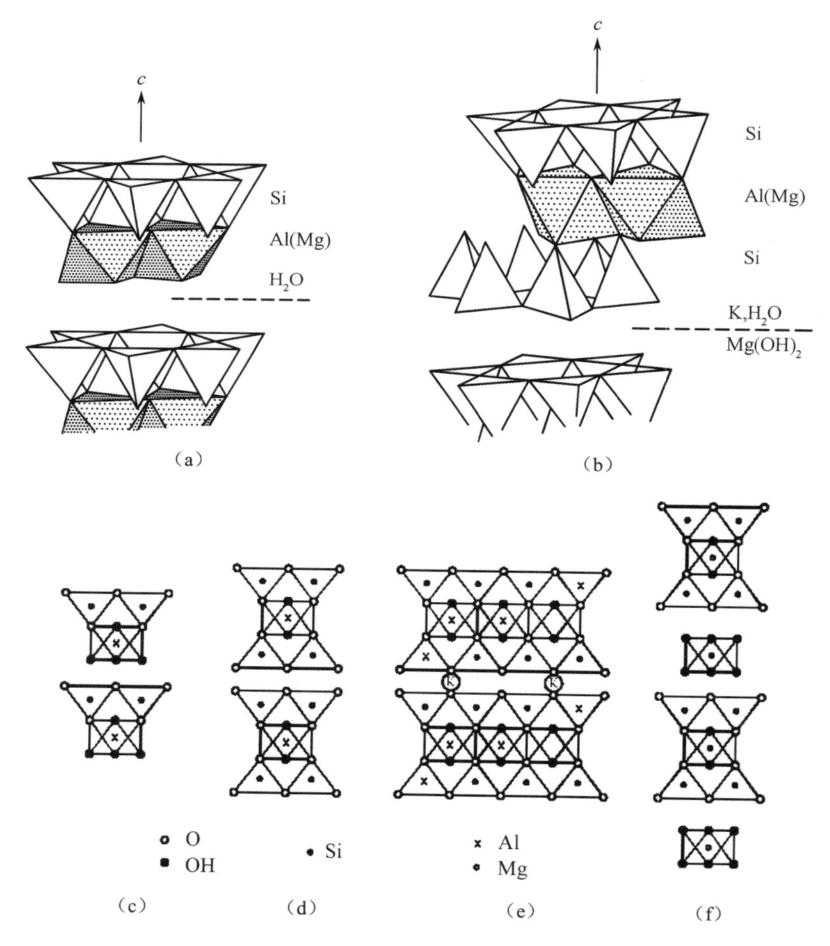

图10-41　层状硅酸盐结构中的硅氧四面体层和阳离子配位八面体的连接方式

（a）双层型结构单元层；（b）三层型结构单元层；（c）高岭石结构示意图；（d）叶蜡石结构示意图；（e）白云母结构示意图；（f）绿泥石结构示意图。

架状结构硅酸盐的特点是在结构中出现了 Al^{3+}代 Si^{4+}，当部分硅氧四面体中的 Si^{4+}被 Al^{3+}代替时，会出现多余的负电荷，所以，架状络阴离子的化学式一般写作 $[Al_xSi_{n-x}O_{2n}]^{x-}$，这些多余的负电荷，要求有阳离子参加进行中和，从而形成铝硅酸盐。

架状结构硅酸盐中最常见的阳离子是 K^+、Na^+、Ca^{2+}、Ba^{2+}等。在岛状、链状、层状结构硅酸盐中，常见的具有 6 次配位的 Mg^{2+}、Fe^{2+}、Mn^{2+}、Al^{3+}、Fe^{3+}等离子，在架状结构硅酸盐中已经退居次要地位。这是因为架状结构中有较大的空隙，要求大半径的阳离子充填；同时，也是因为能被 Al 所代替的 Si 的数目有限，一般为 1/3 或 1/4，最多不超过 1/2，因此需要电价低、配位数高的阳离子来中和电性。

由于架状结构硅酸盐可以有各种连接方式，因此在结构中可以形成形状和大小不同的空隙或孔道，F^-、Cl^-、$(OH)^-$、S^{2-}、$[SO_4]^{2-}$、$[CO_3]^{2-}$等便存在于这些空隙中，它们与 K^+、Na^+、Ca^{2+}、Ba^{2+}等阳离子相连，用以补偿结构中剩余的正点荷。沸石晶体中的沸石水也存在于这些空隙或孔道中，它们出入孔道时不改变原有晶体结构。架状结构硅酸盐中大阳离子之间的不等量替代（如 $2Na^+=Ca^{2+}$）也与这种巨大的空隙有关，这在其它结构的硅酸盐中是少见的。

具有架状结构的硅酸盐矿物多、数量大、分布广，占地壳总重量的 1/2 以上。主要有长石、似长石和沸石三大类。

1. 长石类矿物

长石的化学通式为 MT_4O_8，M =Na^+、Ca^{2+}、K^+、Ba^{2+}及少量的 Li^+、Ru^+、Cs^+、Sr^{2+}等，T =Si^{4+}、Al^{3+}。长石是碱金属和碱土金属的铝硅酸盐矿物。

长石类矿物主要可分为钾长石–钠长石、钠长石–钙长石两个类质同像系列。

1）钾长石–钠长石系列

由钾长石 $K[AlSi_3O_8]$（Or）和钠长石 $Na[AlSi_3O_8]$（Ab）构成的不完全类质同像系列。

在高温条件下 Na^+可以取代 K^+，形成 K–Na 长石的完全类质同像系列，温度降低则混溶性逐渐减小。由于晶胞的 β=90°，所以 K–Na 长石系列又称为正长石系列。主要种属有正长石 $K[AlSi_3O_8]$、透长石 $K[AlSi_3O_8]$、微斜长石（K，Na）$[AlSi_3O_8]$和歪长石（K，Na）$[AlSi_3O_8]$。

2）钠长石–钙长石系列

由钠长石 $Na[AlSi_3O_8]$（Ab）和钙长石 $Ca[Al_2Si_2O_8]$（An）构成的完全类质同像系列。结构中 Na^+和 Ca^{2+}可以以任意比例相互替代。由于晶胞的 $\beta\neq$90°，故 Na–Ca 长石系列又称为斜长石系列。根据 Ab 和 An 所占的比例不同，将斜长石系列划分为 6 个不同的斜长石亚种。

除上述 3 种组分的长石及其固溶体之外，还有一种组分为钡长石 $Ba[Al_2Si_2O_8]$（Cn），Cn 的含量超过 2%时，称为某长石的含钡品种，如钡冰长石。Cn 含量超过 90%时，称钡长石。

长石结构是$[TO_4]$四面体以全部角顶共用，在三维空间连接成架状，大阳离子充填其中的空隙。长石最重要的结构单元是由$[TO_4]$四面体连接形成的四元环（图 10–42）。四元环有两种类型，一种是垂直于 *a* 轴的（$\bar{2}01$）四元环，另一种为垂直于 *b* 轴的（010）四元环，它们均由两对不等效的$[TO_4]$四面体（T_1和 T_2）组成。

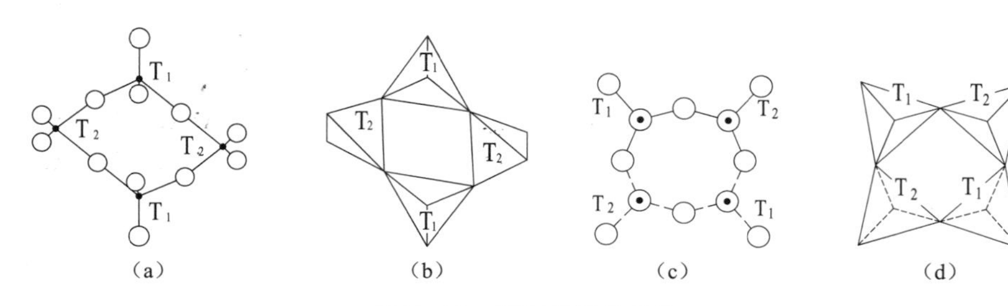

图10-42　长石的结构单位

（a）、（b）（010）四元环；（c）、（d）（$\bar{2}$01）四元环。

长石的结构沿 *a* 轴由（010）四元环与（$\bar{2}$01）四元环共角顶连接成折线状的链（图10-43），链与链之间共角顶连接。沿 *c* 轴方向则由（010）四元环共角顶连接成链（图10-44）。

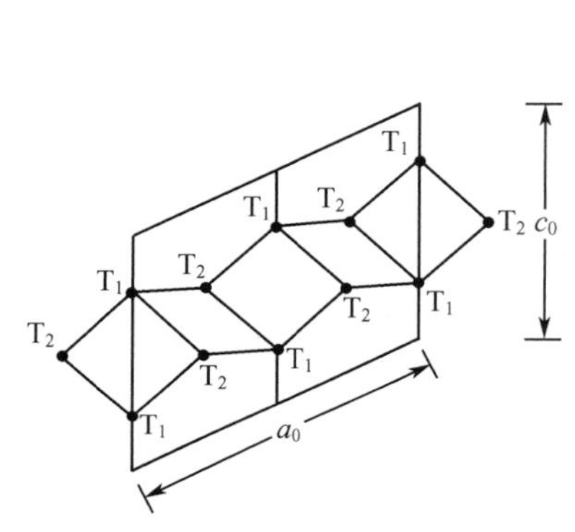

图10-43　长石沿*a*轴的链

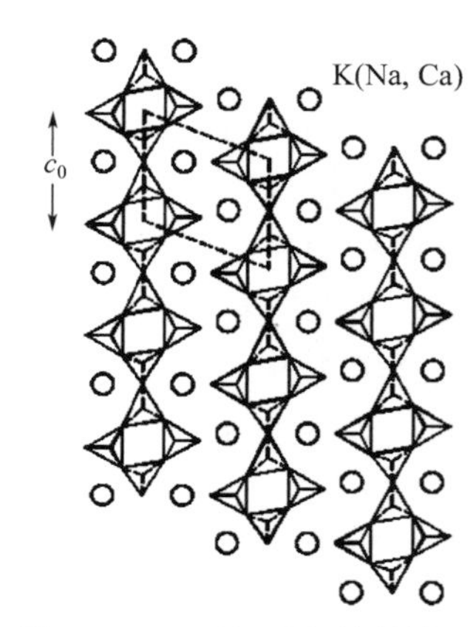

图10-44　正长石沿*c*轴的链

长石结构在近于垂直 *a* 轴的（$\bar{2}$01）面上可以看见（$\bar{2}$01）四元环，而且 4 个（$\bar{2}$01）四元环共角顶连接成八元环（图 10-45）。在（001）面上也可以见到沿 *a* 轴的（$\bar{2}$01）四元环（四边形）和沿 *b* 轴的（010）四元环（蝴蝶结形）交替连接成折链状，同时 4 个[TO_4]四面体围合成“十六环”，它大致平行于（001）面，形成十六环层（图 10-46），层间通过四面体角顶连接，构成架状结构，大阳离子占据十六环中间的空隙。

2. 沸石类矿物

沸石是含水铝硅酸盐晶体。沸石的组成可以用下式表示：$M_{p/n}{}^{n+}[Al_pSi_qO_{2(p+q)}]mH_2O$。$M^{n+}$为金属离子，一般为 Na^+、K^+、Ca^{2+}、Mg^{2+}、Ni^{2+}、Ag^+、La^+等；*n* 为阳离子电荷数；*m* 是水分子数，它的数值有很大的变化范围。已经发现的天然沸石有 40 余种，合成沸石已经超过 100 种。

沸石的结构特征是[（Al,Si）O_2]$_n$骨架的开放性。与其它架状结构硅酸盐不同的是架间孔穴的维数和它们之间连接的通道。长石结构间的孔穴相对很小，阳离子不能随意替换。而沸石结构中有许多孔径均匀的孔道和表面很大的孔穴，其中含有水分子，若将它加热，把孔穴和孔道中的水赶出，就能起到吸附剂的作用，直径比孔道小的分子能进入孔穴，直径比孔道大的分子不能进入，于是就能起到筛选分子的作用，故也称这类硅酸盐为分子筛。

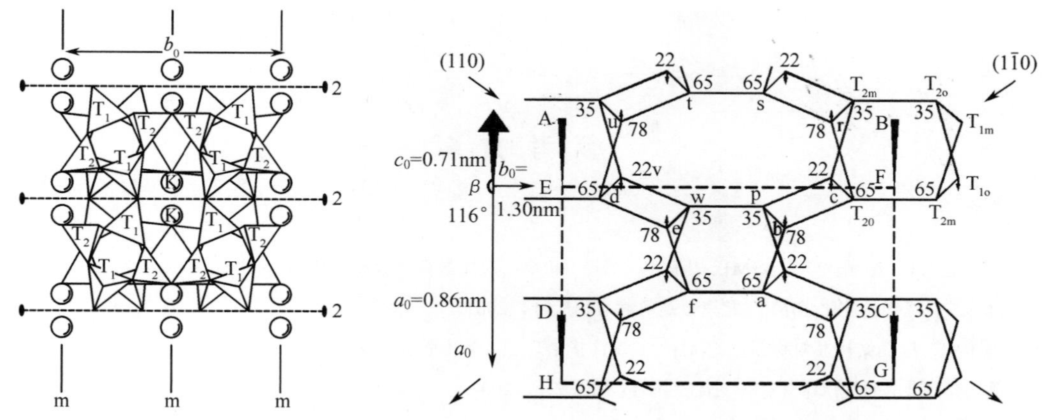

图10-45　正长石结构在（$\bar{2}$01）面投影　　　　图10-46　长石结构在（001）面投影

沸石分子筛中硅氧骨架的连接方式可通过孔穴和孔道来描述。孔穴是指由多个硅氧四面体连接而成的三维多面体，这些多面体呈中空的笼状结构，又称为笼。孔穴与外部其它孔穴相通的部分，称为孔窗，相邻孔穴之间通过孔窗连通，由孔穴和孔窗形成无数条的通路称为孔道。图 10-47 所示为菱沸石晶体中孔穴的连接情况。如果把[（Si,Al）O_4]四面体看作是沸石的初级结构单元，则把含有 4 个或 4 个以上的[（Si,Al）O_4]四面体的结构单元称为次级结构单元。沸石的晶体结构可以看成是由次级结构单元组成。

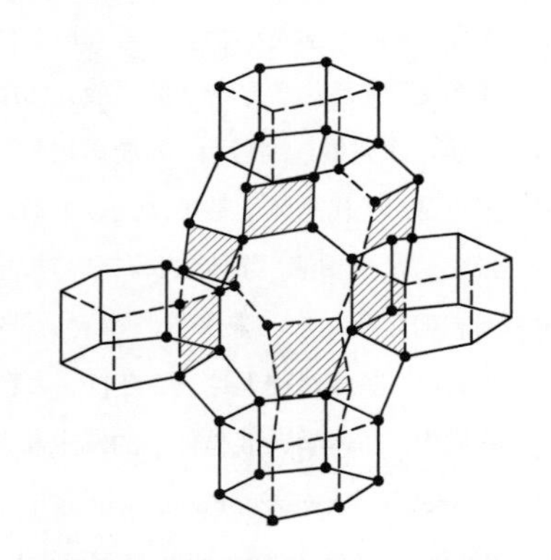

图10-47　菱沸石中孔穴连接情况

不同沸石的晶体结构相差很大，所属晶系、空间群和晶胞参数可以完全不同，例如，方沸石成分为 Na[（AlO_2）（SiO_2）]H_2O，等轴晶系，空间群为 C_h^{10}–$Ia3d$，a_0=1.372nm；而菱沸石为 Ca_2[（AlO_2）$_4$（SiO_2）$_8$]13H_2O，三方晶系，空间群为 C_3^{5}–$R3m$，a_0=1.378nm，c_0=1.506nm。

参 考 文 献

[1] 艾文思 R C. 结晶化学导论[M]. 胡玉才，等译. 北京：人民教育出版社，1983.

[2] 陈敬中. 现代晶体化学[M]. 北京：高等教育出版社，2001.

[3] 陈敬中. 准晶结构及对称新理论[M]. 武汉：华中理工大学出版社，1996.

[4] 郭可信. 准晶研究[M]. 杭州：浙江科学技术出版社，2004.

[5] 郭可信，叶恒强，吴玉琨. 电子衍射图在晶体学中的应用[M]. 北京：科学出版社，1983.

[6] 廖立兵. 晶体化学及晶体物理学[M]. 北京：地质出版社，2000.

[7] 罗谷风. 结晶学导论[M]. 北京：地质出版社，1989.

[8] 闵乃本. 晶体生长的物理基础[M]. 上海：上海科学技术出版社，1982.

[9] 南京大学矿物岩石学教研室. 结晶学与矿物学[M]. 北京：地质出版社，1978.

[10] 潘兆橹. 结晶学及矿物学（第三版）[M]. 北京：地质出版社，1994.

[11] 钱逸泰. 结晶化学导论（第二版）[M]. 合肥：中国科学技术大学出版社，1999.

[12] 王濮，潘兆橹，翁玲宝. 系统矿物学（上、中、下册）[M]. 北京：地质出版社，1984.

[13] 张克丛. 近代晶体学基础（上、下册）[M]. 北京：科学出版社，1987.

[14] 张克从，张乐潓. 晶体生长科学与技术（第二版，上、下册）[M]. 北京：科学出版社，1997.

[15] 周志朝，蔡文永，朱永花，等. 结晶学[M]. 杭州：浙江大学出版社，1997.

[16] 崔云昊. 晶体对称理论三百年[J]. 大自然探索，1989，8（4）：92-72.

[17] 陈敬中. 晶体学、准晶体学的发生和发展[J]. 地球科学-中国地质大学学报，1993，18：1-12.

[18] Carmelo Giacovazzo. Fundamentals of Crystallography[M]. Oxford University Press，2002.

[19] William Nesse. Introduction to Mineralogy（2nd Edition）[M]. Oxford University Press，2011.

[20] Dieter Schwarzenbach. Crystallography[M]. John Wiley & Sons Inc.，1996.

[21] Cornelis Klein，Barbara Dutrow. Manual of Mineral Science（23nd Edition）[M]. John Wiley & Sons Inc.，2007.

[22] Mullin J W. Crystallization（4th edition）[M]. Butterworth-Heinemann，2001.

[23] Daniel Shechtman，Ilan Blech，Denis Gratias，et al. Metallic Phase with Long-Range Orientational Order and No Translational Symmetr[J]. Physical Review Letters，1984，53 （20）: 1951-1953.

[24] Quasicrystals: A New Class of Ordered Structures[J]. Physical Review Letters，1984，53 （26）: 2477-2480.

[25] Luca Bindi，Paul Steinhardt，Yao Nan，et al. Natural Quasicrystals[J]. Science，2009，324：1306-1309.

结晶学实验指导

实验一　晶体的形成

1.1　目的要求

（1）观察从溶液中形成晶体的过程。

（2）了解影响晶体形态的内部和外部因素。

（3）通过实验观察，加深对晶体生长理论的理解。

1.2　内容、方法

晶体形态主要取决于化学成分和结构特征。同时，在生长过程中的外界条件（浓度、温度、压力、杂质、介质流动状况等）对晶体形态也有很大的影响。例如明矾在过饱和度不同的溶液中生长，其晶体形态不同（图 1-1）；溶液中的杂质，如硼砂，对明矾晶体的形态亦有明显影响。

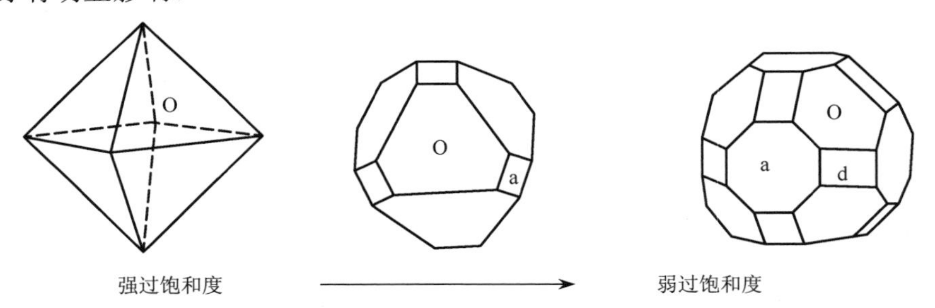

图 1-1　在不同过饱和度的溶液中生长的明矾晶体

O—八面体；a—立方体；d—菱形十二面体。

本次实验是在不同浓度、温度、杂质的条件下培养明矾（$KAl[SO_4]_2 \cdot 12H_2O$）和胆矾（$CuSO_4 \cdot 5H_2O$）晶体， 观察它们的生长过程，记录在不同条件下生长晶体的几何形态，写出实验报告。

1．仪器和药品

100mL 烧杯、100mL 玻璃瓶、明矾、硼砂（作为“杂质”用）、胆矾、尼龙线、玻璃棒、滤纸等、标签等。

2．方法、步骤

1）配制明矾和胆矾的过饱和溶液

明矾、胆矾在不同温度下的溶解度见表 1-1 和表 1-2。用研钵将明矾、胆矾晶体磨细，以加速溶解。

按照表 1-1 和表 1-2 中给出的试剂用量数据，分别称量各组试剂，置入 5 个烧杯中，并在烧杯上加贴标签，写明样品编号。

纯水烧开，每个烧杯中各加入100mL开水，搅拌，待试剂全部溶解以后，静置2～3min，将溶液过滤转入玻璃瓶中。

表1-1 明矾（$KAl[SO_4]_2 \cdot 12H_2O$）在不同温度下的溶解度

温度/℃	0	10	50	80	100
溶解度/（$g/100gH_2O$）	3.0	4	17.0	71.0	154.0

表1-2 胆矾（$CuSO_4 \cdot 5H_2O$）在不同温度下的溶解度

温度/℃	0	20	40	80	100
溶解度/（$g/100gH_2O$）	23.1	32	44.6	83.8	114.0

2）捆绑晶种

取长10～15cm的尼龙线，一端系上一小块明矾或胆矾晶体作为晶种。

3）悬挂晶种

待溶液冷却到近于室温，把晶种悬挂于玻璃瓶中，挂线的另一端从瓶盖上的小孔中穿出；调整挂线长度，使晶种恰好位于溶液的中央位置，尽量避开烧杯外壁、底部和液面。用夹子固定后，拧紧瓶盖，以避免溶液过多蒸发。如图1-2所示。

4）生长过程观察

在悬挂晶种后的1～2h内应多观察。强过饱和溶液，在悬挂晶种后10min左右，杯底、液面便开始有晶体析出；另外，在晶种周围可以观察到涡流现象（图1-3）。随着温度的降低，晶体慢慢长大，并逐渐长成规则的几何多面体形态。

5）晶体形态特征

静置24~30h，取出晶体，肉眼或用放大镜观察晶体的颜色、晶面数和形态特征。

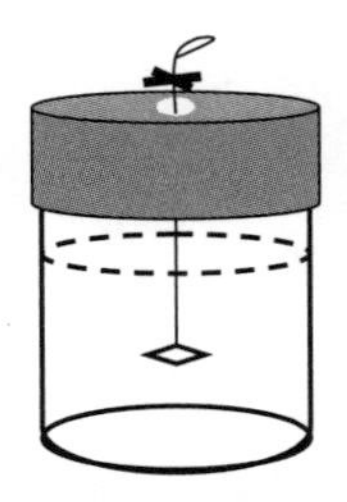

图1-2 晶种悬挂于明矾溶液中

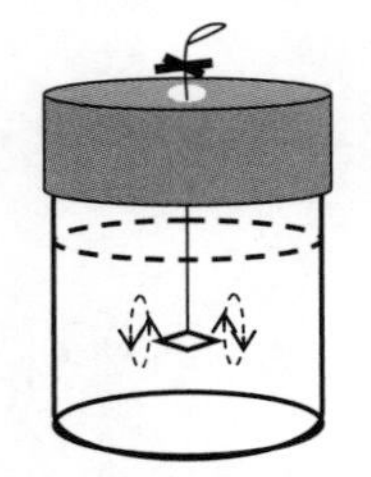

图1-3 生长初期晶种周围的涡流

3．注意事项

（1）由于晶体形态对杂质比较敏感，因此在操作过程中尽量避免交叉污染。

（2）过饱和度较低的溶液，必须充分冷却到室温，才能悬挂晶种。否则，晶种会被溶解，影响晶体的正常生长。

（3）放入晶种后烧杯静置；开始1~2h勤观察，以后每隔6h观察一次。

1.3 实验报告

在认真观察、思考以下内容后，将结果填入表1-3。

（1）在不同过饱和溶液中生长的明矾晶体的形态有何不同？

（2）明矾的浓度相同时，不含杂质和含杂质（硼砂）的明矾晶体形态有何差异？

（3）杯底的晶体与在晶种上结晶的晶体，其形态有何不同？为什么？

（4）胆矾晶体与明矾晶体形态、颜色有何不同，为什么？

（5）各晶体的晶面、晶棱是否平直？有无带状构造（环带）或生长锥？所有明矾晶体对应晶面之间的夹角是否相同？试以晶体生长的某些理论解释之。

表 1-3　不同条件下生长晶体的形态

样品编号	1	2	3	4	5
晶体名称	明矾	明矾	明矾	明矾	胆矾
明矾/g	30	30	20	15	0
硼砂/g	0	5	0	0	0
胆矾/g	0	0	0	0	20
颜色					
晶面数目					
晶体形态					
其它特征					

实验二　晶体的极射赤道平面投影

2.1　目的、要求

（1）学会使用吴氏网作晶体上晶面、平面和直线的极射赤平投影。

（2）掌握球面坐标的概念和在吴氏网上的度量方法。

2.2　内容、方法

1．准备工作

将一张透明纸蒙在吴氏网上，用铅笔在透明纸上描出基圆，用符号“×”标出网心位置；在基圆上任选一点，注明 φ=0°。

2．晶面的极射赤平投影

1）晶面的极射赤平投影点规律

晶面与投影平面平行－投影点在基圆中心。

晶面与投影平面垂直－投影点在基圆上。

晶面与投影平面斜交—投影点在基圆内。

2）立方体 6 个晶面的极射赤平投影

将立方体的一对晶面平行于投影面，则它们的投影点应落在基圆中心，以符号⊙表示（a_5、a_6）。然后将垂直于网面的一个晶面投影于基圆上的 φ=0°处，以符号•表示，旁边标上 a_1。由 a_1 点起，沿着基圆顺时针方向量 $a_1 \wedge a_2$ 的面角 90°，得到 a_2 的投影点。同样，可以依次得出 a_3、a_4 的极射赤平投影点（图 2-1）。

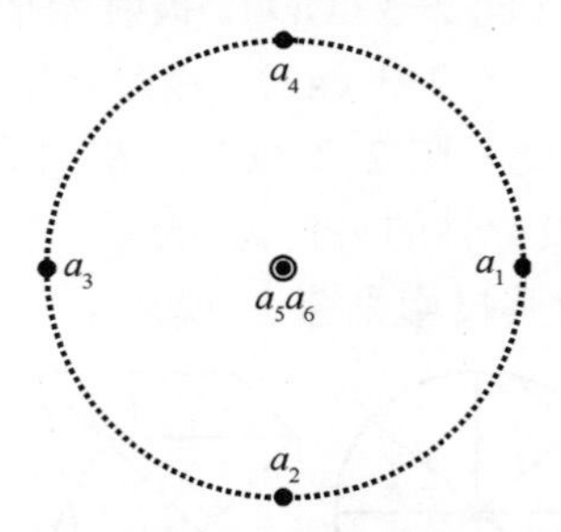

图 2-1　立方体 6 个晶面的极射赤平投影

3．对称轴的极射赤平投影

1）对称轴的极射赤平投影点规律

对称轴与投影平面垂直，极射赤平投影点在基圆中心。

对称轴与投影平面平行，极射赤平投影点在基圆上。

对称轴与投影平面斜交，极射赤平投影点在基圆内。

对称轴的作图符号见表 2-1。

表 2-1　对称轴投影点的作图符号

L^n（L^n_i）	L^2	L^3	L^4	L^6	L_i^4	L_i^6
作图符号	⬬	▼	■	⬢	□	⬡

2）$3L^4 4L^3 6L^2$ 的极射赤平投影（图 2-2）

$3L^4$ 的投影：使 1 个 L^4 与投影平面垂直，此 L^4 的 2 个投影点均落在基圆中心；其余 2 个 L^4 与投影平面平行，其投影点落在基圆上。

$4L^3$ 的投影：L^3 与投影平斜交，极距角 ρ=54.67°，投影点落在基圆内。

$6L^2$ 的投影：有 2 个 L^2 与投影平面平行，投影点落在基圆上，4 个 L^2 与投影平面斜交，极距角 ρ=45°，投影点落在基圆内。

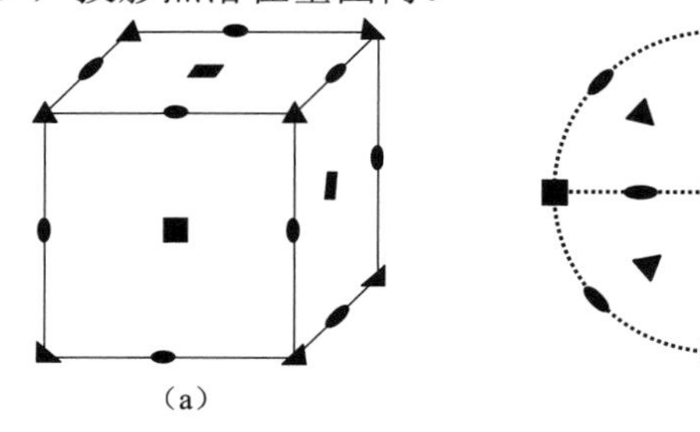

图 2-2　立方体上 $3L^4 4L^3 6L^2$ 的分布（a）和极射赤平投影（b）

4．对称面的极射赤平投影

1）对称面的极射赤平投影规律

对称面与投影平面平行，极射赤平投影与基圆重合。

对称面与投影平面垂直，极射赤平投影为基圆直径；

对称面与投影平面斜交，极射赤平投影为以基圆直径为弦的大圆弧。

2）立方体有 9 个对称面的极射赤平投影（图 2-3）

1 个对称面与投影平面平行（图 2-3（a）），极射赤平投影与基圆重合（图 2-3（b））。

4 个对称面与投影平面垂直（图 2-3（a）），极射赤平投影为基圆直径（图 2-3（b））。

4 个对称面与与投影平面斜交（图 2-3（c）），极射赤平投影为以基圆直径为弦的大圆弧（图 2-3（d）），大圆弧与投影轴的夹角为 45°。

立方体的 $3L^4 4L^3 6L^2 9PC$ 及其投影见图 2-4。

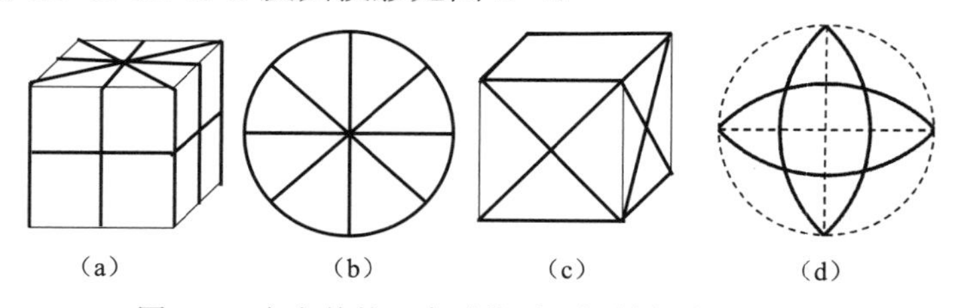

图 2-3　立方体的 9 个对称面及极射赤道平面投影

（a）与投影平面平行、垂直的对称面；（b）与投影平面平行、垂直对称面的极射赤平投影；

（c）与投影平面斜交的对称面；（d）与投影平面斜交对称面的极射赤平投影。

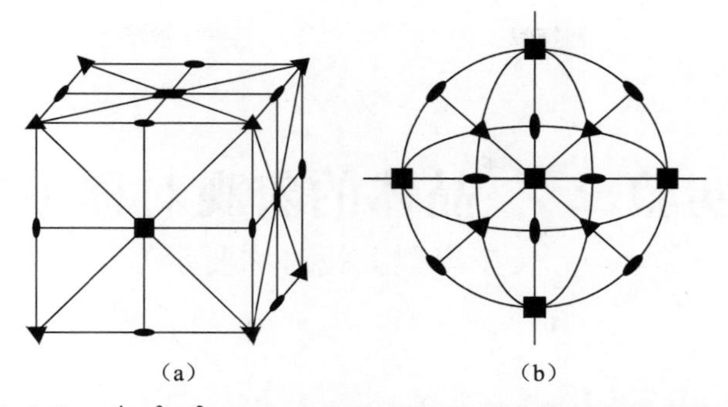

图 2-4　立方体 $3L^4 4L^3 6L^2 9PC$ 的空间分布（a）及其极射赤平投影（b）

2.3　实验报告

（1）已知锡石（SnO_2）晶体（图 2-5）的测角数据：

a（φ=0°00′，ρ=90°00′）

m（φ=45°00′，ρ=90°00′）

e（φ=0°00′，ρ=33°55′）

s（φ=45°00′，ρ=43°33′）

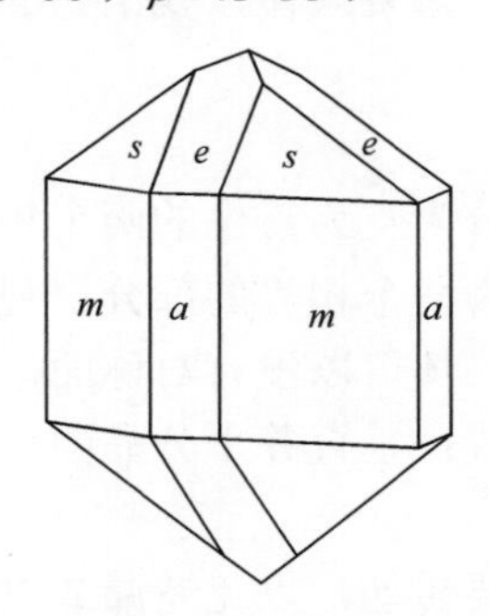

图 2-5　锡石晶体

作出上述晶面的极射赤平投影，并根据投影图求出晶面夹角 $a\wedge m$、$a\wedge e$、$e\wedge s$、$s\wedge m$。

（2）已知晶面 a 的球面坐标 φ=56°20′，ρ=90°，作出平行于 a 晶面的晶面投影点 b 和垂直于 a 晶面的晶面投影点 c，并求出它们的球面坐标。

（3）作 2～3 个晶体模型的极射赤平投影。

实验三　晶体的宏观对称（1）

（在模型上找对称要素）

3.1　目的要求

（1）通过对晶体模型的分析，加深对晶体对称、对称操作要素的理解。

（2）练习在晶体模型上找对称要素，找出该模型的全部对称要素后，确定其对称型和所属晶系。

（3）熟悉晶体的 32 种对称型和对称分类体系。

3.2　内容、方法

观察晶体模型上面、棱、角的重复规律，找出它的对称要素。

1．对称要素

1）对称面（P）

通过晶体中心，并将晶体平分为互为镜像的两个相等部分的假想平面叫做对称面。据此，选取某一平面，将晶体分为两个相等的部分，观察这两部分是否互为镜像反映，从而确定该平面是否属对称面。晶体可以没有对称面，也可以有一个或几个对称面。

晶体中对称面可能出现的位置：垂直并平分晶面；垂直晶棱并通过它的中点；包含晶棱。

在找对称面时，模型尽量不要转动，以免遗漏或重复计数。

2）对称轴（L^n）

对称轴是通过晶体中心的假想直线。晶体中可能出现的对称轴只有 L^1、L^2、L^3、L^4、L^6。寻找对称轴时，使晶体围绕通过晶体中心的某一直线旋转，观察晶体在旋转一周时有无相同的部分重复及重复次数，从而确定该直线是否为对称轴及它的轴次 n，如此重复寻找，将晶体的所有对称轴找出。

对称轴可能出现的位置：晶面中心；晶棱中点；角顶。

晶体中可以没有对称轴，也可以有一个或几个对称轴。此外，不同轴次的对称轴可以同时存在。注意，同一对称轴不能重复计数。

3）对称中心（C）

具有对称中心的晶体，其所有晶面必定是两两平行而且相等并且方向相反。这一点可以用来作为判别晶体有无对称中心的依据。

4）旋转反伸轴（L_i^n）

L_i^4：图 3-1（a）为四方面体，它由 4 个等腰三角形的晶面组成。每两个等腰三角形晶面以底边相交，交棱中点出露 L_i^4。图形围绕 L_i^4 旋转 90°后，到虚线所示的位置，实线所示为转动之前图形的位置（图 3-1（b））。此时 $A'B'C'$面与转动之前的 BCD 面为反向平行关系（图 3-1（c）），经过反伸，$A'B'C'$和 BCD 重合。同样，其它晶面也各自与旋转之前的对应晶面处于反向平行位置，经过反伸操作，可以与对应晶面重合，这就是 L_i^4。

L_i^6：图 3-2（a）为三方柱，它呈横切面为等边三角形的柱状。由图 3-2（b）可以看出，围绕 L_i^6 旋转 60°后，图形达到虚线位置，实线所示为转动之前图形的位置。此时所有晶面与转动之前的晶面都为反向平行关系，通过中心点反伸，旋转前的图形与旋转后的图形重合。这一操作结果与将三方柱围绕 L^3+P 的作用结果相同。

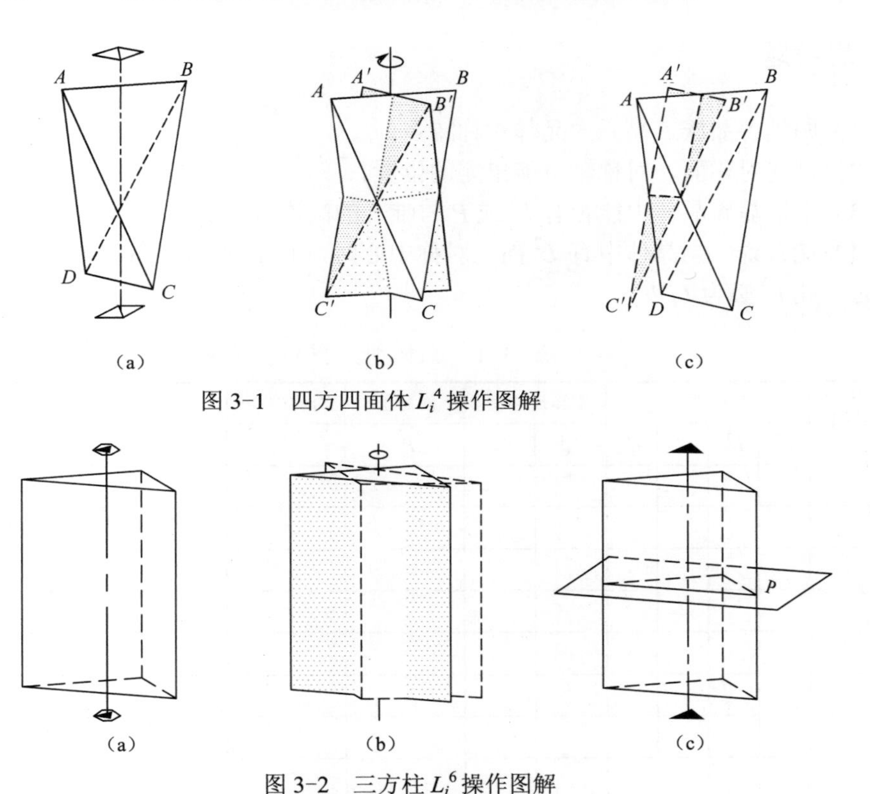

图 3-1　四方四面体 L_i^4 操作图解

图 3-2　三方柱 L_i^6 操作图解

2．晶体的对称分类

根据对称型中有无高次轴以及高次轴的多少，把晶体分为 3 个晶族，各晶族再根据具体对称特点划分晶系。

1）高级晶族

高次轴多于一个。高级晶族共有 5 种对称型，均为等轴晶系。

2）中级晶族

只有一个高次轴。根据高次轴的轴次又可分为 3 个晶系。

四方晶系：唯一的高次轴为 4 次轴 L^4 或 L_i^4。

三方晶系：唯一的高次轴为 L^3。

六方晶系：唯一的高次轴为 L^6 或 L_i^6。

3）低级晶族

无高次轴。根据 2 次轴和对称面的有无及多少，又可划分为 3 个晶系。

斜方晶系：L^2 和 P 的总数不少于 3 个。

单斜晶系：L^2 或 P 不多于 1 个。

三斜晶系：无 L^2、无 P。

3.3 实验报告

分析主要晶类的晶体模型 20 个（包括课堂及课外），将分析结果记入表 3-1。

3.4 思考题

（1）归纳各晶族、晶系的晶体对称特点。

（2）试述对称面、对称轴可能出露的位置。

（3）中级晶族晶体中能否有 L^2 或 P 与唯一的高次轴（L^3、L^4、L^6）斜交？为什么？

（4）能否说：当晶体中有 L^2 而无对称中心时，此 L^2 必为 L_i^4；当晶体中有 P 与 L^3 垂直时，此 L^3 必为 L_i^6？

表 3-1　在模型上找对称要素

模型号码	对称轴				旋转反伸轴		对称面	对称中心	对称型	晶族	晶系
	L^2	L^3	L^4	L^6	L_i^4	L_i^6	P	C			

实验四　晶体的宏观对称（2）

（用对称要素组合定理确定对称型）

4.1　目的要求

（1）通过实验，熟悉对称要素的组合规律以及各晶族、晶系的对称特点。

（2）练习作对称要素的极射赤平投影。

4.2　内容、方法

1．低级晶族

若无高次轴时，属于低级晶族。它们的对称要素简单，对称型易于确定。

1）斜方晶系

如果某个方向有 1 个 L^2，首先观察垂直此 L^2 还有无 L^2，如有，则有 2 个 L^2 垂直此 L^2，即 $L^2+L^2{}_{\perp}\rightarrow L^2 2L^2\rightarrow 3L^2$。其次，再看有无包含及垂直 L^2 的对称面 P。

2）单斜晶系

在单斜晶系中，L^2 和对称面 P 可以单独存在；当两者同时存在时，L^2 和对称面 P 互相垂直，同时存在对称中心 C。

3）三斜晶系

无 L^2 和对称面 P。

2．中级晶族

中级晶族的晶体只有一个高次轴 L^n（L_i^n）。此外，若有 L^2，则 L^2 一定与高次轴垂直；若有对称面，则对称面一定垂直或包含高次轴。

观察与高次轴 L^n 垂直的方向上有无 L^2，若有，则必为

$$L^n+L^2{}_{\perp}\rightarrow L^n nL^2$$

观察有无包含高次轴 L^n 的对称面 P，若有，则必为

$$L^n+P_{/\!/}\rightarrow L^n nP$$

最后检查与 L^n 垂直方向上有无对称面 P，若有，则必为 $L^n+P_{\perp}\rightarrow L^n P$（$C$）。

若无对称中心，则注意观察有无 L_i^4 或 L_i^6 的存在。

假如存在 L_i^4，再观察有无垂直它的 L^2（或包含它的 P），若有，则必为 $L_i^4+L_{\perp}{}^2$（或 $P_{/\!/}$）$=L_i^4 2L^2 2P$。

假如存在 L_i^6（$L^3+P_{\perp}$），同样观察有无垂直它的 L^2（或包含它的 P），若无，则为 L_i^6 对称型；若有，则必为 $L_i^6+L_{\perp}{}^2$（或 $P_{/\!/}$）$= L_i^6 3L^2 3P$。

3．高级晶族

若高次轴 L^n 多于 1 个时，应属于高级晶族、等轴晶系。

（1）若有 3 个 L^4 时，则在其周围必可找到 4 个 L^3 与之斜交，还可找到 6 个 L^2 与之垂直和斜交，即 $3L^44L^36L^2$；若还有对称面存在，则必有 9 个 P，同时存在对称中心 C，即 $3L^44L^36L^29PC$（注意观察对称要素在空间的相对分布位置）。

（2）若在 3 个互相垂直的 L^2，则必可找到 4 个 L^3 与之斜交，如 $3L^24L^3$；若同时存在着包含 L^2 的对称面 P，则这样的对称面必有 3 个，并出现对称中心 C，即 $3L^24L^33PC$。

（3）若出现 3 个 L_i^4，则除了有 4 个 L^3 与之斜交外， 还有 6 个对称面 P，即 $3L_i^44L^36P$。

4.3 实验报告

（1）分析晶体模型 20 个（包括常见的重要对称型或其它可能的对称型），一部分在课内，一部分在课外完成。记录格式见表 4-1。

（2）作 3~5 种对称型的极射赤平投影。

表 4-1 利用对称要素的组合定理确定对称型

模型号码	对 称 型	应 用 的 组 合 定 理	晶 族	晶 系

实验五　单　形

5.1　目的要求

（1）认识 47 种单形，熟练掌握 20 种左右常见单形。

（2）熟悉单形在各晶族、晶系中的分布。

（3）学会单形的推导，并作单形的极射赤平投影图。

5.2　内容、方法

对照 47 种单形逐一观察模型，记忆单形名称，尤其对其中的 20 种常见单形，一定要熟练地掌握。分析步骤如下：

1．确定对称型和晶族、晶系

单形名称和形态与单形的对称性密切相关，一定的单形分别具有一定的对称型、属于一定的晶族和晶系，如八面体与立方体只在等轴晶系中出现，菱面体必属三方晶系等。因此，要十分注意单形在各晶族、晶系中的分布。但还应注意，三方与六方晶系中可以出现较多的相同单形，而平行双面及单面在中、低级晶族中均可出现。

2．确定单形名称

根据单形的晶面数目、晶面的相对位置、晶面的形状以及晶面和对称要素之间的关系（平行、垂直、等角度相交，还是任意斜交），确定单形名称，同时还要注意单形的横切面的形状等。

例如菱面体，由 6 个两两平行的菱形晶面组成，3 个在上，3 个在下，各自交 L^3 于一点，上、下相互错开 60°。

3．区分相似单形及左形和右形

（1）三方双锥、菱面体、三方偏方面体。

（2）斜方双锥、四方双锥、八面体、四方偏方面体。

（3）斜方四面体、四方四面体、四面体。

（4）斜方柱、四方柱。

（5）复三方柱、六方柱。

（6）复三方双锥、六方双锥、复三方偏三角面体、六方偏方面体。

（7）四角三八面体、偏方复十二面体。

（8）菱形十二面体、五角十二面体。

4．单形的极射赤道平面投影

单形的投影包括对称要素和晶面两部分。

1）对称要素的投影

高级晶族：对称特点是必有 3 个互相垂直的 L^4 或 L_i^4 或 L^2。投影时使 1 个 L^4 或 L_i^4 或 L^2 与投影轴重合，再根据对称要素之间的几何关系，投出全部对称要素。

中级晶族：对称特点是只有 1 个高次轴。投影时使高次轴与投影轴重合，根据对称要素之间的几何关系，投出全部对称要素。

低级晶族：对称特点是无高次轴。

斜方晶系：对称型为 $3L^2$ 和 $3L^23PC$ 时，投影时使 1 个 L^2 与投影轴重合；对于 L^22P，使 L^2 与投影轴重合。然后投出全部对称要素。

单斜晶系：对称型为 L^2 和 L^2PC 时，投影时使 L^2 与投影轴垂直；对称型为 P，P 与投影平面垂直。

2）单形晶面的投影

按照极射赤平投影原理，将单形各个晶面的球面投影点转换为极射赤平投影点即可。亦可以选择单形中的一个晶面作为原始晶面首先投影，然后通过全部对称要素的作用，将单形所有的晶面推导出来。在投影图中，上半球的晶面以实心圆点表示；下半球的晶面以空心圆圈表示。四方双锥单形（L^44L^25PC）晶面和对称要素的极射赤平投影见图 5-1。

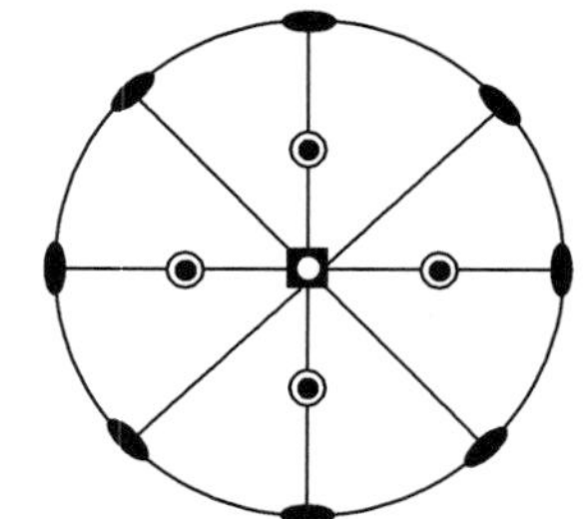

图 5-1　四方双锥的极射赤道平面投影

5．单形的推导

由单形的概念可知，以单形中的任意一个晶面作为原始晶面，通过对称型中全部对称要素的作用，必能导出该单形的全部晶面。不同的对称型，由于对称要素的数目和种类不同，将导出不同的单形。同一种对称型，由于原始晶面与对称要素的相对位置关系不同，所导出的单形也不同。在每一种对称型中，单形晶面与对称要素的相对位置关系最多仅有 7 种，因此，每一种对称型至多只能导出 7 种单形。

用极射赤平投影方法可以方便地进行单形的推导。

在投影了对称要素以后，投影平面被对称要素分割成为对称分布的若干个小区域。不同的晶族或晶系，由于其对称特点不同，这些小区域的大小和形状也不同（图 5-2）。

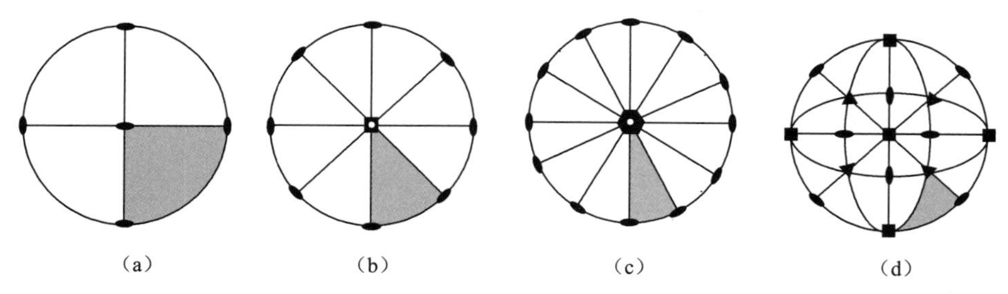

图 5-2　投影平面被对称要素分割的若干个对称小区域

（a）低级晶族，以 $3L^23PC$ 为例；（b）四方晶系，以 L^44L^25PC 为例；（c）三方、六方晶系，以 L^66L^27PC 为例；（d）等轴晶系，以 $3L^44L^36L^29PC$ 为例。

在任何 1 个这样的小区域中，原始点与对称要素的相对位置关系最多只有 7 种。使原始点处于小区域的不同位置，根据晶面与对称要素的关系，即可逐一推导出所有单形以及每种单形的全部晶面。

5.3 实验报告

（1）认识47种几何单形。

（2）分析20种常见单形，熟记单形名称及其特征。要求达到由单形名称可想起单形的形状，由形状可说出单形的名称。记录格式见表5-1。

（3）作常见单形对称要素和晶面的极射赤平投影。

表5-1 认识单形

模型号码	对称型	晶系	晶面数	单形名称	备注

实验六　聚 形 分 析

6.1　目的、要求

（1）深入理解聚形的概念以及单形相聚的条件。

（2）掌握从聚形中分析单形的方法。

6.2　内容、方法

（1）确定聚形的对称型和所属晶族、晶系。

晶体的 32 种对称型，分别属于不同的晶族、晶系。每一种对称型最多只能导出 7 种单形；而只有属于同一种对称型的单形才能相聚。因此，进行聚形分析时，首先必须分析聚形的对称型以及所属晶族、晶系。

（2）确定单形数目。

对于理想晶体，同一单形的晶面同形等大。模型中有几种同形等大的晶面，一般就有几种单形。

（3）逐一确定单形名称。

单形相聚以后，由于不同单形的晶面相互交切的结果，使得聚形中单形的晶面形状与单形中的晶面形状不同。但是，同一种单形所有晶面的相对位置（晶面与对称要素的关系）不变。可根据对称型、单形的晶面数、晶面的相对位置、晶面符号等进行综合分析，逐一确定单形名称。对于某些形状简单的单形，还可以通过假想把单形的晶面延长扩大至相交以后，想象该单形的形状。

（4）检查核对。

晶体的 32 种对称型和相应单形见第五章表 5-1～表 5-11。根据表中每一种对称型下面的单形名称，检查自己所确定的单形名称是否与之相符，如不符合，说明有错误。

6.3　实验报告

分析主要晶类或常见矿物的晶体模型约 20 个。将分析结果记入表 6-1。

表 6-1　聚形分析

模型号码	对称型	晶系	单形数	单形名称及晶面数

6.4　思考题

（1）为什么属于同一对称型的晶体可以出现不同的晶体形态？

（2）对称型相同，并且由相同单形组成的晶体（聚形），它们是否必定具有同等的形态，为什么？

（3）已知下列矿物的对称型及原始晶面的球面坐标，试作其极射赤平投影，并从投影图上推导出其余的晶面，指出其单形名称。

① 毒砂 FeAs：L^2PC（2/m），原始晶面的球面坐标：

c（φ=0°00′，ρ=0°00′）

b（φ=0°00′，ρ=90°00′）

a（φ=90°00′，ρ=90°00′）

m（φ=30°43′，ρ=90°00′）

n（φ=90°00′，ρ=34°06′）

o（φ=30°43′，ρ=52°58′）

e（φ=0°00′，ρ=29°41）

② 锐钛矿 TiO_2：L^44L^25PC（4/mmm），原始晶面的球面坐标：

c（φ=0°00′，ρ=0°00′）

a（φ=0°00，ρ=90°00′）

m（φ=45°00′，ρ=90°00′）

p（φ=0°00′，ρ=68°18′）

r（φ=45°00′，ρ=74°17′）

实验七　等轴晶系晶体定向、单形符号及对称型国际符号

7.1　目的、要求

（1）熟悉等轴晶系的晶体定向原则和晶体几何常数特征。

（2）深入理解米勒指数的含义，学会确定晶面米氏符号的方法。

（3）学会选择代表晶面，确定单形符号，并熟记等轴晶系中重要的单形符号。

（4）熟记等轴晶系对称型国际符号的每一个序位所代表的方向。

（5）学会对称型国际符号的书写方法。

7.2　内容、方法

1．晶体定向

1）对称型

找出全部对称要素，写出对称型。等轴晶系共有 5 种对称型（表 7-1）。对称特点：必有互相垂直的 $3L^4$ 或 $3L_i^4$ 或 $3L^2$。

2）选轴原则和晶体几何常数特征

以互相垂直的 $3L^4$ 或 $3L_i^4$ 或 $3L^2$ 为 X、Y、Z 轴。晶体几何常数：$a=b=c$；$\alpha=\beta=\gamma=90°$。

2．对称型的国际符号

对称型的国际符号由 1～3 个序位构成；每个序位表示晶体特定方向上的对称要素，即与该方向平行的对称轴或旋转反伸轴、与该方向垂直的对称面；如果晶体某方向上既有对称轴，又有垂直该对称轴的对称面，则用横线或斜线隔开，如 $2/m$ 表示某方向上有一个 2 次轴及一个与它垂直的对称面。国际符号的 3 个位置不等效，并将严格地按一定顺序书写。

1）等轴晶系国际符号的序位

等轴晶系国际符号的的 3 个序位（图 7-1）：

第 1 序位：X、Y、Z 轴方向（4、$\bar{4}$、2 以及与其垂直的 m）；

第 2 序位：$X+Y+Z$ 方向（3 次轴 3）；

第 3 序位：$X+Y$ 方向（2 次轴 2 以及/或与其垂直的 m）。

2）国际符号的书写方法

在确定了对称型、选定了结晶轴以后，按照规定顺次写出 3 个序位的对称要素，即为对称型的国际符号。等轴晶系对称型的国际符号以及圣佛利斯符号见表 7-1。

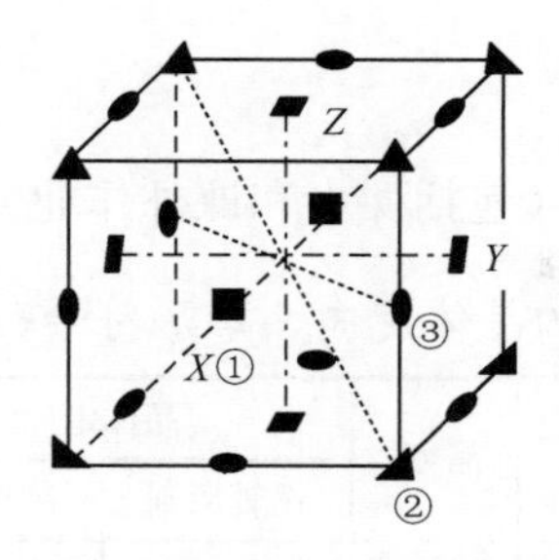

图 7-1　等轴晶系对称型国际符号的 3 个位的方向

表 7-1　等轴晶系的选轴原则及对称型的国际符号

序号	对称型	选轴原则	国际符号	圣佛里斯符号
1	$3L^2 4L^3$	$3L^2$ 为 X、Y、Z 轴	23	T
2	$3L^2 4L^3 3PC$	$3L^2$ 为 X、Y、Z 轴	$m3$	T_h
3	$3L_i^4 4L^3 6P$	$3L_i^4$ 为 X、Y、Z 轴	$\bar{4}3m$	T_d
4	$3L^4 4L^3 6L^2$	$3L^4$ 为 X、Y、Z 轴	432	O
5	$3L^4 4L^3 6L^2 9PC$	$3L^4$ 为 X、Y、Z 轴	$m3m$	O_h

3．单形符号

1）米氏符号的确定

在选定了结晶轴以后，就可以根据晶面与晶轴的关系（平行、垂直或斜交）用晶面在各晶轴上截距系数的倒数比表示晶面在晶体上位置。这种表示晶面在晶体上位置简单数字符号称为米氏符号。

等轴晶系采取三轴定向，米氏符号由 3 个指数 h、k、l 构成，按 X、Y、Z 轴的顺序排列。米氏指数的具体数值可根据下式求出：

$$h:k:l = a/OH:b/OK:c/OL$$

式中，a、b、c 为 X、Y、Z 轴的轴单位，对于等轴晶系，$a=b=c$；OH、OK、OL 为晶面在 X、Y、Z 轴上的截距。

2）选择代表晶面，写出单形符号

同一单形的所有晶面，晶面指数的绝对值相同，仅正负与顺次有所不同。对于一种单形，按照一定的原则选择一个代表晶面；将代表晶面的晶面指数 h、k、l 放在"{ }"中，代表这种单形。$\{hkl\}$即为单形符号。

选择单形代表晶面的总原则：应选择正指数最多的晶面，至少尽可能选择"l"为正值者。对于高级晶族等轴晶系，尽可能使 $|h| \geqslant |k| \geqslant |l|$。

选择代表晶面的具体法则：等轴晶系按照先前、次右、后上的原则选择代表晶面。

前、右、上标准：前为 X 轴正端；右为 Y 轴正端；上为 Z 轴正端。

在晶体模型分析时，如果不能确定代表晶面晶面指数的具体数值，可用字母 h、k、l 表示晶面指数，例如$\{hkl\}$、$\{hhl\}$、$\{hkk\}$；相同的字母表示两个面在相应晶轴上的截距系数相等。

7.3 实验报告

分析等轴晶系模型 10~15 个（包括课内和课外作业），将结果记录在表 7-2 中。

表 7-2 等轴晶系的晶体定向、单形符号、对称型国际符号

模型号码	对 称 型	国际符号	晶 系	晶体定向		单形名称及符号
				选轴原则	晶体常数	

实验八　四方晶系晶体定向、单形符号及对称型国际符号

8.1　目的要求

（1）熟悉四方晶系的晶体定向原则和晶体几何常数特征。

（2）深入理解米勒指数的含义，学会确定晶面米氏符号的方法。

（3）学会选择代表晶面，确定单形符号，并熟记四方晶系中重要的单形符号。

（4）熟记四方晶系对称型国际符号的每一个序位所代表的方向。

8.2　内容、方法

1．晶体定向

1）对称型

四方晶系共有 7 种对称型（表 8-1）。对称特点：必有而且只有 1 个 L^4 或 L_i^4。

2）选轴原则和晶体几何常数特征

以 L^4 或 L_i^4 为 Z 轴。有 L^2 时，以互相垂直的 $2L^2$ 为 X、Y 轴。无 L^2 时，以互相垂直的 $2P$ 法线为→X、Y 轴。无 L^2 和 P，以互相垂直且垂直 Z 轴的 2 晶棱方向为 X、Y 轴。

晶体几何常数：$a=b\neq c$；$\alpha=\beta=\gamma=90°$。

表 8-1　四方晶系的选轴原则及对称型的国际符号

序号	对称型	选 轴 原 则	国际符号	圣佛里斯符号
1	L^4	L^4 为 Z 轴，互相垂直的 2 晶棱方向为 X、Y 轴	4	C_4
2	L^44L^2	L^4 为 Z 轴，互相垂直的 2 L^2 为 X、Y 轴	422	D_4
3	L^44P	L^4 为 Z 轴，互相垂直的 2 P 法线为 X、Y 轴	4mm	C_{4V}
4	L^4PC	L^4 为 Z 轴，互相垂直的 2 晶棱方向为 X、Y 轴	4/m	C_{4h}
5	L^44L^25PC	L^4 为 Z 轴，互相垂直的 2 L^2 为 X、Y 轴	4/mmm	D_{4h}
6	L_i^4	L_i^4 为 Z 轴，互相垂直 2 晶棱方向为 X、Y 轴	$\bar{4}$	C_{4i}
7	$L_i^42L^22P$	L_i^4 为 Z 轴，互相垂直的 2 L^2 为 X、Y 轴	$\bar{4}2m$	D_{2d}

2．四方晶系对称型的国际符号

1）四方晶系国际符号的序位

四方晶系国际符号的 3 个序位分别代表不同的结晶方向。

第 1 序位：Z 轴方向（4、$\bar{4}$ 以及垂直的对称面 m）。

第 2 序位：$X+Y$ 方向（2 以及垂直于 2 的对称面 m）。

第 3 序位：$X+Y$ 方向（2 以及垂直于 2 的对称面 m）。每个序位代表的结晶方向见图 8-1。

2）国际符号的书写方法

在确定了对称型、选定了结晶轴以后，顺次写出 3 个序位的对称要素，即为对称型的国际符号。四方晶系对称型的国际符号和圣佛利斯符号见表 8-1。

3．单形符号

1）米氏符号的确定

四方晶系采取 3 轴定向，米氏符号由 3 个指数 h、k、l 构成，按 X、Y、Z 轴的顺序排列。米氏指数的具体数值可根据下式求出：

$$h:k:l = a/OH:b/OK:c/OL$$

式中，$a=b$，即 X、Y 轴的轴单位相等；c 为 Z 轴的轴单位；OH、OK、OL 为晶面在 X、Y、Z 轴上的截距。

2）选择代表晶面，写出单形符号

选择单形代表晶面的总原则：应选择正指数最多的晶面，至少尽可能选择“l”为正值者。对于四方晶系，尽可能使 $|h| \geqslant |k|$。

选择代表晶面的具体法则：四方晶系按照先前、次右、后上的原则选择代表晶面（图 8-1）。

前、右、上标准：前为 X 轴正端；右为 Y 轴正端；上为 Z 轴正端。

在晶体模型分析时，如果不能确定代表晶面指数的具体数值，可用字母 h、k、l 表示晶面指数，例如 $\{hkl\}$、$\{hhl\}$、$\{hkk\}$；相同的字母表示两个面在相应晶轴上的截距系数相等。

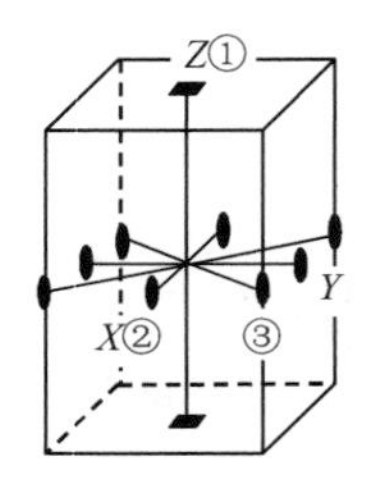

图 8-1　四方晶系对称型国际符号的 3 个位的方向

4．注意问题

大多数情况下，四方晶系同一晶体的 X、Y 轴可有不同的选轴方法（图 8-2）。X、Y 轴的选择不同，同一单形的晶面指数不同，单形符号也不相同。故晶体定向时，晶轴一经选定，坐标系统就已确定，所有的单形符号都必须在统一的坐标系统下写出。

四方晶系的柱体、锥体和四方四面体分别都可以与晶轴有 3 种关系，如图 8-3 所示，因此它们的单形符号也均有 3 类。

（1）晶面与 Z 轴平行的柱体：与 X、Y 轴等长相截的为第一柱体 $\{110\}$。垂直于 X 轴的为第二柱体 $\{100\}$。与 X、Y 轴不等长相截的为第三柱体（或复柱）$\{hk0\}$。

（2）晶面与 Z 轴斜交的锥体（包括双锥、单锥）：与 X、Y 轴等长相截的 $\{hhl\}$ 为第一柱体。平行于 Y 轴的 $\{h0l\}$ 为第二锥体。与 X、Y 轴不等长相截的 $\{hkl\}$ 为第三锥体或复锥。

（3）晶面与 Z 轴斜交的四方四面体的三类单形符号与锥体相似。

另外，与 Z 轴垂直的 $\{001\}$ 则为单面或平行双面。

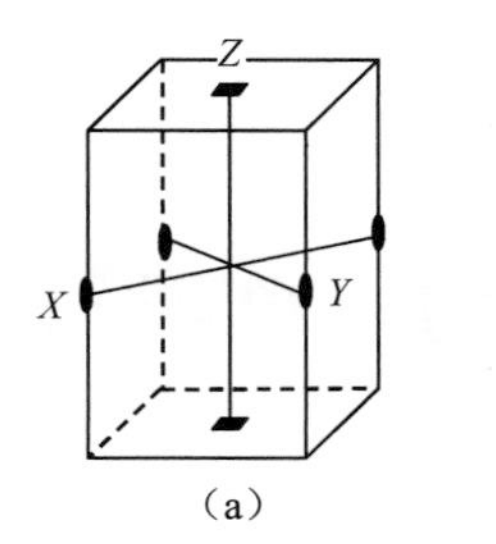

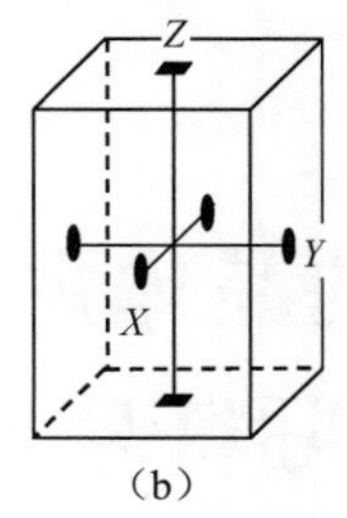

图 8-2　四方晶系 X、Y 轴的两种可能选择

（a）{110}；（b）{100}。

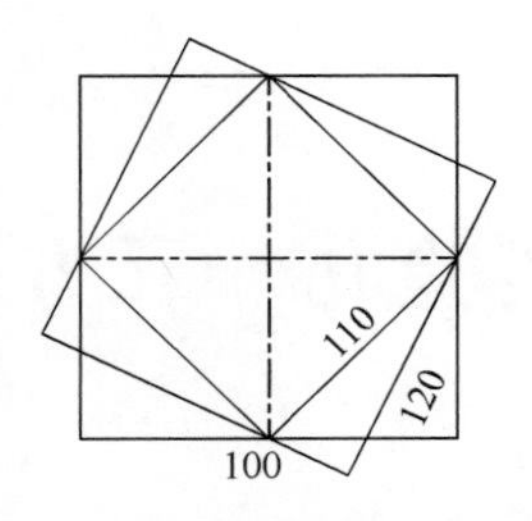

图 8-3　3 种四方柱的横截面方位

8.3　实验报告

（1）分析四方晶系的晶体模型 10～15 个（包括课内和课外）。将结果记录在表 8-2 中。

（2）用极射赤平投影图推导四方双锥、复四方双锥、复四方偏三角面体三个晶类的单形。

表 8-2　四方晶系的晶体定向、单形符号、对称型国际符号

模型号码	对 称 型	国际符号	晶 系	晶体定向		单形名称及符号
				选轴原则	晶体常数	

实验九　三方、六方晶系的晶体定向、单形符号及对称型国际符号

9.1　目的要求

（1）熟悉三方、六方晶系的晶体定向原则和晶体几何常数特征。

（2）深入理解米勒指数的含义，学会确定四轴定向晶面米氏符号的方法。

（3）学会选择代表晶面，确定单形符号，并熟记三方、六方晶系中常见单形名称和单形符号。

（4）熟记三方、六方晶系对称型国际符号的每一个序位所代表的方向。

（5）掌握三方、六方晶系对称型的国际符号书写方法。

9.2　内容、方法

1．晶体定向

1）三方、六方晶系的对称型

三方晶系共有 5 种对称型（表 9-1），对称特点是必有而且只有 1 个 L^3。

表 9-1　三方晶系的选轴原则及对称型的国际符号

序号	对称型	选轴原则	国际符号	圣佛里斯符号
1	L^3	L^3 为 Z 轴，60° 相交的 3 晶棱方向为 X、Y、U 轴	3	C_3
2	$L^3 3L^2$	L^3 为 Z 轴，3 L^2 为 X、Y、U 轴	32	D_3
3	$L^3 3P$	L^3 为 Z 轴，3 P 法线为 X、Y、U 轴	$3m$	C_{3V}
4	$L^3 C$	L^3 为 Z 轴，60° 相交的 3 晶棱方向为 X、Y、U 轴	$\bar{3}$	C_{3i}
5	$L^3 3L^2 3PC$	L^3 为 Z 轴，3 L^2 为 X、Y、U 轴	$\bar{3}m$	D_{3d}

六方晶系共有 7 种对称型（表 9-2），对称特点是必有而且只有 1 个 L^6 或 L_i^6。

表 9-2　等轴晶系的选轴原则及对称型的国际符号

序号	对称型	选轴原则	国际符号	圣佛里斯符号
1	L^6	L^6 为 Z 轴，60° 相交的 3 晶棱方向为 X、Y、U 轴	6	C_6
2	$L^6 6L^2$	L^6 为 Z 轴，60° 相交的 $3L^2$ 为 X、Y、U 轴	622	D_6
3	$L^6 6P$	L^6 为 Z 轴，60° 相交的 $3P$ 法线为 X、Y、U 轴	$6mm$	C_{6V}
4	$L^6 PC$	L^6 为 Z 轴，60° 相交的 3 晶棱方向为 X、Y、U 轴	$6/m$	C_{6h}

（续）

序号	对称型	选轴原则	国际符号	圣佛里斯符号
5	$L^6 6L^2 7PC$	L^6 为 Z 轴，60° 相交的 3 L^2 为 X、Y、U 轴	6/*mmm*	D_{6h}
6	L_i^6	L_i^6 为 Z 轴，60° 相交的 3 晶棱方向为 X、Y、U 轴	$\bar{6}$	C_{3h}
7	$L_i^6 3L^2 3P$	L_i^6 为 Z 轴，$3L^2$ 为 X、Y、U 轴	$\bar{6}2m$	D_{3h}

2）选轴原则和晶体几何常数特征

三方、六方晶系采取四轴定向，1 根直立轴（Z 轴），3 根水平轴（X、Y、U 轴）。3 根水平晶轴正端之间的夹角为 120° 。

三方晶系以 L^3 为 Z 轴；六方晶系以 L^6 或 L_i^6 为 Z 轴。

有 L^2 时，以垂直于 Z 轴且成 60° 相交的 $3L^2$ 为 X、Y、U 轴。

无 L^2 时，以垂直于 Z 轴且成 60° 相交的 $3P$ 法线为 X、Y、U 轴。

无 L^2 和 P，以垂直于 Z 轴且成互相 60° 相交的的 3 晶棱方向为 X、Y、U 轴。

晶体几何常数：$a=b\neq c$；$\alpha=\beta=90°$，$\gamma=120°$。

三方、六方晶系不同对称型的晶轴选择见表 9–1 和表 9–2。

2．对称型的国际符号

1）国际符号的序位

三方、六方晶系国际符号的 3 个序位代表的结晶方向：

第 1 序位：Z 轴方向（3、6、$\bar{6}$ 以及垂直的对称面 m）。

第 2 序位：X、Y 方向（2 以及垂直于 2 的对称面 m）。

第 3 序位：X+Y 方向（2 以及垂直于 2 的对称面 m）。每个序位代表的结晶方向见图 9–1。

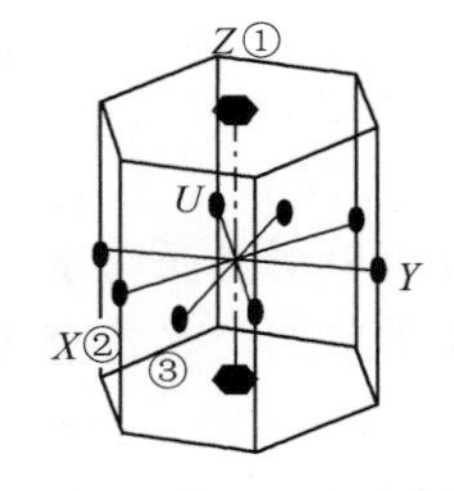

图 9–1　三方、六方晶系对称型国际符号的书写顺序

2）国际符号的书写方法

在确定了对称型、选定了结晶轴以后，按照顺序写出 4 个序位的对称要素，即为对称型的国际符号。

三方、六方晶系的对称型、晶轴选择、国际符号以及圣佛里斯符号见表 9–1 和表 9–2。

3．单形符号

1）米氏晶面符号的确定

三方、六方晶系采取四轴定向，米氏符号由 4 个指数 h、k、i、l 构成，按 X、Y、U、Z 轴顺序排列。米氏指数的具体数值可根据下式求出：

$$h : k : i : l = a/OH : a/OK : a/OU : c/OL$$

式中，a 为水平晶轴的轴单位；c 为 Z 轴的轴单位；OH、OK、OU、OL 依次为晶面在 X、Y、U、Z 轴上的截距。

2）选择代表晶面，写出单形符号

选择单形代表晶面的总原则：应选择正指数最多的晶面，至少尽可能选择“l”为正值者。对于中级晶族、三方、六方晶系，尽可能使 $|h| \geq |k|$ 。

选择代表晶面的具体法则：三方、六方晶系按照先上、次前、后右的原则选择代表晶面。

前、右、上标准：前：X 轴正端与 U 轴负端分角线方向；右：Y 轴正端；上：Z 轴正端。

在晶体模型分析时，如果不能确定代表晶面晶面指数的具体数值，可用字母 h、k、l 表示晶面指数。如$\{h0\bar{h}l\}$、$\{hh\overline{2h}l\}$，相同的字母表示两个面在相应晶轴上的截距系数相等。

四轴定向中，前 3 个晶面指数的代数和等于 0，即 $h+k+i=0$。

4．注意问题

六方晶系同一晶体的 X、Y、U 轴可有不同的取向（图 9-2）。X、Y、U 轴的取向不同，同一单形的晶面指数不同，单形符号也不相同。故晶体定向时，晶轴一经选定，坐标系统就已确定，所有的单形符号都必须在统一的坐标系统下写出。

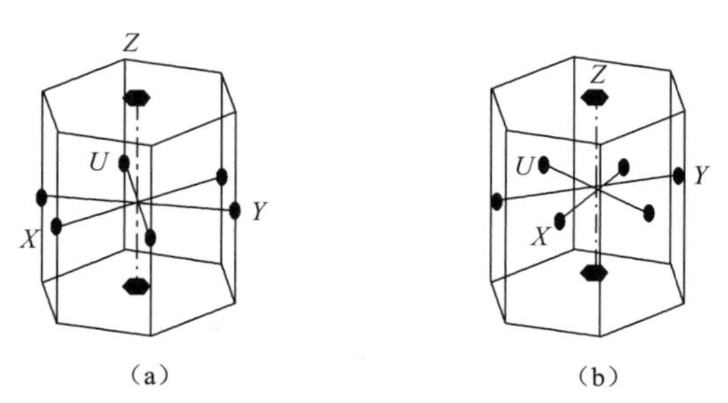

图 9-2　六方晶系 X、Y、U 轴的两种可能取向

（a）$\{10\bar{1}0\}$；（b）$\{11\bar{2}0\}$。

按照单形晶面与水平晶轴的关系不同，三方、六方晶系的柱类、单锥类、双锥类、菱面体类单形，又各有 3 种不同类型。

1）柱类

按照单形晶面与水平晶轴的关系不同（图 9-3），截 X、U 轴等长的为第一柱体$\{10\bar{1}0\}$；垂直于 U 轴的为第二柱体$\{11\bar{2}0\}$；截 X、Y、U 轴不等长的为第三柱体（或复柱）$\{hk\bar{i}0\}$。

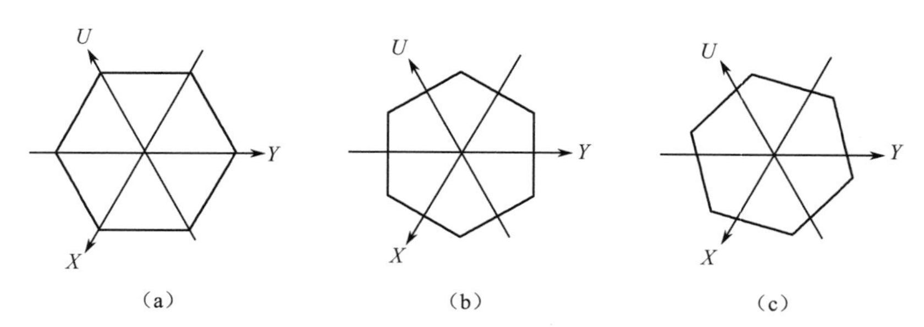

图 9-3　三种六方柱的晶面（横截面）与晶轴的关系图解

（a）第一六方柱$\{10\bar{1}0\}$；（b）第二六方柱$\{11\bar{2}0\}$；（c）第三六方柱$\{hk\bar{i}0\}$。

2）锥类

包括双锥类、单锥类、菱面体类。按照单形晶面与水平晶轴的关系不同，截 X、U 轴等长的为第一锥体$\{h0\bar{h}l\}$；垂直 U 轴的为第二锥体$\{hh\overline{2h}l\}$；截 X、Y、U 轴不等长的为第三锥体（或复锥）$\{hk\bar{i}l\}$。

另外，与 Z 轴垂直的$\{0001\}$则是单面或平行双面。

9.3 实验报告

分析三方、六方晶系晶体模型 10～15 个（包括课内和课外作业）。将分析结果记录在表 9-3 中。

表 9-3　三方、六方晶系的晶体定向、单形符号、对称型国际符号

模型号码	对 称 型	国际符号	晶 系	晶体定向		单形名称及符号
				选轴原则	晶体常数	

实验十　低级晶族的晶体定向、单形符号及对称型国际符号

10.1　目的要求

（1）熟悉低级晶族中不同晶系的晶体定向原则和晶体几何常数特征。
（2）深入理解米勒指数的含义，学会确定低级晶族晶面米氏符号的方法。
（3）学会选择代表晶面，确定单形符号，并熟记低级晶族中常见单形名称和单形符号。
（4）熟记低级晶族各晶系对称型国际符号的每一个序位所代表的方向。
（5）掌握低级晶族各晶系对称型的国际符号书写方法。

10.2　内容、方法

1．晶体定向

1）低级晶族的对称型

低级晶族的对称特点是没有高次轴。按照有无 L^2 和 P 以及它们的个数分为 3 个晶系。

斜方晶系：共有 3 种对称型（表 10-1），对称特点是 L^2 和 P 的总数不少于 3 个。

表 10-1　斜方晶系的选轴原则及对称型的国际符号

序号	对称型	选轴原则	国际符号	圣佛里斯符号
1	$3L^2$	$3L^2$ 为 X、Y、Z 轴	222	D_2
2	$3L^23PC$	$3L^2$ 为 X、Y、Z 轴	mmm	D_{2h}
3	L^22P	L^2 为 Z 轴，$2P$ 法线为 X、Y 轴	$mm2$	C_{2V}

单斜晶系：共有 3 种对称型（表 10-2），对称特点是 L^2 或 P 不多于 1 个。

表 10-2　单斜晶系的选轴原则及对称型的国际符号

序号	对称型	选轴原则	国际符号	圣佛里斯符号
1	L^2PC	L^2 为 Y 轴，两根垂直于 Y 轴的晶棱方向为 X、Z 轴	$2/m$	C_{2h}
2	L^2	L^2 为 Y 轴，两根垂直于 Y 轴的晶棱方向为 X、Z 轴	2	C_2
3	P	P 法线为 Z 轴，两根垂直于 Y 轴的晶棱方向为 X、Z 轴	m	C_{1h}

三斜晶系：共有 2 种对称型（表 10-3），对称特点是没有 L^2 或 P。

表 10-3　三斜晶系的选轴原则及对称型的国际符号

序号	对称型	选轴原则	国际符号	圣佛里斯符号
1	L^1	3 根晶棱方向为 *X*、*Y*、*Z* 轴	1	C_1
2	*C*	3 根晶棱方向为 *X*、*Y*、*Z* 轴	$\bar{1}$	C_i

2）选轴原则和晶体几何常数特征

低级晶族采取三轴定向，一根直立轴（*Z* 轴），两根水平轴（*X*、*Y* 轴）。由于对称特点不同，3 个晶系的晶轴选择不同，晶体几何常数也不相同。

斜方晶系：有 $3L^2$ 时，以 $3L^2$ 为 *X*、*Y*、*Z* 轴；在 L^22P 中，以 L^2 为 *Z* 轴，2*P* 法线为 *X*、*Y* 轴。晶体几何常数 $a \neq b \neq c$；$\alpha = \beta = \gamma = 90°$

单斜晶系：以 L^2 或 *P* 的法线为 *Y* 轴，以两根均垂直于 *Y* 轴的合适晶棱方向为 *X*、*Z* 轴。晶轴安置：*Z* 轴直立，*Y* 轴左右水平，此时 *X* 轴处于前后方向并向前下方倾斜。

晶体几何常数：$a \neq b \neq c$，$\alpha = \gamma = 90°$，$\beta > 90°$。

三斜晶系：以 3 根合适的晶棱方向为 *X*、*Y*、*Z* 轴。

晶轴安置：使 *Z* 轴直立、*Y* 轴左右并向右下倾斜，*X* 轴处于前后方向并向前下倾斜。此时 $\alpha > 90°$，$\beta > 90°$；γ 可大于或小于 90°。

晶体几何常数：　$a \neq b \neq c$，$\alpha \neq \beta \neq \gamma \neq 90°$。

3 个晶系不同对称型的晶轴选择见表 10-1、表 10-2、表 10-3。

2．低级晶族对称型的国际符号

1）国际符号的序位

斜方晶系：国际符号有 3 个序位。

第 1 序位：*X* 轴方向（2 次轴以及/或垂直于 2 次轴的对称面 *m*）。

第 2 序位：*Y* 轴方向（2 次轴以及/或垂直于 2 次轴的对称面 *m*）。

第 3 序位：*Z* 轴方向（2 次轴以及/或垂直于 2 次轴的对称面 *m*）。每个序位代表的结晶方向见图 10-1、图 10-2。

单斜晶系：对称型的国际符号只有一个序位，表示 *Y* 轴方向的对称要素（2 以及垂直于 2 的对称面 *m*）（图 10-2）。

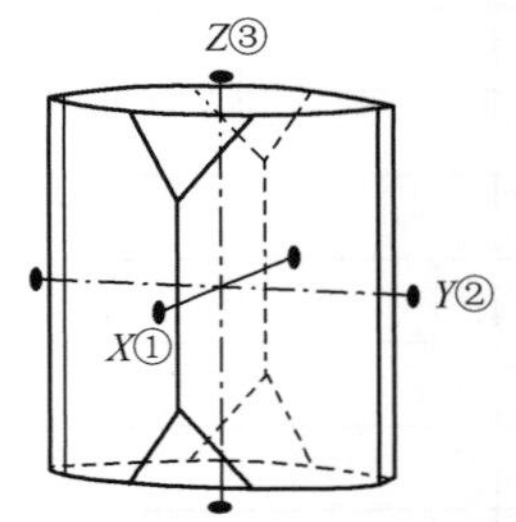

图 10-1　斜方晶系晶轴取向与对称型国际符号的序位

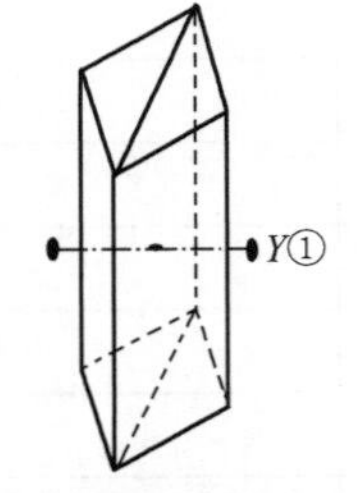

图 10-2　单斜晶系晶轴取向与对称型国际符号的序位

三斜晶系：两种对称型 L^1 和 *C*，没有取向问题，国际符号分别记为 1 和 $\bar{1}$。

2）国际符号的书写方法

在确定了对称型、选定了结晶轴以后，按照顺序写出各个序位的对称要素，即为对称型的国际符号。低级晶族的对称型、晶轴选择、国际符号以及圣佛里斯符号见表 10-1、表 10-2、表 10-3。

3．单形符号

1）米氏符号的确定

低级晶族采取三轴定向，米氏符号由 3 个指数 h、k、l 构成，按 X、Y、Z 轴顺序排列。米氏指数的具体数值可根据下式求出：

$$h:k:l = a/OH : b/OK : c/OL$$

式中，a、b、c 为 X、Y、Z 轴的轴单位；OH、OK、OL 依次为晶面在 X、Y、Z 轴上的截距。

2）选择代表晶面，写出单形符号

选择单形代表晶面的总原则：应选择正指数最多的晶面，至少尽可能选择“l”为正值者。对于低级晶族的斜方、单斜、三斜晶系，尽可能使 $|h| \geq |k|$。

选择代表晶面的具体法则：按照先上、次前、后右的原则选择代表晶面。

前、右、上标准：前为 X 轴正端；右为 Y 轴正端；上为 Z 轴正端。

在晶体模型分析时，如果不能确定代表晶面晶面指数的具体数值，可用字母 h、k、l 表示晶面指数。如 $\{hkl\}$、$\{hk0\}$。

10.3 实验报告

（1）分析低级晶族晶体模型 10~15 个（包括课内和课外作业），将结果记入表 10-4。

（2）总结各晶系中可能的单形符号及其所代表的单形类别。

（3）为什么中级晶族晶体的 2 次轴只能与高次轴垂直而不能斜交？

表 10-4　低级晶族的晶体定向、单形符号、对称型国际符号

模型号码	对 称 型	国际符号	晶 系	晶体定向		单形名称及符号
				选轴原则	晶体常数	

实验十一　实际晶体的形态

11.1　目的要求

（1）通过同种晶体的理想形态与实际晶体对比，认识它们几何形态上的异同。

（2）掌握双晶的特征。学会用肉眼识别双晶。

（3）学习识别双晶类型，掌握分析双晶要素的方法，熟识一些常见的双晶律。

11.2　内容、方法

1．平行连生

观察石英、萤石、方解石、明矾的平行连生。

2．双晶

1）识别双晶

根据双晶经常出现的凹角、缝合线或双晶纹来识别双晶。

2）确定双晶类型

通常按照双晶接合面是否规则来鉴别是接触双晶（简单接触双晶、聚片双晶或环状双晶）还是穿插双晶？前者双晶的个体间以规则的平面相接触，后者的接合面不规则。

双晶和接合面是指双晶相邻两个单体间相接触的面，可以用平行于它的晶面的符号来表示（穿插双晶的接合面不规则，一般要求定出接合面的总体方向即可，至于很不规则的接合面，则不予确定）。

确定双晶类型时，首先辨认构成双晶的每一个单体的界线和单体的个数，然后找出双晶接合面，按其接合面特征（规则或不规则）判别双晶类型。

3）分析双晶要素

首先分析双晶中某一单晶体的对称型及晶系，进行晶体定向。找出双晶面并确定其方向。在双晶中相邻两个单体之间，假想有一个平面，若通过反映操作后，能使双晶的两个单体重合或平行，该平面就是双晶面。按照单晶体的定向原则，确定出双晶面的方向，它可以用平行于某晶面或垂直于某晶棱的方向来表示，例如石膏的双晶面平行于（100）。

再找出双晶轴并确定其方向：在双晶中相邻两个单体之间，假想一直线，若双晶中的一个单体围绕它旋转一定角度后可与另一个单体重合、平行或连成一个完整的单晶体，则该直线就是双晶轴。按照晶体定向原则，确定出双晶轴的方向，它可以用晶棱符号或以垂直某晶面形式表示，例如石膏的双晶轴垂直于（100）。

11.3 实验报告

分析在一些矿物中常见的双晶（模型），将分析结果记入表 11-1。

表 11-1 双晶类型与双晶要素

模型号码	双晶类型	单晶体分析		双晶律		接合面
		对称型	晶系	双晶面	双晶轴	

11.4 思考题

（1）双晶面与对称面、双晶轴与对称轴有何异同？

（2）为什么双晶面不可能平行于单晶体中的对称面？

（3）为什么基转角为 180°的双晶轴不能平行于单晶体的偶次轴？

（4）同种晶体作规则连生，只要出现凹角就可作为双晶和标志吗？为什么？

实验十二　晶体内部结构的对称要素及空间群

12.1　目的、要求

（1）熟悉空间格子、单位平行六面体、晶胞的含义；深入理解晶体的外形对称与晶体内部结构对称的关系与区别。

（2）通过对晶体结构模型的分析，加深对晶体内部结构的对称要素、平移操作和 14 种布拉维空间格子的理解。

（3）用晶体结构模型对照相应结构图，初步学习分析空间群的国际符号中每个序位上的对称要素。

12.2　内容、方法

1．确定晶系和空间格子类型

观察晶体结构模型，找出性质相同、环境也相同的点（相当点），分析这些点的分布特征和重复规律，根据有无高次轴及高次轴的方向数、无高次轴时根据 2 次轴和面对称要素的方向数确定晶系及空间格子类型。

2．分析结构模型中对称要素及空间分布

着重分析空间群的国际符号中 3 个位置上的对称要素。由于晶体内部结构的对称要素比较多，在同一方向上，既可以有对称面和不同类型的滑移面平行排列，也可以出现不同轴次的对称轴、不同轴次的螺旋轴平行排列或者对称轴与螺旋轴平行排列。

例如在 NaCl 的结构中，在 *X*、*Y*、*Z* 轴（[100]方向）有 4、4_2、2_1 平行排列；在垂直[100]方向有 *m* 与 *n* 平行排列；在 *X*+*Y* 轴方向（[110]方向）有 *m* 与 *n* 平行排列（图 12-1）。因此，空间群的国际符号不可能将所有的对称要素都写出，而是要按照一定的原则和顺序，通过选择各方向或序位上代表性的对称要素来确定空间群的国际符号。选择代表性对称要素的主要原则是：

（1）对于面对称要素，先选对称面 *m*；无对称面时，则依次选滑移面 *d*、*n* 或 *a*、*b*、*c*，既有后者又有前者的尽量选前者。

（2）对于轴对称要素，如果某方向存在不同轴次的轴对称要素时，选最高轴次；如果最高轴次有不同类型，则按对称轴、螺旋轴、旋转反伸轴的顺序选其一。

按照上述方法与原则，确定 NaCl 为等轴晶系，立方面心格子，空间群国际符号为 *Fm*3*m*。

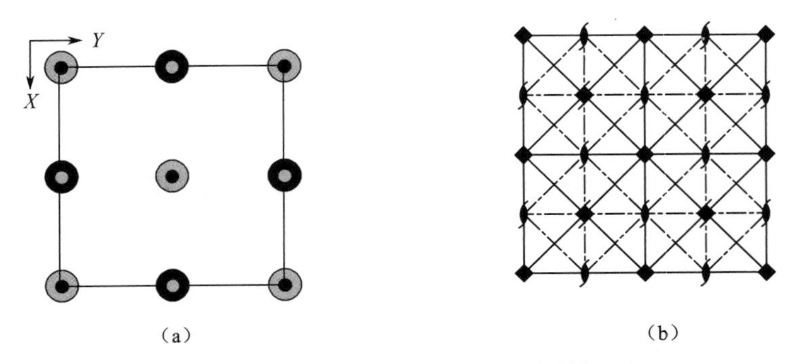

图 12-1　NaCl 结构在（001）面上的投影

（a）晶胞中的质点（大圆为 Cl^-，小圆为 Na^+；灰色质点的 *Z* 轴坐标为 1/2）；（b）晶胞中的对称要素。

12.3　实验报告

根据晶体结构模型，结合晶体结构在（001）面上的投影图（图 12-2），分析常见晶体结构，将结果记入表 12-1。

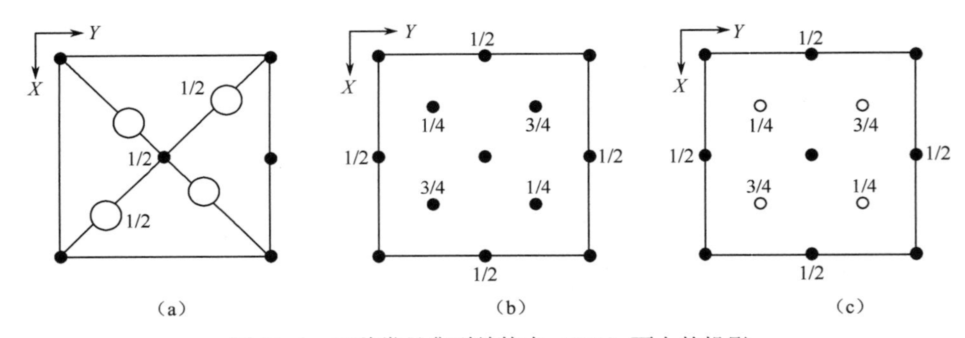

图 12-2　三种常见典型结构在（001）面上的投影

（a）TiO_2 结构（实心小圆为 Ti^{4+}，空心大圆为 O^{2-}）；（b）金刚石结构（实心小圆为 C 原子）；

（c）ZnS 结构（实心小圆为 S^{2-}，空心小圆为 Zn^{2+}）。

表 12-1　晶体结构中的对称要素与空间群

典型结构	空间群国际符号	所属点群	空间格子类型	晶体结构中的对称要素		
				第 1 序位	第 2 序位	第 3 序位

实验十三　晶体结构分析

13.1　目的要求

（1）学习利用晶体结构模型和晶体结构图分析晶体结构。

（2）深入理解晶体结构参数的涵义，学习确定晶体结构参数的方法。

13.2　内容、方法

1．晶体结构参数

晶体结构参数包括晶系、空间群的国际符号、晶胞参数、原子或离子的配位数、晶胞中的分子数、原子或离子的坐标。

2．分析步骤

（1）确定晶系和格子类型。首先观察晶胞中质点的分布特征，再根据相当点选取原则选定相当点。相当点是晶体结构中性质和环境都相同的点。根据相当点的分布特征确定所属空间格子类型。

（2）分析对称要素的分布，着重找出空间群国际符号中各序位上的对称要素。

（3）确定原子或离子的配位数。金属晶格中，金属原子呈紧密堆积，具有较高配位数。原子晶格中，原子配位数取决于成键数目，配位数较低。离子晶格中，阳离子的配位数取决于阳离子半径与阴离子的半径之比；阴离子的配位数服从静电价规则。

（4）计算晶胞中的原子或分子数（Z）。晶胞角顶的质点按 1/8 计算，棱上质点按 1/4 计算，面上质点按 1/2 计算。然后根据晶体化学式中一个分子中的原子或离子数，即可计算出晶胞中的分子数。

（5）写出原子或离子的坐标。坐标的原点选在单位平行六面体的角顶，单位平行六面体的 3 条棱即为坐标轴 X、Y、Z；单位平行六面体的棱长为坐标轴的度量单位。

13.3　晶体结构分析举例

1．金刚石

1）晶体结构图

金刚石为等轴晶系。碳原子之间以共价键结合，每个 C 原子与周围的 4 个 C 原子形成四面体配位。除了位于晶胞角顶和面心的碳原子之外，如果把晶胞分成 8 个小立方体，在相间的 4 个小立方体的中心还各有 1 个 C 原子。晶体结构图见图 13-1。

2）晶体结构参数

空间群 $Fd3m$，a_0=0.3570nm。原子配位数 CN=4，Z=8。

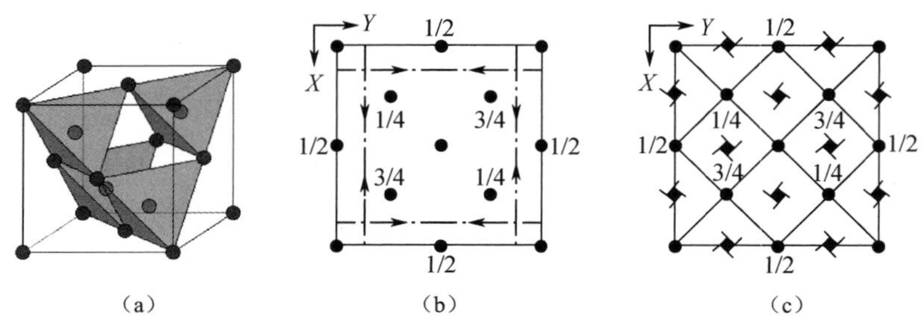

图 13-1　金刚石结构（空间群：*Fd*3*m*）

（a）晶胞中 C 原子的分布；（b）*d* 滑移面在（001）面上的投影；（c）*m*、4_1、4_3 在（001）面上的投影。

3）晶体结构分析

金刚石空间群的国际符号为 *Fd*3*m*。据此可知空间格子类为立方面心格子（*F*），所属点群为 *m*3*m*。在晶体结构中垂直 *X*、*Y*、*Z* 轴方向存在 *d* 滑移面。

结合晶体结构图可以看出，位于晶胞角顶和面心的 C 原子，不仅性质相同、而且环境也相同（每个碳原子周围都有 4 个 C 原子与之结合），因此为立方面心格子。

金刚石结构中的 *d* 滑移面如图 13-1（b）所示。这些滑移垂直 *X*、*Y*、*Z* 轴，平行于（100）、（010）、（001）面网，滑移距离为（*b*+*c*）/4、（*a*+*c*）/4、（*a*+*b*）/4。

4）原子配位数

每个 C 原子周围有 4 个 C 原子，这 4 个 C 原子的中心连接起来，构成正四面体。原子配位数 *CN*=4，配位多面体为四面体。

5）单位晶胞的原子数

$Z=(8\times1/8)+(6\times1/2)+4=8$

6）C 原子坐标

0, 0, 0；1/2, 1/2, 0；1/2, 0, 1/2；0, 1/2, 1/2；1/4, 1/4, 1/4；3/4, 3/4, 1/4；3/4, 1/4, 3/4；1/4, 3/4, 3/4。

2．金红石

1）晶体结构图

四方晶系，Ti^{4+}离子位于晶胞的角顶和体心，O^{2-}离子有 4 个位于晶胞的上、下底面上，另外 2 个位于晶胞内。结构可以看成是 O^{2-}成扭曲的六方紧密堆积，Ti^{4+}位于 1/2 的八面体空隙中，构成[$Ti-O_6$]八面体配位。晶体结构图见图 13-2。

2）晶体结构参数

空间群 $P4_2/mnm$，a_0=0.4594nm，c_0=0.2959nm，*Z*=2。Ti^{4+}的配位数 *CN*=6；O^{2-}配位数 *CN*=3。

3）晶体结构分析

金红石的空间群为 $P4_2/mnm$，据此可知空间格子类为四方原始格子（*P*），所属点群为 4/*mmm*。晶体结构中 *Z* 轴方向存在 4_2 螺旋轴，垂直于 *X*、*Y* 轴方向有 *n* 滑移面。

结合晶体结构图可以看出，Ti^{4+}离子位于晶胞的角顶和体心，然而角顶 Ti^{4+}离子与体心 Ti^{4+}离子周围的氧环境不同，具体表现为 $Ti-O_6$ 八面体的取向不同，彼此相差 90°，见图 13-2（b）。因此空间格子类型为四方原始格子。

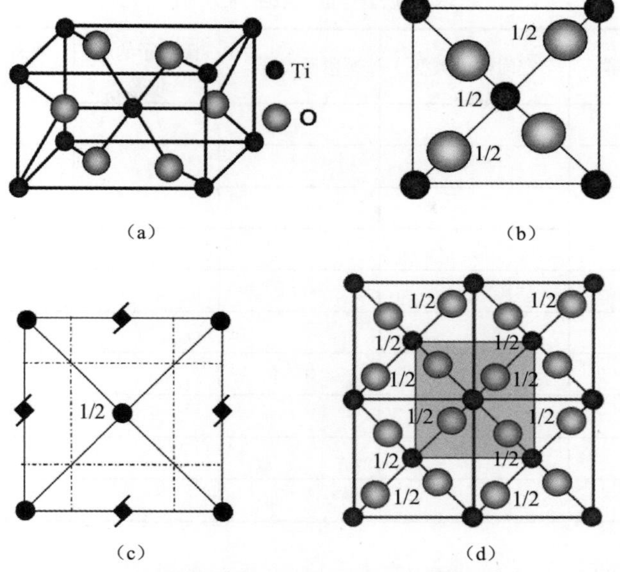

图 13-2　金红石结构（空间群 $P4_2/mnm$，实心小圆为 Ti^{4+}，空心大圆为 O^{2-}）

（a）晶胞中的质点分布；（b）质点在（001）面上的投影；（c）4_2、n、m 在（001）面上的投影；

（d）晶胞角顶与体心 $Ti-O_6$ 八面体的取向。

金红石结构中的 4_2 螺旋轴和 d 滑移面见图 13-2（b）（为了便于观察，图中略去了氧离子）。4_2 螺旋轴位于晶胞棱的中心；n 滑移垂直于 X、Y 轴，平行于（100）、（010）面网，滑移距离为（$b+c$）/2、（$a+c$）/2。

4）离子的配位数

Ti^{4+}离子的配位数：每个 Ti^{4+}离子周围有 6 个 O^{2-}离子，配位数 CN=6，配位多面体为八面体。

O^{2-}离子的配位数：Ti^{4+}离子分配给八面体角顶的每个 O^{2-}离子的静电键强度为 2/3。按照静电键规则，O^{2-}离子周围应该有 3 个 Ti^{4+}离子。因此 O^{2-}离子配位数 CN=3，配位多面体三角形。

5）单位晶胞的分子数

单位晶胞中，Ti^{4+}离子数为 2，O^{2-}离子数为 4，Z=2。

13.4　实验报告

分析常见典型晶体结构，将分析结果记入表 13-1。

表 13-1　晶体结构分析

典型结构	空间群	空间格子类型	所属点群	阳离子的配位数	阴离子的配位数	晶胞中的分子数 Z